Lierse

Schleif- und Abrichttechnik

Tjark Lierse

Schleif- und Abrichttechnik

Mit 230 Bildern und zahlreichen Tabellen und Formeln

HANSER

Der Autor:
Prof. Dr.-Ing. Tjark Lierse, Hochschule Hannover, Fakultät Maschinenbau und Bioverfahrenstechnik

Bibliografische Information der Deutschen Nationalbibliothek:
Die Deutsche Nationalbibliothek verzeichnet diese Publikation in der Deutschen Nationalbibliografie; detaillierte bibliografische Daten sind im Internet über http://dnb.d-nb.de abrufbar.

www.hanser-fachbuch.de
Lektorat: Dipl.-Ing. Volker Herzberg
Herstellung: Björn Gallinge
Coverkonzept: Marc Müller-Bremer, www.rebranding.de, München
Titelmotiv: © shutterstock.com/Pixel B
Coverrealisation: Max Kostopoulos
Satz: Prof. Dr.-Ing. Tjark Lierse
Druck und Bindung: CPI books GmbH, Leck
Printed in Germany

Print-ISBN: 978-3-446-46190-1
E-Book-ISBN: 978-3-446-46418-6

Vorwort

„Erfolg ist eine Reise, kein Ziel“
(Sprichwort)

Kaum ein anderes Fertigungsverfahren hat so viele Facetten, wie das Schleifen. Der Prozess ist immer wieder für eine Überraschung gut. Und so gilt für viele aus dieser Branche: *„einmal Schleifer, immer Schleifer“*.

Der Wandel der Zeit stellt aber auch an das Fertigungsverfahren Schleifen grundlegende Fragen: Wo werden Schleifprozesse in einigen Jahren stehen? Wird das Schleifen durch neue Fertigungstechnologien abgelöst? Oder werden sich nur die Anwendungsfelder verschieben? Wird es ein Fertigungsverfahren für Nischenanwendungen? Fragen, die mit dem vorliegenden Buch nicht beantwortet werden. Es soll vielmehr dazu beitragen, der Leserin und dem Leser den Prozess Schleifen verständlich zu machen und helfen, bestehende und zukünftige Schleifprozesse zu verbessern.

Nach der Promotion auf dem Gebiet der Keramikbearbeitung am *Institut für Fertigungstechnik und Werkzeugmaschinen (IFW)* der Leibnitz Universität Hannover bei Prof. Dr.-Ing. Dr.-Ing. E.h. mult. Dr. h.c. Hans Kurt Tönshoff, zwölf Jahren in einem mittelständischen Unternehmen aus der Schleif- und Abrichtbranche und einigen Jahren als Professor für Fertigungstechnik und Fertigungsorganisation an der Hochschule Hannover, ist nun dieses Buch in einer ersten Auflage entstanden.

Natürlich gibt es bereits eine Reihe Lehrbücher aus dem Bereich der Fertigungstechnik, in denen auch das Fertigungsverfahren Schleifen behandelt wird. Und es gibt auch einige (wenige) deutschsprachige Fachbücher zu diesem Thema. Das vorliegende Buch wendet sich jedoch an Studierende und Praktiker gleichermaßen und versucht, sowohl die Grundlagen als auch anwendungsspezifisches „Schleiferwissen" zusammenzuführen und systematisch darzustellen. Meine Vorlesungen in verschiedenen Masterstudiengängen zum Thema *Hochleistungsfertigung*, die auch einen Schwerpunkt zum Thema Schleifen abbilden, zeigen, dass für Studierende gerade auch die Darstellung der Grundlagenzusammenhänge wichtig ist, um einen Zugang zu diesem komplexen Thema zu finden. Die vielen Gespräche mit Praktikern aus der Schleifbranche im Vorfeld dieser Buchveröffentlichung haben dazu geführt, auf spezielle Themenkomplexe etwas ausführlicher einzugehen, um wichtige Zusammenhänge des Schleif-, und insbesondere des Abrichtprozesses neu aufzuarbeiten und herauszustellen. Ich würde mich freuen, wenn der interessierte Leser – der „Anfänger", der „Fortgeschrittene" und auch der „Experte" – Anregungen, Hinweise und Erkenntnisse für seine „Schleifaufgaben" in diesem Buch finden wird.

Sollten sich kleinere oder auch größere Fehler eingeschlichen haben, so danke ich vorab für eine Information an den Verlag oder direkt an mich.

Mein großer Dank gilt den vielen ehemaligen Kolleginnen und Kollegen der Firma DR. KAISER DIAMANTWERKZEUGE, die mich in zahlreichen Gesprächen hilfreich unterstützt und somit einen großen Anteil an der Entstehung dieses Buch haben. Namentlich möchte ich an dieser Stelle stellvertretend für viele Dr.-Ing. Dirk Hessel, Ing. Christoph Müller und Thomas Maelecke danken. Weiterhin gilt mein Dank meinem ehemaligen wissenschaftlichen Mitarbeiter Dr.-Ing. Timo Rouven Kaul und Herrn Dipl.-Chem. Manfred Niebuhr (ehemals KREBS & RIEDEL) für die Durchsicht des Manuskriptes und die vielen hilfreichen Hinweise.

Ganz besonders danken möchte ich meinem ehemaligen Berliner „Schleiferkollegen" aus der Institutszeit Dipl.-Ing. Sven-Erik Holl (EFFGEN/LAPPORT). Mit seiner großen Schleiferfahrung hat er viele praxisnahe und hilfreiche Anregungen beigesteuert und durch seine sehr wertvollen redaktionellen und inhaltlichen Hinweise das Buch „rundgeschliffen".

Dem Carl Hanser Verlag danke ich für das Verlegen und den Druck dieses Buches.

Ohne das Verständnis meiner Familie für meinen häufigen Rückzug an den Schreibtisch, auch die arbeitsame zwischenzeitliche Auszeit auf einer ruhigen Nordseeinsel, wäre das Buch nicht entstanden: Danke Andrea, Meerit und Niclas.

Hannover/Celle, im Februar 2020

Tjark Lierse

Inhalt

1 Grundlagen des Schleifprozesses

Das Schleifen ist ein seit langem bekanntes Verfahren zur Feinbearbeitung harter Werkstoffe. Grob bearbeitete Steinbeile wurden bereits in der Steinzeit mithilfe von Steinstaub durch Schleifen und Polieren feinbearbeitet. Auch im alten Ägypten und Griechenland waren Schleifgeräte bekannt.[1] Die ersten Schleifmaschinen im nördlichen Mitteleuropa nutzten um 1300 n.Chr. nachweisbar in der Pfarrei Solingen die Wasserkraft zur Feinbearbeitung von Waffen[2]. Dabei wurden natürliche Schleifsteine aus Eifelsandstein mit Durchmessern bis zu drei Metern eingesetzt, die über ein Getriebe angetrieben wurden[3,4]. Aus dem 15. Jahrhundert sind handbetriebene Schleifmaschinen für die Bearbeitung von Edelsteinen bekannt[5]. *Leonardo da Vinci* entwarf bereits in dieser Zeit eine Hohlspiegelschleifmaschine, wahrscheinlich für Brennspiegel[6].

Mit der Entwicklung der Dampfmaschinentechnik im 18. Jahrhundert durch *Thomas Savery*, *Thomas Newcomen* und später *James Watt* wurde ein neues Zeitalter eingeläutet. Während die Rotgusszylinder der Dampfmaschinen auf Bohrwerken aufgebohrt und mit Öl, Schmirgel und einem Bleiklotz ausgeschliffen wurden, war zu der Zeit noch keine Drehmaschine mit festem Werkzeughalter zur Herstellung genauer Kolben vorhanden. Erst die Erfindung der Leitspindeldrehbank mit Werkzeugschlitten von *Henry Maudslay* (1771-1831) ermöglichte einen Qualitätssprung[7]. Ab 1860 führte die Entwicklung einer Universal-Fräsmaschine von *Joseph R. Brown* zu neuen Anwendungsgebieten. Allerdings war die Instandsetzung der aus gehärtetem Stahl bestehenden Fräswerkzeuge aufwendig. Verschlissene Werkzeuge mussten nach dem Weichglühen mittels Feile nachgearbeitet und anschließend erneut gehärtet werden. Aus diesem Umstand entstand 1868 von *Brown & Sharpe* die erste Universalschleifmaschine. Die ersten Schleifscheiben wurden aus Naturkorund von *Charles H. Norton* (1851-1942) in unterschiedlichen

[1] Spur 1991, S. 25ff
[2] Spur 1991, S. 76
[3] Mutz 2019
[4] Wipperkotten
[5] Spur 1991, S. 90
[6] Lohrmann
[7] Przywara 2006, S. 32ff

Qualitäten geliefert.[8] Gegen 1878 begann die Firma *Naxos-Union* in Frankfurt mit der Entwicklung von Maschinen zum Einsatz von Schleifrädern aus Korund, die das Anfangs aus Griechenland importierte Naxos-Schmirgel ablösten.[9] Von der Möglichkeit der Feinstbearbeitung von Oberflächen profitierte bald der gesamte Maschinenbau, da dies die Herstellung maßgenauer, präziser Bauteile aus gehärtetem Stahl ermöglichte.

1.1 Einordnung des Schleifprozesses

Das Schleifen mit rotierendem, vielschneidigen Werkzeug ist ein **trennendes Fertigungsverfahren**. Die in ihrer Art, Lage und Form geometrisch unbestimmten Schneidkörner sind durch ein Bindematerial zu einem rotationsymmetrischen Schleifkörper gebunden. Die Schleifkörper aus natürlichen oder synthetischen Schleifmitteln rotieren mit hoher Geschwindigkeit und erzeugen durch den Eingriff in das Werkstück eine Werkstofftrennung. Nach DIN 8589-11 gliedert sich das Fertigungsverfahren der Untergruppe „3.3.1 Schleifen mit rotierendem Werkzeug" in Plan-, Rund-, Schraub-, Wälz-, Profil- und Formschleifen (siehe Bild 1.1). Daneben gibt es noch weitere Verfahren oder Abwandlungen, deren Namen entweder an die Bearbeitungsaufgabe oder teilweise auch an den Maschinenhersteller gekoppelt sind. Jedes einzelne Verfahren stellt besondere Anforderungen an die Prozessführung und -gestaltung und hat ihre kinematischen Besonderheiten.

Das Schleifen ist häufig ein **Endbearbeitungsverfahren gehärteter Stahlwerkstoffe** mit einem Bearbeitungsaufmaß von wenigen Zehnteln oder Hundertsteln Millimetern. Oft steht es am Ende einer Prozesskette (Weichbearbeitung – Wärmebehandlung – Hartbearbeitung) zur **Erzeugung der Funktionseigenschaften** eines Bauteiles. Die Wertschöpfungskette ist damit schon recht lang, womit den letzten Bearbeitungsschritten eine besondere Aufmerksamkeit zukommt. Fehler in diesem Produktionsstadium führen i.d.R. zu einem beträchtlichen wirtschaftlichen Schaden.

Andererseits kann das Schleifen auch zur **Bearbeitung schwer zerspanbarer Werkstoffe** wie Glas, Keramik, Hartmetall oder Silicium genutzt werden. Da bei solchen Werkstoffen keine Weichbearbeitung möglich ist, ist hier das Bearbeitungsaufmaß in vielen Fällen hoch und entspricht der Differenz zwischen Halb-

[8] Przywara 2006, S. 78ff
[9] Spur 1991, S. 299

zeug/Rohling und Fertigprodukt. Das zu bearbeitende Werkstoffvolumen ist vergleichsweise groß und der Schleifprozess wird zur Vor- und Fertigbearbeitung genutzt.

Fertigungsverfahren

1 Urformen	2 Umformen	3 Trennen	4 Fügen	5 Beschichten	6 Stoffeigenschaften ändern

3.1 Zerteilen DIN 8588	3.2 Spanen mit geometrisch bestimmter Schneide DIN 8589-0	3.3 Spanen mit geometrisch unbestimmter Schneide DIN 8589-0	3.4 Abtragen DIN 8590	3.5 Zerlegen DIN 8591	3.6 Reinigen DIN 8592

3.3.1 Schleifen mit rotierendem Werkzeug DIN 8589-11	3.3.2 Band-schleifen DIN 8589-12	3.3.3 Hub-schleifen DIN 8589-13	3.3.4 Honen DIN 8589-14	3.3.5 Läppen DIN 8589-15	3.3.6 Strahl-spanen DIN 8200	3.3.7 Gleit-spanen DIN 8589-17

3.3.1.1 Planschleifen	3.3.1.2 Rundschleifen	3.3.1.3 Schraubschleifen	3.3.1.4 Wälzschleifen	3.3.1.5 Profilschleifen	3.3.1.6 Formschleifen

Bild 1.1 Übersicht über die Fertigungsverfahren nach DIN 8589

Neben dem Schleifen sind in der DIN 8589 noch weitere Fertigungsverfahren beschrieben, die ebenfalls geometrisch undefinierte Schneidkörner nutzen.

Das **Bandschleifen** nutzt als Grundkörper eine flexible Unterlage, auf dem die einzelnen Schneidkörner durch ein Bindungsmaterial aufgebracht sind. Das Schleifband umläuft mindestens zwei Rollen (Stützrollen) und in einigen Verfahrensvarianten zusätzlich Stützschuhe oder -platten, die den Kontakt zwischen Werkstück und Schleifband herstellen. I.d.R. kann beim Bandschleifen nur eine Kornlage aktiv genutzt werden. Die Bearbeitung geometrisch komplexer Konturen ist nicht möglich. Das Anwendungsspektrum dieses Verfahrens reicht von der Grobzerspanung von Gussstücken über das Messerschleifen bis hin zur Ultrafinishbearbeitung von hochgenauen Wellen. Wie beim Schleifen mit rotierendem Werkzeug wird beim Bandschleifen auch zwischen Umfangs- bzw. Seiten- und Längs- bzw. Quer- oder Schrägbandschleifen unterschieden. Technologische Zusammenhänge lassen sich in vielen Punkten ableiten und übertragen, wobei den Stützrollen beim Bandschleifen bzgl. ihrer geometrischen und mechanischen Eigenschaften (Größe, Härte,

Dämpfung, Anpresskraft, u.a.) eine besondere Bedeutung zukommt. Weiterführendende Zusammenhänge zum Bandschleifen sind z.B. in *DIN 8589-12, Heidtmann*[10], *Klocke*[11] zu finden.

Das in DIN 8589-13 beschriebene Plan- oder Profil-**Hubschleifen** nutzt eine translatorische Hin- und Herbewegung des Werkzeugs zum Werkstoffabtrag, ist in der ursprünglichen Form jedoch nicht mehr als Fertigungsverfahren in industriellen Anwendungen vertreten. Das Hubschleifen ist vielmehr durch das **Honen** abgelöst worden, das zusätzlich zur Rotation des Honwerkzeugs oder des Werkstücks zur Erzeugung einer Schnittgeschwindigkeit eine überlagerte oszillierende Bewegung verwendet. Die Honleisten werden i.d.R. mit einer Kraft auf die Werkstückoberfläche gedrückt, was den Werkstoffabtrag durch die Schneidkörner ermöglicht. Durch die kinematische Kopplung von Rotation und Oszillation entstehen gekreuzte oder bogenförmige Eingriffsbahnen der Schneidkörner und damit ungerichtete Bearbeitungsspuren. Eine sehr detaillierte Zusammenstellung der aktuellen Hontechnologie findet sich z.B. in *Klink*[12].

Das **Läppen** (DIN 8589-15) nutzt loses Korn in einem Fluid, um einen Werkstoffabtrag am Werkstück unter Zuhilfenahme eines Läppmittelträgers zu ermöglichen. Der Läppmittelträger drückt das Schneidkorn an die Werkstückoberfläche und führt zusätzlich eine Bewegung aus, sodass das Schneidkorn raumgebunden durch eine abrollende Bewegung zu einem Werkstoffabtrag führt. Zu den Hauptanwendungen gehören die Erzeugung von ebenen Flächen (keramische Dichtscheiben, ebene Waferflächen) oder das Zerteilen von hochharten Werkstoffen (Drahtschneiden von Wafern). Für weiterführende Informationen siehe z.B. *Klocke*[13], *Wolters*[14].

Beim **Strahlspanen** wird das Schneidmittel durch die kinetische Energie eines Strahlmediums (Luft oder Fluid) auf die Werkstückoberfläche transportiert und führt dort durch einen Aufprall zum Werkstückabtrag. (s. z.B. *Klocke*[15])

Das **Gleitschleifen bzw. Gleitspanen** (DIN 8589-17) verwendet wiederum gebundene Schneidkörner, die mittels einer Bindung zu kleinen Pellets verbacken werden. Zusammen mit i.d.R. vielen kleinen Werkstücken werden diese Pellets in schwingungsangeregten oder rotierenden Maschinen zu einem Werkstoffabtrag durch gegenseitiges Aneinandergleiten angeregt. Damit lassen sich sehr gute Oberflächenqualitäten, allerdings keine gezielten Maß- und Formänderungen erreichen. Zumeist liegt das Aufgabenfeld in der Oberflächenveredelung und dem

[10] Heidtmann 2014, S. 670ff
[11] Klocke 2018, S. 225ff
[12] Klink 2015
[13] Klocke 2018, S. 341ff
[14] Wolters 2014, S. 907ff
[15] Klocke 2018, S. 384ff

Entgraten von kleinen Serienbauteilen. Beim Trommel-, Vibrations-, Tauch-, oder Schleppgleitschleifen kommen gebundene Schleifpellets, beim Druckfließläppen Schleifpasten zum Einsatz. [16]

1.2 Wirkprinzip des Schleifens

Alle Schleifverfahren mit rotierendem Werkzeug nutzen das gleiche Wirkprinzip: Eine mit hoher Umfangsgeschwindigkeit rotierende Schleifscheibe wird durch eine entsprechende Zustell- und Vorschubbewegung durch das Werkstück bewegt. Die einzelnen Schneiden erzeugen durch ihren Eintritt in den Werkstoff eine Werkstofftrennung. Damit kann das Verfahren als **„bahn- bzw. weggebundenes" Fertigungsverfahren** aufgefasst werden. Die Bahnsteuerung der einzelnen Schneiden erfolgt durch die Rotation des Schleifwerkzeugs in Verbindung mit einer Zustell- und/oder Vorschubbewegung relativ zum Werkstück, die durch die Steuerung der Schleifmaschine übernommen wird.

Vielfach wird das Schleifen zur Endbearbeitung vorbearbeiteter Werkstücke mit einer Härte größer HRC 45 zur Verbesserung der Werkstückqualität wie Rauheit, Maß- und Formgenauigkeit sowie Randzonenausbildung eingesetzt. Durch Weiterentwicklungen von Schleifverfahren, -maschinen und -werkzeugen können heute aber auch große Werkstoffvolumina zerspant werden, um z.B. Prototypbauteile aus dem Vollen herzustellen, ohne zusätzlich geometrisch bestimmte Werkzeuge zur Vorbearbeitung nutzen zu müssen.

Makroskopisch betrachtet ergibt sich eine **Kontaktfläche A_k** (Berührfläche) zwischen Schleifwerkzeug und Werkstück, die durch die **Breite des Werkzeugeingriffs a_p** und die **Kontaktlänge l_g** beschrieben wird. Die einzelnen Schneiden führen zu einer Vielzahl von einzelnen Werkstoffabträgen mit jeweils sehr kleinen **Einzelkornspanungsdicken h_c**. Die abgetrennten Späne werden mithilfe des Spanraums der Schleifscheibe aus der Kontaktzone heraus transportiert. Durch die hohen Umfangsgeschwindigkeiten von v_s = 10 bis 180 m/s erfolgt die Werkstofftrennung in einem kurzen Zeitintervall. Im Vergleich zu Zerspanverfahren mit geometrisch definierter Schneide ist der Energiebedarf beim Schleifen aufgrund der kleinen Spanungsdicken sowie der negativen Spanwinkel und kaum vorhandenen Freiwinkel relativ groß. Die damit verbundenen großen Reibanteile bei der Spanbildung führen zu hohen Temperaturen im Kontaktbereich zwischen Schneide und Werkstoff, womit das Schleifen i.d.R. nur unter Verwendung von

[16] z.B. Klocke 2018, S. 389ff

Kühlschmierstoff möglich ist. Ein optimales Schleifergebnis kann somit nur durch einen Kompromiss bzw. das Gleichgewicht zwischen den reibungsbedingten thermischen und den mechanischen Wirkungen infolge der wirkenden Kräfte erreicht werden.

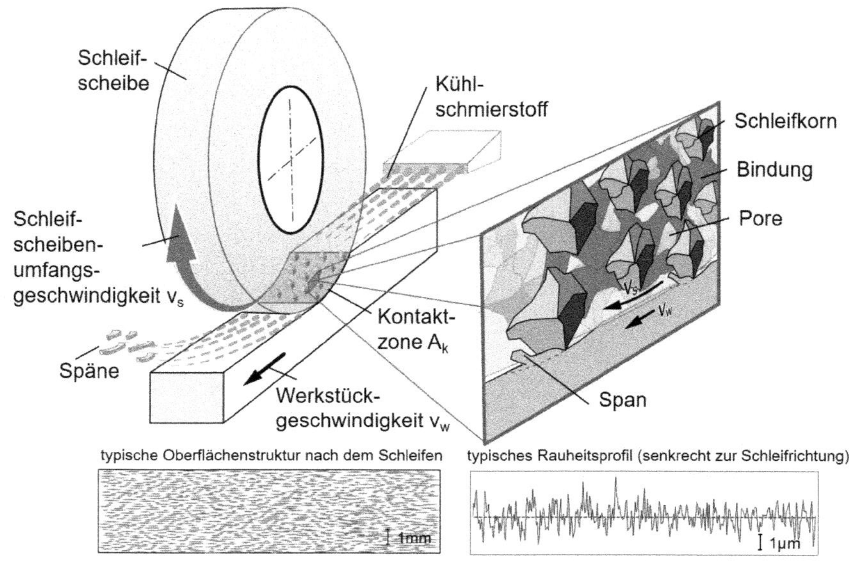

Bild 1.2 Prinzip des Schleifens und erzeugte typische Oberflächenausbildung

Grundsätzlich werden durch das Schleifen gerichtete Oberflächenstrukturen erzeugt. Die einzelnen Schneideneingriffe infolge der hohen Umfangsgeschwindigkeit v_s und der bahngesteuerten Zustell- und Vorschubbewegung der Schleifscheibe und/oder des Werkstücks v_w führen zu einem Werkstoffabtrag, der durch eine ausgeprägte Vorzugsrichtung der einzelnen kleinen Spanspuren im Werkstück gekennzeichnet ist. Quer zur Bearbeitungsrichtung ergibt sich ein charakteristisches Rauheitsprofil, das eine unregelmäßige Struktur aufzeigt (s. Bild 1.2).

1.3 Kenngrößen des Schleifprozesses

Schleifprozesse sind durch eine Vielzahl von Parametern (Eingangsgrößen) beeinflusst. Die für einen Schleifprozess eingesetzte Maschine ist z.B. gekennzeichnet durch Steifigkeit, Dämpfungsvermögen, Antriebsleistung, Kühlschmierstoff oder auch durch die Spannmöglichkeit für ein Werkstück. Daneben lassen sich die Umfangsgeschwindigkeit, Zustellung, Vorschubgeschwindigkeit und eine Reihe anderer Parameter ändern, um einen Einfluss auf den Prozess nehmen zu können.

Unterschieden werden drei Arten von Eingangsgrößen: Zum Ersten **Systemgrößen**, die sich nicht unmittelbar ändern lassen und von der eingesetzten Technik abhängen. Zum Zweiten änderbare **„direkte" Stellgrößen** die eine direkte Einflussnahme auf den Prozessverlauf ermöglichen; und zum Dritten **„abgeleitete Stellgrößen"**, die sich aus den Stellgrößen und/oder Systemgrößen ableiten bzw. berechnen lassen.

Zu den **Systemgrößen** zählen Maschinenausführung, Werkstück, Schleifscheibenspezifikation und -geometrie, Abrichtwerkzeug, Kühlschmierstoff, Werkstückspannung oder Auswuchtung.
Direkte Stellgrößen sind Schleifscheibenumfangsgeschwindigkeit v_s, Werkstückgeschwindigkeit v_w, Zustellung a_e, Vorschub v_f oder Abrichtbedingungen.
Abgeleitetete Stellgrößen sind berechnete Größen wie das Zeitspanvolumen Q_w, Schleifgeschwindigkeitsverhältnis q_s, Kontaktlängen l_g bzw. -flächen A_k, Spanungsdicken h_c, Schleifüberdeckungsgrade U_s.
■

Je nach Belastung der Schleifscheibe infolge der eingesetzten Stell- und Systemgrößen können sich während der Bearbeitung sehr unterschiedliche Prozessverläufe ergeben. Die sich damit verändernden **Prozessgrößen** führen zu einer Änderung der **Ergebnisgrößen,** wobei das wirtschaftliche Endergebnis wie z.B. die Mengenleistung oder die Fertigungskosten von besonderem Interesse sind. Eingangsgrößen sind die System- und Stellgrößen eines Prozesses.

Prozessgrößen sind Temperaturen, Kräfte, Leistungen, Energieumsetzung, Geräusche (Körperschall, Acoustic Emission), Schwingungen[17] oder die Bearbeitungszeit.

---

[17] Im Prozess auftretende Schwingungen sind i.d.R. unerwünscht und zählen daher auch zu den Störgrößen.

Die **Ergebnisgrößen bzw. Ausgangsgrößen** sind Oberflächenqualität, Form- und Maßgenauigkeit, Randzonenbeeinflussung oder Werkzeugverschleiß, Mengenleistung, Fertigungskosten.

Nach Bild 1.3 kann der Schleifprozess als ein komplexes System aufgefasst werden. Die Eingangsgrößen bilden die Stell- und Systemgrößen des Prozesses. Während des Prozesses wirken die Prozessgrößen und beeinflussen die Ausgangsgrößen und damit das Arbeitsergebnis.

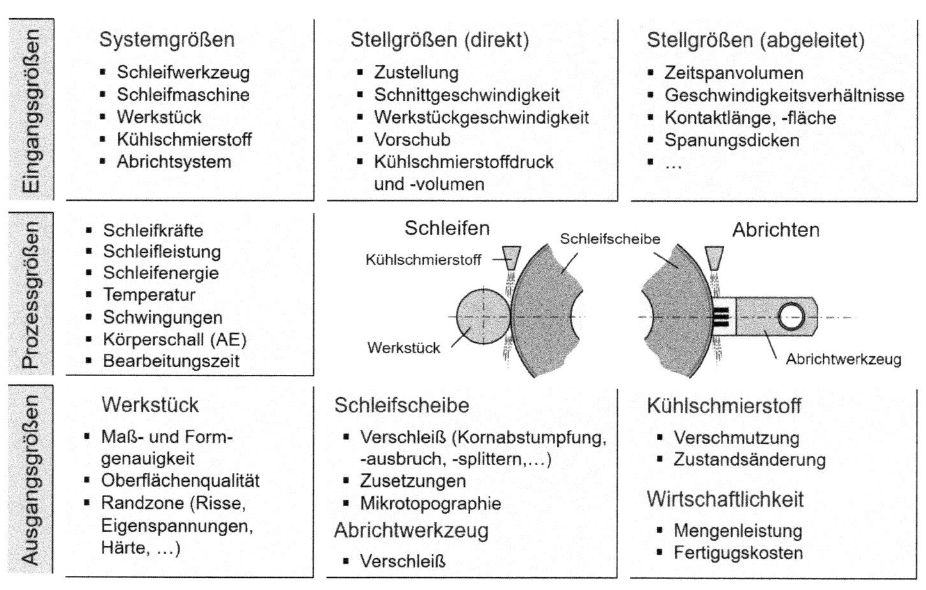

Bild 1.3 Der Schleifprozess und seine Kenngrößen

Die Leistungsfähigkeit des Schleifwerkzeugs selbst wird nicht nur durch seinen Aufbau (Kornart, Bindung, Struktur/Gefüge) bestimmt, sondern ebenfalls durch die Einsatzvorbereitung. Die einzelnen Schleifkörner können während des Prozesses brechen, abstumpfen, splittern, oder die Porenräume können durch Werkstoffreste zugesetzt werden. Damit ändert sich das Prozessverhalten. Um für die entsprechende Bearbeitungsaufgabe stets eine schnittfreudige Schleifscheibe mit entsprechendem Profil zur Verfügung zu haben, müssen die meisten Schleifscheiben in regelmäßigen Abständen auf den Schleifprozess „vorbereitet" werden. Daher kommt bei vielen Schleifprozessen noch mindestens ein weiterer Prozessschritt zum Tragen: das **Abrichten** (genauer, aber weniger gebräuchlich das **Konditionieren**), d.h. die Schleifscheibe wird für den Schleifprozess vorbereitet. Durch diesen zusätzlichen Prozessschritt werden die Geometrie und Schnittfreudigkeit der Schleifscheibe wiederhergestellt.

In den meisten Fällen werden Werkstoff und Geometrie eines Bauteils von der **Konstruktion und Entwicklung** festgelegt, um ein gewünschte Funktionseigenschaft zu erreichen. Dabei muss die Konstruktion eines technischen Produktes (Maschine, Anlage, Apparat, Gerät, Bauteil) bereits so ausgeführt sein, dass seine Fertigung möglich ist. Das Arbeitsergebnis der Konstruktion sind die für die Fertigung nötigen Unterlagen, d.h. i.d.R. die technischen Zeichnungen mit Angaben zum Werkstoff und den Gestaltungsmaßen mit den geforderten Qualitätsvorgaben wie Toleranzen, Maß-, Form- und Lagetoleranzen, Rauheiten und ggf. Randzoneneigenschaften wie Angaben zu Eigenspannungen.

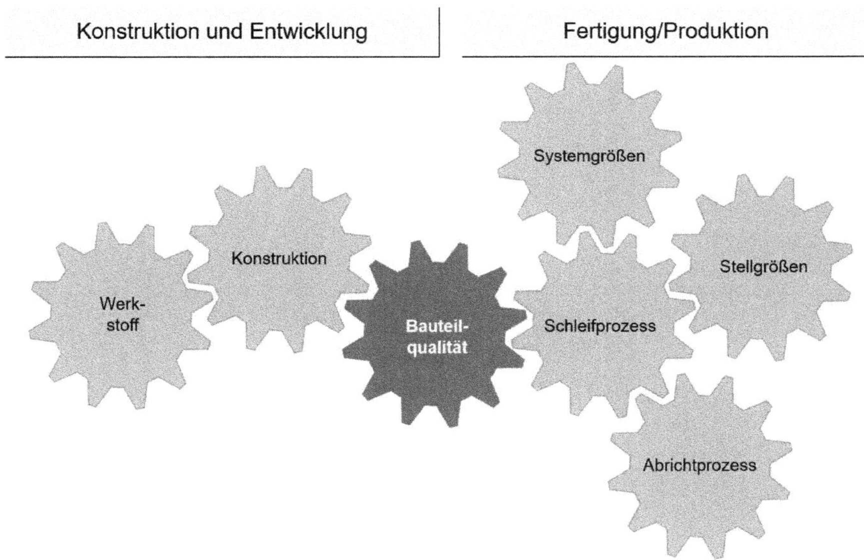

Bild 1.4 Parameter zur Optimierung des Schleifprozesses

Die zentrale Aufgabe der **Fertigung** ist es, die in der Werkstückzeichnung definierten Qualitätsvorgaben unter wirtschaftlichen Aspekten herzustellen. Jeder Fertigungsprozess wird dabei durch die Stell- und Systemgrößen und zusätzlich durch Prozessstörungen beeinflusst. Äußerst komplex sind diese Zusammenhänge bei dem Fertigungsverfahren Schleifen, da oft schwer zu bearbeitende Werkstoffe mit einer i.d.R. hohen Härte und hohen Qualitätsvorgaben zu bearbeiten sind. Das Zusammenspiel zwischen Maschine, Kühlschmierstoff (KSS), Schleifscheibe und dem Abrichtprozess mit seiner Vielzahl an Stell- und Systemgrößen führt zu einer Komplexität, die so hoch ist, dass bislang keine Simulation in der Lage war, die Vorgänge beim Schleifen auch nur halbwegs vollständig und realitätsnah zu beschreiben[18].

Bild 1.4 verdeutlicht die hohe Komplexität des Schleifens. Bereits kleine Veränderungen der Stellgrößen, aber auch Änderungen der Systemgrößen beeinflussen den Schleifprozess und damit die Bauteilqualität. Zusätzlich sind viele Schleifprozesse auf einen weiteren Prozess – den Abrichtprozess – angewiesen, womit die Anzahl der Parameter des Gesamtprozesses noch einmal deutlich steigt. In den meisten Fällen ist eine optimale Prozessführung nur durch das Zusammenspiel zwischen den am Prozess beteiligten Personen aus den Bereichen Maschine und Werkzeug erreichbar.

Um die Komplexität des Schleifens noch weiter zu verdeutlichen, verknüpft Bild 1.5 die wesentlichen Wechselwirkungen des Prozesses schematisch am Beispiel eines Bauteils, dessen Rauheit im Schleifprozess verbessert werden soll *(Rz geringer)*. Da die Schleifscheibentopographie und die damit verbundene Spanbildung letztlich die Oberflächenqualität des Werkstücks beeinflusst, kann die bessere Rauheit am Werkstück nur durch eine *„feinere Schleifscheibenmikrostruktur"* erreicht werden. Um dies zu erreichen, können eine feinere Schleifscheibe (⇨ Systemgröße), veränderte Abrichtbedingungen (⇨ Stellgröße) oder angepasste Schleifbedingungen (⇨ veränderte Stellgrößen) verwendet werden.

Bei unveränderter Wirtschaftlichkeit führt eine feine Mikrostruktur der Schleifscheibe jedoch i.d.R. zu größeren Schleifkräften. Infolge der höheren Reibung während der Spanbildung entstehen größere Prozesstemperaturen, die durch die wirkenden Kräfte, Leistungen und Energieumsetzungen hervorgerufen werden. Die erhöhten Temperaturen können wiederum Gefügeschädigungen hervorrufen und Zugeigenspannungen im oberflächennahen Bereich der bearbeiteten Oberfläche auslösen. Im Extremfall kann es zu Rissen oder Oberflächenverfärbungen (Schleifbrand) des Bauteils kommen. Aber auch schon nicht-sichtbare Veränderungen in Form von veränderten Spannungszuständen in unmittelbarer Nähe der bearbeiteten Oberfläche können negative Auswirkungen auf das Festigkeitsverhalten des Bauteils haben. Diese als **Randzonenbeeinflussung** (s. Kap. 1.8.3) bezeichneten Zustände beschreiben die Werkstoffeigenschaften unterhalb der Oberfläche und

[18] vgl. Paul 1994

sind durch Gefüge-, Härte-, Versetzungsdichte- und Eigenspannungsveränderungen, im Extremfall auch durch Rissbildung, gekennzeichnet.

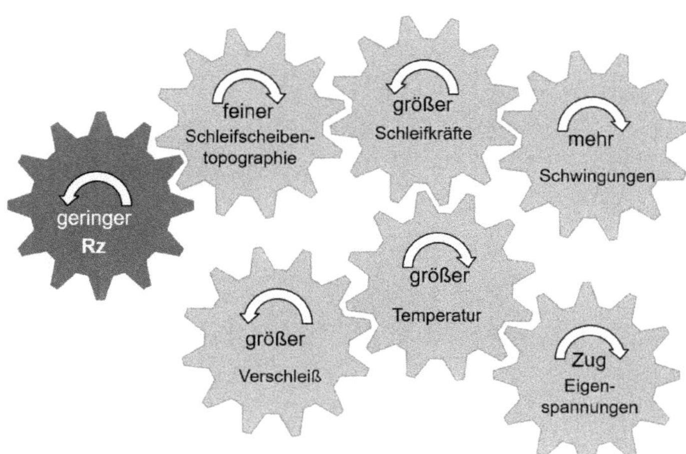

Bild 1.5 Wechselwirkungen beim Schleifen

Die thermischen und mechanischen Belastungen führen i.d.R. zu einem erhöhten Verschleiß am Schleifwerkzeug durch Kornausbruch, - abrieb, -abstumpfung oder Zusetzung, womit die Wirtschaftlichkeit negativ beeinflusst wird. Die veränderte Schleifscheibentopographie bedingt mechanische, thermische und dynamische Rückkopplungseffekte, die in Abhängigkeit der Maschinen- und Bauteilsteifigkeit ihrerseits auch wieder das Schleifergebnis beeinflussen. Ziel ist es daher, alle System-, Stell- und Prozessgrößen beim Schleifen so zusammenwirken zu lassen, dass sich ein stationäres Prozessverhalten einstellt, das unter den gegebenen Randbedingungen optimale Resultate in Bezug auf Bauteilqualität, Mengenleistung und Prozesskosten erzielt.

Wenn dieser Zustand erreicht und eingestellt ist, ist **das Schleifen ein grundsätzlich sehr „robuster", reproduzierbarer Fertigungsprozess**. Sind die Randbedingungen zum Erzeugen einer gewünschten Qualität in einem Schleifprozess einmal definiert und lassen sich diese über einen längeren Zeitraum reproduzierbar einhalten (durch z.B. reproduzierbare Systemgrößen wie Schleifwerkzeug, Abrichtwerkzeug, Kühlschmierbedingungen usw.), hat das Schleifen im Bereich der Serienfertigung gegenüber vielen anderen Hartbearbeitungsprozessen große Vorteile.

1.4 Systemgrößen des Schleifprozesses

Als Systemgrößen werden die „nicht-direkt-veränderbaren" Eingangsgrößen eines Schleifprozesses definiert: sie sind „vom System vorgegeben". Dazu gehören i.d.R. die Schleifscheibe, die Schleifmaschine, das Werkstück mit der entsprechenden Werkstückaufnahme, der Kühlschmierstoff mit der entsprechenden Aufbereitung und den Düsensystemen sowie das auf der Maschine installierte Abrichtsystem.

1.4.1 Schleifscheiben

Das zentrale Element in einem Schleifprozess bildet die Schleifscheibe. Im Zusammenhang mit einer Prozessauslegung ist die Ausführung der Schleifscheibe mit ihrem Schleifmittel und der Bindung aber auch dem Grundkörper zu definieren. Diese Entscheidung kann in vielen Fällen nicht ohne Kenntnis der Maschine erfolgen. Die Systemgrößen Antriebsleistung, Spindeldrehzahl, Kühlschmierstoff, Steifigkeit usw. lassen nicht alle möglichen Konstellationen zu und schränken die möglichen Schleifscheibensysteme ein. Grundsätzlich ist die Entscheidung zu treffen, ob der Prozess mit abrichtbarer oder nicht-abrichtbarer Schleifscheibe betrieben werden soll (s. Bild 1.6).

Bei den **nicht-abrichtbaren Schleifscheiben** handelt es sich um Werkzeuge mit einem einschichtigen Belag aus CBN oder Diamant. Der Werkstoffabtrag und die Erzeugung der geforderten Profilgeometrie des Werkstücks erfolgt nur mit einer Lage Schleifkorn. Das Werkzeug, mit dem sich auch komplexe Profile erzeugen lassen, ist nur durch einen Schleifbelagwechsel durch den Werkzeughersteller regenerierbar. Die Prozessführung ist somit eingeschränkt und nur durch Änderungen der Stellgrößen (wie Schnittgeschwindigkeit oder Zustellung) zu beeinflussen. Da die Werkzeuge geometriegebunden vom Werkzeuglieferanten geliefert werden, kann im Prozess selbst kein Einfluss auf die entstehende Geometrie des Werkstücks genommen werden. Daher sind diese Werkzeuge häufig in der Serienfertigung (z.B. Zahnrad- oder Ventilfertigung) anzutreffen.

Die **abrichtbaren Schleifscheiben** lassen sich in zwei Kategorien unterteilen:

Konventionelle Schleifscheiben bestehen aus i.d.R. Korunde- oder Siliciumcarbidkörnern, die mittels verschiedener Bindungen zu einem Volumenkörper gebacken werden. Bis auf den durch den Flansch abgedeckten Teil der Scheibe kann das gesamte Schleifscheibenvolumen genutzt werden. Da konventionelle Schneidstoffe einen erhöhten Verschleiß unterliegen, muss der aktive Schleifbereich in regelmäßigen Abstanden **abgerichtet** werden (strenggenommen: **konditioniert**). Damit verliert die Schleifscheibe an Durchmesser, sodass die Maschinensteuerung diesen Verlust entsprechend kompensieren muss. Der Aufbau von konventionellen Schleifscheiben wird in Kap. 2, die verschiedenen Arten der Einsatzvorbereitung (das Abrichten) in Kap. 4 behandelt.

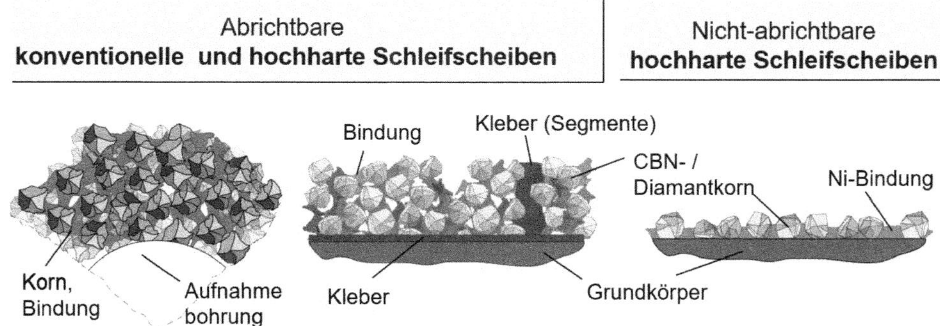

Bild 1.6 Abrichtbare und nicht-abrichtbare Schleifscheiben

Hochharte Schleifscheiben (engl. *super abrasives*) nutzen für die Stahlbearbeitung CBN (kubisches Bornitrid) und für die Bearbeitung von Nichteisenmetallen (Hartmetall, Keramik, Glas...) Diamant. Der Schleifbelag von einigen Millimetern Dicke ist i.d.R. auf einen Grundkörper geklebt. Auch diese Werkzeuge unterliegen einem Verschleiß und müssen daher in regelmäßigen Abständen abgerichtet bzw. profiliert werden. Hochharte Schleifscheiben lassen sich auch in einer einschichtigen Variante herstellen. Diese als *galvanische Schleifscheiben* bezeichneten Werkzeuge nutzen nur eine Kornlage CBN oder Diamant und können daher in ihrer Geometrie nicht verändert werden. Sie zählen zu den nicht-abrichtbaren Schleifscheiben.

Durch die Art des Schleifmittels ist die Prozessführung bereits in weiten Teilen vorgegeben. Durch den Schleifscheibenverschleiß und dem damit notwendigen Abrichtprozess wird die Schleifscheibe kontinuierlich kleiner. Damit wiederum verändern sich die Kontaktbedingungen zwischen Werkzeug und Werkstück.

Die Kontaktverhältnisse zwischen Schleifwerkzeug und Werkstück werden neben den Stellgrößen Zustellung bzw. Vorschub auch von der Geometrie des Werkstücks (außenrund, innenrund oder flach) und besonders von dem Durchmesser des Schleifwerkzeugs bestimmt.

Insbesondere auf Maschinen, die keine v_c-konstant-Regelung haben, sondern mit einer festen Schleifscheibendrehzahl arbeiten, ist die Änderung des Schleifscheibendurchmessers während einer Schleifperiode zu beachten, da sich damit eine

Reihe abgeleiteter Stellgrößen ändern und dies Auswirkungen auf den Prozessverlauf hat.

Für eine störungsfreie Bearbeitung ist es erforderlich, die schnelllaufende Schleifscheibe zusammen mit ihrem Flansch zu wuchten. Eine **Unwucht** tritt bei jedem rotierenden Köper auf, dessen Rotationsachse nicht mit der Hauptträgheitsachse übereinstimmt. Es können Schwingungen auftreten, die den regulären Prozessablauf negativ beeinflussen. Zusätzlich zur Unwucht ist auch die **Exzentrizität**, d.h. der Rundlauf der Schleifscheibe von großer Bedeutung.

1.4.2 Schleifmaschine

Eine der komplexesten Systemgrößen ist die Schleifmaschine selbst, die durch ihre Haupt- und Achsantriebe, Führungssysteme, Abmaße des Arbeitsraumes, Spannsysteme, Kühlschmierstoffversorgung, Einhausung usw. definiert wird. Wichtige Kenngrößen einer Schleifmaschine sind die Antriebsleistung und -drehzahl, Verfahrgeschwindigkeiten, Zustellgenauigkeiten, Steifigkeiten in den Achsen, Anordnung und Art der Abrichteinheit usw. Da weitere Ausführungen den Umfang dieses Buches sprengen würden, wird an dieser Stelle auf weiterführende Literatur von z.B. *Brecher*[19], *Oppelt*[20,21], *Lierse*[22], *Fiebelkorn*[23], *Otto*[24], *Reichel*[25], *Lang u. Saljé*[26], *Schriefer*[27] verwiesen.

1.4.3 Werkstückaufnahme

Jedes zu schleifende Werkstück muss während der Bearbeitung festgehalten werden. Für die unterschiedlichen Schleifanwendungen gibt es eine Vielzahl an Spannmöglichkeiten bzw. Werkstückaufnahmen, die sich nach der Art der Betätigung unterscheiden (s. auch *Corsico*[28]).

[19] Brecher 2019, S. 185ff
[20] Oppelt 2014, S. 600ff
[21] Oppelt 2015, S. 655ff
[22] Lierse 2015, S. 630ff
[23] Fiebelkorn 2014, S. 620ff
[24] Otto 2014, S. 643ff
[25] Reichel 2014 S. 665ff
[26] Lang u. Saljé 1989, S. 93ff
[27] Schriefer 2008
[28] Corsico 2014, S. 590ff

Runde, kegelige Werkstücke lassen sich mittels **passiver Mitnehmer** in Form von flachen Kegelwinkeln, die durch Reib- und Formschluss eine Selbsthemmung zwischen Werkstück und Aufnahme erzeugen, spannen (s. Bild 1.7).

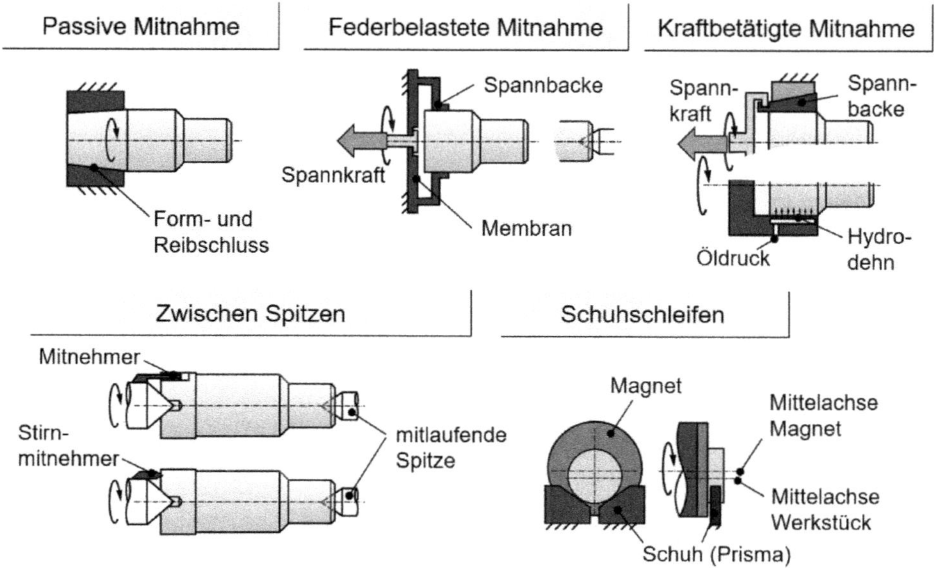

Bild 1.7 Spannen runder Werkstücke

Federbelastete Spannmittel erzeugen durch eine permanente Lastwirkung einen Mitnahmeeffekt. Spannzangen oder Hydrodehnspannfutter sind **manuell selbsthemmende oder kraftbetätigte Spannmittel.** Beim **Spannen kurzer Werkstücke** bis zu einem Verhältnis L/D < 3 reicht häufig eine **einseitige (fliegende) Einspannung** aus. Da die zu bearbeitenden Werkstücke in den meisten Fällen keinen **Spannkegel** aufweisen, werden zylindrische Wellen häufig feder- oder kraftbelastet mit **Membranfedern, Spannhülsen** oder **Hydrodehnelementen** gespannt. Werkstücke mit einem Verhältnis L/D > 3 sollten zusätzlich mittels **Zentrierspitze** über den Reitstock abgestützt werden. Sofern der gesamte Durchmesserbereich bearbeitet werden soll, oder um bestmögliche Umspannergebnisse zu erhalten, ist die **Bearbeitung zwischen Spitzen** möglich, wobei die angetriebene Spitze in den meisten Fällen einen Mitnehmer aufweist. Für sehr lange, schlanke Bauteile (L/D > 10) werden zusätzlich **Lünetten** eingesetzt, die ein Durchbiegen des Werkstücks durch das Eigengewicht bzw. die Bearbeitungskräfte verhindern.

Eine Variante der Spitzenlosbearbeitung ist das **Schuhschleifen**, bei dem die

Werkstücke auf Prismen geführt und mittels einer Magnetspannung am axialen Wandern gehindert werden. Damit lassen sich besonders gute Rundheiten (Innen- und Außenbearbeitung) erreichen. Weiterhin wird auch die **Magnetspannung** über die Planfläche des Werkstücks eingesetzt, sofern die Werkstückgewichte und die Anlageflächen dies erlauben.[29]

Prismatische Werkstücke für eine Plan- oder Profilschleifbearbeitung werden vielfach auf Permanent- und/oder Elektro-Magnet-Spannplatten fixiert. Beim Einsatz der Magnetspannung für dünnwandige und filigrane Werkstücke ist auf das Verbiegen infolge der Magnetkraft zu achten (Rückfederungseffekt). Sehr komplexe Werkstücke können für die Bearbeitung auch in aushärtende Kunststoffe oder niedrigschmelzende Metalllegierungen eingossen werden.

1.4.4 Kühlschmierstoff, -reinigung, -zuführung

Die *primären Aufgaben* von Kühlschmierstoffen sind[30]:

- Reduzierung der Reibung zwischen der Schleifscheibe (Schleifkorn und Bindung) und dem Werkstück
- Kühlung der Kontaktzone und der Werkstückoberfläche

Zusätzlich müssen durch den Kühlschmierstoff folgende weitere *sekundäre Aufgaben* übernommen werden:

- die Späne aus der Kontaktzone transportieren
- die Schleifscheibe und das Werkstück reinigen
- die Maschine und das Werkstück gegen Korrosion schützen

Grundsätzlich lassen sich die Kühlschmierstoffe in die drei Gruppen nicht-wassermischbar, wassermischbar und wassergemischt gliedern. Nach DIN 51385 werden die Kühlschmierstoffe in einer Reihe Untergruppen geführt.[31,32]

In vielen Schleifanwendungen kommen wassermischbare Kühlschmierstoffe wie Emulsionen oder Lösungen zum Einsatz, die neben einer guten Schmierwirkung den Prozess auch sehr gut kühlen. Zudem sind Verwirbelungen bzw. die zerstäubten Nebel von Emulsionen und Lösungen nicht brennbar bzw. explosiv. Sicherheitsvorrichtungen an der Maschine sind damit nicht erforderlich.

---

[29] Fiebelkorn 2014, S. 637

[30] vgl. z.B. Klocke 2018, S. 119ff

[31] siehe dazu auch z.B. Meister 2011, S. 295ff

[32] siehe dazu auch Heinzel 1999

Kühlschmierlösungen sind aus Wasser und einer bis zu 10%-igen, mineralölfreien, vollsynthetischen Konzentraten aus z.B. Polymeren und Salzen gemischt. Da keine Emulgatoren eingesetzt werden müssen, tritt eine Schaumbildung kaum auf. Wegen der schlechten Schmierwirkung werden die Konzentrate i.d.R. zusätzlich mit entsprechenden Additiven angereichert. Die im Vergleich zu Emulsionen teuren Kühlschmierlösungen sind deutlich langlebiger und bei entsprechender Reinigung von Fremdölverschmutzungen weniger anfällig gegen Schimmel-, Bakterien- und Pilzbildung.[33]

Kühlschmieremulsionen sind 3,5 bis 10%-ige Mischungen eines emulgierbaren, ölhaltigen und häufig additivierten Konzentrats mit Wasser. Der Ölanteil im Konzentrat kann zwischen 10 und 80% liegen, womit sich die Schmierwirkung besser an den Prozess anpassen lässt als bei Lösungen. Allerdings neigen Emulsionen zur Schaumentwicklung und sind bei ungenügender Wartung anfällig für einen Bakterien-, Schimmel-und Pilzbefall. Trotz einer notwendigen regelmäßigen (wöchentlichen) Kontrolle der Konzentration und des ph-Wertes beträgt die Lebensdauer einer Emulsion i.d.R. nur ca. 3 bis 6 Wochen.[34]

Hochleistungsschleifprozesse nutzen heute außerdem **Schleiföle** auf Basis additivierter Mineralöle oder nativer Esteröle. Schwefel- und Chlorverbindungen sowie andere Additive verbessern die Schmierung des Grundöls und reduzieren den Werkzeugverschleiß. Diese niedrigviskosen Öle haben grundsätzlich eine geringere Kühlwirkung als wasserbasierte Kühlschmierstoffe, sind aber in vielen Fällen technologisch überlegen und durch ihre lange Lebensdauer sehr wirtschaftlich.

Schleifprozesse mit CBN- oder Sinterkorund-Schleifscheiben bei Schnittgeschwindigkeiten v_S > 80 m/s werden heute häufig mit stark legierten (additivierten) Schleifölen auf vollgekapselten Schleifmaschinen realisiert, die wegen der Brandgefahr über entsprechende Explosionsklappen und Feuerlöscheinrichtungen verfügen müssen.

Da die Kühlschmierstoffe in einem Kreislaufsystem arbeiten, hat die **Kühlschmierstoff-Reinigung** bei allen Schleifprozessen eine große Bedeutung[35]. Für die Reinigung des aus der Schleifzone rückfließenden Kühlschmierstoffs stehen unterschiedliche Anschwemm-, Band-, Zentrifugenfilter und für ferromagnetische Späne Magnetabscheider zur Verfügung. Das Reinigen des mit Schleifspänen verunreinigten Kühlschmierstoffs kostet Zeit, sodass das Gesamtkühlschmierstoffvolumen ausreichend dimensioniert sein muss. Viele Einzelanlagen benötigen Kühl-

[33] Klocke 2018, S. 126
[34] Klocke 2018, S. 124ff
[35] Klocke 2018, S. 136ff

schmierstoffvolumina von 2 bis 4 m^3, um eine ausreichende Kühlschmierstoffversorgung in der Schleif- und Abrichtzone zu gewährleisten. Insbesondere bei hochgenauen Schleifanwendungen ist eine exakte Temperierung des Kühlschmierstoffs auf wenige Zehntel °C durch spezielle Kühlaggregate erforderlich, um den Wärmegang der Maschine zu stabilisieren.

Mit der Weiterentwicklung der Hochleistungsschleifprozesse ist die Art der **Kühlschmierdüsen** und die Dimensionierung der Pumpen immer wichtiger geworden. Neben Rund-, Flachschlitz- oder Formdüsen sind heute Kammer- bzw. Schuh- und Nadeldüsen im Einsatz, die im Hinblick auf die Strömungseigenschaften an die jeweilige Bearbeitungsaufgabe angepasst sind[36]. Bei hohen Schleifscheibenumfangsgeschwindigkeiten bis v_s = 120 m/s müssen die Systemdrücke je nach Anwendung bis 80 bar ausgelegt werden, sodass die Kühlschmier-Pumpen häufig Antriebsleistungen von bis zu 25 kW aufweisen.

1.4.5 Abrichtsystem

Alle Schleifanwendungen mit abrichtbaren Schleifscheiben benötigen den zusätzlichen Prozess **„Abrichten“**, um die verschlissene Schleifscheibe zu regenerieren, d.h. in regelmäßigen Abständen in einen schnittfreudigen Zustand zu überführen, und die Geometrie des Schleifbelags zu erneuern. Wie in späteren Kapiteln detailliert beschrieben wird, gibt es eine Reihe unterschiedlicher Abrichtverfahren, die i.d.R. Diamantwerkzeuge nutzen. Mithilfe des Diamantwerkzeuges wird die Mikro- und Makrostruktur der Schleifscheibe wiederhergestellt, um die geforderten Qualitäten am Werkstück kontinuierlich zu erzeugen. Im einfachsten Fall wird der Abrichtprozess mit einem stehenden, einschneidigen Diamantwerkzeug ausgeführt. Damit ist das Abrichtsystem relativ einfach aufgebaut: im Maschinenraum befindet sich an geeigneter Stelle ein **Abrichterhalter**. Diese Aufnahmen sind häufig durch den Maschinenhersteller definiert, sodass es eine Vielzahl verschiedener Halter auf dem Markt gibt. Als Standard kann der Morsekegel (MK0, MK1) oder der zylindrische Schaft (z.B. ø 8 mm oder ø 10 mm) angesehen werden. Es gibt jedoch auch nach Maschinenherstellern benannte Systeme, die z.B. einen Kegel verwenden. Abrichtplatten werden häufig in Schwenk- und Wechselhalter gespannt, die dann in die zylindrische oder Morsekegelaufnahme im Maschinenraum eingebracht werden. Bei einem Werkzeugwechsel ist auf die exakte Ausrichtung des Abrichtwerkzeugs zu achten.[37]

---

[36] z.B. Montandon 2018

[37] VDI 3392-1

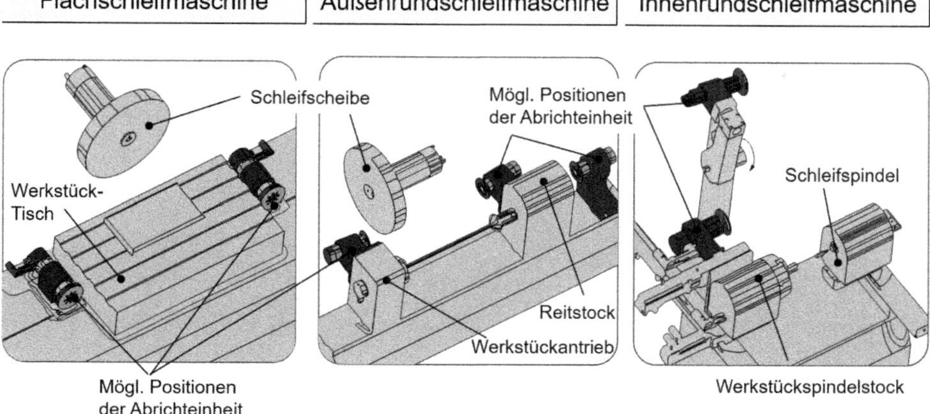

Bild 1.8 Unterschiedliche Positionen von Abrichtspindeln auf einer Flach-, Außenrund- und Innenrundschleifmaschine

Andere Abrichtverfahren nutzen rotierende Diamantwerkzeuge (Form- oder Profilrolle). Um diese Werkzeuge mit definierten Drehzahlen rotieren lassen zu können, werden **Abrichtspindeln** eingesetzt, die sich entsprechend der Anwendung in ihrer Dimensionierung unterscheiden. Da die Umfangsgeschwindigkeit des Abrichtwerkzeugs v_d als Stellgröße des Abrichtprozesses aufzufassen ist, müssen die Drehzahlen in vielen Fällen sehr genau regelbar sein, um gewünschte Effekte an der Schleifscheibe zu erzielen. Während des Kontaktes zwischen Schleifscheibe und Abrichter treten Abrichtkräfte sowohl in radialer als auch in tangentialer Richtung auf. Sie können bei einigen Prozessen durch Kräfte in Achsrichtung des Abrichtwerkzeuges ergänzt werden. Die Abrichtkräfte sind in vielen Fällen ein wichtiges Kriterium für die Dimensionierung eines Abrichtspindelsystems. Sehr häufig werden zusätzliche Sensoren in den Spindelsystemen verbaut, die zur Erkennung des Kontaktes zwischen Schleifscheibe und Abrichtwerkzeug (AE-Sensoren - Acoustic Emission) sowie zur Überwachung von Temperatur- oder Drehzahlschwankungen genutzt werden. Für die unterschiedlichen Abrichtaufgaben mit Formrolle stehen heute direkt angetriebene Abrichtspindeln mit Drehzahlen bis n_d = 60.000 U/min und Antriebsleistungen bis P_c = 1,5 kW zur Verfügung. Abrichtspindelsysteme für Profilrollen haben häufig eine beidseitige Lagerung und werden über einen externen Motor und einen Riemen angetrieben.[38]

[38] Kaiser 2012

Die **Abrichtspindel- bzw. Abrichterhalterposition** kann sehr unterschiedlich ausfallen und ist i.d.R. vom Maschinenhersteller für das entsprechende Maschinenkonzept festgelegt. Bild 1.8 zeigt für eine Plan-, Außenrund- und Innenrundmaschine mögliche Spindelpositionen (die genauso auch für stehende Abrichterhalter gelten). Bei einer Flachschleifmaschine kann die Position auf dem Maschinentisch rechts oder links vom Werkstück angeordnet sein, beim CD-Abrichten jedoch auch oberhalb (bzw. auf der „Rückseite") der Schleifscheibe[39]. Gleiches gilt für Außenrundschleifmaschinen: auch hier kann die Abrichtspindel am Schleifspindel- oder am Werkstückspindelstock angeflanscht sein oder sich direkt auf dem Maschinenbett befinden. Im Beispiel für eine Innenrundschleifmaschine ist ebenfalls eine Befestigung am Werkstückspindelstock gezeigt, zusätzlich aber auch die Variante einer einschwenkbaren Spindel.

1.5 Direkte Stellgrößen des Schleifprozesses

Für die Auslegung von Schleifprozessen stehen eine Reihe von Stellgrößen zur Verfügung, die zum Teil große Wechselwirkungen untereinander besitzen. Die **direkten Stellgrößen** sind die an der Maschine einstellbaren Parameter, aus denen sich, in Verbindung mit den Systemgrößen des Prozesses, **abgeleitete Stellgrößen** ergeben.

Als **direkte Stellgrößen** lassen sich einerseits

- **Geschwindigkeiten** über die Drehzahl und den Durchmesser des rotierenden Werkzeugs oder andererseits
- **Vorschubgeschwindigkeiten** zwischen Werkzeug und Werkstück und
- **Weginformationen** wie Zustellungen in verschiedenen Richtungen an einer Maschine einstellen.

Bild 1.9 führt in die einzelnen Begrifflichkeiten zum Schleifen ein und gibt einen Überblick über den Schleifprozess am einfachen Beispiel des Flachschleifens. Die Schleifscheibe mit einem Durchmesser d_s erzeugt mit der Drehzahl n_s am Außendurchmesser eine Schleifscheibenumfangsgeschwindigkeit v_s. Durch die Zustellung (oder Schnitttiefe) a_e zusammen mit einer Werkstückvorschubbewegung in Form einer Werkstückgeschwindigkeit v_w wird der Werkstoff durch die einzelnen aktiven Schneiden zerspant. Die Späne verlassen die Kontaktzone und werden

[39] das CD-Abrichten ist in Bild 1.8 nicht dargestellt, siehe dafür z.B. Bild 3.7

durch den Kühlschmierstoff mitgenommen und aus dem Prozess entfernt. Weitere abgeleitete Größen sind die Eingriffsbreite a_p, der Spanungsquerschnitt A_w, die geometrische Kontaktlänge l_g und die Kontaktfläche A_k, die in den folgenden Kapiteln näher erläutert werden.

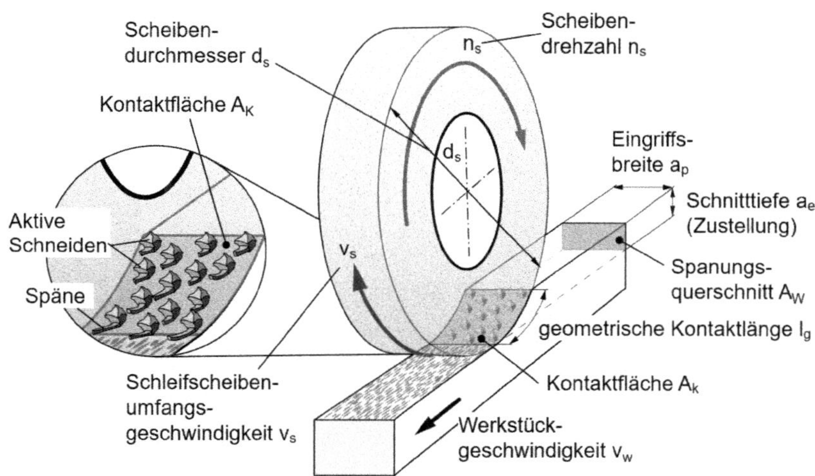

Bild 1.9 Wesentliche Stellgrößen am Beispiel eines Flachschleifprozesses

1.5.1 Schleifscheibenumfangsgeschwindigkeit

Die Schleifscheibenumfangsgeschwindigkeit v_s ergibt sich aus der Drehzahl der Schleifscheibe n_s und dem Schleifscheibendurchmesser d_s. Für eine *zylindrische Schleifscheibe*, wie in Bild 1.9 gilt:

$$v_s = \pi \cdot d_s \cdot n_s \quad \leftrightarrow \quad n_s = \frac{v_s}{\pi \cdot d_s} \tag{1-1}$$

Unter Berücksichtigung der Einheiten gilt in der Praxis häufig:

$$v_s = \frac{\pi \cdot d_s \text{ (in mm) } \cdot n_s \text{ (in } \frac{\text{U}}{\text{min}}\text{)}}{1000 \cdot 60} \text{ (in m/s)} \tag{1-2}$$

Bei *profilierten Schleifscheiben* entstehen durch die Veränderungen des Scheibendurchmessers über der Profilbreite an jedem Punkt der Schleifscheibe andere Umfangsgeschwindigkeiten (s. Bild 1.10). Dies ist bei einer detaillierten Betrachtung der Stellgrößen eines Prozesses und der damit verbundenen Auswirkungen auf das Prozessverhalten unter Umständen zu berücksichtigen (siehe Kap. 1.6.5).

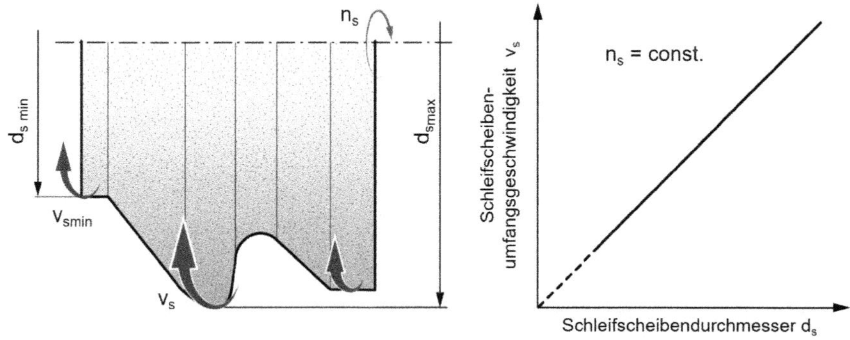

Bild 1.10 Ermittlung der Schleifscheibenumfangsgeschwindigkeit v_s bei profilierten Schleifscheiben

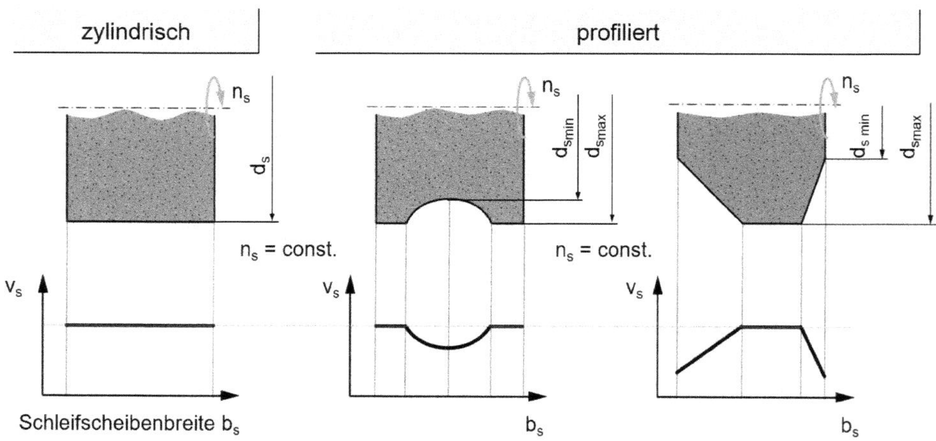

Bild 1.11 Schleifscheibenumfangsgeschwindigkeit v_s bei unterschiedlichen Schleifscheibenprofilen

Da die Schleifscheibenumfangsgeschwindigkeit eine wichtige direkte Stellgröße des Prozesses ist und zur Ermittlung abgeleiteter Stellgrößen herangezogen wird, können ihre Änderungen über der Profilbreite eines zu bearbeitenden Werkstücks entsprechende Auswirkungen auf das Prozessverhalten haben. Bild 1.11 stellt diesen Zusammenhang für drei unterschiedliche Schleifscheibenprofile exemplarisch dar. Für eine zylindrische Schleifscheibe ergibt sich über die gesamte Schleifscheibenbreite eine konstante Scheibenumfangsgeschwindigkeit v_s. Die Durchmesseränderungen profilierter Schleifscheiben führen dagegen über der Schleifscheibenbreite entsprechend der Profilhöhen zu unterschiedlichen Umfangsgeschwindigkeiten.

Beim **Profilschleifen** ergeben sich über der Profilbreite **unterschiedliche Schleifscheibenumfangsgeschwindigkeiten v_s**, die bei der Berechnung abgeleiteter Stellgrößen ggf. einen wichtigen Einfluss haben können.

1.5.2 Werkstückgeschwindigkeit

In vielen Schleifprozessen ist die Werkstückgeschwindigkeit v_w im Vergleich zur Umfangsgeschwindigkeit v_s der Schleifscheibe sehr gering. Da die Schnittgeschwindigkeit v_c strenggenommen die Resultierende aus den beiden Geschwindigkeitskomponenten ist, kann sie je nach Wirkrichtung der Werkstückgeschwindigkeit v_w größer oder kleiner der Schleifscheibenumfangsgeschwindigkeit v_s sein.

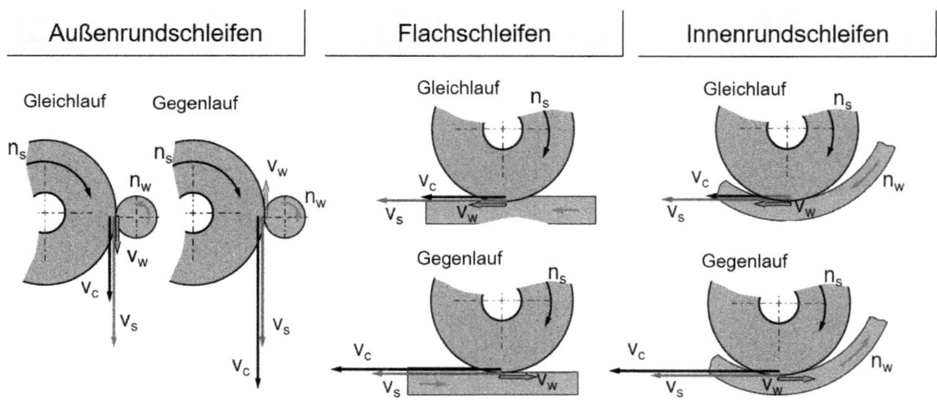

Bild 1.12 Schnittgeschwindigkeit als Resultierende aus Schleifscheibenumfangsgeschwindigkeit und Werkstückgeschwindigkeit: Gleich- und Gegenlaufschleifen

Wirken beide Geschwindigkeitskomponenten von Schleifscheibe und Werkstück in die gleiche Richtung, wird der Prozess als **Gleichlaufschleifen** bezeichnet. Sind die Geschwindigkeiten entgegengerichtet, so handelt es sich um **Gegenlaufschleifen**.

Bild 1.12 zeigt die wirksamen Geschwindigkeiten als Vektoren bei den Prozessen Außen-, Flach- und Innenrundschleifen. Dabei wird von einem zylindrischen Profil ausgegangen.

Die Drehrichtungen erzeugen unterschiedliche Eingriffsbahnen der einzelnen Schneiden in den Werkstoff. Mathematisch lassen sich die Bahnkurven als Epizykloiden (Bahnkurve eines Punktes auf einem Kreis, der auf einem anderen Kreis abrollt) beschreiben. Beim **Gegenlaufschleifen** wird das Schleifkorn mit einer langgezogenen Bahnkurve über die Werkstückoberfläche geführt und erzeugt somit eine langwellige Rauheitsstruktur am Werkstück. I.d.R. werden bessere Oberflächengüten erzeugt als beim **Gleichlaufschleifen**, bei dem die einzelnen Schneiden einen stoßartigen Eingriff in die Werkstückoberfläche erfahren (s. Bild 1.13). Diese kurzen Schneideneingriffe verdrängen das Material und es kommt zu einer „zerklüfteteren" Werkstückoberfläche. Grundsätzlich gilt für den Anwender:

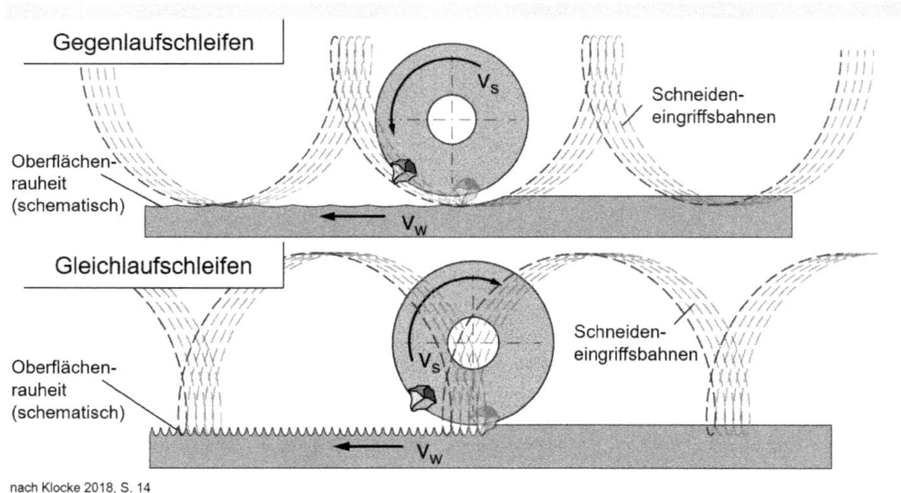

Bild 1.13 Schneideneingriffsbahnen für das Gleich- und Gegenlaufprinzip beim Flachschleifen

Beim **Gegenlaufschleifen** werden i.d.R. bessere Oberflächengüten am Werkstück erzeugt als beim **Gleichlaufschleifen**. Zu berücksichtigen sind dabei jedoch die jeweiligen genutzten Werkstück- und Schleifscheibengeschwindigkeiten der unterschiedlichen Schleifprozesse bzw. die Schleifgeschwindigkeitsverhältnisse q_s. Bei einigen Prozessen sind die Geschwindigkeitsdifferenzen klein, sodass die Auswirkungen nur klein sind. ■

1.5.3 Schnittgeschwindigkeit

Die Schnittgeschwindigkeit v_c resultiert aus der Schleifscheibenumfangsgeschwindigkeit v_s und der Werkstückgeschwindigkeit v_w wie folgt.

$$v_c = v_s \pm v_w \quad (1\text{-}3)$$

Bei gleichsinniger Richtung von Schleifscheiben- und Werkstückbewegung ist die Schnittgeschwindigkeit gegenüber der Schleifscheibenumfangsgeschwindigkeit v_s um die Werkstückgeschwindigkeit v_w kleiner („ - “ -Zeichen), bei gegensinniger Drehrichtung größer („ +“-Zeichen).

Für die Ermittlung der Schnittgeschwindigkeit v_c gilt:

Die **Schleifscheibenumfangsgeschwindigkeit** v_s wird über die Drehzahl der Schleifscheibe n_s und den größten Schleifscheibendurchmesser d_{smax} ermittelt. Bei **profilierten Schleifscheiben** ist zu berücksichtigen, dass sich über das Schleifscheibenprofil unterschiedliche Scheibenumfangsgeschwindigkeiten v_s einstellen.
Die **Schnittgeschwindigkeit** $\boldsymbol{v_c}$ ist die Resultierende aus Schleifscheibenumfangsgeschwindigkeit v_s und Werkstückgeschwindigkeit v_w. ■

1.5.4 Zustellung (Schnitttiefe)

Um ein Aufmaß z eines Werkstücks abzutragen, wird bei vielen Schleifprozessen die Schleifscheibe mehrmals mit einer Einzelzustellung a_e über das Werkstück geführt. Die Summe der Einzelzustellbeträge (Anzahl $i \cdot$ Zustellung a_e) ergibt die Gesamtzustelltiefe a_{eges}. Bild 1.14 zeigt die prinzipiellen Verhältnisse am Beispiel des

Flachschleifens. Ähnliche Verhältnisse lassen sich auch beim Außen- oder Innenrundschleifen finden.

Die Einzelzustellungen a_e können in verschiedene Stufen unterteilt werden. In vielen Fällen werden Schleifprozesse mehrstufig durchgeführt, sodass zwischen **Schruppen** mit größeren Zustellungen, **Schlichten** und **Feinschlichten** mit kleineren Zustellungen oder **Ausfeuern** mit Zustellungen $a_e = 0$ unterschieden wird.

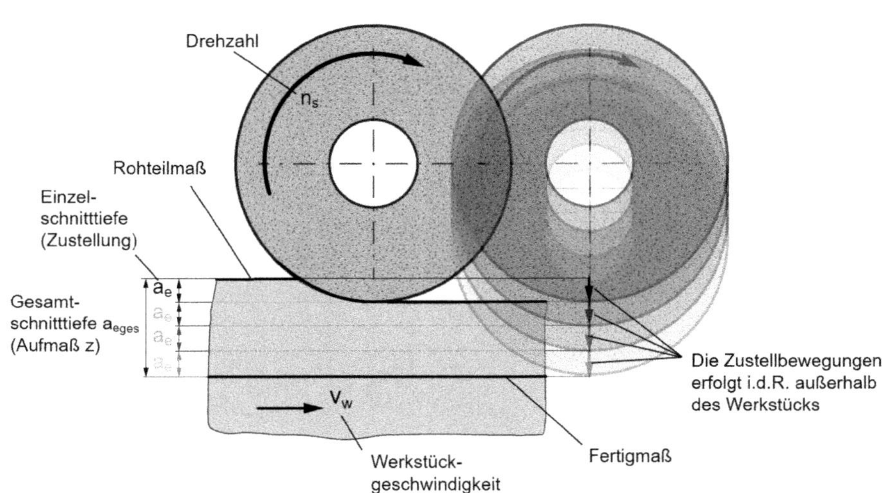

Bild 1.14 Zustellung a_e beim Flachschleifen

Komplexer wird die Betrachtung beim **Profilschleifen**. Die radiale Zustellung a_e kommt an Schrägen nur zu einem Teil an, da der Profilwinkel α der Schleifscheibe berücksichtigt werden muss (s. Bild 1.15). Ein äquidistantes Bearbeitungsaufmaß an einem komplexen Werkstück kann somit nicht durch einfaches radiales Zustellen bearbeitet werden. Vielmehr müssen diese Aufmassänderungen über der Profilbreite berücksichtigt werden. Weiterhin haben diese Zustellabweichungen auch einen Einfluss auf die thermisch-mechanische Belastung der Schleifscheibe und folglich auf deren Verschleiß. Da die Schleifscheibe bei der Bearbeitung kleinerer Profilwinkel α mehr Material abträgt als an Schrägen mit größerem α, sind diese Schleifscheibenbereiche deutlich stärker mechanisch belastet.

An Schrägen ergibt sich somit die **effektive Zustellung** $a_{e\alpha}$ über die Zustellungen a_e und den Winkel α der Schrägen:

$$a_{e\alpha} = a_e \cdot cos\ \alpha \tag{1-4}$$

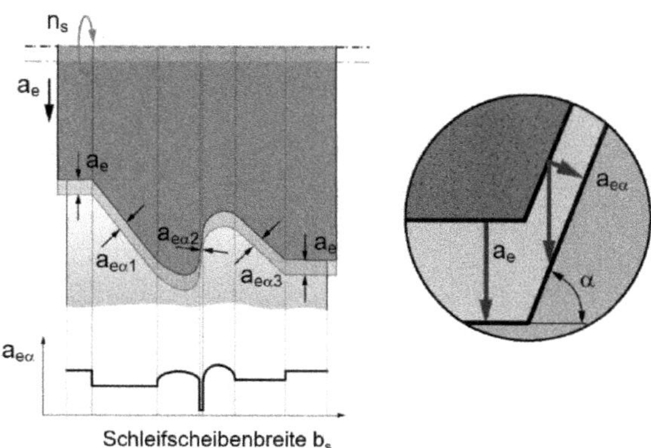

Bild 1.15 Zustellung a_e bei profilierten Schleifscheiben

1.5.5 Vorschub – Vorschubgeschwindigkeit

Um eine größere Breite als die Schleifscheibenbreite zu zerspanen, muss die Schleifscheibe beim Flach- und Längsschleifen mit einer Bewegung senkrecht zur Schleifscheibenachse bewegt werden.

Bei Längsbearbeitungsprozessen wird der **axiale Vorschub f_a** genutzt, um die Schleifscheibe entlang des Werkstücks um einen definierten Betrag pro Werkstückumdrehung weiterzubewegen.

Dieser Vorschub ist von der Werkstückdrehzahl n_w abhängig, wird in mm/U_{Wst} angegeben und sollte unbedingt kleiner als die Schleifscheibenbreite b_s sein. Somit ergibt sich an der Schleifscheibe einerseits ein aktiver Bereich, der mit dem Vorschub f_a und der Zustellung a_e die Zerspanung übernimmt. Andererseits entsteht ein passiver Bereich $a_e \cdot (b_s\text{-}f_a)$, der ohne Zustellung über die Werkstückoberfläche geführt wird (s. Bild 1.16). Die Kinematik entspricht dem Drehen mit einer Wendeschneidplatte mit Fase. Längsgeschliffene Werkstücke weisen eine in der Regel hohe Oberflächengüte auf, wobei die Oberflächen jedoch einem Drall unterliegen und die Schleifscheibe in axialer Richtung entsprechend der Drehzahl des Werkstücks „Markierungen“ hinterlassen kann. Das Verhältnis aus Schleifscheibenbreite und Vorschub wird als **Schleifüberdeckung U_s** bezeichnet:

$$U_s = \frac{b_s}{f_a} \tag{1-5}$$

Kleine Schleifüberdeckungen im Bereich $U_s = 3$ bis 4 werden beim Schruppen, größere Überdeckungsgrade $U_s = 4 - 5$ beim Schlichten und beim Feinschlichten $U_s = 5 - 6$ eingesetzt.

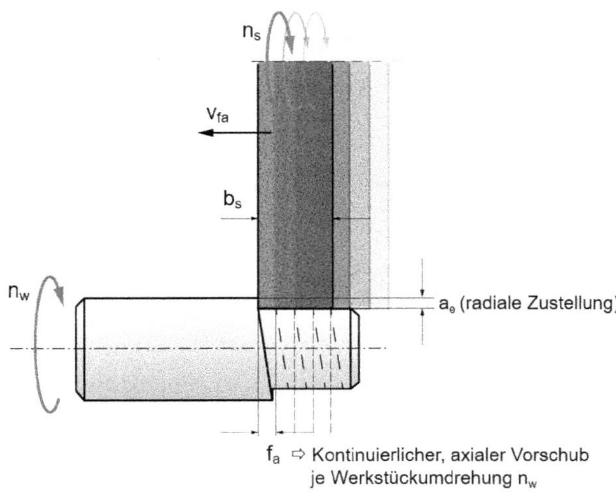

Bild 1.16 Axialer Vorschub f_a beim Längsschleifen

Viele Maschinen lassen sich nicht über einen Vorschub je Werkstückumdrehung ansteuern, sodass in den meisten Fällen eine Vorschubgeschwindigkeit genutzt wird, um die Verhältnisse abzubilden. Die axiale Vorschubgeschwindigkeit v_{fa} berechnet sich aus:

$$v_{fa} = f_a \cdot n_w \tag{1-6}$$

Sofern das Werkstück einseitig gespannt ist, kann die Zustellung nur an einer Seite erfolgen. I.d.R. verlässt die Schleifscheibe den Arbeitsbereich während des Zustellvorgangs nicht, sondern wird zugestellt, wenn die Schleifscheibe noch mit ca. 1/3 b_s im Eingriff ist. Bei Schleifen zwischen Spitzen erfolgt die Vorschubbewegung in beide Richtungen und die Zustellung an beiden Seiten, wobei auch hier die Schleifscheibe ca. 1/3 b_s im Eingriff ist. Durch die beidseitige Nutzung erfolgt ein Verschleiß an beiden Kantenbereichen der Scheibe.

Bei Einstechschleifprozessen taucht die Schleifscheibe mit einem **radialen Vorschub f_r** je Werkstückumdrehung n_w in das Werkstück ein.

Um das **radiale Bearbeitungsaufmaß z_r** abzutragen, nutzen die meisten Maschinen ebenfalls eine Vorschubgeschwindigkeit v_{fr}, die sich wie folgt berechnet:

$$v_{fr} = f_r \cdot n_w \tag{1-7}$$

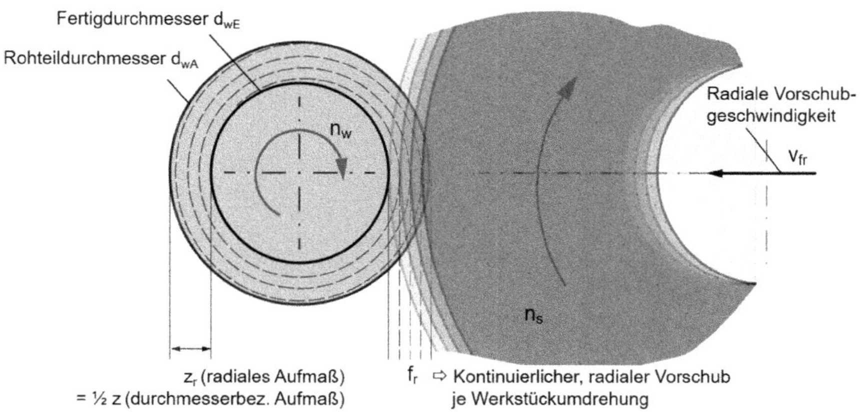

Bild 1.17 Radialer Vorschub f_r beim Einstechschleifen

Wie bei der Zustellung a_e sind auch beim radialen Vorschub f_r die effektiven Vorschubbeträge abhängig vom Schleifscheibenprofil. Der **effektive radiale Vorschub $f_{r\alpha}$** berechnet sich über den jeweiligen Profilwinkel:

$$f_{r\alpha} = f_r \cdot \cos\alpha \tag{1-8}$$

Bild 1.18 zeigt für das Einstechschleifen die am Werkstück „ankommenden“ Vorschübe $f_{r\alpha}$. Bei großen Profilwinkeln α können die effektiven Vorschübe $f_{r\alpha}$ sehr klein ausfallen. D.h. an diesen Stellen wird nur sehr wenig Material vom Werkstück abgetragen. Die gleichen Zusammenhänge gelten auch für das Schrägeinstechschleifen.

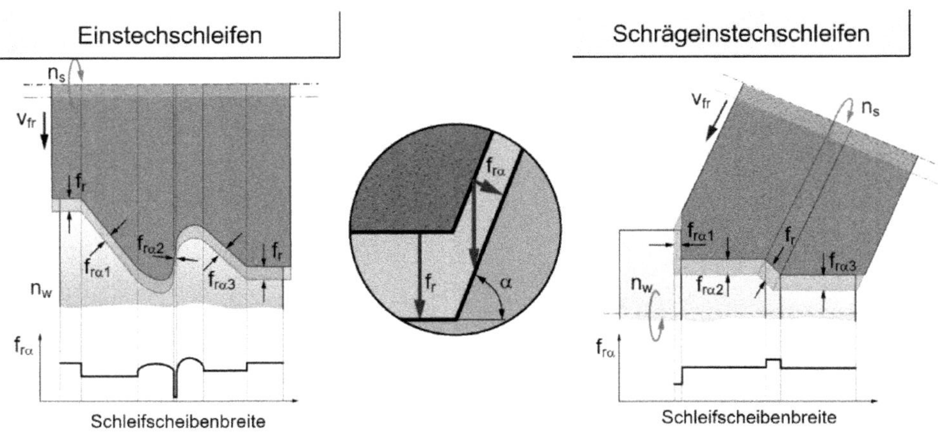

Bild 1.18 Effektiver radialer Vorschub $f_{r\alpha}$ beim Profilschleifen

1.6 Abgeleitete Stellgrößen des Schleifprozesses

Die in den vorangegangenen Kapiteln beschriebenen Stellgrößen sind die „Maschinen-Stellgrößen“, d.h. die tatsächlich an der Maschine bzw. in der Steuerung einstellbaren Größen, aus denen sich weitere Stellgrößen ableiten lassen. Diese „abgeleiteten“ Stellgrößen sind in vielen Fällen hilfreich, um Prozesse einzuordnen oder Vergleiche zwischen verschiedenen Schleifprozessen vornehmen zu können. Nicht alle in den folgenden Kapiteln beschriebenen abgeleiteten Stellgrößen sind für jeden Prozess relevant, da sie abhängig sind von den jeweiligen, individuellen kinematischen Bedingungen.

1.6.1 Spanungsquerschnitt

Um Prozesse im Hinblick auf ihre Leistungsfähigkeit oder Wirtschaftlichkeit beurteilen zu können, sind objektive Kennwerte hilfreich. Einen ersten Ansatz liefert der Spanungsquerschnitt A_w, der das zu einem Zeitpunkt bearbeitete Material beschreibt. Der Spanungsquerschnitt ist die projizierte Fläche des Kontaktbereichs zwischen Schleifscheibe und Werkstück in der Richtung des Materialabtrages, d.h. in Richtung der Werkstückgeschwindigkeit v_w. Bild 1.19 zeigt für die drei grundsätzlich unterschiedlichen Schleifverfahren Außenrund-, Innenrund- und Flachschleifen die Projektionen dieser Spanungsquerschnitte A_w. Grundsätzlich werden diese beschrieben aus einem Produkt aus Zustellung bzw. radialem Vorschub (a_e bzw. f_r) und dem Arbeitseingriff (a_p bzw. b_{seff}) des jeweiligen Prozesses.

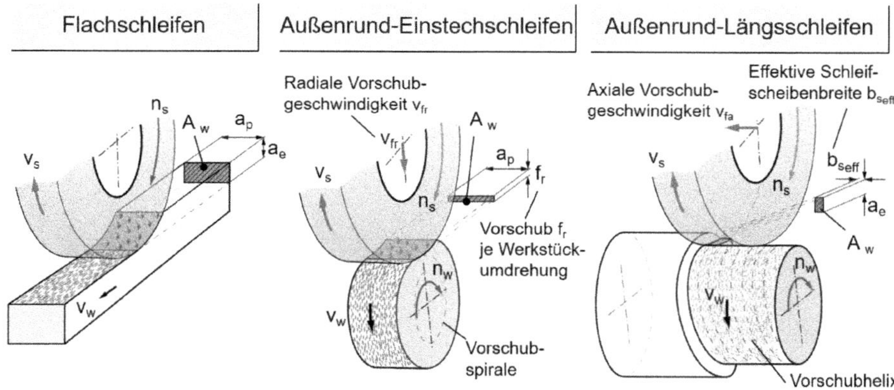

Bild 1.19 Spanungsquerschnitte verschiedener Schleifprozesse

Danach ergeben sich die Spanungsquerschnitte A_w für die verschiedenen Verfahren:

$$Planschleifen: \quad A_w = a_p \cdot a_e \tag{1-9}$$

$$AR - Einstechschleifen: \quad A_w = a_p \cdot f_r \tag{1-10}$$

$$AR - Längsschleifen: \quad A_w = b_{seff} \cdot a_e \tag{1-11}$$

Eine sinnvolle Prozessbewertung lässt sich über diese Größe allein jedoch nicht vornehmen. Der Spanungsquerschnitt A_w ist i.d.R. nur eine Hilfsgröße zur Berechnung weiterer Größen, wie z.B. dem Zeitspanvolumen Q_w.

1.6.2 Zeitspanvolumen

Um Schleifprozesse untereinander bzgl. ihrer Wirtschaftlichkeit miteinander vergleichen zu können, werden die zerspante Volumenrate herangezogen. In der Fertigungstechnik wird diese Volumenrate als **Zeitspanvolumen Q_w** bezeichnet und berechnet sich aus dem Zerspanvolumens V_w und der Bearbeitungszeit t_c:

$$Q_w = \frac{V_w}{t_c} \tag{1-12}$$

Aus dem Spanungsquerschnitt A_w und der Werkstückgeschwindigkeit v_w berechnet sich das pro Zeiteinheit zerspante Werkstoffvolumen. Es beschreibt die Volumenrate des Materialabtrags und wird in der Fertigungstechnik als **Zeitspanvolumen Q_w** bezeichnet. ■

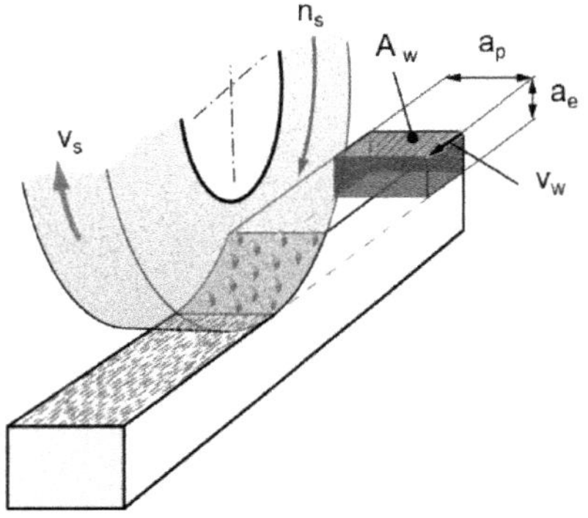

Bild 1.20 Ermittlung des Zeitspanvolumens Q_w beim Flachschleifen

Bild 1.20 stellt die Zusammenhänge grafisch am Beispiel des **Flachschleifens** dar. Der Spanungsquerschnitt A_w wird mit der Werkstückgeschwindigkeit v_w in die Zerspanungszone des Prozesses „geschoben" und dort zerspant. Das Volumen des gekennzeichneten Quaders wird in einem, durch die Werkstückgeschwindigkeit v_w definierten Zeitintervall zerspant.

Das **Zeitspanvolumen Q_w für das Plan- bzw. Flachschleifen** ergibt sich daher zu:

$$Q_w = a_e \cdot a_p \cdot v_w \quad (1\text{-}13)$$

Bei **geometrisch bestimmten Prozessen**, wie z.B. beim Bohren, Fräsen oder Drehen, ist auf CNC-Maschinen eine kinematische Kopplung des Vorschubs an die Drehzahl des Werkzeugs oder des Werkstücks gegeben. Damit steigt bei diesen Prozessen das Zeitspanvolumen Q_w mit einer Erhöhung der Schnittgeschwindigkeit an. Dies ist grundsätzlich beim Schleifen nicht der Fall.

Eine sinnvolle Bewertung bzw. Vergleichbarkeit verschiedener Prozesse wird erst mit dem **bezogenen Zeitspanvolumen Q'_w** ermöglicht. Dabei wird das Zeitspanvolumen Q_w durch die Breite des Arbeitseingriffs a_p (bzw. b_{seff}) geteilt und somit auf einen Millimeter Schleifscheibenbreite normiert (bezogen). ■

$$Q'_w = \frac{Q_w}{a_p} \; bzw. \frac{Q_w}{b_{seff}} \quad (1\text{-}14)$$

Mit dieser abgeleiteten Stellgröße können Zerspanprozesse miteinander hinsichtlich ihrer Leistungsfähigkeit bzw. Wirtschaftlichkeit verglichen werden. Bild 1.21 stellt das Vorgehen bei der Ermittlung des bezogenen Zeitspanvolumens Q'_w grafisch dar.

Die Berechnung des Zeitspanvolumens Q_w kann für kinematisch komplexe Prozesse wie Wälzschleifen, Schneckenschleifen oder Profilschleifen recht kompliziert werden und über der Profileingriffsbreite unterschiedlich sein. Für die Standardprozesse Außenrundeinstech- und Außenrundlängsschleifen mit zylindrischer 1A1-Schleifscheibe sind in den folgenden Kapiteln die Zusammenhänge detailliert dargestellt. Bei der Berechnung wird das **Zerspanvolumen V_w** bzw. das **bezogene Zerspanvolumen V'_w** eingeführt, das das zu zerspanende Werkstoffvolumen (bzw. das auf den Arbeitseingriff bezogene Volumen) beschreibt. Dieses in einem Zeitintervall bearbeitete Volumen entspricht dem Zeitspanvolumen Q_w.

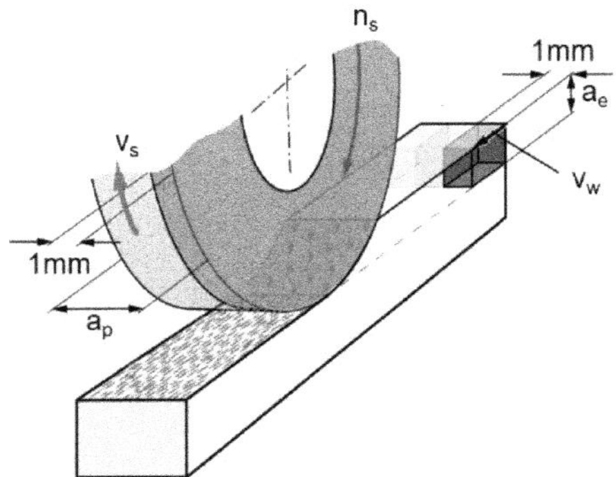

Bild 1.21 Ermittlung des bezogenen Zeitspanvolumens Q'_w beim Flachschleifen

Für das **Zeitspanvolumen Q_w beim Innen- und Außenrund-Einstechschleifen** ergeben sich mit den in Bild 1.22 dargestellten Größen folgende relevante Formelbeziehungen:

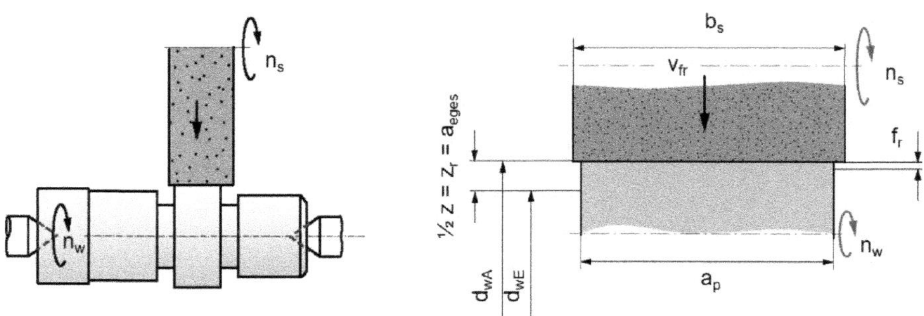

Bild 1.22 Wichtige Größen zur Ermittlung von Q_w beim Einstechschleifen

Das Zeitspanvolumen Q_w beim Außenrund-Einstechschleifen ist:

$$Q_w = \frac{dV_w}{dt} \quad \rightarrow \quad Q_w = \frac{V_w}{t_c} \tag{1-15}$$

Mit dem Zerspanvolumen V_w:

$$V_w = \frac{\pi}{4} \cdot \left(d_{wA}{}^2 - d_{wE}{}^2\right) \cdot a_p \qquad (1\text{-}16)$$

$$\text{mit } (d_{wA} - d_{wE}) = 2 \cdot a_{eges} = z \qquad (1\text{-}17)$$

Für kleine z gilt:

$$V_w = \frac{\pi}{4} \cdot d_{wA} \cdot z \cdot a_p = \frac{\pi}{2} \cdot d_{wA} \cdot a_{eges} \cdot a_p \qquad (1\text{-}18)$$

Die radiale Vorschubgeschwindigkeit v_{fr} ist:

$$v_{fr} = \frac{a_{eges}}{t_c} \quad \rightarrow \quad t_c = \frac{a_{eges}}{v_{fr}} \qquad (1\text{-}19)$$

Damit ergibt sich das Zeitspanvolumen Q_w:

$$Q_w = \frac{V_w}{t_c} = \frac{\pi \cdot d_w \cdot a_{eges} \cdot a_p \cdot v_{fr}}{a_{eges}} = \pi \cdot d_w \cdot a_p \cdot v_{fr} \qquad (1\text{-}20)$$

und das auf 1 mm Schleifscheibenbreite bezogene Zeitpanvolumen Q'_w:

$$Q'_w = \frac{Q_w}{a_p} = \pi \cdot d_w \cdot v_{fr} \qquad (1\text{-}21)$$

$$\text{mit: } v_{fr} = f_r \cdot n_w \qquad (1\text{-}22)$$

zu:

$$Q'_w = \pi \cdot d_w \cdot f_r \cdot n_w \qquad (1\text{-}23)$$

Für das **Zeitspanvolumen Q_w beim Innen- und Außenrund-Längsschleifen** wird das Schleifwerkzeug um die Schnitttiefe a_e zugestellt und mit einem axialen Vorschub f_a am Werkstück vorbeibewegt (s. Bild 1.23).

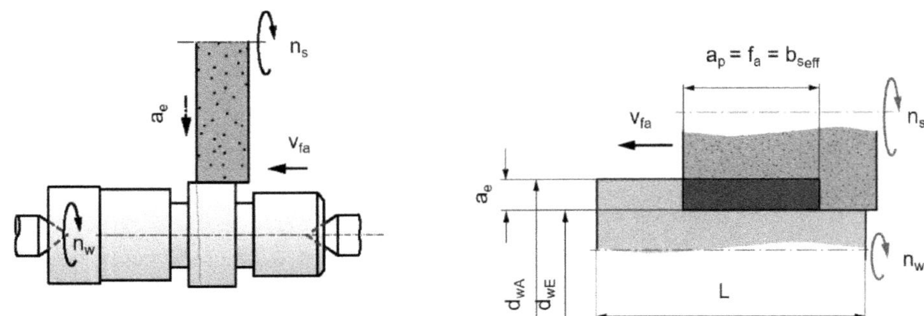

Bild 1.23 Wichtige Größen zur Ermittlung von Q_w beim Längsschleifen

Das **Zeitspanvolumen Q_w beim Längsschleifen** ist:

$$Q_w = \frac{dV_w}{dt} \quad \rightarrow \quad Q_w = \frac{V_w}{t_c} \tag{1-24}$$

Das Zerspanvolumen V_w berechnet sich nach:

$$V_w = \frac{\pi}{4} \cdot \left(d_{wA}{}^2 - d_{wE}{}^2\right) \cdot a_p = \pi \cdot d_{wA} \cdot a_{eges} \cdot a_p$$

$$\text{mit } (d_{wA} - d_{wE}) = 2 \cdot a_{eges} = z \tag{1-25}$$

Mit der tangentialen Vorschubgeschwindigkeit v_{fa}:

$$v_{fa} = \frac{a_p}{t_c} = a_p \cdot n_w = f_a \cdot n_w \tag{1-26}$$

ergibt sich das Zeitspanvolumen Q_w zu:

$$Q_w = \frac{V_w}{t_c} = \frac{\pi \cdot d_{wA} \cdot a_{eges} \cdot a_p}{\frac{a_p}{v_{fa}}} = \pi \cdot d_{wA} \cdot a_e \cdot a_p \cdot n_w \quad (1\text{-}27)$$

Das auf die Eingriffsbreite (bzw. die effektive Schleifscheibenbreite b_{seff}) bezogene Zeitpanvolumen Q'_w ist:

$$Q'_w = \frac{Q_w}{a_p} \quad (1\text{-}28)$$

$$\text{mit } a_p = f_a = \frac{v_{fa}}{n_w} \quad \text{folgt} \quad (1\text{-}29)$$

$$Q'_w = \pi \cdot d_{wA} \cdot a_e \cdot n_w = \pi \cdot d_{wA} \cdot a_e \cdot \frac{v_{fa}}{f_a} \quad (1\text{-}30)$$

1.6.3 Äquivalenter Schleifscheibendurchmesser

Der Schleifscheibendurchmesser d_s ist bei der Berechnung der Kontaktbedingungen (Kontaktlänge l_g und -fläche A_k) und der Ermittlung der Spanungsdicken h_{eq}, h_c eine wichtige Größe.

Da die Kontaktbedingungen zwischen Schleifscheibe und Werkstück stark vom Schleifverfahren abhängen, wird der **äquivalente Schleifscheibendurchmesser d_{seq}** eingeführt, der eine Vergleichbarkeit bei unterschiedlichen Schleifprozessen ermöglicht.
■

Der äquivalente Schleifscheibendurchmesser d_{seq} berechnet sich

$$d_{seq} = \frac{d_w \cdot d_s}{d_w \pm d_s} \quad (1\text{-}31)$$

„+“: Außenrundschleifen, „–“ Innenrundschleifen

Dabei werden die Schleifscheibendurchmesser beim Innen- und Außenrundschleifen auf einen fiktiven Schleifscheibendurchmesser für das Flachschleifen derart umgerechnet, dass die Kontaktlängen l_g gleich bleiben.

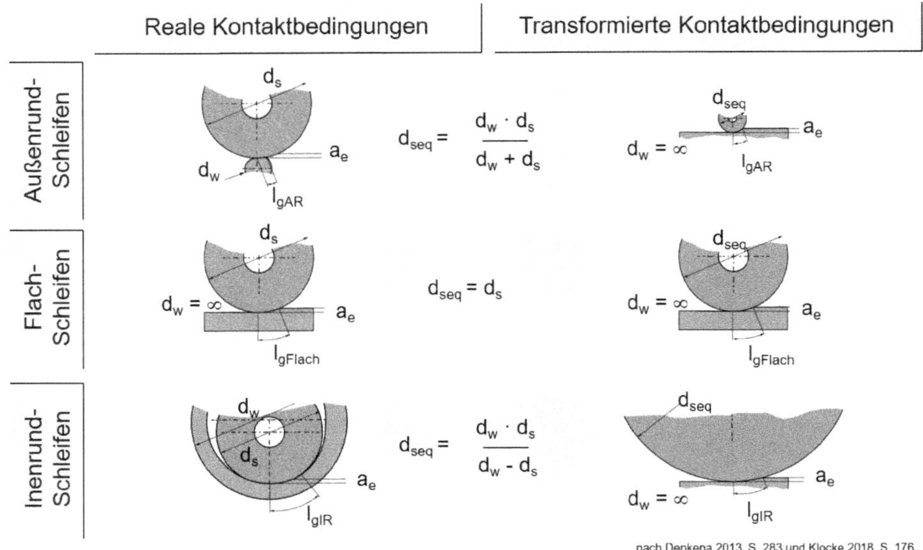

Bild 1.24 Äquivalenter Schleifscheibendurchmesser

Bild 1.24 stellt die Größenverhältnisse für verschiedene Schleifaufgaben gegenüber und gibt über den Formelzusammenhang an, wie sich die realen Kontaktbedingungen durch Einführung eines äquivalenten Schleifscheibendurchmessers transformieren lassen. Die großen Kontaktlängen l_g zwischen Schleifscheibe und Werkstück führen beim Innenrundschleifen dazu, dass die kleine Schleifscheibe – auf einen Flachschleifprozess transformiert – wie eine fiktiv sehr große Schleifscheibe wirkt.

Der äquivalente Schleifscheibendurchmesser d_{seq} spielt bei der Ermittlung verschiedener abgeleiteter Stellgrößen (Kontaktlänge l_g, Spanungsdicke) eine Rolle.

1.6.4 Kontaktlänge und Kontaktfläche

Eine in der Praxis wenig genutzte abgeleitete Stellgröße ist die **geometrische Kontaktlänge l_g** zwischen Schleifwerkzeug und Werkstück. Sie beschreibt die geometrischen Kontaktverhältnisse der beiden Eingriffspartner und ist z.B. für die Beurteilung der Kühlschmierstoffversorgung im Kontaktbereich hilfreich. Weiterhin ist sie eine Hilfsgröße zur Berechnung der **geometrischen Kontaktfläche A_k**. Beispielhaft für das Flachschleifen ist die geometrische Kontaktlänge l_g in Bild 1.25 dargestellt.

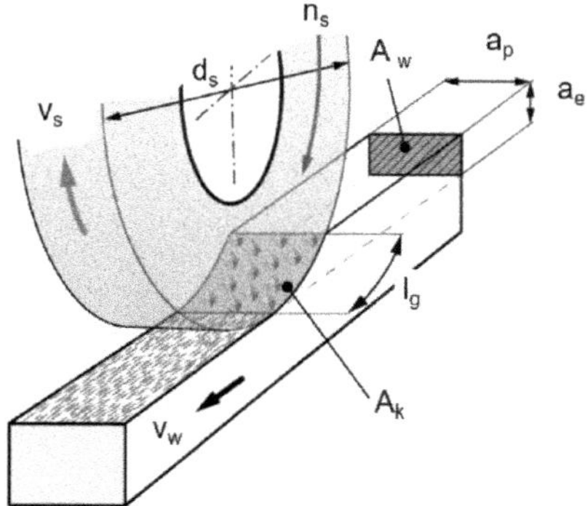

Bild 1.25 Die geometrische Kontaktlänge l_g beim Flachschleifen

Die geometrische Kontaktlänge l_g bildet die Kontaktbedingungen im Prozess ab und ist abhängig von der Zustellung a_e bzw. dem radialen Vorschub f_r, und den Schleifscheibendurchmessern bzw. dem äquivalenten Schleifscheibendurchmesser d_{seq}[40]. Sofern $d_{seq} >> a_e$ kann die geometrische Kontaktlänge l_g vereinfacht über die Beziehung[41] $(d_s/2)^2 = l_g^2 \cdot (r_s - a_e)^2$ abgeschätzt werden. Dabei wird l_g entgegen der zeichnerischen Darstellungen (z.B. Bild 1.25) nicht als Bogenmaß, sondern als halbe Länge einer Sekante betrachtet:

$$l_g = \sqrt{a_e \cdot d_{seq}} \quad bzw. \quad \sqrt{f_r \cdot d_{seq}} \qquad (1\text{-}32)$$

$$mit\, d_{seq} >> a_e$$

Für Prozesse mit großen Zustellungen a_e (z.B. Tiefschleifen) ergeben sich aus der vereinfachten Berechnung fehlerhafte Kontaktlängen l_g. Aus der Kontaktlänge l_g und der Eingriffsbreite a_p (bzw. b_{seff}) lässt sich die Kontaktfläche A_k ermitteln.

$$A_k = l_g \cdot a_p \qquad (1\text{-}33)$$

Bild 1.26 zeigt die Zusammenhänge zwischen der Kontaktlänge l_g und der Zustellung a_e bzw. dem äquivalenten Schleifscheibendurchmesser d_{seq} und auch der Werkstückgeschwindigkeit v_w bei konstantem Zeitspanvolumen Q_w (d.h. einer Anpassung über a_e).

---

[40] z.B. Denkena 2013, S. 282

[41] Nutzung des Pythagoras

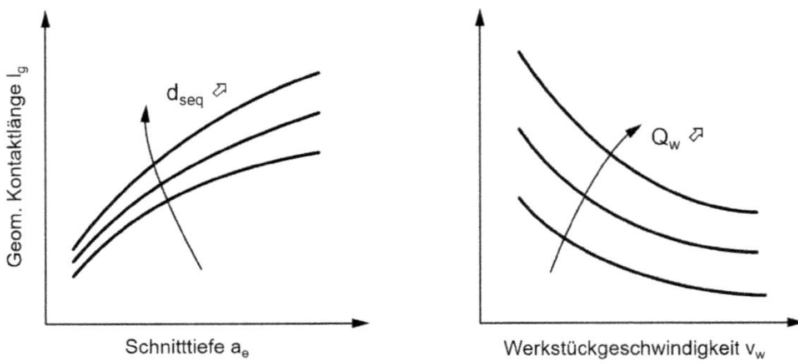

Bild 1.26 Kontaktlänge l_g in Abhängigkeit von Zustellung a_e, äquivalentem Schleifscheibendurchmesser d_{seq}, Werkstückgeschwindigkeit v_w und Zeitspanvolumen Q_w

Zusätzlich kann eine kinematische Kontaktlänge l_k berechnet werden, die das Schleifgeschwindigkeitsverhältnis q_s berücksichtigt und somit die Bahnkurve eines einzelnen Schleifkorns berücksichtigt:

$$l_k = l_g \cdot \left(1 + \frac{1}{q_s}\right) \tag{1-34}$$

Die kinematische Kontaklänge l_k ist somit geringfügig länger als die geometrische Kontaktlänge l_g. Für die Praxis ist dies i.d.R. nicht entscheidend.[42]

1.6.5 Spanungsdicke

Anders als bei geometrisch bestimmten Prozessen können beim Schleifen Spanungsdicken aus geometrischen Betrachtungen heraus nur theoretisch berechnet werden. Die geometrisch undefinierten Schleifkörper, die i.d.R. in einem Volumenkörper unregelmäßig verteilt sind, lassen sich mathematisch nicht exakt genug abbilden. Bestenfalls können statistische Methoden angewendet werden, eine Kornstruktur, -verteilung oder -dichte zu beschreiben.

Der einfachste Ansatz, die Stellgrößen mit den Prozess- und den Ausgangsgrößen zu verbinden, bietet die **äquivalenten Spanungsdicke h_{eq}**. Dabei wird vereinfachend angenommen, dass ein mit der Werkstückgeschwindigkeit v_w in die Kontaktzone hinein transportierte Werkstoffvolumen V_{wa} nach der Zerspanung als Span mit dem Volumenen V_{wi} mit der Schleifscheibenumfangsgeschwindigkeit v_s wieder vollständig aus der Kontaktzone heraustransportiert wird.

[42] Klocke 2018, S. 177

Zur Beschreibung des Zerspanvolumens V_{wi} nutzt der Ansatz ein gedachtes Band der Dicke h_{eq} (s. Bild 1.27). Da die Volumenströme in der gleichen Zeit in bzw. aus der Kontaktzone transportiert werden, können die jeweiligen Zeitspanvolumina Q_{wi} (inneres Zeitspanvolumen) und Q_{wa} (äußeres Zeitspanvolumen) gleichgesetzt werden:

$$a_e \cdot a_p \cdot v_w = h_{eq} \cdot a_p \cdot v_c \qquad (1\text{-}35)$$

Mit diesem einfachen Modellansatz kann eine Prozessgröße definiert und mit ihren Ursachen – den Stellgrößen – beschrieben werden.

$$h_{eq} = \frac{v_w}{v_s} \cdot a_e \qquad (1\text{-}36)$$

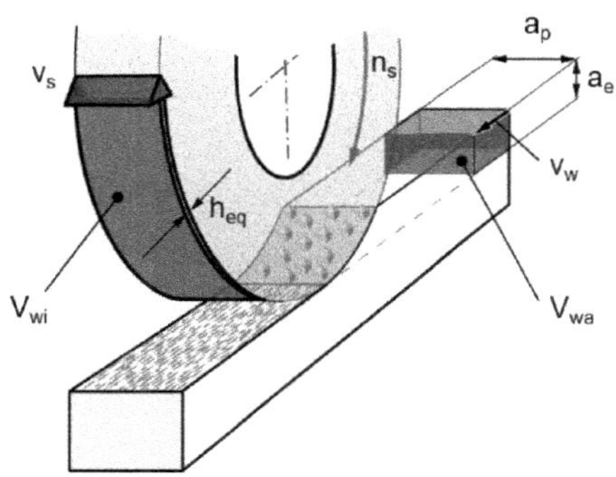

Bild 1.27 Ermittlung der äquivalenten Spanungsdicke h_{eq}

Eine Erhöhung der Schleifscheibenumfangsgeschwindigkeit v_s – bei sonst gleichen Bedingungen – führt zu einer Reduzierung der äquivalenten Spanungsdicke h_{eq} und damit zu einer tendenziellen Verbesserung der Oberflächenrauheit. Zugleich wird die mechanische Belastung auf das Einzelkorn verringert, während die thermische Belastung durch die erhöhte Reibungswärme ansteigt. Die Wahrscheinlichkeit, dass die Schleifscheibe drückt, Rattermarken entstehen oder Zusetzungen bzw. sogar Schleifbrand auftritt, nimmt zu. Höhere Werkstückgeschwindigkeiten v_w oder Zustellungen a_e – bei konstantem v_s – bewirken hingegen eine Vergrößerung von h_{eq} und damit eine tendenzielle Verschlechterung der Oberflächenqualität sowie eine Erhöhung der mechanischen Belastungen am Einzelkorn.

Es gibt darüber hinaus eine Vielzahl mehr oder weniger detaillierter Ansätze zur genaueren Ermittlung der Spanungsdicken beim Schleifen. Diese Methoden versuchen, eine geeignete Schneidenraumstruktur zu modellieren und definieren einen Schneidenfaktor φ, der die Korngröße, Kornform, Schneidenverteilung oder den Verschleißzustand der Schneiden beschreibt. Hier wird zudem der äquivalente Schleifscheibendurchmesser berücksichtigt, womit sich die **Einzelkornspanungsdicke h_c** ergibt zu:

$$h_c = \sqrt{\frac{2 \cdot v_w}{\varphi \cdot v_s} \sqrt{\frac{a_e}{d_{seq}}}} \tag{1-37}$$

Dieser Ansatz hat gegenüber h_{eq} den Vorteil, dass zusätzlich der Einfluss des Schleifscheibendurchmessers d_{seq} berücksichtigt ist. Die Zusammenhänge sind schematische in Bild 1.28 zusammengefasst. Ausgehend von einem Basisprozess werden die Auswirkungen der Änderungen verschiedener Stellgrößen auf die Spanungsdicken verdeutlicht.

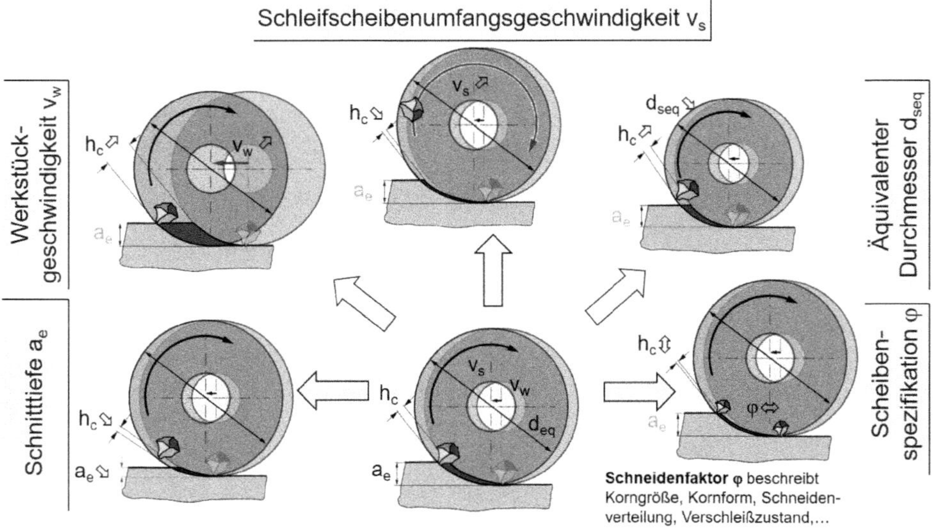

Bild 1.28 Auswirkungen unterschiedlicher Stellgrößen auf die entstehende Spanungsdicke h_c

Schematisch sind die Auswirkungen verschiedener praxisrelevanter Größen auf die Spanungsdicke h_{eq} in Bild 1.29 dargestellt. Damit lassen sich – mit der vereinfachten Annahme φ = const. – bei einer Prozessauslegung oder -optimierung Hinweise ableiten, welche Größen im Hinblick auf eine Veränderung der Oberflächengüte in eine gewünschte in Richtung anzupassen sind. Dabei ist zu berücksichtigen, dass die Veränderung eines Parameters (einer Stellgröße) nicht nur die betrachtete Prozessgröße beeinflusst, sondern auch andere Prozessgrößen verändert werden können, wodurch ggf. unerwünschte Effekte auftreten.

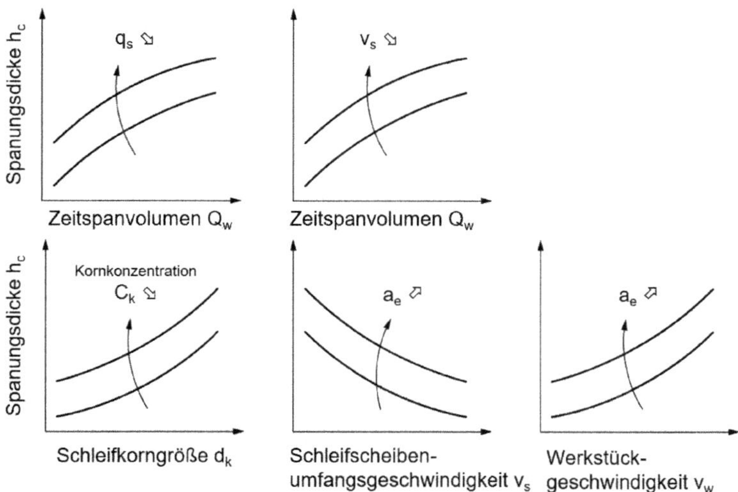

Bild 1.29 Spanungsdicke h_c als Funktion unterschiedlicher Stellgrößen

1.6.6 Schleifgeschwindigkeitsverhältnis

Das **Schleifgeschwindigkeitsverhältnis** q_s ist für den Innenrund- und Außenrundschleifprozess eine relevante Größe und stellt das Verhältnis aus Schleifscheiben- und Werkstückumfangsgeschwindigkeit her.

Das **Schleifgeschwindigkeitsverhältnis** q_s berechnet sich nach:

$$q_s = \frac{v_s}{v_w} \tag{1-38}$$

Ein positives Vorzeichen beschreibt das **Gleichlaufschleifen** und ein negatives Vorzeichen das **Gegenlaufschleifen**.

Zusätzlich ist zu berücksichtigen, dass bei Profilbearbeitungsprozessen das Schleifgeschwindigkeitsverhältnis q_s keine feste Größe ist, sondern entsprechend der durchmesserabhängigen Umfangsgeschwindigkeiten (von Schleifscheibe und Werkstück) über der Profilbreite variiert. Bild 1.30[43] zeigt für das Planschleifen und das Außendurchmesser-Rundschleifen von V-profilförmigen Werkstücken durch vektorielle Darstellung, dass Δq_s beim Außenrundschleifen größer ist als beim Planschleifen.[44]

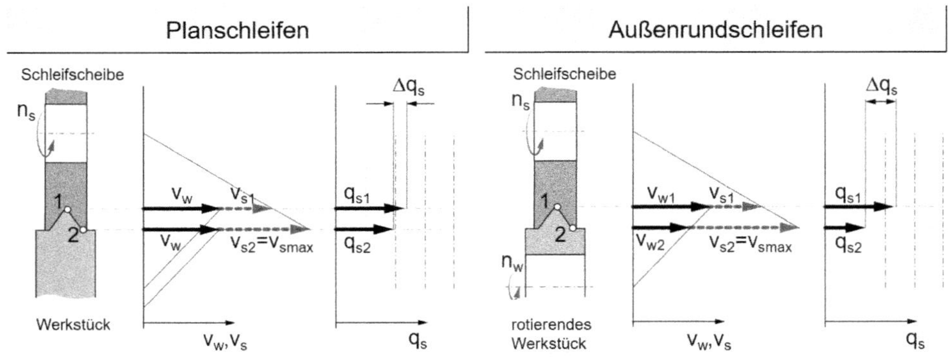

Bild 1.30 Schleifgeschwindigkeitsverhältnis beim Plan- und Außenrund-Profilschleifen

Das Schleifgeschwindigkeitsverhältnis q_s beeinflusst die Werkstückrauheit[45].Eine Veränderung oder Optimierung des Schleifgeschwindigkeitsverhältnis q_s in einer Prozessauslegung verfolgt daher oft das Ziel, die Werkstückrauheit anzupassen bzw. zu verbessern. Bild 1.31 zeigt die typischen Tendenzen der Rauheitsveränderungen als Funktion des Schleifgeschwindigkeitsverhältnisses q_s. Je größer q_s, desto besser wird die Oberflächenqualität am Werkstück.

Bild 1.31 verdeutlicht zusätzlich die Abhängigkeit der Oberflächenrauheit vom Zeitspanvolumen Q_w: je höher das Zeitspanvolumen (Schruppprozess), desto schlechter die Oberflächenqualität.

[43] Darstellung in Anlehnung an Lang u. Saljé 1989

[44] siehe z.B. auch Helletsberger 2005, S. 8f

[45] Da $h_{eq} = {}^{v_s}/{}_{v_w} \cdot a_e = {}^{a_e}/{}_{q_s}$

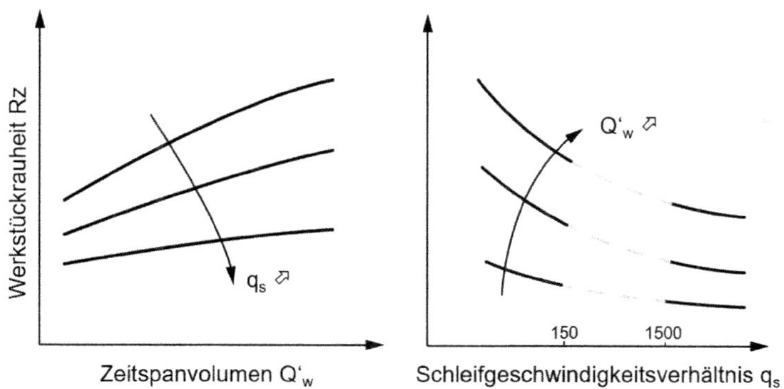

Bild 1.31 Werkstückrauheit als Funktion unterschiedlicher Schleifgeschwindigkeitsverhältnisse q_s

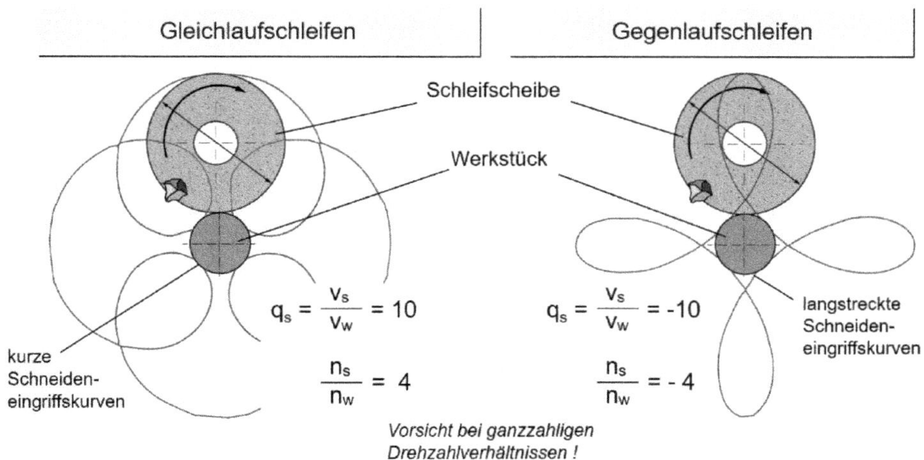

Bild 1.32 Schneideneingriffsbahnen einer Schneide für das Gleich- und Gegenlaufschleifen beim Außenrundschleifen mit ganzzahligem Drehzahlverhältnis

Außerdem ist zu berücksichtigen, ob im Gegenlauf oder im Gleichlauf bearbeitet wird. Bild 1.32 stellt beispielhalft die sich bei einem ganzzahligen Schleifgeschwindigkeitsverhältnis q_s ergebenden Schneidenbahnen eines Schleifkorns beim Außenrundschleifen dar. Die Bahnkurve des Schleifkorns entspricht der mathematischen Form einer Epizykloide. Beim **Gegenlaufschleifen** entstehen langestreckte Schneideneingriffe und damit längere Späne am Werkstück, beim **Gleichlaufschleifen** sind diese kürzer und steiler. Zu vermeiden sind beim Schleifen Stellgrößenkonstellationen, die zu einem ganzzahligen Drehzahlverhältnis führen.

Dadurch kommen immer wieder gleiche Schneidenbereiche mit demselben Werkstückbereich in Kontakt. Diese Bedingungen können zu Schleiffehlern führen.

Eine günstigere Bearbeitung findet statt, wenn die Berührpunkte zwischen Schleifscheibe und Werkstück „wandern". Dies ist bei nicht-ganzzahligen Drehzahlverhältnissen gewährleistet und in Bild 1.33 für die gleiche Bearbeitungsaufgabe wie im vorangegangenen Bild 1.32 dargestellt. Eine kleine Veränderung des Schleifgeschwindigkeitsverhältnisses q_s ergibt Drehzahlverhältnisse, die ungerade sind. Ein einzelnes Schleifkorn wandert damit nach jedem Kontakt ein Stück weiter auf der Werkstückoberfläche, was zu verbesserten Schleifeigenschaften führt.

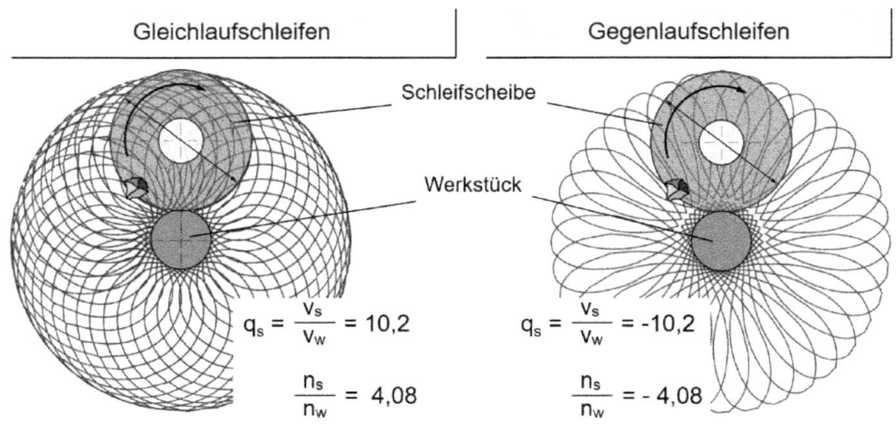

Bild 1.33 Schneideneingriffsbahnen einer Schneide für das Gleich- und Gegenlaufschleifen beim Außenrundschleifen mit nicht-ganzzahligem Drehzahlverhältnis (wegen der Darstellbarkeit q_s= 10,2 - in der Praxis liegt q_s höher)

Kleine Schleifgeschwindigkeitsverhältnisse von $q_s < 45$, also Innen- oder Außenrundschleifprozesse mit sehr hohen Werkstückdrehzahlen, lassen sich i.d.R. nicht nutzen[46]. Für Schleifprozesse mit konventionellen Schleifmitteln (Korund oder SiC) sind Schleifgeschwindigkeitsverhältnisse von q_s = 45 - 150 häufig anzutreffen. Für Schruppprozesse liegt q_s ~ 50 bis 80, bei Schlichtprozessen im Bereich q_s ~ 100 bis 150. Tiefschleifprozesse nutzen langsame Werkstückgeschwindigkeiten bei hohen Zustellungen, sodass sich Schleifgeschwindigkeitsverhältnisse $q_s > 1500$ ergeben. Bild 1.34 zeigt die Bereiche und gibt für einige Schleifprozesse

[46] da Werkzeugmaschinen bei Anregungsfrequenzen von 4-40 Hz anfällig für regenerative Schwingungen sind (Meister 2011, S. 133)

Beispiele zum Schleifgeschwindigkeitsverhältnis. Der Bereich 150 < q_s < 1500 gilt als thermisch kritischer Bereich[47], wobei in der Literatur kein wissenschaftlicher Beleg oder entsprechende Literatur genannt wird.

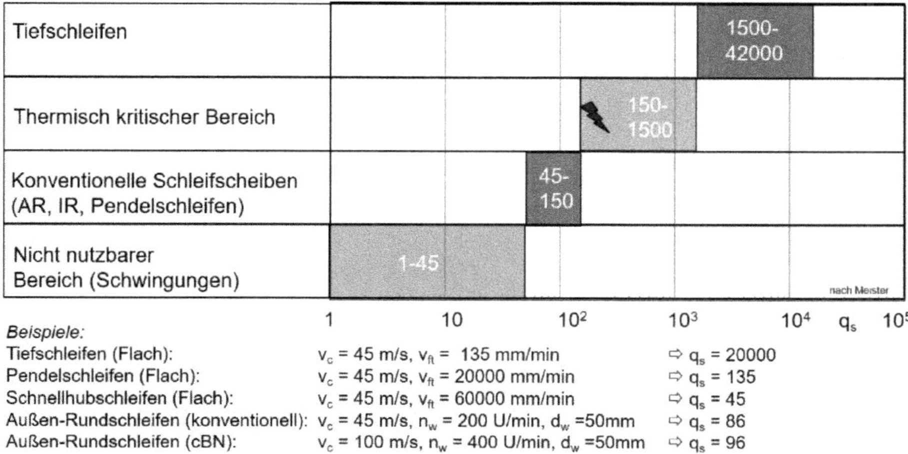

Bild 1.34 Bereiche üblicher Schleifgeschwindigkeitsverhältnisse für unterschiedliche Schleifanwendungen

Eine mögliche Erklärung könnte über die wirksame Spanungsdicke geliefert werden: Da

$$h_{eq} = \frac{v_w}{v_s} \cdot a_e = \frac{a_e}{q_s} \tag{1-39}$$

führt eine Erhöhung des Schleifgeschwindigkeitsverhältnisses q_s (d.h. eine Reduzierung der Werkstückgeschwindigkeit v_w) bei gegebener Schnitttiefe a_e zu kleineren äquivalenten Spanungsdicken h_{eq}, womit der Anteil an Reibung und damit die thermische Belastung im Prozess zunimmt[48]. Für konventionelle Außen-, Innen- und Flachschleifprozesse mit einer Zustellung von a_e = 0,01 mm ergeben sich äquivalenten Spanungsdicken von h_{eq} = 0,2 bis 0,07 µm (für q_s = 45 bis 150). Einer Erhöhung von q_s bei unveränderter Zustellung a_e würde zu noch kleineren Spanungsdicken führen und damit die Reibung stark erhöhen. Kompensiert werden kann dieses Verhalten durch eine gleichzeitige Erhöhung der Zustellung a_e, womit der

[47] Meister 2011, S. 132f

[48] Die tatsächliche Spanungsdicke h_c ist größer als die äquivalente Spanungsdicke h_{eq} (s. Kap. 1.6.5).

Prozess als Tiefschleifprozess bezeichnet werden kann. Für a_e = 1 mm ergeben sich Spanungsdicken von h_{eq} = 0,7 bis 0,05 (für q_s = 1500 bis 20000).

Tabelle 1.1: Wichtige Formeln für das Flach-, Außenrundeinstech- und Außenrundlängsschleifen mit zylindrischer Schleifscheibe

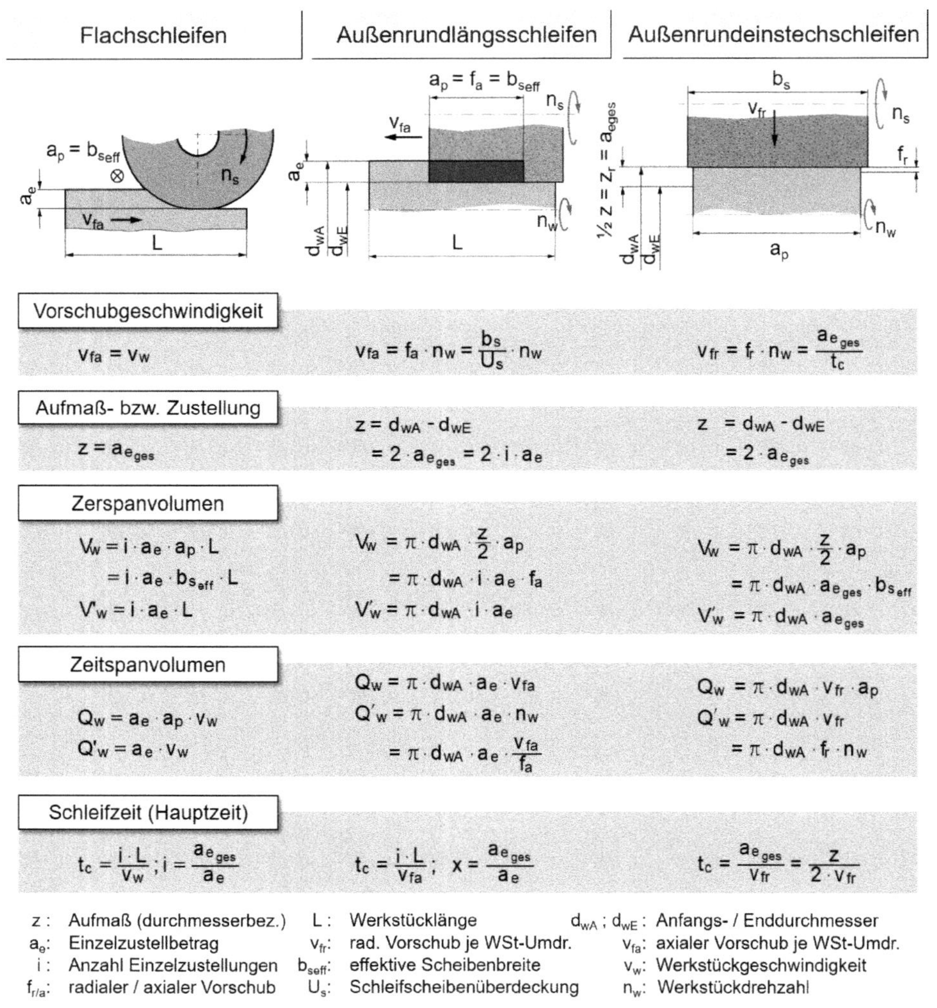

	Flachschleifen	Außenrundlängsschleifen	Außenrundeinstechschleifen
Vorschubgeschwindigkeit	$v_{fa} = v_w$	$v_{fa} = f_a \cdot n_w = \frac{b_s}{U_s} \cdot n_w$	$v_{fr} = f_r \cdot n_w = \frac{a_{e_{ges}}}{t_c}$
Aufmaß- bzw. Zustellung	$z = a_{e_{ges}}$	$z = d_{wA} - d_{wE}$ $= 2 \cdot a_{e_{ges}} = 2 \cdot i \cdot a_e$	$z = d_{wA} - d_{wE}$ $= 2 \cdot a_{e_{ges}}$
Zerspanvolumen	$V_w = i \cdot a_e \cdot a_p \cdot L$ $= i \cdot a_e \cdot b_{s_{eff}} \cdot L$ $V'_w = i \cdot a_e \cdot L$	$V_w = \pi \cdot d_{wA} \cdot \frac{z}{2} \cdot a_p$ $= \pi \cdot d_{wA} \cdot i \cdot a_e \cdot f_a$ $V'_w = \pi \cdot d_{wA} \cdot i \cdot a_e$	$V_w = \pi \cdot d_{wA} \cdot \frac{z}{2} \cdot a_p$ $= \pi \cdot d_{wA} \cdot a_{e_{ges}} \cdot b_{s_{eff}}$ $V'_w = \pi \cdot d_{wA} \cdot a_{e_{ges}}$
Zeitspanvolumen	$Q_w = a_e \cdot a_p \cdot v_w$ $Q'_w = a_e \cdot v_w$	$Q_w = \pi \cdot d_{wA} \cdot a_e \cdot v_{fa}$ $Q'_w = \pi \cdot d_{wA} \cdot a_e \cdot n_w$ $= \pi \cdot d_{wA} \cdot a_e \cdot \frac{v_{fa}}{f_a}$	$Q_w = \pi \cdot d_{wA} \cdot v_{fr} \cdot a_p$ $Q'_w = \pi \cdot d_{wA} \cdot v_{fr}$ $= \pi \cdot d_{wA} \cdot f_r \cdot n_w$
Schleifzeit (Hauptzeit)	$t_c = \frac{i \cdot L}{v_w}; i = \frac{a_{e_{ges}}}{a_e}$	$t_c = \frac{i \cdot L}{v_{fa}}; \; x = \frac{a_{e_{ges}}}{a_e}$	$t_c = \frac{a_{e_{ges}}}{v_{fr}} = \frac{z}{2 \cdot v_{fr}}$

z: Aufmaß (durchmesserbez.) L: Werkstücklänge d_{wA}; d_{wE}: Anfangs- / Enddurchmesser
a_e: Einzelzustellbetrag v_{fr}: rad. Vorschub je WSt-Umdr. v_{fa}: axialer Vorschub je WSt-Umdr.
i: Anzahl Einzelzustellungen b_{seff}: effektive Scheibenbreite v_w: Werkstückgeschwindigkeit
$f_{r/a}$: radialer / axialer Vorschub U_s: Schleifscheibenüberdeckung n_w: Werkstückdrehzahl

1.6.7 Wichtige Formeln zur Steuerung des Schleifprozesses

Die für eine praxisrelevante Prozessauslegung mit zylindrischer Schleifscheibe erforderlichen Formelbeziehungen sind in Tabelle 1.1 zusammengestellt. Entsprechend der Zustellrichtung bewegt sich das Werkstück relativ zur Schleifscheibe beim Längsschleifen mit einer axialen Vorschubgeschwindigkeit v_{fa}, beim Einstechschleifen mit einer radialen Geschwindigkeit v_{fr}. Das Bearbeitungsaufmaß z ist bei den Rundschleifverfahren auf den Durchmesser bezogen. Die Gesamtzustellung a_{eges} ist in i Einzelzustellbeträge a_e aufgeteilt. Die zu bearbeitende Werkstücklänge ist mit L definiert. Die Hauptzeit t_h gibt die tatsächliche Bearbeitungszeit an, berücksichtigt also keine Nebenzeiten oder notwendige Überläufe.

1.7 Prozessgrößen des Schleifprozesses

Der Schleifprozess lässt sich im einfachsten Fall als „Blackbox" auffassen, der durch die Systemgrößen „geprägt" und durch die Stellgrößen „gesteuert" wird[49]. Im „Inneren" des Prozesses erzeugen die **Prozessgrößen** durch ihre Wirkungen ein entsprechendes Ergebnis: die **Ausgangsgrößen**. Die mechanischen, thermischen und chemischen Wirkungen des Prozesses beeinflussen das Arbeitsergebnis, sodass deren Kenntnis Hinweise gibt, worauf das Arbeitsergebnis zurückzuführen ist. So sind beispielsweise Spanungsdicken relevant für die Oberflächenausbildung, Bearbeitungskräfte für die Genauigkeiten, umgesetzte Leistungen für Gefügeschädigungen infolge erzeugter Wärme.

1.7.1 Schleifkräfte

Die erreichbaren Genauigkeiten in einem Schleifprozess werden maßgeblich durch die Bearbeitungskräfte bestimmt, da sie in Verbindung mit der Maschinensteifigkeit zu Verlagerungen oder Auslenkungen des Werkzeugs bzw. Werkstücks zur vorgegebenen Sollposition führen können. In den meisten Fällen lassen sich die Bearbeitungskräfte auf einer Produktionsmaschine nicht ermitteln, da dafür aufwendige Messtechnik erforderlich ist. In Forschungseinrichtungen werden jedoch i.d.R. Maschinen verwendet, die an geeigneten Positionen im Maschinenraum Kraftmessungen durch Dehnungsmesssensoren oder piezoelektrische Kraftauf-

[49] Denkena 2011, S. 8

nehmer ermöglichen. Der Einbau solcher Messeinrichtungen ist mit einem gewissen Aufwand verbunden. Auf einer Flachschleifmaschine kann das Werkstück direkt auf einer Kraftmessplattform aufgespannt werden, die auf dem Maschinentisch montiert ist. Außen- oder Innenrundschleifmaschinen bieten dagegen keine vergleichbar einfache Lösung. Um die Bearbeitungskräfte auf solchen Maschinen aufnehmen zu können, müssen i.d.R. unterhalb des Werkzeug- oder Werkstückspindelstocks Kraftmesssensoren integriert werden, was einen „Eingriff" in die Maschinenstruktur bedeutet. Häufig sind dadurch Anpassungen der Bearbeitungshöhe, d.h. Veränderungen am gesamten Maschinenkonzept notwendig. Alternativen sind rotierende Kraftmesssysteme, die in den Kraftfluss der Werkzeugaufnahme eingebracht werden.

Es gibt eine Reihe wissenschaftlicher Untersuchungen zur **Schleifkraftberechnung**[50]. I.d.R. sind die erarbeiteten Ansätze jedoch an eine Reihe von Randbedingungen geknüpft, sodass sie sich nicht allgemein nutzen lassen. Eine „einfache" Berechnungsmethode wie die Schnittkraftberechnung nach *Otto Kienzle*[51] zur Berechnung von Bearbeitungskräften beim Drehen liegt bisher für das Schleifen noch nicht vor.

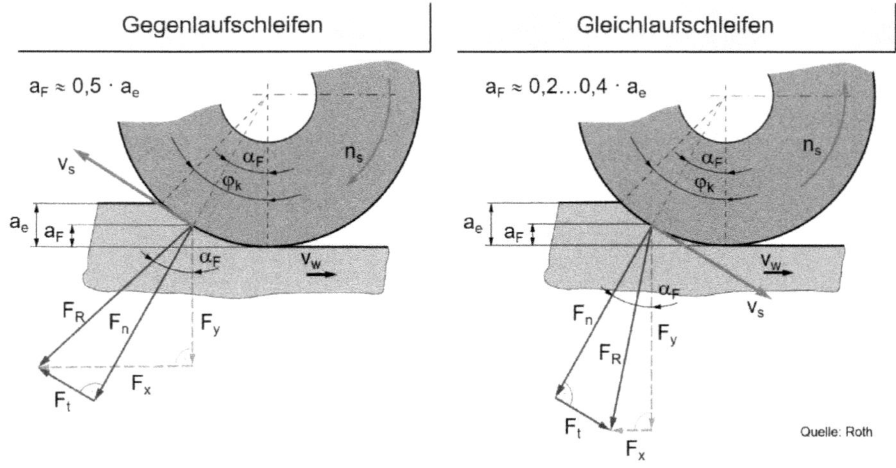

Bild 1.35 Kräfte beim Flachschleifen nach *Roth*

50 siehe z.B. Paul 1994, S52ff

51 z.B. Denkena 2013, S. 52ff

Bild 1.35 stellt die von *Roth*[52] aus empirischen Untersuchungen gefundenen Schleifkraftbeziehungen beim Schleifen von Aluminiumoxidkeramik für das Gegen- und Gleichlaufschleifen dar. Die in den Schleifkraftmessungen ermittelten Kraftkomponenten F_x und F_y müssen für eine Schleifkraftbewertung in die Komponenten Schleifnormalkraft F_n und Schleiftangentialkraft F_t umgerechnet werden. Hier stellt sich die Aufgabe, den wirksamen Kraftangriffspunkt zu bestimmen. Beim Gegenlaufschleifen liegt dieser etwa in der Mitte der Zustellung, beim Gleichlaufschleifen bei etwa 20-40% der Schnitttiefe a_e. Das Beispiel macht deutlich, wie komplex die Aufgabe der Schleifkraftmessung sein kann und dass aus den gemessenen Daten nicht unmittelbar die wirksamen Kräfte ermittelt werden können. Beim Außenrundschleifen liegen i.d.R. die mittels einer Kraftmesseinrichtung ermittelten Kraftkomponenten in den gleichen Richtungen wie die Schleifkräfte. Eine Umrechnung ist hier i.d.R. nicht erforderlich. Bild 1.36 zeigt die wirksamen Kraftkomponenten beim Außenrundschleifen beim Einstech- und Längsschleifen; aus Darstellungsgründen allerdings in einer „senkrechten Anordnung“. Die meisten Außenrundmaschinen sind um 90° gedreht aufgebaut, sodass Schleifscheibenachse und Werkstückachse in einer horizontalen Ebene liegen. Die Normalkraftkomponente F_n (zuständig für die Maßgenauigkeit des Bauteils) stimmt weitgehend mit der, mittels einer im Werkstückspindelstock untergebrachten Kraftmessplattform, senkrecht gemessenen Kraftkomponente (F_y) überein. F_t zeigt in Richtung F_x und die Vorschubkraft in Richtung F_z.

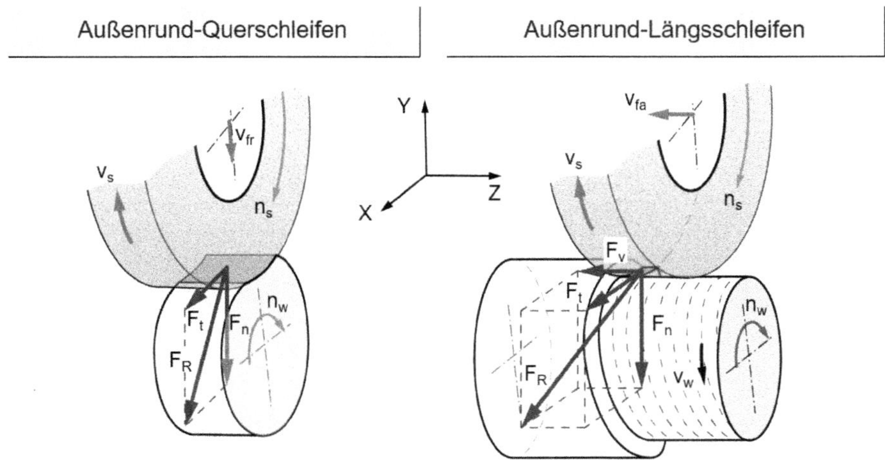

Bild 1.36 Kräfte beim Außenrundschleifen

[52] Roth 1995, S. 33ff

Die für die Maßgenauigkeit wichtige Schleifnormalkraft F_n und die für die Leistungsaufnahme der Schleifspindel entscheidende Schleiftangentialkraft F_t (Leistung = Kraft · Geschwindigkeit) lassen sich damit gut ermitteln. I.d.R. ist es dem Anwender aber nicht möglich, den Schleifprozess anhand von Schleifkräften zu beurteilen, da diese nicht vorliegen. Trotzdem ist es prinzipiell sinnvoll, die Auswirkungen verschiedener Parameter aus dem Schleifprozess zu kennen, um den Einfluss der Stellgrößen zur Prozessoptimierung nutzen zu können. Um die Prozessgrößen verschiedener Schleifprozesse miteinander vergleichen zu können, werden diese auf die Schleifscheibenbreite (a_p bzw. b_{seff}) normiert und als „auf die Schleifscheibenbreite bezogene" Größen angegeben:

$$F_t' = \frac{F_t}{a_p} \tag{1-40}$$

bzw.

$$F_n' = \frac{F_n}{a_p} \tag{1-41}$$

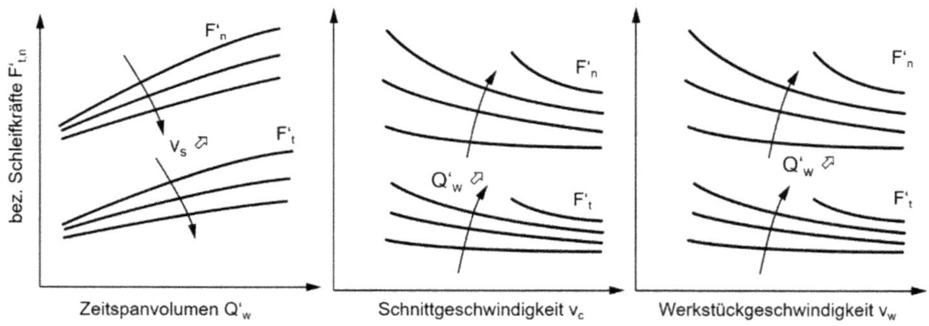

Bild 1.37 Schleifkräfte als Funktion verschiedener Stellgrößen

Bild 1.37 stellt die Veränderungen der bezogenen Schleifnormal- und -tangentialkraft als Funktion verschiedener Stellgrößen dar. Eine Steigerung des Zeitspanvolumens Q_w führt generell zu höheren Schleifkräften, da mehr Werkstoff pro Zeiteinheit zerspant werden muss. Eine Erhöhung der Schnittgeschwindigkeit v_c hingegen führt i.d.R. zu einer Reduzierung der Bearbeitungskräfte, da die Spanbildung durch eine höhere Wärmeeinbringung (Reibungswärme) erleichtert wird. Die Erhöhung der Werkstückgeschwindigkeit v_w (bei konstantem Zeitspanvolumen Q_w, also einer gleichzeitigen Reduzierung der Schnitttiefe a_e) führt i.d.R. zu sinkenden Schleifkräften, weil sich hierdurch die Kontaktlänge l_g verringert und gleichzeitig weniger Schneiden im Eingriff sind.

1.7.2 Schleifleistung

In einem Schleifprozess werden durch die vielen einzelnen Spanbildungsvorgänge und die hohe Reibung hohe Zerspanenergien umgesetzt. Um diese berechnen zu können, ist es notwendig, die zur Zerspanung benötigten Leistungen zu kennen. Die Schleifleistung P_c kann aus dem Produkt der Schleiftangentialkraft F_t mit der Schleifscheibenumfangsgeschwindigkeit v_s berechnet:

$$P_c = F_t \cdot v_s \qquad (1\text{-}42)$$

Bei Prozessen mit hohen Werkstückgeschwindigkeiten v_w ist diese entsprechend der Drehrichtung zu berücksichtigen. In Forschungseinrichtungen können die Schleifkräfte über Kraftaufnehmer beim Schleifen ermittelt werden. In der industriellen Praxis lässt sich die Schleifleistung aus der Maschinensteuerung „auslesen“ oder aus dem Spindelantriebsmotor bzw. dem Frequenzumformer abgreifen.

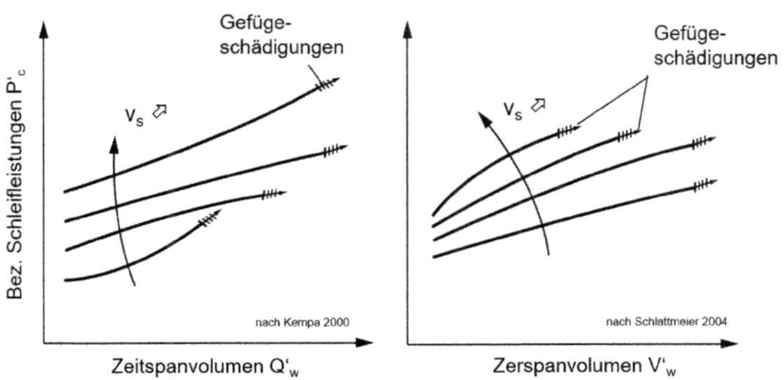

Bild 1.38 Schleifleistung in Abhängigkeit der Schnittgeschwindidigkeit und des Zeitspanvolumens

Mit zunehmendem Zeitspanvolumen Q_w steigen die umgesetzten Schleifleitungen P_c i.d.R. durch die steigenden tangentialen Schleifkräfte F_t an (s. Bild 1.38). Neben der Schleifkraft F_t ist aber auch die Schnittgeschwindigkeit v_c an der Bildung der Schleifleistung P_c beteiligt. Da durch höhere Scheibenumfangsgeschwindigkeiten

v_s i.d.R. die Schleifkraft F_t bei gleichem Zeitspanvolumen Q_w abnimmt, ergibt sich häufig ein positiver Effekte bzgl. der umgesetzten Schleifleistung. Thermisch bedingte Gefügeschädigungen treten bei Prozessen, die mit höheren Schleifscheibenumfangsgeschwindigkeiten v_s betrieben werden, mit zunehmendem Zeitspanvolumen Q_w häufig erst später auf (S. Bild 1.38)[53]. Als Funktion des Zerspanvolumens V_w können sich infolge des größeren Schleifscheibenverschleißes schnell höhere Schleifleistungen P'_c ergeben, sodass Gefügeschädigungen schon nach kurzer Bearbeitungszeit auftreten können[54]. Für eine bessere Vergleichbarkeit unterschiedlicher Prozesse kann die auf die Eingriffsbreite **bezogene Schleifleistung** $\boldsymbol{P'_c}$ zusätzlich noch auf die Kontaktlänge l_g bezogen werden, womit sich die **kontaktflächenbezogene Schleifleistung** $\boldsymbol{P''_c}$ ergibt:

$$P_c'' = \frac{P_c'}{l_g} = \frac{P_c}{A_k} \tag{1-43}$$

Sie beschreibt diejenige Leistung, die zu jedem Zeitpunkt über einem Flächenelement umgesetzt wird. Nach *Brinksmeier*[55] eignet sich P'_c gut, um Veränderungen der Randzoneneigenschaft im Hinblick auf die schleifbedingten Eigenspannungen zu beschreiben.

1.7.3 Schleifenergie

Die aus der Schweiß- und Lasertechnik bekannte Streckenenergie berücksichtigt zusätzlich die Einwirkdauer der umgesetzten Energie zwischen Schleifscheibe und Werkstück und wird als **kontaktflächenbezogene Schleifenergie** $\boldsymbol{E''_c}$ bezeichnet[56]:

$$E_c'' = P_c'' \cdot t_k = P_c'' \cdot \left(\frac{l_g}{v_w}\right) = \frac{P_c'}{v_w} \tag{1-44}$$

Aus der kontaktflächenbezogenen Schleifleistung P''_c und der Kontaktzeit t_k des Werkzeugs mit einem Werkstück-Flächenelement kann der Geschwindigkeitseinfluss einer sich bewegenden Wärmequelle auf die Temperaturausbildung beschrieben werden. Bild 1.39 zeigt die berechneten mittleren Kontaktzonentemperatur als

[53] Kempa 2000, S79ff
[54] Schlattmeier 2004, S. 86f
[55] Brinksmeier 1990
[56] Lierse 1998, S. 60ff

Funktion der kontaktflächenbezogenen Schleifenergie E''_c[57]. Beim Schleifen von Aluminiumoxidkeramik traten danach kontaktflächenbezogene Schleifenergien E''_c zwischen 0,1 und 30 J/mm² und maximale mittlere Kontaktzonentemperaturen von bis zu T = 1000 °C bei Q'_w = 6 mm³/mms auf.

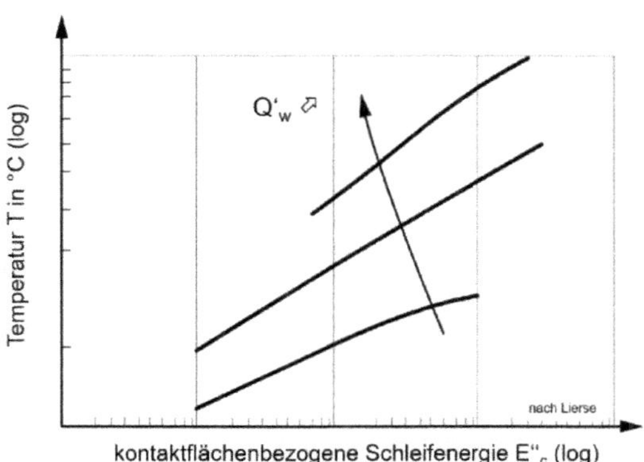

Bild 1.39 Schleiftemperaturen als Funktion der kontaktflächenbezogenen Schleifenergie E''_c

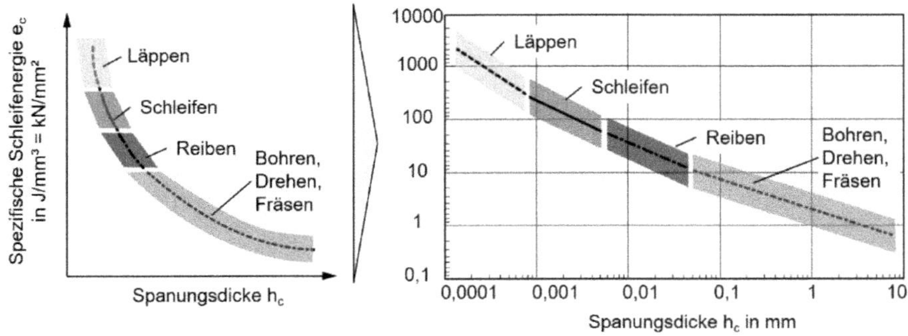

Bild 1.40 spezifische Schleifenergie e_c als Funktion der Spanungsdicke h_c

[57] nach Lierse 1998, S. 68

Die **spezifische Schleifenergie e_c** beschreibt die für die Zerspanung eines Werkstoffvolumens notwendige Energie und ist damit vergleichbar mit der aus der geometrisch bestimmten Zerspanung bekannten spezifischen Schnittkraft k_c nach *Otto Kienzle*[58] (s. Bild 1.40).

$$e_c = \frac{W_c}{V_w} = \frac{P_c}{Q_w} = \frac{P_c \cdot t_k}{V_w} = \frac{P_c \cdot l_g}{V_w \cdot v_w} \qquad (1\text{-}45)$$

Die spezifische Schleifenergie e_c ist die Zerspanarbeit W_c, die erforderlich ist, um ein bestimmtes Zerspanvolumen V_W abzuschleifen und kennzeichnet damit die Effektivität der Werkstofftrennung[59].

1.7.4 Schleiftemperatur

Die in die Kontaktzone eingebrachte Energie wird durch Umformung, Reibung und Trennung bei der Spanbildung nahezu vollständig in Wärme umgewandelt. Bild 1.41 zeigt die bei der Schleifbearbeitung aus der Kontaktzone abfließenden Wärmeströme schematisch[60]. Die an der Zerspanung beteiligten Komponenten Werkstück, Werkzeug, Späne und Kühlschmierstoff werden thermisch beeinflusst, wobei eine Berechnung der tatsächlichen Werkstücktemperaturen an der Oberfläche und als Gradient bisher nicht möglich ist. Wissenschaftliche Untersuchungen und Modellbildungen sind i.d.R. mit vielen spezifischen Randbedingungen verknüpft und lassen sich nicht allgemeingültig übertragen.

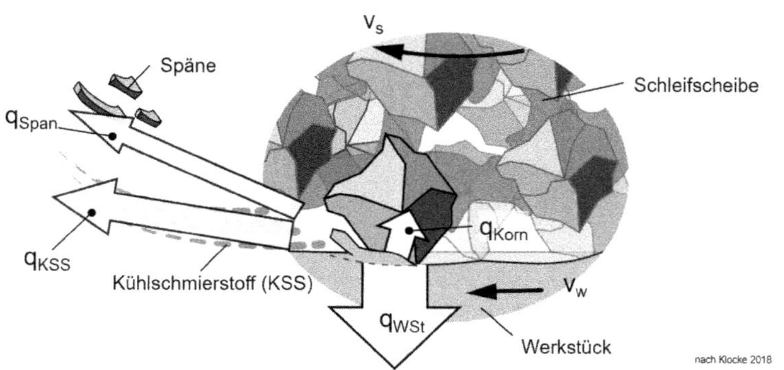

Bild 1.41 Wärmeströme beim Schleifen nach *Klocke*

---

[58] siehe z.B. Denkena 2013, S. 52ff

[59] Lierse 1999, S. 79

[60] Klocke 2018, S. 16

Absolute Temperaturen lassen sich beim Schleifen nicht ermitteln, da jedes einzelne Korn durch seine Reibungsvorgänge bei der Spanbildung lokale Spitzentemperaturen erzeugt. In Summe entsteht somit eine Kontaktzonentemperatur und ein Temperaturgradient unterhalb der Werkstückoberfläche, wobei diese durch den in die Kontaktzone transportierten Kühlschmierstoff und die Wärmeleitfähigkeit der Schleifscheibe (des Schleifmittels) reduziert wird. Bild 1.42 zeigt am Beispiel des Flachschleifens von Stahl einen typischen Verlauf der Temperatur sowie die Temperaturentwicklungen unterhalb der Werkstückoberfläche.[61]

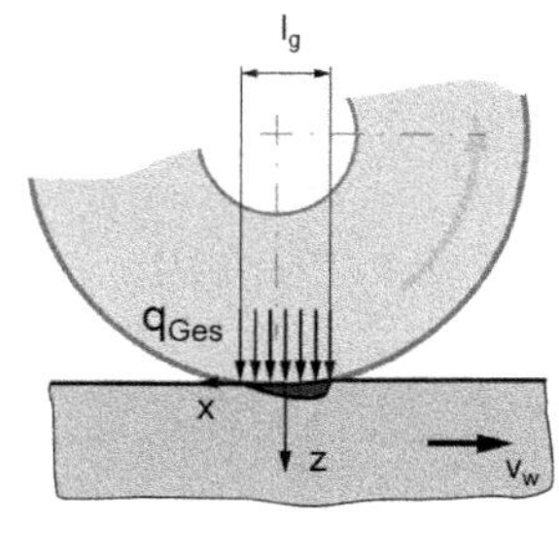

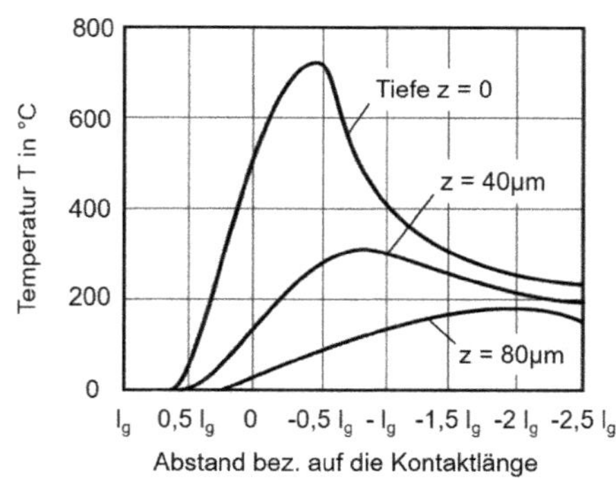

Bild 1.42 Schleiftemperaturen als Funktion der Werkstücktiefe

Aus der Betrachtung der kontaktflächenbezogenen Schleifenergie E''_c (Streckenenergie) kann jedoch die Werkstückgeschwindigkeit v_w als eine zentrale Größe bei der Temperaturbildung im Bereich der Werkstückoberfläche angesehen werden (s. Bild 1.43). Eine sich schnell bewegende Wärmequelle kann nur geringere Temperaturen durch Wärmeabstrahlung in einer Oberfläche erzeugen, als eine Quelle, die sich langsam bewegt. Die Höhe der sich ausbildenden Temperatur wird dabei von der Schleifleistung bestimmt, die wiederum von dem zu bearbeitenden Zeitspanvolumen abhängt. Mit zunehmender Werkstückgeschwindigkeit kann die Wärmeenergie nicht in das Werkstück abfließen, womit sich geringere Temperaturen ergeben.

[61] Paul 1994, S. 63

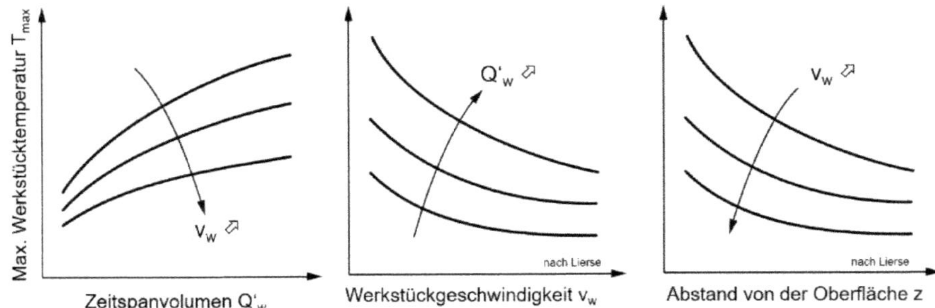

Bild 1.43 Werkstücktemperaturen als Funktion der Werkstückgeschwindigkeit und des Zeitspanvolumens

1.7.5 Schwingungen

Im Schleifprozess auftretende Schwingungen zählen zu den **Störgrößen**. Um Form- und Maßfehler klein zu halten und selbsterregte Schwingungen zu vermeiden, benötigen Werkzeugmaschinen für die Endbearbeitung eine hohe statische und dynamische Steifigkeit. **Fremderregte Schwingungen** wirken sich unabhängig vom Schleifprozess auf das Arbeitsergebnis aus und haben ihre Ursache zumeist in maschineninternen Komponenten (Pumpen, Spindellagern, Unwuchten usw.) oder werden von außen über das Fundament hervorgerufen. Rundlauffehler der Schleifscheibe oder eine Unwucht führen zu Markierungen auf dem Werkstück und beeinflussen damit die Qualität des Bauteils. Auch im Abrichtprozess können durch Exzentrizität und Unwuchten (des rotierenden Abrichters oder der Schleifscheibe) Schwingungen auftreten und so einen Einfluss auf das Schleifergebnis haben. Zu beachten sind auch ganzzahlige *Drehzahlverhältnisse* zwischen Schleifscheibe und Werkstück bzw. Abrichtwerkzeug, da damit immer wieder gleiche Bereiche der rotierenden Körper in Eingriff gebracht werden und sich Strukturen bilden können.

Selbsterregte Schwingungen beziehen ihre Energie aus dem Bearbeitungsprozess. Das Schwingungsphänomen *Lagekopplung* wird durch die tangentialen und normalen Bearbeitungskräfte hervorgerufen, die infolge richtungsabhängiger Steifigkeiten in der Maschine zu einer ellipsenförmigen Schwingung führen. **Regenerative Schwingungen** sind Schwingungen, die sich aus einer anfänglichen Oberflächenwelligkeit der Kontaktpartner Schleifscheibe und Werkstück bei bestimmten Bedingungen verstärken[62]. Beim Außenrundschleifen z.B. kann zu hoher Kühlschmierstoffdruck einen Rattereffekt durch ein kurzzeitiges „Aufschwimmen der Schleifscheibe" auslösen. Bild 1.44 stellt einen Schleifprozess mit den Steifigkeiten des Schleifspindel- und Werkstückspindelstocks schematisch dar. Bei der Steifigkeitsbetrachtung sollte zusätzlich auch die Steifigkeit des Systems Schleifscheibe/Werkstück berücksichtigt werden. Bei abrichtbaren Schleifprozessen ist zudem das System „Schleifscheibe/Abrichter" in die Betrachtungen einzubeziehen. Beim Einstechabrichten kann der Einsatz von Profilrollen zu regenerativen Schwingungen und damit zu einer Welligkeit auf der Schleifscheibe führen. Formrollen oder stehende Abrichtwerkzeuge erzeugen auf der Schleifscheibe durch den axialen Abrichtvorschub f_{ad} Strukturen, die zu einer Anregung im Schleifprozess beitragen können.

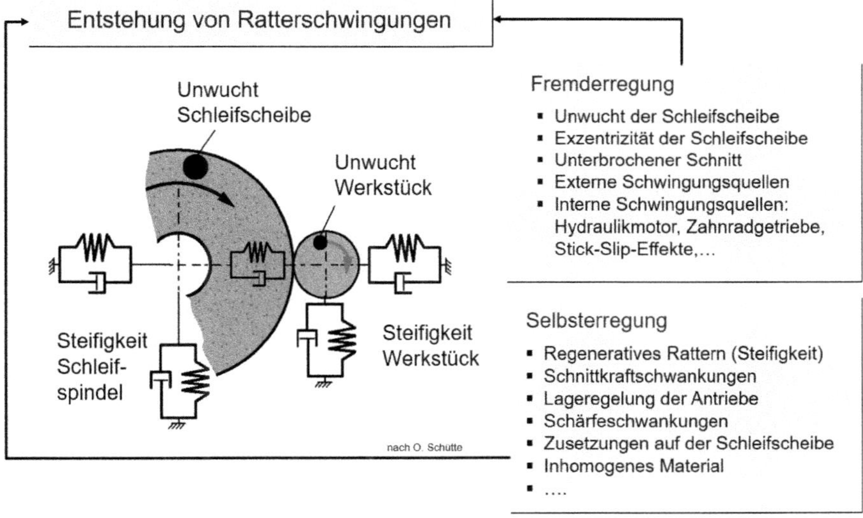

Bild 1.44 Entstehung von Ratterschwingungen

Schwingungsmarkierungen (**Rattermarken**) an einem Werkstück sollten möglichst ihrer Ursache zugeordnet werden. Treten Rattermarken an einem Bauteil auf, sind die Drehzahlen der Schleifscheibe n_s und des Werkstücks n_w festzuhalten, der Werkstückdurchmesser d_w zu messen und die Anzahl z_{Schw} der am Umfang befindlichen Markierungen zu zählen. Liegen die Markierungen bei einem Wiederholungsversuch mit reduzierter Werkstückdrehzahl n_w (ca. 25% langsamer) enger

[62] Schütte 2003, S. 6ff

zusammen, ist die Schwingung im Schleifspindelstock zu suchen. Verändert sich der Abstand der Marken nicht, ist der Werkstückspindelstock Ursache. Das Produkt aus Anzahl der Rattermarken und Werkstückdrehzahl entspricht der Schleifscheibendrehzahl.

Quer zur Oberfläche verlaufende Rattermarken sind i.d.R. auf den Schleifprozess selbst, aber nicht auf den Abrichtprozess zurückzuführen. Beim Abrichten mit rotierenden Diamantwerkzeugen wird über die Schleifscheibe grundsätzlich immer ein Muster auf das Werkstück übertragen. In den meisten Fällen ist es jedoch nicht sichtbar.

1.8 Arbeitsergebnis eines Schleifprozesses

Die wichtigste Ausgangsgröße eines Bearbeitungsprozesses ist die Werkstückqualität, die durch eine Reihe quantifizierbarer Größen beschrieben werden kann. Neben der **geometrischen Genauigkeit** und der **Oberflächenqualität** ist bei Bearbeitungsprozessen zur Erzeugung von Funktionsflächen hochbelasteter Bauteile auch die **Randzoneneigenschaft** ein wichtiges Kriterium.

1.8.1 Geometrische Genauigkeit

Die geometrische Genauigkeit lässt sich durch die Maß-, Form- und Lagegenauigkeit am Werkstück beschreiben. Bei spanenden Fertigungsprozessen wird die an einem Werkstück erzielbare **Maßgenauigkeit** i.d.R. durch entsprechende Zustellbewegungen des Werkzeugs zum Werkstück erreicht. Eine verschleißbedingte Durchmesseränderung der Schleifscheibe oder eine Veränderung der Bearbeitungskräfte (Maschinensteifigkeit) ändern die eingestellte Schnitttiefe a_e. **Form- und Lagegenauigkeiten** dagegen sind i.d.R. auf die Maschine bzw. den Prozess oder die Prozessführung zurückzuführen. So sind Geradheits- bzw. Zylindrizitätsabweichungen häufig auf bearbeitungsbedingte elastische Verformungen des Bauteils zurückzuführen.[63] Die Ursache sind Bearbeitungskräfte, Koaxialitäts- bzw. Laufabweichungen und Ungenauigkeiten des Spannfutters.

Um die Formgenauigkeit am Werkstück zu verbessern, müssen i.d.R. die Kräfte im Prozess gesenkt werden. Bild 1.45 zeigt, wie geometrische Genauigkeiten mit der Schleifscheibenumfangs- und der Werkstückgeschwindigkeit (v_s, v_w) bzw. dem

[63] vgl. z.B. Jorden 2017

Zeitspanvolumen Q_w zusammenhängen. Grundsätzlich ist eine mehrstufige Prozessführung (P1: Schruppen, P2: Schlichten; P3: Ausfeuern bzw. Oszillieren) ein gängiges Mittel, um bestmögliche Maß-, Form- und Lagegenauigkeiten am Werkstück zu erhalten (s. auch Kap. 2.5.4).

Gegenüber geometrisch bestimmten Prozessen (z.B. *Hartdrehen*) ist beim Schleifen **keine Mindestspanungsdicke** erforderlich, um einen Materialabtrag zu bewirken. Durch das Schleifen lassen sich durch eine geeignete Prozessführung (z.B. Ausfeuern oder Oszillieren) höchste Maßgenauigkeiten erreichen ■

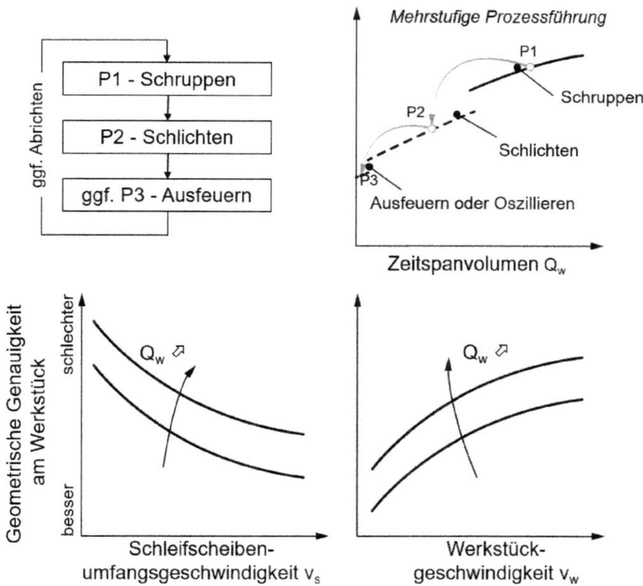

Bild 1.45 Geometrische Genauigkeit (Maß-, Form-, Lagegenauigkeiten) als Funktion der Stellgrößen

1.8.2 Oberflächengüte

Die Oberflächenqualität in Form einer **Rauheit** entsteht durch den Eingriff des Werkzeugs in das zu bearbeitende Bauteil. Beim Schleifen legt die geometrisch unbestimmte Schneidenform und -verteilung zusammen mit den Stellgrößen des Prozesses die Rauheitsstruktur am Bauteil fest. Es entstehen durch die weggebundene Prozessführung quer zur Bearbeitungsrichtung andere Oberflächenstrukturen als in Längsrichtung. Oszillationsbewegungen der Schleifscheibe senkrecht zur Bearbeitungsrichtung führen durch Überlagerungen der Schneideneingriffsbahn i.d.R. zu einer Verbesserung der Oberflächenqualität.

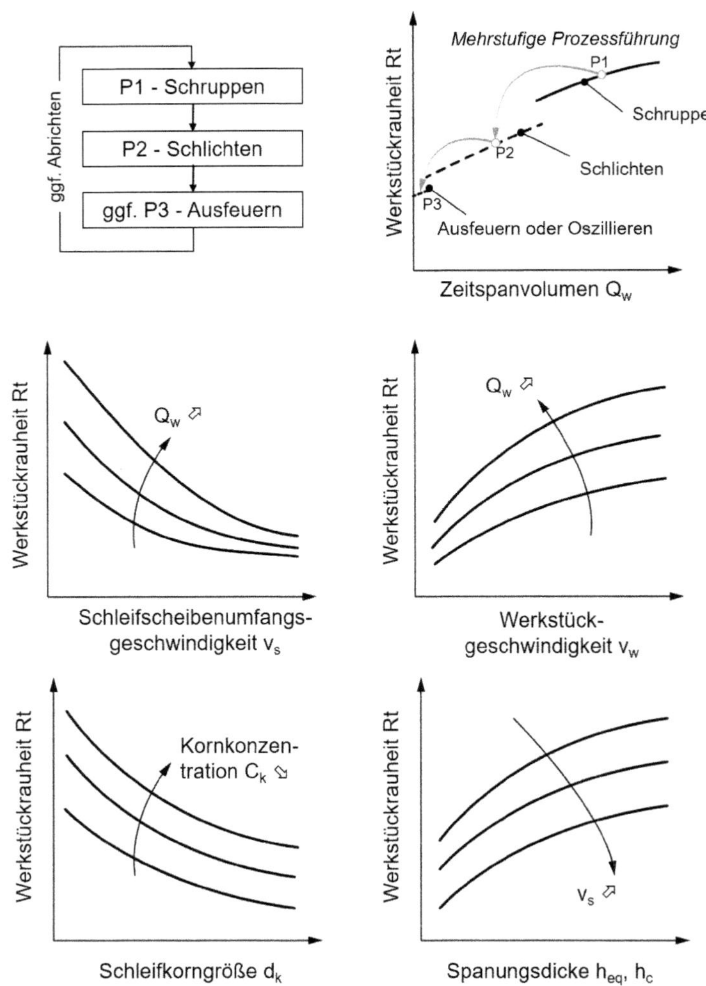

Bild 1.46 Werkstückrauheit als Funktion wichtiger Stell- und Systemgrößen

Neben dem Schleifwerkzeug (Schleifkorngröße) und den Stellgrößen des Schleifprozesses wie Schleifscheibenumfangsgeschwindigkeit v_s, Werkstückgeschwindigkeit v_w oder abgeleiteten Stellgrößen wie der Spanungsdicke (h_{eq} oder h_c), dem Zeitspanvolumen Q_w usw. hat auch der Abrichtprozess einen großen Einfluss auf die Oberflächenausbildung. Beispielhaft stellt Bild 1.46 die Wirkungen verschiedener Stellgrößen des Schleifprozesses auf die Werkstückrauheit dar. Grundsätzlich führen höhere Zeitspanvolumina, Spanungsdicken, Zustellungen oder Werkstückgeschwindigkeiten zu höheren Rauheiten am Werkstück. Größere Schleifscheibenumfangsgeschwindigkeiten und feinkörnigere Schleifscheiben ergeben hingegen geringere Rauheiten. Sehr wesentlich ist auch hier die **Prozessführung**, die i.d.R. mindestens zweistufig (P1: Schruppen, P2: Schlichten), häufig aber auch mehrstufig (P1: Schruppen, P2: Schlichten, P3: Ausfeuern und/oder oszillieren) durchgeführt wird (s. auch Kap. 2.5.4).

1.8.3 Randzonenbeeinflussung

Unter dem Begriff **Randzone** wird der Werkstoffbereich unmittelbar unterhalb der bearbeiteten Werkstückoberfläche bezeichnet. Durch jeden Bearbeitungsprozess wird nicht nur eine Oberflächenrauheit durch den Materialabtrag infolge der Spanbildung erzeugt, sondern durch die mechanischen und thermischen Prozesswirkungen auch das Werkstoffgefüge beeinflusst. Die Eigenschaften des unterhalb der bearbeiteten Werkstückoberfläche liegenden Gefüges werden als **Randzoneneigenschaften** bezeichnet[64].

Durch den Schneideneingriff des Bearbeitungsprozesses entstehen plastisch verformte Gefügebereiche unterhalb der Oberfläche, d.h. das Gefüge erhält eine **Textur:** durch mikroplastische Verformungen wird der Werkstoff in Schleifrichtung gestreckt und senkrecht zur Schleifrichtung durch Verdrängung gestaucht. Damit verbunden sind Versetzungsbewegungen, die z.B. die **Härte** verändern und zu einem Härtegradienten führen können. Durch die Reibung während der Spanbildung entstehen hohe Werkstücktemperaturen im Bereich der Kontaktzone, die durch Kühlschmierstoff rasch wieder abgekühlt werden. Auch damit kann sich die Härte im Gefüge verändern, es kann zur Neuhärtung oder auch zur Enthärtung kommen. Die thermische Überbelastung der Werkstückoberfläche mit der Veränderung des Gefüges, der Härte und der Eigenspannungen wird als **Schleifbrand**[65,66] bezeichnet. Derart geschädigte Oberflächen sind häufig verfärbt (bei Stahlwerkstoffen

[64] z.B. Brinksmeier 1991
[65] Gorgels 2011
[66] DIN SPEC4882:2016-11

braun bis blau) und lassen sich leicht erkennen. Blau verfärbte Oberflächen weisen vielfach bereits sichtbare Risse auf (s. Bild 1.47).

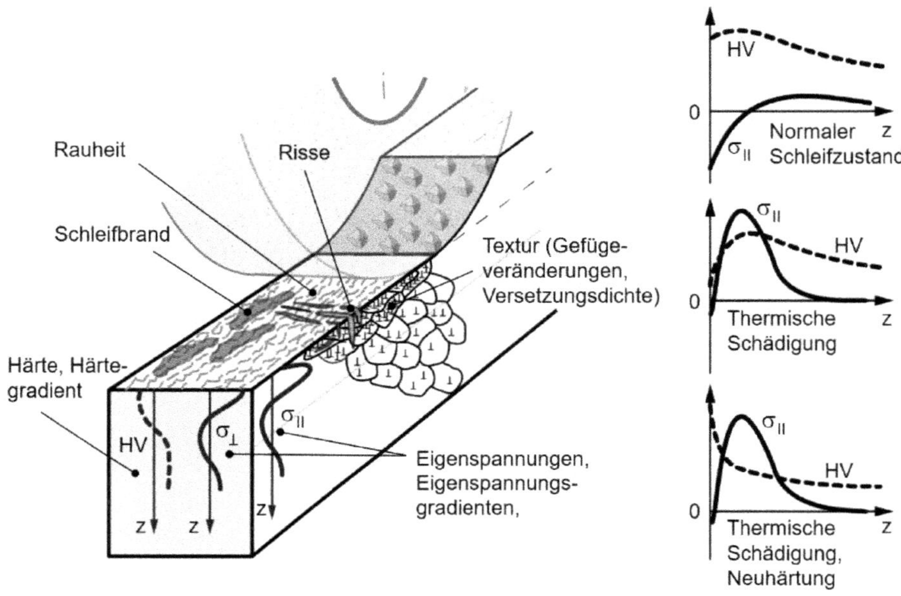

Bild 1.47 Randzoneneigenschaften durch Schleifen

Um die Gefügeveränderungen (Mikroschleifbrand) bereits vor dem Auftreten sichtbarer Verfärbungen zu detektieren, stehen eine Reihe unterschiedlicher Messverfahren zur Verfügung. Härteveränderungen lassen sich i.d.R. nur durch die zerstörende **Mikrohärtemessung** von Querschliffen oder Schrägabträgen nach dem Böschungsverfahren[67] ermitteln[68]. Damit ist das Verfahren eher wissenschaftlichen Fragestellungen vorbehalten. **Gefügeveränderungen** sind ebenfalls nur durch metallografische Schliffe feststellbar und damit sehr aufwendig. Zum Nachweis von Schleifbrand wird häufig der nach DIN ISO 14104 oder ISO 6336-5 standardisierte **Nitaltest** eingesetzt. Dabei wird das zu untersuchende Werkstück in mehrere Bäder mit starken Chemikalien (HNO_3, HCl, NH_4OH, NaOH) getaucht[69,70]. Durch eine

[67] Die bearbeitete Oberfläche wird in einer sanften Böschung (1:200) angeschnitten, poliert und auf dieser die Härte gemessen.

[68] Tönshoff 2009, S. 106, Denkena 2011, S. 371

[69] Klocke 2018, S. 310ff

[70] Regent 1999

Dunkelfärbung der Oberfläche können Rückschlüsse über eine mögliche Schädigung gezogen werden. Dieses in der Praxis recht häufig eingesetzte Verfahren erfordert viel praktische Erfahrung und einen hohen Aufwand an Arbeitsschutz. Da bei den Ätzvorgängen auch Material abgetragen wird, zählt es zu den zerstörenden Verfahren, auch wenn teilweise die Bauteile nach der Prüfung noch verwendet werden. **Bearbeitungsinduzierte Schleifrisse** durch Schleifbrand lassen sich durch Farbeindringprüfung oder magnetische Verfahren häufig nicht zweifelsfrei detektieren, da die Risse durch Schleifabrieb zugeschmiert sein können.

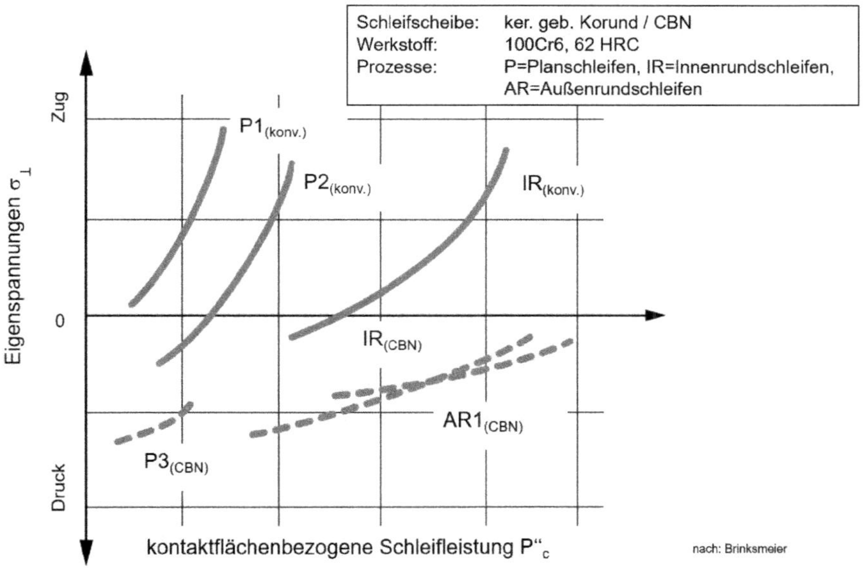

Bild 1.48 Eigenspannungen als Funktion der kontaktflächenbezogenen Schleifleistung P''_c für verschiedene Schleifprozesse

Für die **Messung von Eigenspannungen** sind verschiedene Methoden im Einsatz. Bei der zerstörenden, auf Dehnungsmesstechnik basierenden **Bohrlochmethode** wird die Verformung (Dehnung) einer in die Oberfläche eingebrachten Bohrung mit einer Dehnungsmessrosette ermittelt und in Spannungen umgerechnet. Durch mechanische Vergleichsspannungsrechnung kann mit dem Verfahren auch ein Tiefenverlauf und damit ein Eigenspannungsgradient abgeschätzt werden[71]. Die **röntgenographische Eigenspannungsanalyse** mittels Röntgendiffraktometer

[71] Schuster 2017, S28ff

nutzt die Beugung einer Röntgenstrahlung an einzelnen Netzebenen des kristallinen Werkstoffs, um über Veränderungen des Beugungswinkels auf Eigenspannungen zu schließen[72].

Eigenspannungstiefenverläufe, wie in Bild 1.47 dargestellt, lassen sich i.d.R. nur durch elektrolytischen Materialabtrag und anschließendes erneutes Messen der Eigenspannungen als Funktion der Tiefe ermitteln. Eine in der industriellen Praxis noch nicht abschließend freigegebene Technik ist das **Barkhausenrauschen** bzw. **mikromagnetische Messverfahren**[73,74]. Da diese auf mikromagnetischen Veränderung ferromagnetischer Werkstoffe beruhende Methode auch von vielen anderen Parametern (Gefügezusammensetzung, Korngröße usw.) abhängt, benötigt das Verfahren Vergleichsnormale und ist daher kein absolut messendes Verfahren. Allerdings lässt sich der Gefügezustand auch an recht komplexen Werkstückoberflächen (z.B. Zahnradflanken) sehr schnell zerstörungsfrei analysieren, wodurch das technische und wirtschaftliche Interesse an diesem Verfahren sehr groß ist.

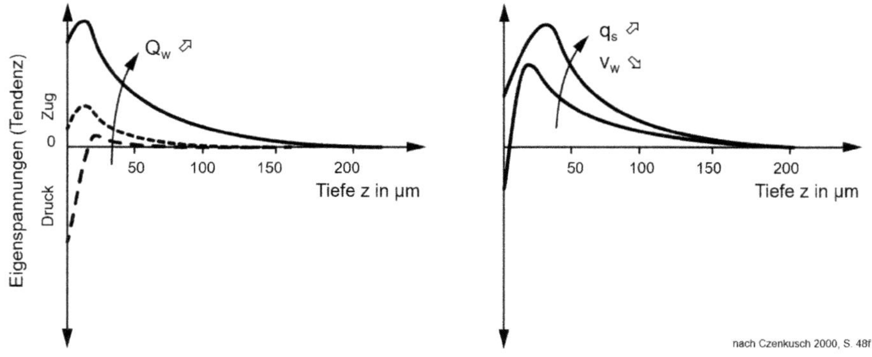

Bild 1.49 Eigenspannungegradienten beim Stahlschleifen

Druckeigenspannungen in der Randzone hochbelasteter Bauteile sind grundsätzlich günstig, da sie eine festigkeitssteigernde Wirkung haben. Für die Schleifbearbeitung hat *Brinksmeier* bereits 1990 grundlegende Zusammenhänge zwischen der Schleifleistung P_c und den Oberflächen-Eigenspannungen beim Schleifen erarbeitet. Mit zunehmender kontaktflächenbezogener Schleifleistung P''_c nehmen die Zugeigenspannungen und damit die Gefügeschädigung in der Bauteilrandzone (Schleifbrand) zu (s. Bild 1.48)[75]. Der Einsatz verschiedener Schleifverfahren sowie

[72] Spieß 2019, S. 352ff
[73] siehe auch z.B. Karpuschewski 1995
[74] Thomas 2019
[75] nach Brinksmeier 1990

die Verwendung unterschiedlicher Schleifscheibenspezifikationen und -durchmesser haben dabei keinen Einfluss auf die prinzipiellen Abhängigkeiten. Das Schleifen mit CBN erzeugt wegen der besseren Wärmeableitung eher Druckeigenspannungen.

Die Randzoneneigenschaften lassen sich am einfachsten durch die Eigenspannungen charakterisieren. Durch die mechanisch-thermischen Wirkungen bei der Bearbeitung entstehen jedoch Eigenspannungszustände, die sich mit der Tiefe ändern. Damit entstehen **Eigenspannungstiefenverläufe,** die sich nur durch aufwendige Messtechnik analysieren lassen[76]. Bild 1.49 zeigt am Beispiel der Außenrundbearbeitung von gehärtetem Stahl den Einfluss des Zeitspanvolumens Q_w und des Schleifgeschwindigkeitsverhältnisses q_s auf die Eigenspannungen als Funktion der Werkstücktiefe[77]. Die maximalen Eigenspannungen treten dabei nicht an der Werkstückoberfläche auf, sondern bei Stahlwerkstoffen in einer Tiefe $z = 20$ bis 30 mm. Zunehmende Zeitspanvolumina Q_w führen zu einer Verschiebung der Eigenspannungen in Richtung „Zug“. Je höher die Werkstückgeschwindigkeit v_w ist (d.h. je kleiner q_s, sofern v_s konstant ist), desto weniger Wärme kann in das Werkstück abfließen, womit sich die Neigung zur Ausbildung von Zugeigenspannungen reduziert[78].

Eine „mehrstufige Prozessführung“ (s. auch Kap. 2.5.4) ist auch in Bezug auf die Ausbildung der Eigenspannungen hilfreich. Bild 1.50 zeigt schematische die Ausbildung der Eigenspannungen für die Prozessschritte P1: Schruppen, P2: Schlichten, P3: Ausfeuern. Während der Schruppprozess ggf. noch zu Zugeigenspannungen im Werkstück (mit einer Tiefenwirkung von ca. $z = 0{,}05$ bis 0,1 mm bei Stahl) führt, wird dieser Bereich i.d.R. durch den Schlichtprozess wieder entfernt. Am Ende liegen somit Druckeigenspannungen in der Bauteiloberfläche vor. Höhere Schleifscheibenumfangsgeschwindigkeiten v_s haben wie auch das Zeitspanvolumen Q_w i.d.R. einen negativen Einfluss auf die Ausbildung der Eigenspannungen[79]. Eine höhere Werkstückgeschwindigkeit v_w hat wegen der damit verbundenen kürzeren Einwirkzeit der Wärme positive Auswirkungen auf die Eigenspannungsausbildung[80,81]. Ein Ausfeuern verändert die bereits eingebrachten Eigenspannungen i.d.R. nicht, da kein Werkstoff abgetragen wird.

---

[76] z.B. Brinksmeier 1982, S 75ff
[77] vgl. Czenkusch 1999, S. 48f
[78] vgl. Heuer1992, S. 98
[79] Czenkusch 2000, S. 61
[80] Brunner 1998, S. 83
[81] Heuer 1992, S. 98

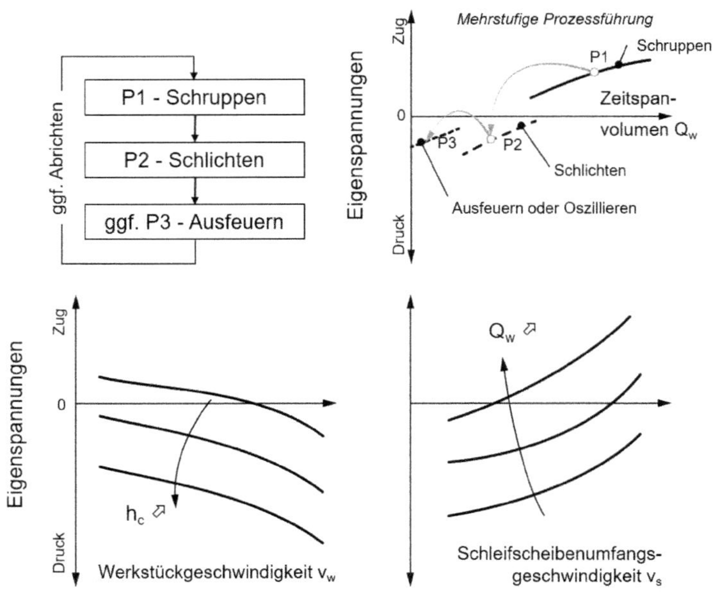

Bild 1.50 Ausbildung der (Oberflächen-)Eigenspannungen in Abhängigkeit einiger Stellgrößen

Abschließend ist festzuhalten, dass die Randzoneneigenschaften große Auswirkungen auf das **Festigkeitsverhalten** von Bauteilen haben. Kritische Bauteile (Zahnräder, Dehnschrauben, hochbelastete Achsen usw.) werden daher häufig nach der Schleifbearbeitung (oder auch einer Hartdrehbearbeitung) durch Kugelstrahlen **festigkeitsgestrahlt** oder mithilfe von rollierenden Werkzeugen **festgewalzt**, um damit Druckeigenspannungen in der Randzone zu gewährleisten.[82,83]

1.8.4 Werkzeugverschleiß

Jedes Werkzeug unterliegt einem Verschleiß, d.h. einem Materialverlust durch mechanische, thermische oder chemische Wirkungen während des Einsatzes. Für die Schleifscheibe gelten die aus der Tribologie bekannten und definierten Verschleißmechanismen **Abrasion** (Mikrospanen), **Adhäsion** (Verkleben), **tribochemischer Verschleiß** (chemische Zersetzungen) und **Oberflächenzerrüttung** (Rissbildung)[84]. Diese wirksamen Mechanismen führen zu den in Bild 1.51 dargestellten Verschleißarten an einem Schleifwerkzeug. Durch die Prozesswirkungen wie

[82] Karpuschewski 2019
[83] Röttger 2003
[84] Sommer 2017, S. 19f

Schleifkräfte und Temperaturen aber auch chemische Effekte tritt ein Verschleiß am Schleifwerkzeug während des Schleifens auf. An den Körnern entstehen **Kantenverrundungen** und **Abspitterungen** oder das Korn bricht teilweise oder ganz aus dem Korn-Bindungs-Verbund (**Kornausbruch**) heraus. Außerdem kommt es zu **Bindungserosion.** Ursache hierfür sind lokale Überbeanspruchungen. Zudem können auch Materialablagerungen aus dem Prozess - sogenannte **Zusetzungen** - dazu führen, dass ein Werkzeug nicht mehr schleiffähig ist, da die Spanräume zu klein geworden sind.[85] Zusätzlich entsteht während des Abrichtens ein „gewollter" Verschleiß. Durch die Abrichtbedingungen wird das Werkzeug wieder (möglichst) optimal an die Anforderungen des Schleifprozesses angepasst. Sowohl durch das Schleifen, als auch durch das Abrichten verliert die Schleifscheibe Kornmaterial und wird daher in seinem Durchmesser d_s kleiner.

In Ausnahmefällen kann der Verschleiß auch am gesamten Werkzeug durch Erosionsverschleiß auftreten, z.B. durch elektrische Kriechströme, die zusammen mit dem Kühlschmierstoff eine galvanische Zelle bilden und damit einen chemischen Verschleiß auslösen (Metallbindung).

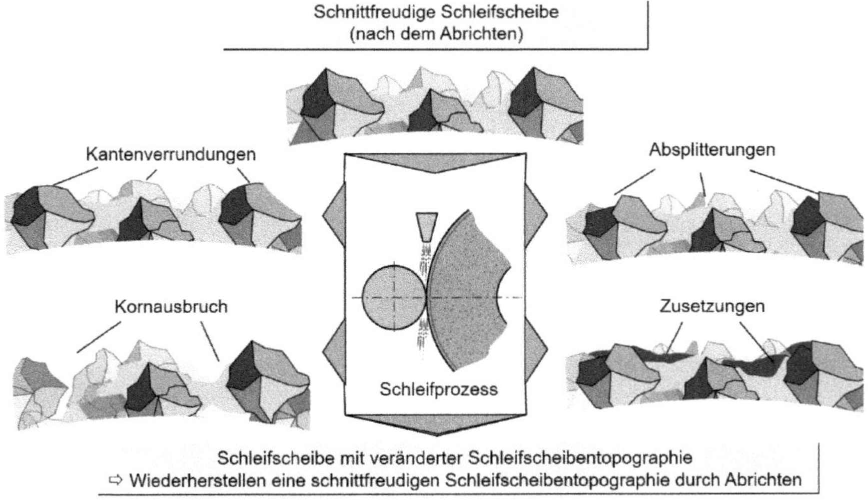

Bild 1.51 Verschleißformen am Schleifwerkzeug

Die Topographie des Schleifbelags verändert sich in den meisten Fällen kontinuierlich, wodurch sich auch die Ausgangsgrößen wie Oberflächenrauheit oder Maß- und Formfehler kontinuierlich ändern (s. Bild 1.52). In einigen Fällen kommt es

[85] vgl. z.B. Paucksch 2019, S. 346ff oder Denkena 2011, S. 295ff

kurz nach der Regeneration der Schleifscheibe durch den Abrichtprozess zu einer schnellen Änderung der Ausgangsgrößen - insbesondere der Werkstückrauheit - durch ein sogenanntes „Freischleifen". Durch das Abrichten gelockerte Kornfragmente brechen in der ersten Kontaktphase zwischen Schleifscheibe und Werkstück heraus und reduzieren oder - in einigen Fällen - erhöhen die Rauheit kurzzeitig, um dann in einen gleichmäßigen Verschleiß überzugehen. Wie viele Werkstücke bis zur nächsten Regenerierungsphase durch Abrichten bearbeitet werden können, hängt stark von der geforderten Bauteilqualität ab (s. Kap. 2.5.2).

Nur sehr selten ergibt sich eine sogenannte **Selbstschärfung**, die dadurch gekennzeichnet ist, dass sich Korn- und Bindungsverschleiß während der gesamten Lebensdauer des Schleifbelages in einem stabilen, stationären Gleichgewicht befinden. Die Topographie bleibt in diesem Fall stets konstant und muss nicht regeneriert werden. Derartige Werkzeugspezifikationen in Verbindung mit einer geeigneten Prozessauslegung sind interessant für Anwendungen, bei denen eine gleichmäßige Rauheit aber keine hohen Anforderungen an die Maß und Formgenauigkeit des Werkstücks gestellt werden.

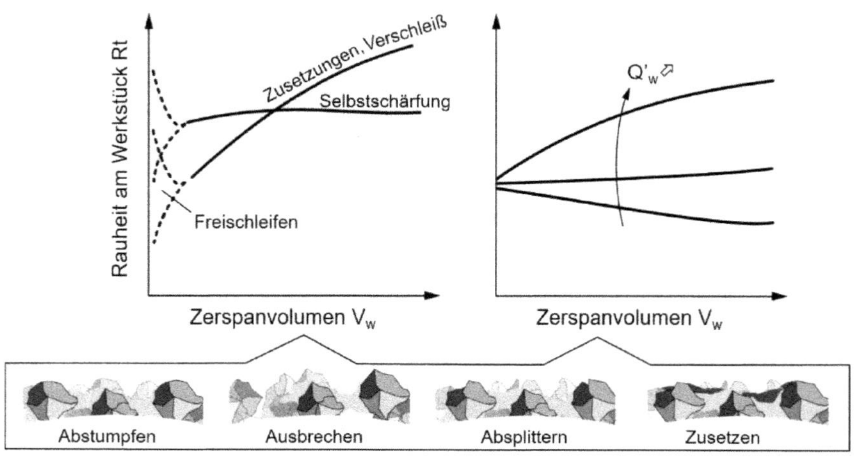

Bild 1.52 Auswirkungen auf die Oberflächenqualität beim Schleifen durch Verschleiß

Die Änderung der Rauheit infolge des Verschleißes ist durch die Stellgrößen des Prozesses wie dem Zeitspanvolumen Q_w oder der Schnittgeschwindigkeit v_c geprägt. Bei der Auslegung und Optimierung eines Schleifprozesses sind dies die wichtigsten Parameter, um auf den Schleifscheibenverschleiß einzuwirken. Häufig ist aber auch der Schleifscheibenhersteller gefragt, um durch gezielte Spezifikationsänderungen die Schleifscheibe iterativ an den Prozess anzupassen, denn neben der Qualität steht als weiteres Ziel die Wirtschaftlichkeit im Blickpunkt.

Zur objektiven Bestimmung des Verschleißes sind das **Schleifverhältnis *G*** (auch G-Verhältnis genannt) und der **Radialverschleiß $\boldsymbol{\Delta r_s}$** definiert (s. Bild 1.53). Das G-Verhältnis beschreibt das Verhältnis aus zerspantem Werkstoffvolumen V_w und verschlissenem Schleifscheibenvolumen V_s. Es eignet sich damit gut, um das Verschleißverhalten verschiedener Schleifmittel bei der Bearbeitung unterschiedlicher Werkstoffe zu vergleichen:

$$G = \frac{V_w}{V_s} \tag{1-46}$$

Der **Radialverschleiß $\boldsymbol{\Delta r_s}$** kann ermittelt werden, indem das Schleifwerkzeug in einem Bereich nicht genutzt wird. So lässt sich die verschleißbedingte Höhendifferenz messen, indem das gesamte Profil in einem Plättchen z.B. aus Graphit durch Einschleifen abgebildet wird.

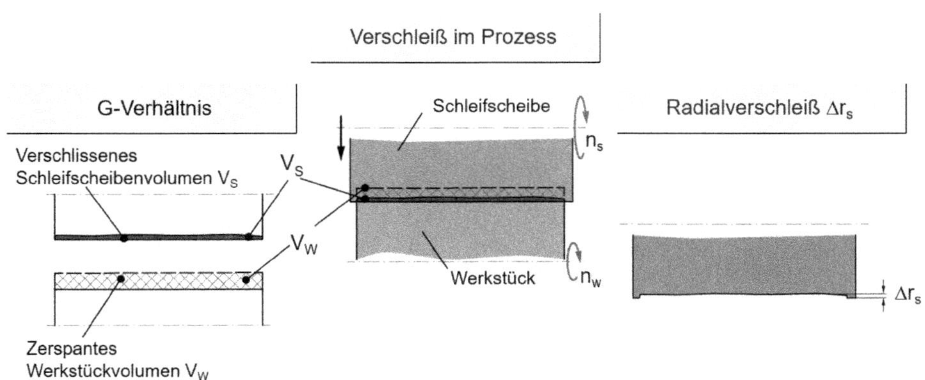

Bild 1.53 Schleifverhältnis und Radialverschleiß als Verschleißmerkmale

In der industriellen Praxis haben diese Kennwerte eine Relevanz bei Prozessen, die in der Selbstschärfung arbeiten. Bei Hochleistungs-Präzisionsprozessen bestimmen i.d.R. die Toleranzgrenzen der Qualitätsvorgaben des Werkstücks den Verschleißzustand und damit die Notwendigkeit, die Schleifscheibe zu regenerieren (abzurichten). Das Schleifwerkzeug muss i.d.R. abgerichtet werden, wenn die Rauheitsvorgaben oder bestimmte Maß- und Formgenauigkeiten am Werkstück nicht mehr erreicht werden.

Eine weitere Verschleißkenngröße ist der **Kantenverschleiß r_{sk}** bei Längsschleifprozessen. An der in axialer Richtung verfahrenden Schleifscheibe bildet sich durch die Zustellung a_e und den axialen Vorschub f_a bzw. der axialen Vorschubgeschwindigkeit v_{fa} eine Verrundung an der Schleifscheibenkante. Bei Schleifprozessen mit einseitiger Bearbeitungsrichtung an einer, bei beidseitiger Zustellung an beiden Seiten der Schleifscheibe (s. Bild 1.54). Der Verschleiß kann geometriebestimmend sein, wenn am Werkstück scharfe Kanten abgebildet werden müssen. Weiterhin reduziert sich die Schleifüberdeckung durch einen zunehmenden Kantenverschleiß.

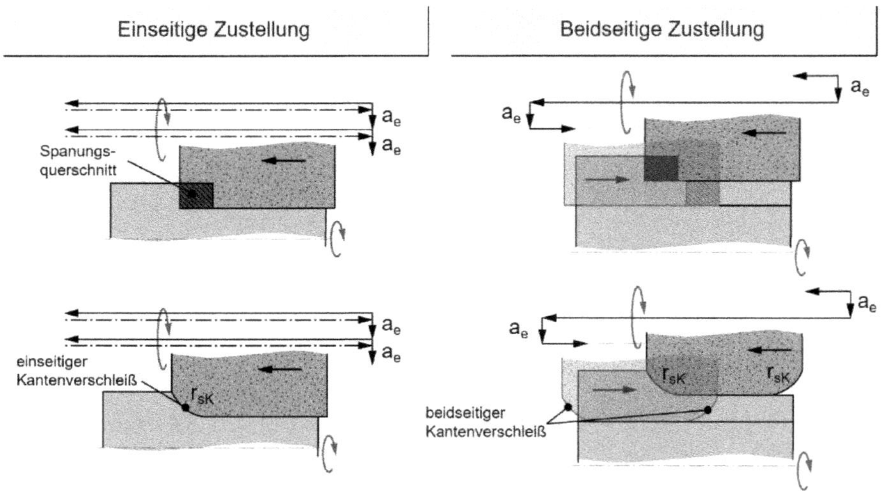

Bild 1.54 Kantenverschleiß an Schleifwerkzeugen

> In den meisten Fällen ist der Materialverlust an der Schleifscheibe durch den Abrichtprozess größer als durch Schleifscheibenverschleiß während des Schleifens oder während des Kontaktes mit dem Werkstück.

Für einen typischen Prozessverlauf des Schleifens mit konventionellen Schleifmitteln zeigt Bild 1.55 die Änderungen des Schleifscheibendurchmessers sowie weiterer bereits in den vorangegangenen Kapiteln eingeführten Kenngrößen.

Zu Beginn eines Schleifzyklus mit einer neuen, schnittfreudigen keramischen Schleifscheibe wird ein Zerspanvolumen V_w am Werkstück abgetragen. Gleichzeitig verschleißt die Schleifscheibe um einen Betrag Δr_s, womit ein Schleifscheibenvolumen V_s von der Schleifscheibe entfernt wird. Beim Erreichen einer Verschleißgrenze, die z.B. die Werkstückrauheit sein kann, wird ein Abrichtzyklus gestartet: mit einem Diamantabrichtwerkzeugs wird die Schleifscheibe „bearbeitet" (abgerichtet). Das Abrichtwerkzeug wird dabei z.B. mit mehreren Abrichtzustellbeträgen a_{ed} an der Schleifscheibe vorbeibewegt und ein Schleifscheibenvolumen V_{sd} abgetragen. Bei konventionellen Schleifscheiben betragen i.d.R. die Gesamtabrichtbeträge a_{edges} mehrere Zehntel Millimeter (etwa eine Kornlage der Schleifscheibe). Das Schleifwerkzeug verliert damit an Durchmesser d_s, und zwar beim Abrichten i.d.R. deutlich mehr als beim Schleifen durch den Schleifscheibenverschleiß.

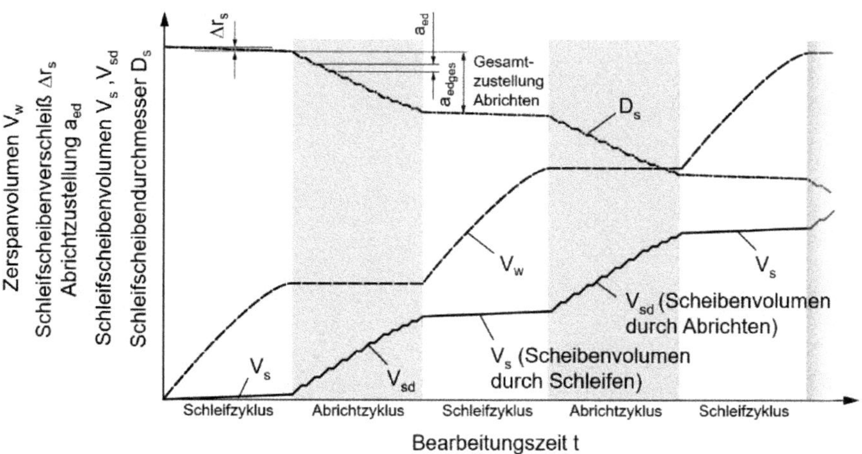

Bild 1.55 Volumen- und Durchmesserveränderungen an einer Schleifscheibe als Funktion der Bearbeitungszeit

Die Reduzierung des Schleifscheibendurchmessers durch häufiges Abrichten beeinflusst den Gesamtprozess im Hinblick auf dessen Wirtschaftlichkeit beträchtlich. Je mehr Zerspanvolumen V_w, also je mehr Werkstücke, zwischen den Abrichtzyklen bearbeitet werden können, desto kostengünstiger fällt der Prozess bzgl. der Werkzeugkosten aus. Die Schleifscheibenhersteller sind daher kontinuierlich bemüht, verschleißfestere Schleifkörnungen und Bindungen zu entwickeln, die es ermöglichen, mehr Werkstücke zwischen den Abrichtzyklen in der geforderten Qualität zu schleifen. Je nach Aufgabe und Anforderung kann die Anzahl der schleifbaren Teile bei einem Außen- oder Innenrundbearbeitungsprozess mit konventionellen Schleifmitteln nur ein bis drei Werkstücke betragen, bis wieder abgerichtet werden muss (s. Bild 1.56).

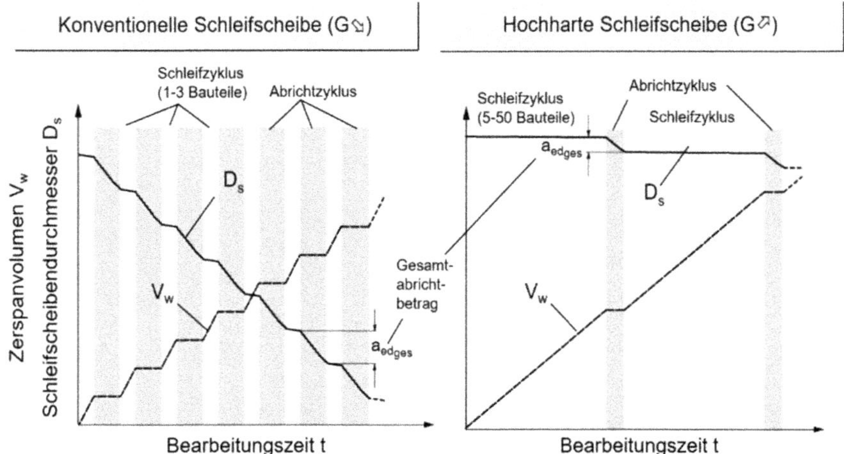

Bild 1.56 Durchmesserveränderungen beim Schleifen mit konventioneller und hochharter Schleifscheibe als Funktion der Bearbeitungszeit

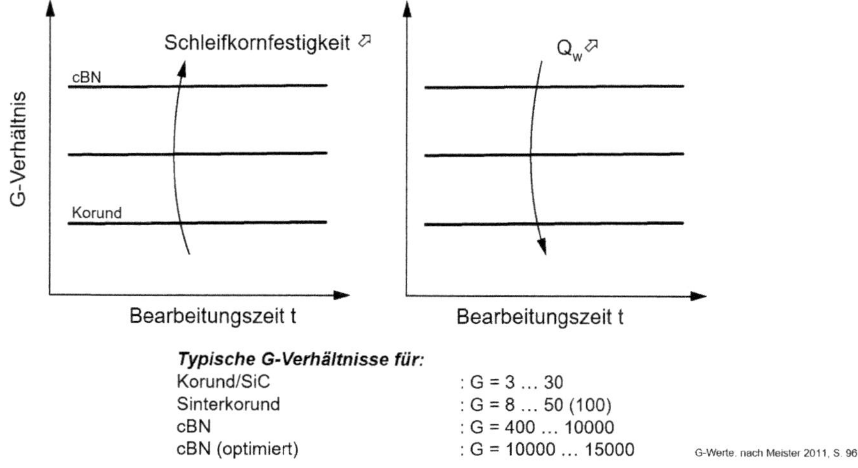

Bild 1.57 Typische G-Verhältnisse für verschiedene Schleifmittel

Daher kommen in vielen Stahl-Anwendungen, vor allem in der Massenfertigung, heute hochharte, abrichtbare CBN-Schleifscheiben zum Einsatz. Das Schleifkorn ist deutlich härter und verschleißfester als konventionelles Korund oder SiC und in vielen Fällen in einer keramischen Bindung recht gut abrichtbar. Sofern ein Zusetzen der Scheiben beim Schleifen vermieden werden kann (bspw. durch den Einsatz von Reinigungsdüsen), lassen sich mit CBN-Schleifscheiben deutlich mehr Werkstücke zwischen den Abrichtzyklen bearbeiten, als mit konventionellen Schleifscheiben. Die deutlich höheren Werkzeugkosten können damit kompensiert werden, sodass CBN-Prozesse sehr wirtschaftlich sein können. Allerdings gibt es einige Randbedingungen (z.B. Maschinensteifigkeit, Antriebsleistung und -drehzahlen der Schleifmaschine, verwendbarer Kühlschmierstoff) beim CBN-Schleifen zu beachten, sodass diese Werkzeuge nicht einfach konventionelle Schleifscheiben „ersetzen" können. Zudem lassen sich nicht alle Werkstückprofile in CBN-Schleifscheiben abbilden, da das Abrichten des Werkstoffs CBN gerade bei hochgenauen Anwendungen durch zu großen Verschleiß am Abrichtwerkzeug ggf. nicht möglich sein kann. Konventionelle Schleifwerkzeuge lassen sich relativ schnell „umprofilieren" und Geometrieänderungen am Bauteil sind i.d.R. schneller umsetzbar. Typische **G-Verhältnisse** für verschiedene Schleifmittel[86] sind in Bild 1.57 dargestellt.

[86] G-Werte nach Meister 2011, S. 96

2 Schleifwerkzeuge

Die Prozessführung richtet sich beim Schleifen an dem eingesetzten Schleifmittel aus, da dessen Materialeigenschaften die technologischen Grenzen in weitem Maße beeinflussen bzw. reglementieren. Die Anforderungen an ein Schleifmittel sind wirtschaftlich und vor allem technologisch geprägt und daher nicht allein vom Preis sondern auch von der erzielbaren Qualität am Werkstück und der Flexibilität, auf verschiedene Bearbeitungsbedingungen eingestellt werden zu können, abhängig. Aus technologischer Sicht muss ein Schleifmittel möglichst hart sein, um einen Werkstückabtrag über einen langen Zeitraum zu erzielen. Zusätzlich ist eine thermische Beständigkeit, d.h. eine hohe Warm- und Temperaturwechselfestigkeit erforderlich, um der schnellen Abkühlung durch Kühlschmierstoff beim Verlassen der Spanbildungszone standhalten zu können. Die bei der Bearbeitung auftretenden Drücke und Temperaturen in Verbindung mit dem Zusammenwirken aus Luft, Kühlschmierstoff und Werkstückwerkstoff machen zudem eine chemische Beständigkeit erforderlich. Das Schleifmittel selbst ist erst im Verbund mit der eingesetzten Bindung ein „Schleifwerkzeug", sodass in ähnlicher Weise die Anforderungen auch an die Bindung bzw. an die Kombination Bindung-Schleifmittel gestellt werden müssen. Diese Ansprüche können durch ein Schleifscheibensystem allein nicht optimal erfüllt werden, sodass eine Vielzahl von Schleifmitteln und Bindungen entwickelt wurden und zukünftig noch entwickelt werden.

Während bei der **geometrisch bestimmten Zerspanung** zwischen den **konventionellen Schneidstoffen**

- *Schnellarbeitsstahl*
- *Hartmetall und Cermet*
- *Keramische Schneidstoffe wie*
  - *Oxidkeramik*
  - *Mischkeramik*
  - *Siliciumnitrid u.a.*

und den **hochharten Schneidstoffen**

- *PCBN bzw. PKB (polykristallines Bornitrid = CBN mit Bindephase) und*
- *Diamant-Schneidstoffe*
  - *Naturdiamant*
  - *MKD (Monokristalliner Diamant)*

    - *PKD (polykristalliner Diamant mit Bindephase)*
    - *CVD-Diamant (polykristalliner Diamant ohne Bindephase)*

unterschieden wird, werden Schleifscheiben in die folgenden Gruppen eingeteilt[87,88,89].

Zu den **konventionellen Schleifmittel** gehören

- *Schmelz- bzw. Elektrokorund*
- *Sinterkorund*
- *Siliciumcarbid*
- *Zirkonkorund*[90].

Hochharte Schleifmittel sind

- *CBN (Cubic Boron Nitride)*
- *Diamant*
    - *Naturdiamant*
    - *Synthetischer Diamant.*

Eine weniger gebräuchliche Unterteilung ist die Trennung zwischen **natürlichen Schleifmittel**

- *Quarz*[91]
- *Schmirgel*[92]
- *Granat*[93]
- *natürlicher Korund*
- *Diamant*

und **synthetischen Schleifmittel**

- *Aluminiumoxid*
- *Sinterkorund*
- *CBN*
- *Synthetischer Diamant*

---

[87] Klocke 2018, S. 22ff

[88] Linke 2016, S. 7ff

[89] Denkena 2011, S. 264ff

[90] Bei der Herstellung von Schmelzkorund wird bis zu 40% ZrO_2 zugegeben.

[91] $SiO_2 + FeO + TiO_2$

[92] $Al_2O_3 + Fe_2O_3$

[93] z.B. $Fe_3Al_2(SiO_4)_3$

da diese weniger die technologischen Eigenschaften abbilden. Zudem variieren die Eigenschaften von Naturwerkstoffen stark, sodass heute mit Ausnahme von Abrichtdiamanten mit Korngrößen > D601 (fast) ausschließlich synthetische Schleifmittel Verwendung finden.

2.1 Aufbau von Schleifwerkzeugen

Nach der FEPA-Norm lassen sich die Schleifwerkzeuge in folgende Gruppen einordnen:

- BA - Bonded Abrasives - Gebundene (konventionelle) Schleifmittel
- CA - Coated Abrasives - (Konventionelle) Schleifmittel auf Unterlage
- SA - Superabrasives - Hochharte Schleifmittel

Schleifwerkzeuge lassen sich durch ihre äußeren Abmaße - den **Makroaufbau** – und die Struktur des Schleifbelages selbst - den **Mikroaufbau** - beschreiben. Aufgrund der in industriellen Anwendungen verwendeten unterschiedlichen Schleifkörnungen (konventionell und hochhart) unterscheiden sich sowohl der Makro- als auch der Mikroaufbau in vielen Punkten.

Konventionelle Schleifkörper mit dem Schleifmittel Korund (A) oder SiC (C) sind zumeist als Volumenkörper[94] hergestellt (s. Bild 2.1). Hochharte Schleifscheiben mit dem Schleifmittel CBN (B) oder Diamant (D) dagegen benötigen aufgrund der Verschleißfestigkeit des Kornmaterials i.d.R. kleinvolumigere Schleifbeläge, sodass diese Schleifscheiben einen **Grundkörper** nutzten, auf dem der Schleifbelag aufgebracht ist[95]. Zudem sind die hochharten Schleifmittel vergleichsweise teuer (Faktor 10 bis 20 zu konventionellen Schleifmitten), sodass Werkzeuge mit großvolumigen Belägen unwirtschaftlich wären. Nur bei kleinen Schleifwerkzeugen (z.B. kleinvolumige Innenschleifkörper), unterscheiden sich die Werkzeuge in ihrem makroskopischen Aufbau nicht.

Das recht kleinkörnige Schleifmittel selbst kann sein Potenzial nur in Verbindung mit einer geeigneten Bindung und Poren entfalten. Schleifscheiben bestehen im Mikroaufbau daher aus einem **Dreistoff-System: Korn - Bindung - Poren**, für deren Herstellung ggf. weitere Komponenten wie Presshilfsmittel, organische oder anorganische Porenbildner oder auch Stützkörner notwendig sind (s. Bild 2.1). Das **Schleifkorn** bestimmt durch seine Korngröße und -form im Wesentlichen die

[94] D.h. der Schleifbelag reicht bis zur Aufnahmebohrung.

[95] Dies liegt auch an den hohen Kosten für CBN bzw. Diamant im Vergleich zu konventionellen Schleifmitteln (Faktor ~100).

Werkstückrauheit und durch seine Art die technologischen Einsatzbedingungen der Schleifscheibe sowie deren Verschleißverhalten. Die **Bindung** gibt den Zusammenhalt der Schleifkörner und bestimmt deren Festigkeit, Härte und Schnittigkeit durch das Freigeben verschlissener Körner oder Kornfragmente. Die **Poren** sind für die Aufnahme von Kühlschmierstoff zur Kühlung und Schmierung des Prozesses und den Abtransport der Späne aus der Kontaktzone verantwortlich. Je nach verwendeter Bindung und Herstellungsverfahren kann der Porenraum sehr unterschiedlich sein, sodass ein geeigneter Kornüberstand ggf. zusätzlich durch einen Schärfprozess erzeugt werden muss (s. Kap. 5).

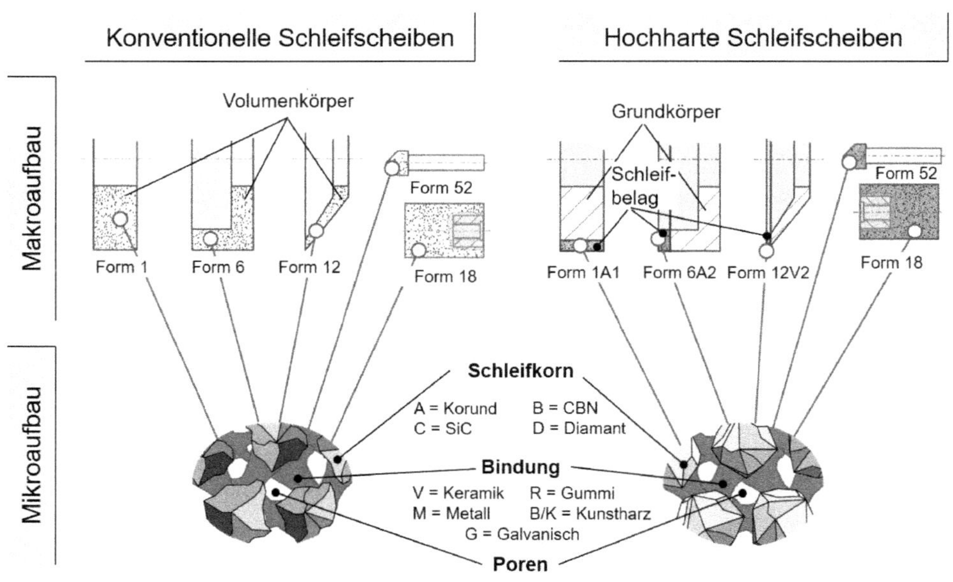

Bild 2.1 Makro- und Mikroaufbau von konventionellen und hochharten gebundenen Schleifkörpern

2.1.1 Schleifmittel

Aus der Verwendung der natürlichen Schleifmittel *Quarz, Schmirgel, Granat, natürlicher Korund* (und *Naturdiamant*) hat sich der Begriff „konventionell" geprägt. **Quarz** mit einer Mohshärte von 7 ist ein Mineral aus SiO_2 und das zweithäufigste Mineral der Erdkruste. Der vor allem auf Naxos (Griechenland) abgebaute **Schmirgel** ist ein Gesteinsgemisch aus Korund mit Magnesit, Quarz und Hämatit, aus dem sich der Name Schmirgelpapier ableitet. Das zur Gruppe der Silicate gehörende

Mineral **Granat** findet noch beim Sand- und Wasserstahlen Verwendung. **Natürlicher Korund** ist ein in der Erdkruste häufig vorkommendes Aluminiumoxid mit der Mohshärte 9. Es wird für technische Anwendungen heute aber nur noch in seiner synthetisch hergestellten Variante verwendet. Mit natürlichem Diamant wurden bis in die 1960er Jahre harte Werkstoffe wie Glas oder Keramik bearbeitet. Er wird nach Einführung des synthetischen Diamanten heute aber nicht mehr für Schleifwerkzeuge verwendet.

Mit der Entwicklung der Schmelzelektrolyse wurden die meisten natürlichen Schleifmittel in der industriellen Fertigung durch synthetische Varianten mit gleichmäßigen und reproduzierbaren Eigenschaften abgelöst. Zu den **konventionellen Schleifmitteln** zählen heute alle synthetischen Schleifmittel mit Ausnahme von Diamant und kubischem Bornitrid (CBN), vor allem alle Varianten von Korund und Siliciumcarbid. Kubisches Bornitrid (**CBN**) und **Diamant** bilden die Gruppe der **hochharten Schleifmittel**, die auch häufig als *Superschleifmittel* oder *Superabrasives* bezeichnet werden. CBN kommt nicht in der Natur vor, hierbei handelt es sich um einen rein synthetisch hergestellten Kornwerkstoff (analog zur Diamantsynthese).

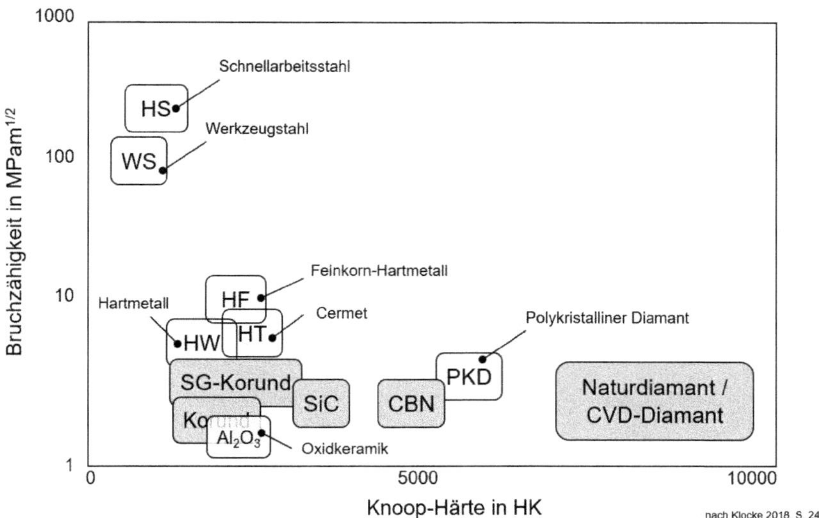

Bild 2.2 Härte und Bruchzähigkeit der wichtigsten Schneid- und Schleifstoffe

Um eine Bearbeitung realisieren zu können, muss das Schleifmittel eine höhere Härte und Festigkeit aufweisen als der zu bearbeitende Werkstoff. Bild 2.2 zeigt die Bruchzähigkeit und Härte moderner Schleifmittel im Vergleich zu den wichtigsten Schneidstoffen, welche selbst häufig durch Schleifen bearbeitet werden. Auffallend sind die vergleichsweise geringe Bruchzähigkeit sowie das weite Spektrum der Härte. Diamant als Schleif- und Schneidstoff nimmt dabei eine Sonderrolle ein, da es grundsätzlich nicht für die Stahlbearbeitung bei hohen Prozesstemperaturen geeignet ist.

Weitere wichtige Qualitätskriterien für Schleifmittele wie die **Geometrie der Schneidkanten** (Scharfkantigkeit, Splitterverhalten usw.), die **chemische Beständigkeit** oder die **thermische Wechselfestigkeit** lassen sich i.d.R. nicht durch einzelne physikalische Kenngrößen abbilden. Sie sind abhängig von den entsprechenden (Eingangs-)Größen wie z.B. dem Kühlschmierstoff oder dem Werkstückwerkstoff.

Die **Warmhärte** (und damit auch die Temperaturbeständigkeit) ist ein weiteres wichtiges Kriterium für die Güte eines Schleifmittels, da während der Bearbeitung hohe Temperaturen im Kontakt zwischen dem Schleifkorn und dem Werkstoff auftreten. Korund hat bei Temperaturen von mehr als 1000° C noch eine höhere Härte als Stahl bei Raumtemperatur. Die unterschiedlichen Modifikationen von SiC haben bei Raumtemperatur eine etwas höhere Härte als Korund. Bei ca. 800°C besitzt CBN noch etwa die Hälfte seiner Härte bei Raumtemperatur von ca. 4.500 HV. Diamant mit der höchsten Härte von bis zu 10.000 HV hat dagegen nur eine relativ geringe Warmfestigkeit. Ab ca. 700°C setzt beim Diamant eine Kristallumwandlung, die sogenannte Graphitisierung ein. Beim Kontakt mit Eisen (Stahl) verstärkt sich dieser Effekt[96].

Bild 2.3 stellt für die wichtigsten Schleifmittel und einige häufig zu schleifende Werkstoffe wichtige physikalische Kenngrößen gegenüber. Die Grafik dient nur einem schematischen Vergleich, um die Größenordnungen abschätzen bzw. vergleichen zu können. Die **Wärmeleitfähigkeit** ist ein wichtiges Maß für die Eigenschaft, eine gewisse Wärmemenge aus der Kontaktzone über das Schleifwerkzeug abfließen zu lassen. Bei der Stahlbearbeitung wird CBN ein „kühler Schliff" zugesprochen: Thermische Schädigungen am Werkstück (Schleifbrand oder Zugeigenspannungen) treten erst bei höheren Zeitspanvolumina auf. Unter **Temperaturbeständigkeit** wird die für einen Werkstoff maximal anwendbare Temperatur verstanden, ab der sich die Werkstoffeigenschaften (z.B. Härte) so stark ändern, dass das Material den gestellten Anforderungen nicht mehr genügt.

---

[96] Linke 2016, S 27.

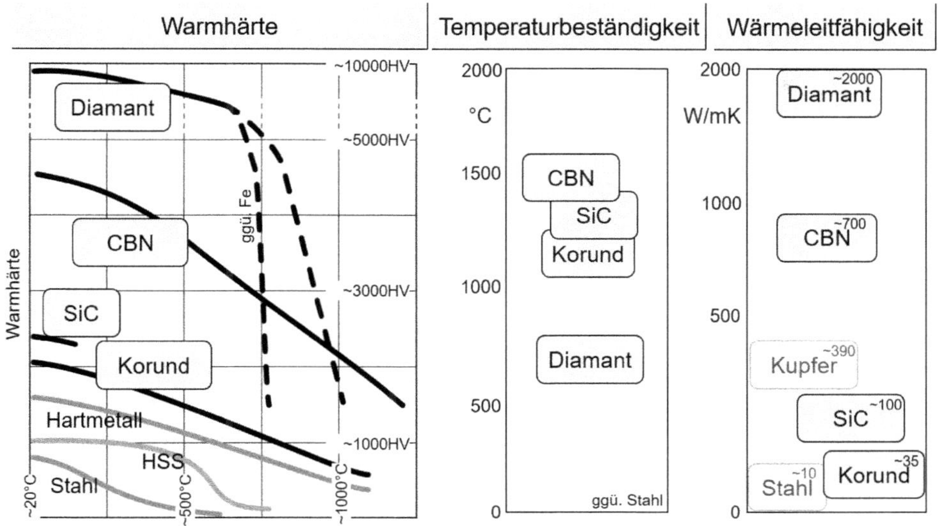

Bild 2.3 Prozessbestimmende Schleifkorneigenschaften (schematisch)

CBN und synthetische Diamantkörnungen sind in unterschiedlichen Qualitäten verfügbar. Grundsätzlich lassen sich die Körnungen in die beiden Gruppen „splittrig" und „blockig" einteilen, wobei der Übergang fließend ist und stark mit den Härteeigenschaften der Körnungen sowie mit der Korngröße zusammenhängt. Splittrige Körnungen weisen i.d.R. eine geringere Festigkeit auf, sind aber durch Kornbruch in der Lage neue Schneiden im Prozess zu bilden, womit unter bestimmten Prozessbedingungen und einer abgestimmten Scheibenbindung ein „Selbstschärfeffekt" erzielt werden kann. **Blockige Körnungen** sind i.d.R. deutlich fester und weniger schnittfreudig. Die prinzipiellen Zusammenhänge zeigt Bild 2.4. Je kleiner die Körner sind, desto blockiger ist ihr Verhalten. Insbesondere bei CBN ist bei Korngrößen < B64 kaum noch splittriges Verhalten auszumachen. Blockige Diamantkörnungen sind eher für die Bearbeitung von Glas oder Stein geeignet. Für die Hartmetall- und Kunststoffbearbeitung werden aufgrund der Wärmeempfindlichkeit **splittrige, freischneidende Diamantqualitäten** eingesetzt. Für eine bessere Korneinbindung und höhere Kornhaltekräfte oder eine verbesserte Wärmeableitung werden hochharte Schleifkörnungen auch mit Titan, Chrom oder Nickel beschichtet.

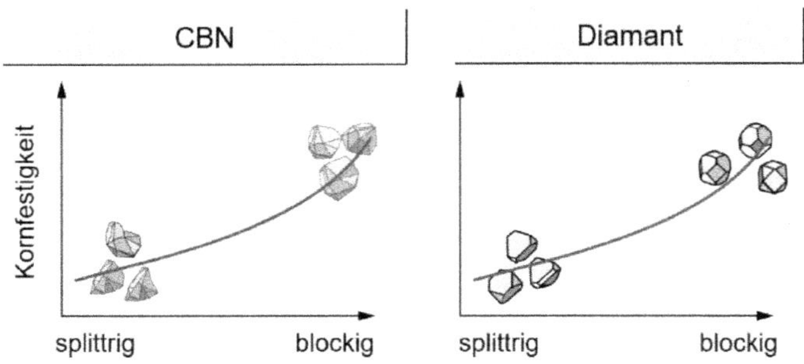

Bild 2.4 Kornformen und -festigkeiten von CBN und Diamant (schematisch)

2.1.1.1 Korund

Das kristalline Aluminiumoxid (Al_2O_3) mit einer Schmelztemperatur von 2050 °C ist in der industriellen Anwendung das am weitesten verbreitete Schleifmittel. Mit der Entwicklung des Verneuil-Verfahrens[97] Ende des 19. Jahrhunderts und der Lichtbogenschmelze Anfang des 20. Jahrhunderts entwickelten sich weitere Verfahren zur Herstellung von Aluminiumoxiden.

Durch die verschiedenen Herstellverfahren lassen sich unterschiedliche Kornformen und -arten erzeugen, die sich für verschiedene Anwendungsaufgaben eignen (s. Bild 2.5). Dabei kann zwischen dem Kornaufbau und der Kornform unterschieden werden. **Schmelzkorundkörner** sind i.d.R. durch Brechen bzw. Zermahlen hergestellt und daher in seiner Form eher rundlich mit entsprechenden Ecken und Kanten durch die Spaltebenen. **Gesinterte Körner** (Kompaktkorn, agglomeriertes Korn) bestehen aus vielen kleinen Einzelkörnern, die mit einer Bindephase zu einem großen Korn versintert wurden. Diese agglomerierten Körner werden häufig im Bereich Bandschleifen verwendet, da sie zum Selbstschärfen neigen.[98] **SG-Korund** ist ein im Sol-Gel-Prozess hergestelltes mikrokristallines Korund, das durch seinen Kornaufbau ebenfalls zum Splittern neigt, wenn eine bestimmte Initialkraft überschritten wird. **Stäbchenförmige Sinterkorunde** mit entsprechenden Längen-Breiten-Verhältnissen von 4/1 bzw. 8/1 führen zu einem natürlichen Porenvolumen durch ein gegenseitiges Verkeilen bei der Schüttung.[99] **Dreieckskorund** ist ein geometrisch definiertes Sol-Gel-Korund, das ca. 2012 zuerst für die Zahnradbearbeitung eingeführt wurde, mittlerweile in vielen Anwendungen eingesetzt wird.

[97] Flammschmelzverfahren zur Herstellung von synthetischen Edelsteinen unter Nutzung von O_2 und H_2

[98] Denkena 2011, S. 266f

[99] Norton 2017

Es steht durch eine entsprechende Patentierung des Herstellverfahrens z.Zt. nur einem Hersteller zur Verfügung.

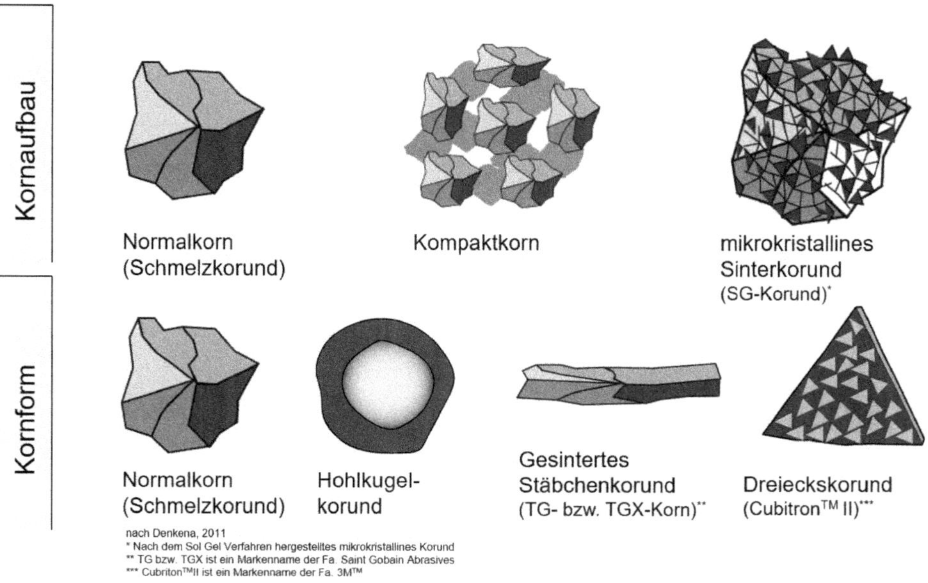

Bild 2.5 Verschiedene Kornformen von Korund

2.1.1.2 Schmelzkorund

Schmelzkorund ist in vielen Qualitätssorten verfügbar. Für die Herstellung von Normal-, Halbedel- und Einkristallkorund verwendet man tonerdehaltigen Bauxit als Rohstoff. Unter Zugabe von Koks und Eisenverbindungen entsteht im Elektrolichtbogen je nach Schmelzbedingungen der Normalkorund.

Zur Erschmelzung der Edelkorunde wird nur reinweißes Aluminiumoxidpulver (Tonerde) mit und ohne Zugabe von Legierungsbestandteilen (u.a. Chromoxid, Titanoxid) eingesetzt. Nach dem Erschmelzen bei ca. 2000 °C wird der abgekühlte kristallisierte Korundblock durch Zerkleinern, Mahlen, chemische, mechanische und thermische Behandlungen gesiebt und in Kornklassen aufgeteilt.[100]

[100] Klocke 2018, S. 25ff

Die Schmelzkorunde werden nach ihrer Reinheit in verschiedene Gruppen gegliedert, womit sich auch unterschiedliche Schleifeigenschaften ergeben[101,102,103]:

Zirkonkorund wird durch Zugabe von 25-40% ZrO_2 bei der Korunderzeugung hergestellt, womit die Zähigkeit nochmals gesteigert wird. Es entsteht hierbei eine weniger temperaturfeste Schichtstruktur zwischen Al_2O_3 und ZrO_2. Der Einsatz dieses Kornmaterial erfolgt deshalb nur in Kunstharzbindungen für Hochleistungs- und Grobzerspanungen für Trockenschleifanwendungen (z.B. Trennschleifen von Schienen oder von Stahl-Brammen).

Normalkorund ist braun und weist mit einer Reinheit von 94-97% Al_2O_3 gute Zähigkeiten auf. Das blockige Korn eignet sich besonders zur Bearbeitung von unlegierten und niedriglegierten Stählen, Stahl- und Grauguss sowie Buntmetallen. Die Zähigkeit erlaubt hohe Bearbeitungskräfte. Es wird daher auch häufig für Regelscheiben für das Spitzenlos-Schleifen eingesetzt.

Halbedelkorund mit einer hellbraunen Farbgebung ist mit einer Reinheit von 97-99% Al_2O_3 quasi eine Eigenschaftsmischung aus Normal- und Edelkorund und eignet sich wegen seiner blockigen und zähen Eigenschaften besonders zur Bearbeitung harter und fester Stähle, Sphäroguss und Werkzeugstähle.

Edelkorund weiß (< 99,8% Al_2O_3) kommt wegen seiner hohen Härte bei der Bearbeitung von zähharten Stählen bis 63 HRC sowie von Guss, Holz und Kunststoffen zum Einsatz.

Edelkorund rosa (< 99,5% Al_2O_3) besitzt durch Zugabe von ca. 0,25% Prozent Cr_2O_3 eine höhere Zähigkeit und Schnittigkeit als die weiße Variante und ermöglicht somit Schleifanwendungen mit einer hohen erforderlichen Kantenstabilität der Schleifscheibe (Form- oder Profilschleifen).

Edelkorund rot oder **Rubinkorund** (< 97,5% Al_2O_3) erhält durch Zugabe von bis zu 2% Cr_2O_3 eine höhere Zähigkeit, womit dieses Korn für Profilschleifanwendungen gut geeignet ist.

Einkristallkorund ist hellgrau und wird unter Zugabe von Eisensulfit hergestellt, womit eine fehlerfreie Kristallstruktur des Aluminiumoxides zu guten Zähigkeitseigenschaften führt. Zum Einsatz kommt es bei der Bearbeitung von gehärteten Stählen, Werkzeugstählen, HSS und Nickelbasiswerkstoffen.

---

[101] Klocke 2018, S. 31ff
[102] Al Rawi 2014, S. 561f
[103] Paucksch 2008, S. 284

Hohlkugelkorund entsteht durch das Verblasen einer flüssigen Edelkorundschmelze und wird häufig auch zur Herstellung von Schleifscheiben mit erhöhtem Porenvolumen eingesetzt (natürlicher Porenbildner).

2.1.1.3 Sinterkorund

Zu den Sinterkorunden gehören die **Sol-Gel-Korunde**, die aus einer gelierten, wässrigen Dispersion (einer Sole) aus Wasser, Böhmit (AlO(OH)) und Geliermitteln (*z*.B. HNO_3) durch Trocknen, Brechen, Brennen und Sintern hergestellt werden. SG-Korund zeichnet sich durch eine feinstkristalline Gefügestruktur aus, deren Mikrokristalle (< 1 μm) bei einer Belastung zum Ausbrechen neigen. SG-Korund ist aufgrund der Herstellung teuer und wird i.d.R. mit einem Anteil von 10-30 % in einer Schleifscheibe mit anderen Korunden gemischt. Die Schleifscheiben eignen sich gut zum Präzisionsschleifen von Stahl. Auch hier lassen sich durch Kompaktierung und Aufbereitungsverfahren unterschiedliche Kornformen herstellen.

Diese Sinterkorunde eignen sich gut zur Bearbeitung von legierten Stählen bis HRC64.

Eine patentierte Variante des Sol-Gel-Korundes ist das **Dreieckskorund**, das in einer geometrisch definierten Form hergestellt wird. Die damit verbundenen technologischen Vorteile dieser Schleifscheiben müssen jedoch gegen die sehr hohen Kosten abgewogen werden. Bei dieser Variante handelt es sich um eine Körnung, die nur einem Hersteller zur Verfügung steht.

Sinterkorund (Stäbchenkorund) wird aus einer pastösen Masse aus gemahlenem Rohbauxit, Wasser, Bindestoffen und Presshilfsmitteln extrudiert und anschließend gesintert. Daraus ergibt sich eine dichte kristalline Struktur, die durch Kornabsplitterung sehr gut geeignet ist für grobe Hochleistungsschrupparbeiten wie Brammenputzen in der Gießereiindustrie. Diese kompakten Stäbchen werden meist in heißverpressten Kunstharz-Bindungssystemen eingebunden.[104, 105]

2.1.1.4 Siliciumcarbid

Quarzsand, Kohle, Sägemehl und Kochsalz werden zur Herstellung von Siliciumcarbid im Widerstandsofen bei Temperaturen von 2000 bis 2400 °C erschmolzen, zerkleinert, mit verschiedenen chemischen und thermischen Prozessen auf-

[104] Klocke 2018, S. 27ff
[105] Linke 2016, S. 16f

bereitet und nach der Reinheit in grünes und schwarzes SiC getrennt. 98%iges **grünes SiC** erhält seine Farbe durch einen Stickstoffanteil. Aluminium- und Aluminiumoxidanteile färben das 97%ige SiC in **schwarzes SiC** mit etwas zäheren Eigenschaften als die grüne Variante.

Das spröde und harte **grüne SiC** hat eine bessere Temperaturbeständigkeit und -leitfähigkeit als Korund, ist chemisch sehr stabil, eignet sich aber weniger gut für die Stahlbearbeitung. SiC wird hauptsächlich bei der Guss-, Hartmetall-, Glas-, Titan- und Gesteinsbearbeitung sowie im Bereich rostfreier Stähle verwendet, steht aber in seinen Anwendungseigenschaften in Konkurrenz zu Diamant, womit der Anteil an SiC-Schleifscheiben abnehmend ist. [106,107,108] Da SiC auch bei kleinsten Korngrößen noch ein splitterfreudiges Verhalten aufweist, kommt es als Polier- und Finishkorn z.B. im Bereich der Wälzlagerindustrie zum Einsatz. Das **schwarze SiC** wird eher bei der Bearbeitung von NE-Metallen und Kunststoffen verwendet.

2.1.1.5 Kubisches Bornitrid (CBN)

Bornitrid kommt in der Natur nur in hexagonaler Kristallform vor und ist (wie Graphit) weich und brüchig. Der in der Kurzform auch „kubisches Bornitrid" genannte Werkstoff **CBN** (cubic boron nitride) wurde in den 1950er Jahren erstmalig im Labor hergestellt und in den 1960er Jahren von *General Electric* als Schleifmittel industriell eingeführt. Bei Drücken von bis zu 9.000 MPa (90 kbar) und Temperaturen bis 2.200°C wird unter Zugabe von Katalysatoren in einer Hochdruck-Hochtemperatursynthese aus dem weißen hexagonalem Bornitrid (α-BN) die schwarze bis bernsteinfarbene kubische Variante (β-BN = CBN) mit einer durch die verringerten Atomabstände 50% höheren Dichte. Typische CBN-Körnungen zeigt Bild 2.6. Es ist in Korngrößen von wenigen Mikrometern bis ca. 0,4 mm verfügbar, wobei die Kornformen, anders als beim Diamant, unregelmäßiger ausgeprägt sind. Für die Verbesserung der Bindungseinbindung und eine bessere Wärmeableitung können CBN-Körner auch mit Nickel oder Kuper beschichtet werden.

CBN ist bis ca. 1.200°C temperaturstabil, chemisch äußerst beständig und weist eine hohe thermische Leitfähigkeit auf. Mit einer Härte von ca. 4.500 HK ist es der zweithärteste Werkstoff nach Diamant und sehr gut für die Bearbeitung von Stahlwerkstoffen geeignet. Typische Anwendungsgebiete für die Bearbeitung mit CBN sind die Schleifbearbeitung von Werkzeugstahl, HSS, Baustahl, gehärtetem Stahl,

---

[106] Klocke 2018, S. 40ff
[107] Linke 2016, S. 19ff
[108] Al-Rawi 2014, S. 562f

legiertem Stahl, Legierungen für Luft- und Raumfahrt, Edelstahl sowie verschleißfesten eisenhaltigen Materialien.[109,110,111]

2.1.1.6 Diamant

Diamant gehört neben CBN zu den hochharten Schleifstoffen („*Superabrasives*") und wird wegen seiner Festigkeit in vielen Anwendungen zur Bearbeitung hochharter Werkstoffe (z.B. Keramik, Glas, Hartmetall, Gummi, Beton, Natur- und Kunststeine) eingesetzt. Für Schleifanwendungen kommt kleineres, für die Schmuckindustrie nicht interessantes Kornmaterial zum Einsatz. Diese als Industriediamanten bezeichneten Diamanten werden bis zu Korngrößen von ca. 1 Millimeter in der Schleifindustrie verarbeitet. Neben natürlichen Diamanten sind heute vielfach synthetisch hergestellte Diamanten im Einsatz.

Die synthetische Herstellung von Diamant gelang erstmalig 1953 in Schweden durch **Hochdruck-Hochtemperatursynthese** (HPHT-Synthese) aus Graphit und einem Katalysator bei Drücken von bis zu 12.000 MPa und Temperaturen bis 2.000 °C und wurde ab der 1950er Jahre von *General Electric* und *De Beers* industriell eingeführt. Das synthetische Diamantkorn mit einer Härte bis 9.000 HK weist bei hohen Qualitätsstufen die typische oktaedrische Form auf (s. Bild 2.6). Die synthetischen gelblichen Körner sind in Korngrößen bis D1001 erhältlich. Für bestimmte Schleifaufgaben bzw. Bindungssysteme können z.B. Nickel-, Kupfer- oder Titan- Beschichtungen einen besseren Bindungsverbund und eine bessere Wärmeableitung ermöglichen.[112]

Neben der HPHT-Synthese werden Diamanten heute auch durch Schockwellen in einem mit Sprengstoff gefüllten Behälter hergestellt. Eine weitere Herstellmethode ist der CVD-Prozess (chemical vapour deposition), mit dem sich CVD-Diamantschichten abscheiden und mit einem Laser vereinzeln lassen. **CVD-Diamanten** kommen weniger in Schleif- als vielmehr in Abrichtanwendungen zu Einsatz.

Unter atmosphärischen Bedingungen neigt Diamant ab Temperaturen von ca. 700 °C zur Graphitisierung, sodass insbesondere die Bearbeitung von zähem Materialien und Stahl nicht gut möglich ist. Typische Anwendungsgebiete für den Einsatz von Diamantschleifscheiben ist die Bearbeitung nichteisenhaltiger harter

[109] Linke 2016, S. 32ff
[110] Al-Rawi 2014, S. 563
[111] Paucksch 2008, S. 65
[112] Linke 2016, S. 24ff

Werkstoffe. Blockige Körnungen werden häufig im Bereich der Glas- und Steinbearbeitung eingesetzt. Freischneidende, splittrigere Körnungen eher im Bereich Hartmetall, Keramik, Fiberglas oder zur Bearbeitung von Kunststoffen.

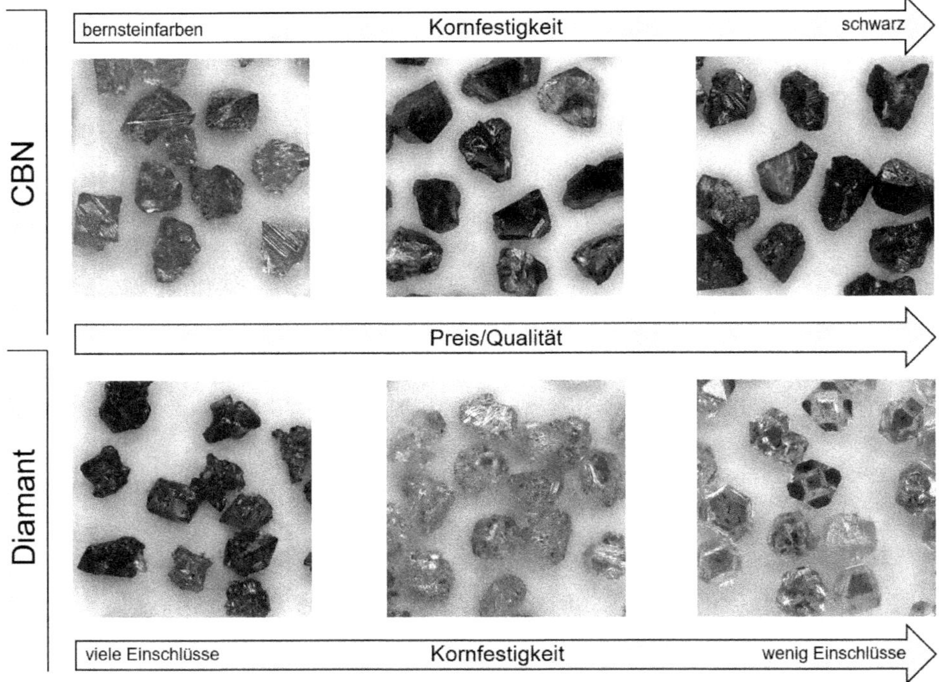

Bild 2.6 Typische CBN- und Diamantkörner verschiedener Qualitäten

2.1.2 Schleifscheibenbindungen

Die Hauptaufgabe einer Schleifscheibenbindung ist es, die Schleifkörnung in einem Verband zu halten. Neben keramischen und verschiedenen metallischen Systemen werden auch Kunststoffbindungen und seit einigen Jahren auch Kombinationen verschiedener Bindungen (Hybridbindungen) eingesetzt.

Um die konventionellen Schleifmittel zu einem Volumenkörper zu verbinden, stehen eine Reihe unterschiedlicher Bindungssysteme zur Verfügung, wobei nicht alle verfügbaren Bindungsvarianten gleichermaßen für alle Schleifmittel geeignet sind. Für Korund und SiC beschränken sich die Bindungsarten auf keramische und Kunstharzbindungen für alle Schleifaufgaben. Für spezielle Anwendungen (Polier-

und Feinstschleifen, Regelscheiben bei Spitzenlosanwendungen, Gewindeschleifen Trennschleifen) gibt es außerdem noch die Gummibindung.

Keramische Bindung		Metallbindung	
Porzellanartige Sinterbindung Korn A/C & B/D	Glasartige Schmelzbindung Korn A/C & B/D	Metall-Sinterbindung Korn B/D	Galvanische Bindung Korn B/D

Kunststoffbindung			
Bakelit (Phenolharz) Korn A/C & B/D	Polyimidharz (warmfest) Korn B/D	Epoxidharz (Polyether) Korn A/C & B/D	Gummi (Polyurethan) Korn A/C & B/D

Bild 2.7 Übersicht gebräuchlicher Schleifscheibenbindungen

Die Bindungen und deren genaue Zusammensetzung sind auf die jeweilige Anwendung der Schleifscheibe abgestimmt. Sie werden durch den Schleifscheibenhersteller unter hoher Geheimhaltung definiert, da ihre Leistungsfähigkeit stark von der individuellen Erfahrung und dem langjährig aufgebauten Knowhow abhängt.

Für hochharte Schleifmittel stehen mehr Bindungssysteme zur Verfügung als für die konventionellen Schleifmittel, was mit der höheren Kornfestigkeit und der größeren Bandbreite der zu bearbeitenden Werkstoffe zusammenhängt. So lassen sich sowohl für CBN- als auch für Diamantschleifscheiben die Bindungssysteme *Kunstharz, Metall, Keramisch* und *Galvanisch* nutzen, um möglichst viele Anwendungsgebiete zu bedienen.

2.1.2.1 Keramische Bindungen

Keramische Bindungen sind Gemische aus Silikaten, Ton, Kaolin, Feldspat, Quarz und Fritten, einem glasartigen Pulver, dass als Flussmittel dient und die Brenntemperatur des Bindungsgemisches senkt.

Im Wesentlichen wird zwischen Schmelz- und Sinterbindungen mit unterschiedlichen Glasphasenanteilen unterschieden. **Schmelzbindungen** erhalten ihre Festigkeit und binden das Korn durch Erstarren der Schmelze beim Abkühlen. Bei **Sinterbindungen** erfolgt eine chemische Bindung durch Diffusionsvorgänge der einzelnen Komponenten, ohne den Schmelzpunkt erreichen zu müssen. Grundsätzlich sind keramische Bindungen spröde, schlagempfindlich, temperaturstabil aber temperaturwechselempfindlich. Sie sind zudem chemisch widerstandsfähig und haben einen großen E-Modul.

Zur Steuerung der Porosität des Schleifbelages werden organische, ausbrennende Materialien, wie Kunststoffgranulate, körnige Naturprodukte (z.B. Nussschalengranulate), Wachs, Naphtalin u.ä. oder nicht ausbrennbare Stoffe, wie Hohlkugelkorund und Glaskugeln, als **Porenbildner** verwendet. Aufgrund der hohen Prozesstemperaturen werden häufig die rückstandsfrei ausbrennbaren Porenbildner bei der Herstellung keramisch gebundener Schleifscheiben eingesetzt.

Keramische Bindungen sind die am weitesten verbreitete Bindungsart für konventionelle Schleifmittel und decken in ihrer Bandbreite ein weites Anwendungsspektrum ab.

Bei der Serienfertigung von Stahlbauteilen hat die „keramische CBN-Schleifscheibe“ in den vergangenen Jahren deutlich an Marktvolumen gewonnen. Der bei dieser Bindung gut einstellbare Porenanteil und die gute Korneinbindung führen zu Bearbeitungsoperationen mit hohen Zeitspanvolumina und langen Standzeiten zwischen den Abrichtzyklen. Herstellung und Grundkomponenten dieser Bindung im hochharten Bereich entsprechen denen der konventionellen Schleifscheiben. So werden sowohl **Schmelzbindungen**, die ihre Festigkeit durch Erstarren der Schmelze beim Abkühlen erreichen, als auch **Sinterbindungen.** Die einzelnen Komponenten bestehen aus Silikaten, Ton, Kaolin, Feldspat, Quarz und Fritten, die durch Diffusion chemisch abbinden. Die Brenntemperaturen liegen im Bereich von 800 °C bis 1400 °C für Korund- und SiC-Scheiben, für CBN unter 1000 °C und für Diamant < 700 °C.[113,114]

Den schematischen Herstellprozess einer keramisch gebundenen CBN- bzw. Diamantschleifscheibe zeigt Bild 2.8. Nach der Korn- und Bindungsaufbereitung, u.a. durch Anfeuchten und Feinsieben, wird die Rohmasse entsprechend der Rezeptur hergestellt, gemischt, in Formen verpresst und i.d.R. drucklos gebrannt. Bei größeren Schleifscheiben werden einzelne Segmente durch Aufkleben auf einen Grundkörper (z.B. Stahl, Aluminium, CFK) aufgebracht. Schleifbeläge bis ca. 200 mm

[113] Linke 2016, S. 63ff
[114] Denkena 2011, S. 271

Durchmesser lassen sich auch als geschlossener Ring herstellen. Nach dem Aufkleben des Belages auf den Grundkörper werden die erforderlichen Werkzeugkonturen durch Profilieren des Schleifbelages erzeugt und die fertige Schleifscheibe abschließend ausgewuchtet und signiert.

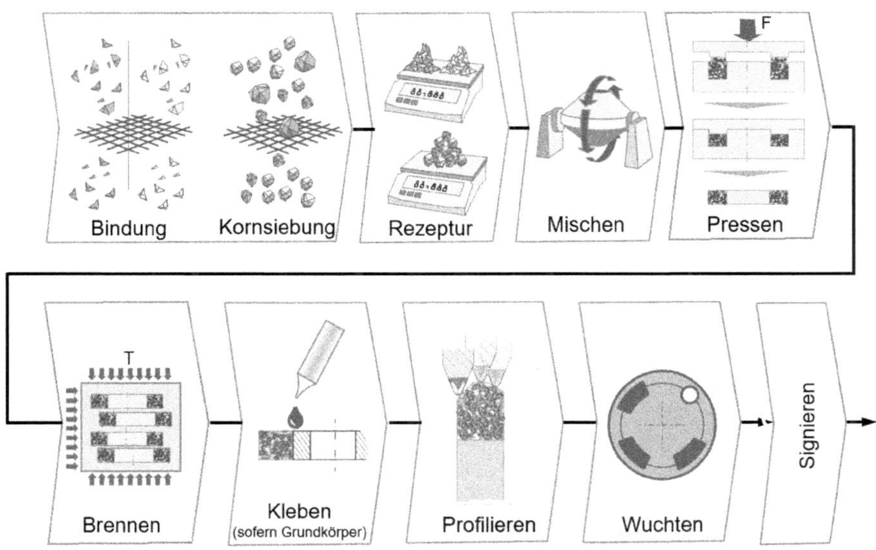

Bild 2.8 Herstellung einer keramisch gebundenen CBN- oder Diamantschleifscheibe

2.1.2.2 Kunstharzbindungen

Kunstharzbindungen bestehen überwiegend aus Phenol- und zunehmend auch aus Polyimidharzen, seltener aus Epoxid, Polyurethan, u.a. bzw. deren Mischungen. Die Verarbeitungstemperatur liegt i.d.R. unter 400°C. Die Hauptanwendungen liegen im Bereich des Trenn- und Schruppschleifens, da die Bindung unempfindlich gegen Stoß und Schlag ist und seitliche Kräfte bei relativ geringer Belagdicke aufnehmen kann. Die gute Zähigkeit der Bindung erlaubt zudem hohe Schleifscheibenumfangsgeschwindigkeiten und die Bearbeitung mit großem Zeitspanvolumen Q_w, wobei viele Anwendungen mit Scheibenumfangsgeschwindigkeiten $v_s < 63$ m/s arbeiten. Für Polier- und Feinschleifaufgaben ist die Bindung durch die Elastizität ebenfalls geeignet, da die Schleifkörner während des Schneideneingriffs durch elastische Bewegungen infolge der Krafteinwirkungen leicht in die Schleifscheibe gedrückt werden können, womit gute Oberflächenrauheiten am Werkstück erzielt werden können.[115]

Grundsätzlich sind Kunstharzbindungen weniger temperaturstabil als keramische Bindungen und lassen sich wegen der Elastizität und geringen Porosität schlecht abrichten. Um Spanräume bzw. einen Kornüberstand zu erzeugen, muss i.d.R. nach dem Profilieren ein separater Schärfprozess nachgeschaltet werden. Da Kunstharzbindungen einem Alterungsprozess unterliegen, sollten Schleifkörper in Kunstharzbindung nicht über zwei Jahre gelagert werden.

Bei der Schleifbearbeitung mit CBN- und Diamantwerkzeugen von Bohrern, Fräsern, Wendeschneidplatten, Reiben, Gewindebohrern usw. aus HSS, Hartmetall, Cermet oder Keramik ist die Kunstharzbindung ein häufig anzutreffendes Bindungssystem. Die CBN-Schleifscheiben dienen der Bearbeitung von eisenhaltigen Werkstoffen (Werkzeugstahl, HSS), die Diamantwerkzeuge den Werkstoffen ohne Eisenanteil. Wie bei den Kunstharzbindungen für konventionelle Schleifstoffe kommen hier auch Phenolharze mit Verarbeitungstemperaturen unter 200 °C, aber auch höherfeste, thermoplastische Polyimide mit Verarbeitungstemperaturen von über 300 °C, sowie Polierbindungen auf Polyurethanbasis zur Anwendung. Bei CBN- und Diamantschleifscheiben werden häufig metallummantelte Kornqualitäten eingesetzt, um die Einbindung in das Kunstharz, die thermische Wärmeableitung sowie die Temperatur-Spannungen an den Korn- und Bindungsgrenzen zu verbessern. Kunstharzbindungen haben recht gute Dämpfungseigenschaften und werden sowohl im Nass- als auch im Trockenschliff verwendet.

2.1.2.3 Metallsinterbindungen

Für Metallsinterbindungen werden Bronze-, Stahl- oder Hartmetallpulver bei Temperaturen von bis zu 900 °C und Drücken von bis zu 100 MPa über mehrere Stunden gesintert, d.h. durch Diffusionsvorgänge der einzelnen Komponenten ein Bindungsverbund erreicht. Werkzeuge mit Metallbindungen weisen i.d.R. eine geringe Porosität auf. In Grenzen kann diese für den Schleifprozess negative Eigenschaft durch die Bindungszugaben Graphit und Salz verbessert werden, die beim Schleifen aus der Schleifscheibenoberfläche zur Reibungsminimierung freigegeben werden. Metallbindungen finden i.d.R. bei der Werkzeugbearbeitung und dem Schleifen von Keramik, Glas, Gestein, Beton usw. im Nassschliff Anwendung. Den Vorteilen der hohen Verschleißfestigkeit und Kantenstabilität steht die schlechte

[115] Al-Rawi 2014, S. 564f

Profilierbarkeit gegenüber, die wegen des großen Zeitaufwandes in vielen Fällen auf externen Abrichtmaschinen erfolgen muss.[116]

2.1.2.4 Hybridbindungen

Um die Vorteile der Kunstharz- und Metallbindung zu kombinieren, werden Bindungskombinationen der beiden Komponenten erzeugt. Damit können die Schleifkörner in einem stabilen Metallgerüst gehalten werden, das zusätzlich mit Kunstharz durchsetzt ist. Die Schleifscheiben erhalten bei hoher Kantenstabilität und langer Profiltreue bessere Dämpfungseigenschaften. Sie sind sehr gut für z.B. Tiefschleifprozesse bei der Werkzeugherstellung (Nutenschleifen) geeignet.

2.1.2.5 Gummibindungen

Gummibindungen finden Anwendungen bei Spezialaufgaben wie Trennen und Gewindeschleifen und werden hauptsächlich für Regelscheiben im Spitzenlos-Schleifen und zum Polierschleifen eingesetzt. Die Schleifkornmischung wird dabei in den Synthesekautschukbinder über Extruder eingewalkt, geformt und anschließend ausvulkanisiert.[117]

2.1.2.6 Galvanische Bindungen

Eine Sonderstellung der häufig verwendeten Bindungsarten nimmt die galvanische Nickelbindung ein, da „galvanisch positiv belegte Schleifwerkzeuge“ i.d.R. nur eine Kornlage hochharten Schleifmittels auf einem Grundkörper nutzen und sich nicht abrichten lassen. Da neben dem galvanischen auch ein chemisches Abscheiden von Nickel, oder auch Kombinationen aus beiden Verfahren, zur Herstellung der Bindung genutzt werden, ist der Begriff nicht eindeutig, hat sich aber im allgemeinen Sprachgebrauch etabliert.

Bei der Herstellung galvanisch positiv[118] belegter Schleifwerkzeuge ist die gesamte Profilinformation des Bauteils bereits bei der Herstellung in das Werkzeug als Negativprofil eingebracht. Die einzelnen Schleifkörner sind auf einen Präzisionsgrundkörper mit entsprechend der Korngröße äquidistantem Untermaß durch eine

---

[116] Al-Rawi 2014, S. 565f

[117] Klocke 2018, S 61.

[118] Im Bereich der Abrichttechnik werden sowohl „galvanisch positive“ als auch „galvanisch negative“ Werkzeuge verwendet, so dass im allgemeinen Sprachgebrauch die Art der Werkzeugherstellung über die Begriffe unterschieden werden.

galvanische oder chemische Nickelabscheidung gebunden. Die Nickelschicht beträgt dabei i.d.R. etwa 30-70% des Korndurchmessers. Diese vom Anwendungsfall abhängige Einnickeltiefe definiert die Schnittigkeit des Belages. Die Körner sind ausreichend fest verankert, um den Kräften bei der Spanbildung standzuhalten. Über die Korngröße und Kornart lassen sich die geforderten Rauheitsanforderungen erreichen. Erhöhte Qualitätsanforderungen sind nach dem Auftragen der Schleifkörner ggf. noch mit speziellen Crushierprozessen justierbar, um herausstehende Körner oder Kornspitzen zu entfernen und eine bessere Hüllkurve des Profils zu erzielen (s. Bild 2.9). Daneben können auch mehrlagige Schichten oder Beläge mit reduzierter Korndichte hergestellt werden.

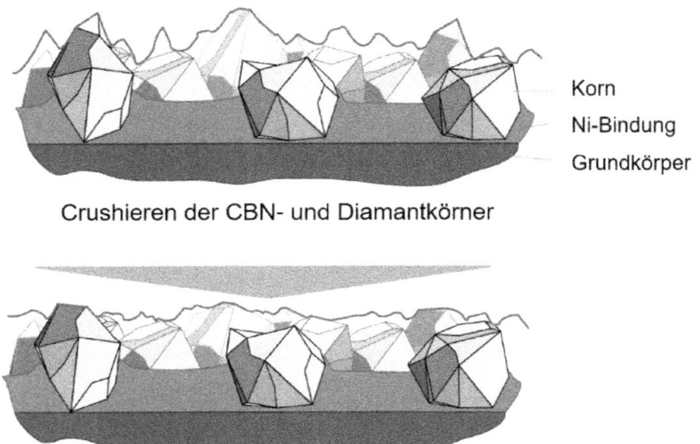

Bild 2.9 Galvanisch positiver Schleifbelag

Da das Profil des Schleifbelages beim Anwender nicht mehr makroskopisch verändert werden kann, werden diese Werkzeuge häufig im Bereich der Serienfertigung oder für die Bearbeitung häufig wiederkehrender Bauteile verwendet. Wirtschaftlich haben sie den Vorteil, dass keine Nebenzeiten durch einen Abrichtvorgang anfallen und - sofern das Werkzeug mit geringen Rund- und Planlaufabweichungen auf der Maschine gespannt werden kann - die Einrichtzeit des Prozesses bei einem Werkstückwechsel gering ist. Außerdem können die Grundkörper nach dem Standzeitende der Schleifscheibe wiederverwendet werden, wodurch sich bei großen Scheibendurchmessern die Kosten für die Grundkörperherstellung einsparen lassen. Je nach Anwendung und Qualitätsvorgaben können solche Werkzeuge

Standzeiten im Bereich von einigen 1.000 bis 100.000 Werkstücken erreichen, bevor sie durch ein neues bzw. durch Wiederbelegung regeneriertes Werkzeug ersetzt werden (s. Bild 2.10).

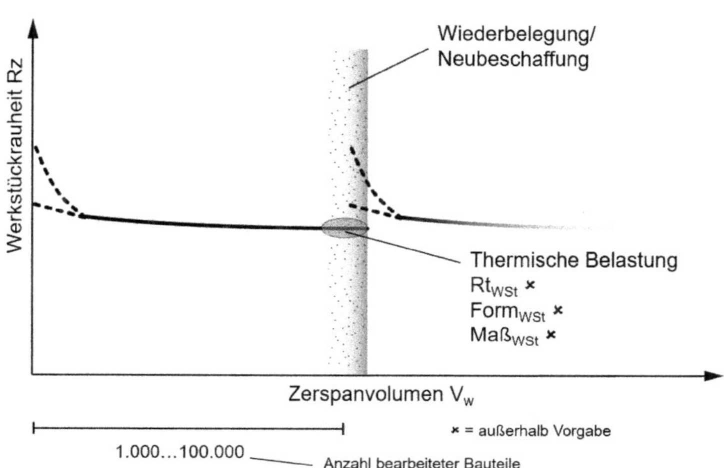

Bild 2.10 Lebenszyklus einer galvanisch gebundenen CBN- oder Diamant-Schleifscheibe

Als Grundkörperwerkstoffe eignen sich für galvanisch positive Schleifscheiben neben Aluminium und Bronze vor allem Stahl. Wegen der erforderlichen Rund- und Planlaufgenauigkeiten müssen die Aufnahmebohrung und die Anlageflächen insbesondere bei Präzisionswerkzeugen sehr genau gefertigt werden. Ein „Nachsetzten" des Belages im eingespannten Zustand ist wegen der einen Schleifkornlage nicht möglich. Da die Schleifstoff/Nickelbeläge mehrfach erneuert werden können, haben sich vergütete bzw. einsatzgehärtete Stahlgrundkörper bewährt, da diese die Genauigkeiten über viele Regenerationszyklen behalten. Die Regeneration erfolgt durch Wiederbelegung: Nach dem Erreichen der Standzeit werden die Werkzeuge an den Hersteller zurückgesandt, der verschlissene Restbelag chemisch entfernt und mit einem neuen Schleifbelag versehen. Abhängig vom Gesamtzustand des Werkzeugs können die Grundkörper mehrfach wiederbelegt werden, womit sich i.d.R. die Gesamtwerkzeugkosten reduzieren.

Für das Aufbringen des CBN- oder Diamantkornes auf den Grundkörper werden verschiedene Verfahren genutzt. Die Körner lassen sich während der galvanischen Nickelabscheidung durch Rotationsvorrichtungen auf den Belag streuen oder durch Eintauchen in ein Schleifkornbett aufbringen. Nach dem Anhaften werden überschüssige Körner abgestreift und die Einbettung mit einer definierten Bindungsdicke fertiggestellt. Die Abscheideraten bei der Nickelbindung liegen beim galvanischen und chemischen Prozess bei wenigen Mikrometern pro Stunde. Da die chemische Nickelabscheidung stromlos arbeitet, ergeben sich sehr gleichmäßige Schichtdicke. Galvanische Nickelschichten bilden an exponierten Konturen und Kanten aufgrund der dort erhöhten Stromdichte dickere Beläge, sog. Nickelpilze.

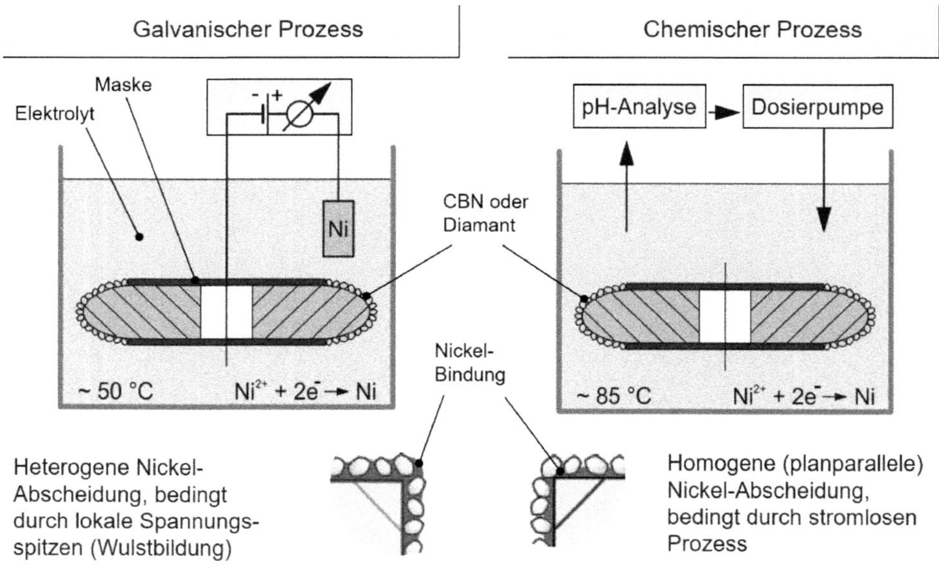

Bild 2.11 Galvanische und chemische Nickelabscheidung

Bild 2.11 zeigt die grundsätzliche Vorgehensweise der beiden Verfahren[119]. Der galvanische Prozess nutzt i.d.R. Nickelsulfamatelektrolyte und arbeitet bei Temperaturen von ca. 50 °C und Stromdichten im Bereich von 1–20 $mAcm^{-2}$. Beim „Chemisch Nickel" werden bei ca. 85 °C aus einem Nickelbad Nickel-Phosphor-Schichten mit einem Phosphor-Anteil von bis ca. 10 % abgeschieden. Die maximale erzeugbare chemische Nickelschicht ist wegen auftretender mechanischer Schichtspannungen auf ca. 50 µm Schichtdicke beschränkt. Chemische Nickelschichten lassen sich bei Temperaturen von 300-400 °C auf eine Härte von ca. 70

[119] siehe z.B. Hofmann 2010, S. 76

HRC tempern. Durch Dispersionsabscheidungen können zudem harte Teilchen (z.B. CBN, Diamant, TiC) in den Schichtverbund gebracht werden[120].

Den grundsätzlichen Herstellprozess eines galvanischen CBN- oder Diamantwerkzeugs zeigt Bild 2.12. Nach der präzisen Grundkörperfertigung mit einem entsprechend der Schleifbelagdicke gefertigten äquidistanten Untermaß werden die nicht zu beschichtenden Bereiche mit einem nichtleitenden Material maskiert bzw. abgedeckt. Eine chemische Vorbehandlung durch Entfetten und Aktivieren verbessert die Schichthaftung und ermöglicht das Aufbringen des Kornes und die Bindungsabscheidung. Sehr präzise Werkzeuge werden anschließend durch einen Crushiervorgang noch nachbehandelt, um bessere Genauigkeiten, Rauheiten oder Standzeiten erzielen zu können.

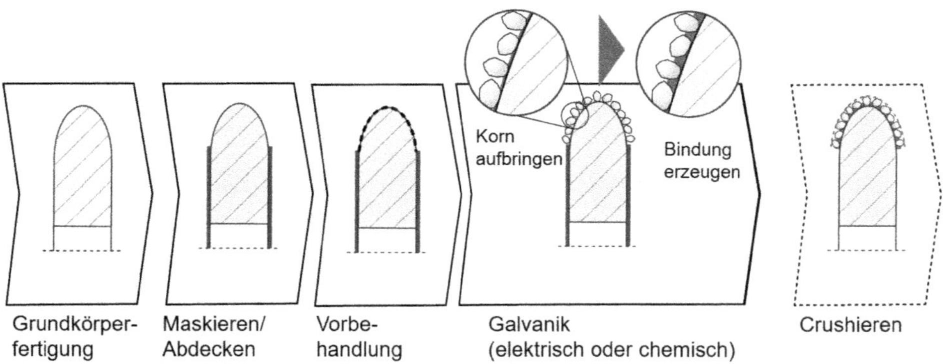

Bild 2.12 Herstellung einer galvanischen CBN- und Diamantschleifscheibe

2.1.2.7 Lötbindungen

Ein beim Präzisionsschleifen kaum verwendetes Verfahren zum Herstellen einschichtig belegter CBN- oder Diamantwerkzeuge ist das Vakuum- bzw. Schutzgaslöten, auch Hochtemperaturlöten im Vakuum (bei 10^{-2} bis10^{-4} Pa) oder unter Schutzgas (in Ar-, N_2- oder H_2-Atmosphäre) genannt. Die verwendeten Silber- oder Titanlote werden bei Temperaturen bis 1000° zusammen mit dem Schleifkorn auf einen Grundkörper (zumeist Stahl oder Hartmetall) aufgebracht und führen durch ihre sehr gute Benetzung und Einbindung des Korns zu geringen Bindungsschicht-

[120] Hofmann 2010, S. 90f

dicken und hohen Kornüberständen. Anders als beim galvanischen Beschichtungsprozess geht das Lot mit dem Hartstoff eine chemische Verbindung ein. Aufgrund der hohen Verarbeitungstemperaturen wird das Vakuum- bzw. Schutzgaslöten für weniger komplexe und präzise Werkzeuge im Bereich der Gesteins- und Betonbearbeitung bis hin zu Anwendungen im Bereich der Luft- und Raumfahrt für den Verschleißschutz verwendet, wo neben CBN- und Diamant auch Hartmetall oder Keramik als Hartstoffe eingesetzt werden.[121]

2.1.3 Härte und Gefüge von Schleifbelägen

Für optimale Schleifleistungen müssen die Schleifkörnungen und Bindungen so aufeinander abgestimmt werden, dass die Schleifkörner, solange sie noch Schneidkanten besitzen, in der Bindung gehalten werden. Verbleibt das verschlissene Schleifkorn zu lange im Bindungsverband, verliert der Schleifbelag seine Effizienz. Verschleißt hingegen die Bindung eher als die Schleifkörner oder hält sie diese nicht ausreichend lange fest, so werden die Schleifkörner unzureichend genutzt und die Standzeit des Schleifwerkzeuges wird unwirtschaftlich. Daher ist eine sehr genaue Abstimmung zwischen Schleifkorn und Bindung im Gefügeaufbau wichtig. Am besten lässt sich die Schleifbelagstruktur bei keramisch gebundenen Schleifwerkzeugen einstellen.

Bild 2.13 zeigt verschiedene **Strukturen von Schleifscheiben**, die durch viel bzw. wenig Bindungsanteil, große oder kleine Poren oder viel bzw. wenig Bindung sehr unterschiedlich ausfallen können und das jeweilige Einsatzverhalten maßgeblich beeinflussen. Das **Gefüge** wird bei konventionellen Schleifscheiben durch Ziffern gekennzeichnet: 0 (geschlossen) ... 99 (offen)[122,123]. Da diese Kennzeichnung jedoch nicht genormt ist, sind die Angaben herstellerspezifisch und nicht direkt miteinander vergleichbar. Aus der Kennzeichnung lässt sich auch keine Porenverteilung (wenig große oder viele kleine Porenräume) ableiten. Durch den Anteil an Bindung kann die **Härte** einer Schleifscheibe – gekennzeichnet durch Buchstaben A (weich) .... Z(hart) – und über entsprechende Porenbildner das **Porenvolumen** und deren Größenverteilung (keine genormte Kennzeichnung) eingestellt werden.

[121] Al-Rawi 2014, S. 566

[122] DIN 525:2013

[123] Die Schleifscheibenhersteller verwenden für die Angabe des Gefüges (der Struktur) häufig den Bereich 0 bis 14 oder 0 bis 18, z.T. auch 0 bis 30.

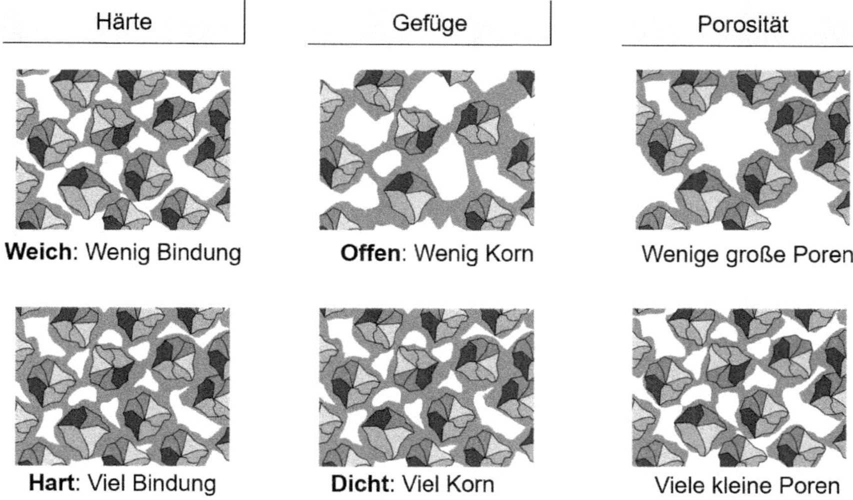

Bild 2.13 Struktur von Schleifscheiben (keramische Bindung)

In der Praxis haben sich Verteilungsverhältnisse zwischen Korn, Bindung und Poren bewährt, die bestimmte Bearbeitungsaufgaben abdecken. Die Schleifscheibenhersteller versuchen dabei stets, möglichst wenig Bindung und einen damit erhöhten Porenraumanteil bei gleicher Gesamtfestigkeit der Schleifscheibe aufzubauen, da „die Bindung nicht schleift". Neuere Bindungsentwicklungen bieten sehr offenporige Schleifscheibensysteme bei ausreichender Gesamthärte und Kornhaltefestigkeit, die somit höhere Abtragsleistungen ermöglichen. Bild 2.14 zeigt am Beispiel der keramischen Bindung die möglichen Zusammensetzungen Korn-Bindung-Poren für CBN- und Diamantschleifscheiben sowie für konventionelle Schleifscheiben in einem Dreistoffdiagramm, woraus sich das Spektrum der herstellbaren Varianten ablesen lässt. Konventionelle Schleifscheiben haben i.d.R. Kornvolumina im Bereich V_K = 40 bis 70% und Bindungsvolumina von V_B = 5-25%. Keramisch gebundene CBN-Schleifscheiben liegen in ihrer Zusammensetzung bei V_K = 20 bis 55% und V_B = 10 bis 50% und haben damit tendenziell ein eher geringeres Kornvolumen. Metall- und Kunstharzbindungen können i.d.R. nicht mit einem Porenraum versehen werden, sodass ein ausreichender Spanraum durch den Abrichtprozess und das Schärfen hergestellt werden muss.

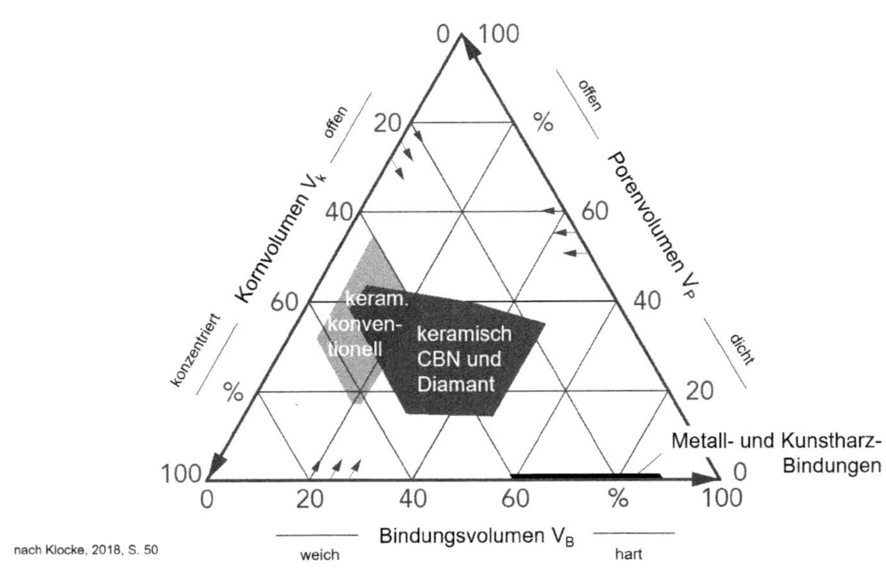

Bild 2.14 Verteilungen von Korn, Bindung und Poren in einer Schleifscheibe[124]

Die Art und der Volumenanteil der Bindung ist wesentlich für die **Härte einer Schleifscheibe**, d.h. den Widerstand gegen Kornausbruch. Sie hängt damit von der Bindungsart, dem Bindungsanteil im Verhältnis zum Kornanteil, der Struktur (Porengröße und -verteilung) und der Korngröße des Schleifkorns ab. Die Härte einer Schleifscheibe wird durch Buchstaben A (äußerst weich) bis *Z* (extrem hart) gekennzeichnet. Häufig werden weiche Schleifscheiben (G bis H) im Bereich Präzisionsschleifen (häufig Tiefschleifen, CD-Schleifen), mittelharte Schleifscheiben (Jot bis M) für Universalanwendungen und harte Schleifscheiben (N bis Q) für Anwendungen mit kleinerer Abtragsleistung verwendet.

Als **Wirkhärte** wird die unter dem Einfluss des Prozesses wirkende Härte der Schleifscheibe verstanden. Mit zunehmender Schnittgeschwindigkeit wirkt eine Schleifscheibe „härter", da die Spanungsdicken abnehmen und mehr Schneiden gleichzeitig im Eingriff sind. Damit reduziert sich die Belastung eines einzelnen Korns, womit die Splitterneigung gleichfalls reduziert wird. Der Widerstand gegen Kornausbruch steigt. Bei einer Erhöhung der Werkstückgeschwindigkeit v_w (Vorschubgeschwindigkeit) wirkt eine Schleifscheibe „weicher", da die Späne gröber werden und die Einzelkornbelastung steigt. Auch die Zustellung und der Kühlschmierstoff können einen Einfluss auf die im Prozess wirkende Härte haben.

[124] nach Klocke 2018, S. 50 und Linke 2016, S. 141

Bild 2.15 zeigt am Beispiel von CBN-Schleifscheiben unterschiedlich aufgebaute Schleifscheibenstrukturen, die sich hinsichtlich ihrer Korngröße, ihres Bindungsaufbaus und ihrer Porenverteilung unterscheiden.

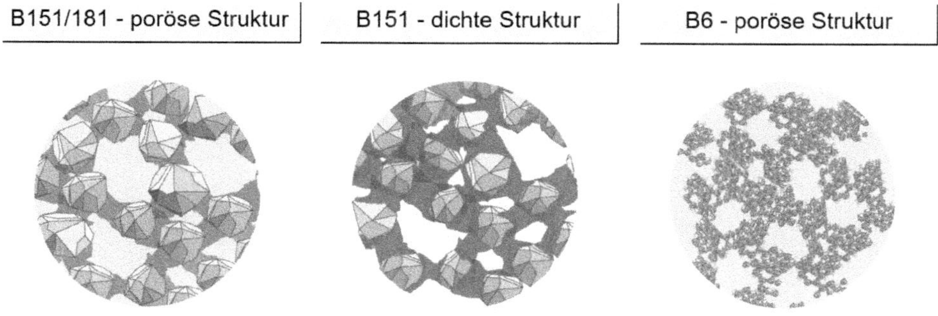

Bild 2.15 Unterschiedlich aufgebaute Schleifscheiben (Prinzip)

Der CBN- und Diamantanteil in hochharten Schleifbelägen wird als **Konzentration** angegeben und ist damit der Massenanteil der hochharten Schleifkörnung je Rauminhalt des Schleifbelages. Mit der Konzentration wird das pro cm^3 Schleifbelagvolumen enthaltene Korngewicht in Karat (1 ct (Karat) = 0,2 g (Gramm)) beschrieben. Je nach Hersteller können in der Bezeichnung sowohl Konzentrationen (z.B. C100) als auch Volumenanteile in % (z.B. V24) verwendet werden[125]. Aufgrund des unterschiedlichen spezifischen Gewichts von CBN und Diamant entstehen leicht unterschiedliche Volumenanteile (s. Tabelle 2.1).

Geringe Konzentrationen an CBN und Diamant werden bei Anwendungen mit großen Kontaktflächen verwendet, um einen kühleren Schliff zu erzeugen und ein Drücken zu verringern. Sie kommen außerdem häufig bei feineren Körnungen zum Einsatz.

Hohe Korn-Konzentrationen werden für Schleifwerkzeuge mit hoher Kantenstabilität und bei eher groben Körnungen eingesetzt. Die erzielbaren Rauheiten sind mit zunehmender Konzentration besser, allerdings treten höhere Prozesskräfte auf.

[125] Martin 1992, S. 121f

Tabelle 2.1 Konzentrationen und Volumenanteile von CBN- und Diamantschleifwerkzeugen

	Konzentration	Karat/cm³	Volumenbez. Konzentration in %
CBN	C200	8,36	V48
	C150	6,27	V36
	C125	5,22	V30
	C100	4,18	V24
	C75	3,13	V18
	C50	2,09	V12
	C25	1,05	V6

	Konzentration	Karat/cm³	Volumenbez. Konzentration in %
Diamant	C200	8,8	V50
	C150	6,6	V37,5
	C125	5,5	V31,25
	C100	4,4	V25
	C75	3,3	V18,75
	C50	2,2	V12,5
	C25	1,1	V6,25

2.2 Kennzeichnung von Schleifwerkzeugen

Nach einer Zusammenstellung der Schleifmittelnormen durch den *Verband Deutscher Schleifmittelwerke VDS* von 2019 gibt es u.a. vier DIN EN-Sicherheitsnormen für Schleifwerkzeuge, 23 DIN-Normen für Schleifkörper aus gebundenem Schleifmittel, 15 DIN ISO-Normen für Schleifmittel auf Unterlage, 6 DIN EN bzw. ISO-Normen für Schleifkörper mit Diamant und kubischem Bornitrid, 13 DIN ISO-Normen zu Schleifmittelkörnungen, vier Normen zu Schleifscheibenflanschen und 11 DIN-Normen zu Sachmerkmalen und Produktdatenaustausch. Dazu kommen 10 VDI-Richtlinien für verschiedene Bereiche innerhalb der Schleiftechnik sowie 8 berufsgenossenschaftliche Regelwerke und 19 ANSI-Normen. [126]

2.2.1 Klassifizierung der Schleifkörnungen

Zur **Klassifizierung der Schleifkörnungen** werden Siebmaschinen nach DIN ISO 9284 eingesetzt, deren Siebe in abnehmender Maschenweite übereinander geordnet sind. Das ungesiebte Kornmaterial wird mittels Rüttelbewegungen durch mehrere Siebe geleitet, womit es sich der Größe nach aufteilt.

[126] VDS 2019

Je nach Art des Kornwerkstoffs wird zwischen konventionellen und hochharten Schleifmitteln unterschieden. Bei konventionellen Schleifmitteln wird die Korngröße nach der Siebmaschenzahl je Zoll und bei hochharten Schleifmitteln nach der Siebmaschenweite in Mikrometern angegeben (s. Tabelle 2.2).

Tabelle 2.2 Klassifizierung von Schleifkörnungen

Konventionelle Körnungen (A/C)

	Bezeichnung mesh	Mittlere Korngröße in µm und Korngrößenbereich
Makrokörnungen	F30	500...**630**...710
	F40	355...**450**...500
	F60	212...**270**...300
	F80	150...**180**...212
	F100	106...**125**...150
	F150	63...**88**...106
	F220	53...**63**...75
Mikrokörnungen	F230	50...**53**...56
	F320	27,7...**29,2**...30,7
	F400	16,3...**17,3**...18,3
	F600	8,3....**9,3**...10,3
	F800	5,5...**6,5**...7,5
	F1200	2,5...**3,0**...3,5

Hochharte Körnungen (B/D)

	Bezeichnung FEPA	Siebmaschenweite in µm	USA mesh
	B/D 426 (427)	425...355 (425...300)	40/45 (40/50)
	B/D 356	355...300	45/50
	B/D 301	300...250	50/60
	B/D 251 (252)	250...212 (250...180)	60/70 (60/80)
Makrokörnungen	B/D 213	212...180	70/80
	B/D 181	180...150	80/100
	B/D 151	150...125	100/120
	B/D 126	125...106	120/140
	B/D 107	106...90	140/170
	B/D 91	90...75	170/200
	B/D 76	75...63	200/230
	B/D 64	63...53	230/270
	B/D 54	53...45	270/325
	B/D 46	45...38	325/400

Gröbere Körnungen: D501, D601, D711, D851, D1001
Mikrokörnungen: B/D 40, B/D 25, B/D 16, B/D 10 und feiner

Konventionelle Schleifkörnungen werden nach DIN ISO 525 bzw. ISO 8486 in Makro- und Mikrokörnungen eingeteilt. Das gesiebte Korn wird nach der *Siebmaschenzahl* je Zoll beschrieben, sodass größere Zahlen eine kleinere Korngröße und umgekehrt bedeuten. Eine Korngröße #80 bzw. F80 (Mesh 80) bedeutet, dass das vom Sieb mit 80 Maschen je Zoll zurückgehaltene Korn verwendet wird. Feinere Kornpartikel sind durch das Sieb durchgefallen, gröbere Partikel sind vom darüber angeordneten, nächstgroßen Sieb #60 aufgefangen worden. Bei der Korngrößenangabe wird der Korngröße i.d.R. der entsprechende Buchstabe für das Kornmaterial vorangestellt. Die Körnungen F4 bis F24 sind grobe, F30 bis F60 mittlere und F70 bis F220 feine Makrokörnungen (FEPA-F-Siebung für gebundene Schleifkörper, FEPA-P-Siebung für Schleifmittel auf Unterlage). Die Körnungen im Bereich F230 bis F2000 werden als sehr feine Mikrokörnungen bezeichnet. Da bei diesen feinen Körnungen das klassische Sieben nicht angewendet werden kann, erfolgt die Kornklassifizierung hier durch Sedimentation.

Bei den **hochharten Schleifmitteln** CBN und Diamant nutzt man bei der Kornklassierung die *Maschenweite* in Mikrometern, sodass ein Korn mit der Bezeichnung B91 einen mittleren Korndurchmesser von 91 µm hat.

2.2.2 Formen von Schleifwerkzeugen

Die Schleifscheibenformen für **konventionelle Schleifscheiben** sind nach DIN 525 und DIN ISO 603 einer Formnummer zugeordnet. Bild 2.16 zeigt einige Beispiele gängiger Schleifscheibenformen aus der umfangreichen Liste. Neben Schleifscheiben verschiedener Formen werden Schleiftöpfe, Doppelschleiftöpfe, Schleifteller, Schleifkörper mit Gewindeeinsatz, Schleifsegmente, Trennschleifscheibe, Schleifstifte, Honsteine, Schleifstäbe und Abziehsteine definiert. Den einzelnen Formen sind Zahlen zugeordnet, sodass darüber eine eindeutige Identifizierung möglich ist.

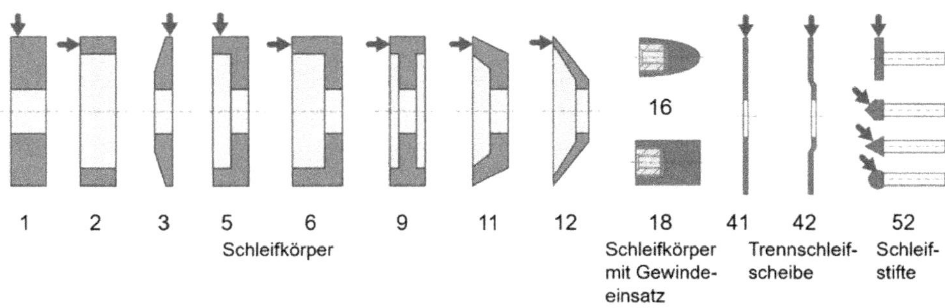

Bild 2.16 Auswahl einiger Standardformen für konventionelle, gebundene SChleifkörper nach DIN525

Hochharte Schleifscheiben (CBN und Diamant) weisen i.d.R. einen an einem Grundkörper angebrachten Schleifbelag auf. Die Kennzeichnung ist daher erweitert, um zusätzlich die Belagform und die Anordnung des Belages am Grundkörper zu definieren. Nach DIN ISO 6104 setzt sich die Kennzeichnung hochharter Schleifscheiben aus einer Kombination aus *Zahl-Buchstabe-Zahl* zusammen, um somit nahezu jede Schleifscheibenform eindeutig beschreiben zu können. Bild 2.17 zeigt Beispiele einiger wichtiger Grundkörperformen, Schleifbelagformen sowie die Anordnung des Schleifbelags auf dem Grundkörper. Abweichungen zu der Form des Grundkörpers werden in einer vierten Stelle durch einen weiteren Buchstaben gekennzeichnet.

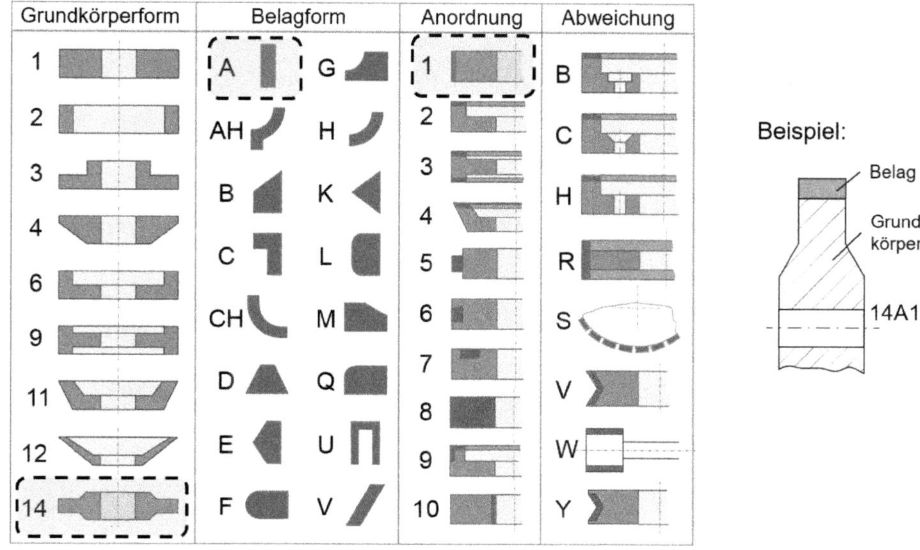

Bild 2.17 Schleifscheibenformen nach FEPA[127] bzw. DIN 6104 für CBN- und Diamant-Werkzeuge

2.2.3 Bezeichnung von Schleifscheiben

Nach DIN 525 bzw. DIN 603-1 soll ein Schleifkörper aus gebundenen konventionellen Schleifmitteln in der Form *„Benennung - DIN-Hauptnummer - Formnummer - Randform - Nennmaße - Werkstoff - Arbeitshöchstgeschwindigkeit"* spezifiziert werden. Die Formnummer definiert die Makrogeometrie wie *gerade, ein- oder zweiseitig ausgespart, verjüngt, abgesetzt* usw., wobei die einzelnen Abmessungen über Buchstaben entsprechend zugeordnet werden können. Die Schleifbelagzusammensetzung nach Schleifmittel, Korngröße, Härtegrad, Gefüge und Bindung ist in weiten Grenzen ebenfalls standardisiert, wobei i.d.R. herstellerspezifische Angaben ergänzt werden. Die letzte Zahl kennzeichnet die zulässige Arbeitshöchstgeschwindigkeit, mit der das Werkzeug betrieben werden darf. Bild 2.18 zeigt an einem Beispiel den Aufbau der Spezifikation einer typischen Schleifscheibe und erläutert die einzelnen Werkstoffangaben.

Unter „Werkstoff" werden die Angaben zu Schleifmittel, Körnung, Härtegrad, Gefüge, Bindung und zum Teil von der Norm abweichende herstellerspezifische Bezeichnungen verstanden. Für die Unterscheidung der Schleifmittel sind nach Norm

[127] FEPA 1992

die Buchstaben A=Korund und C=Siliciumcarbid vorgesehen. Da jedoch eine ganze Reihe von Korund- und Siliciumcarbidqualitäten zur Verfügung stehen, werden i.d.R. zusätzlich herstellerspezifische Bezeichnungen (zumeist Ziffern in Kombination mit den Norm-Buchstaben) genutzt, um das genaue Schleifmittel oder Mischungen verschiedener Schleifmittel zu kennzeichnen. Die Korngröße wird bei konventionellen Schleifmitteln entsprechend der Kornklassierung nach Siebmaschen je Zoll angegeben. Als Maß für den Widerstand gegen das Herauslösen eines Schleifmittelkorns aus der Bindung folgt der Härtegrad der Schleifscheibe mit dem Kennbuchstaben von A = weich bis Z = hart. Das Gefüge beschreibt im Wesentlichen das Kornvolumen der Schleifscheibe von 0 = dicht bis 99 = offen[128] (siehe auch Kap. 2.1.3). Die Bindung der Schleifscheibe wird i.d.R. ebenfalls mit herstellerspezifischen Angaben detaillierter spezifiziert, um verschiedene Varianten einer Bindungsart auseinanderzuhalten.

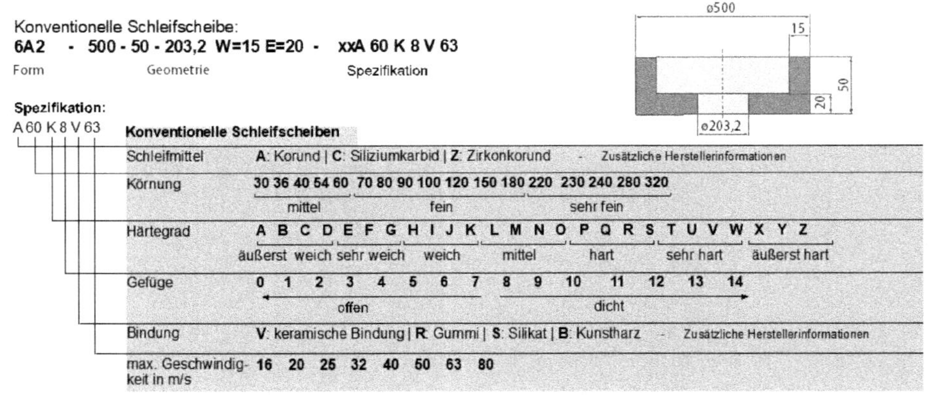

Bild 2.18 Bezeichnung konventioneller Schleifscheiben

Unter Arbeitshöchstgeschwindigkeit wird die maximal zulässige Schleifscheibenumfangsgeschwindigkeit verstanden, bei dem das Werkzeug eingesetzt werden darf.

Analog zur Kennzeichnung von konventionellen Schleifscheiben nach DIN 525 gilt für hochharte Schleifkörper mit Schleifbelägen die DIN ISO 6104. In Anlehnung an konventionelle Schleifscheiben werden Teile der Kennzeichnung übertragen, wobei i.d.R. keine Angaben zum Gefüge gemacht werden und die Spezifikation der

[128] Herstellerspezifisch zumeist max. 14 bzw. 18 angegeben.

Bindung teilweise komplexer bzw. herstellerspezifischer ist. Bild 2.19 zeigt an einem Beispiel den Spezifikationsaufbau einer typischen hochharten Diamant-Schleifscheibe und erläutert die einzelnen Werkstoffangaben.

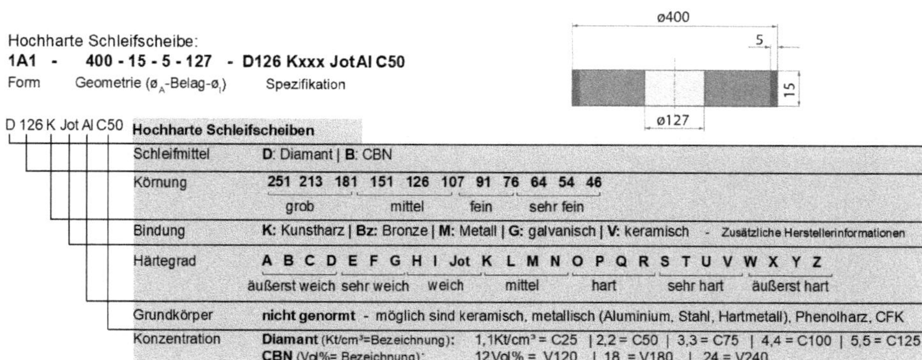

Bild 2.19 Bezeichnung hochharter Schleifscheiben

Nach der geometrischen Beschreibung durch **Form** und **Randform (Belagform)** und **Belag-Anordnung** folgen Angaben zu den **geometrischen Abmaßen.** Da hochharte Schleifscheiben i.d.R. nur einen auf einen Grundkörper aufgebrachten Ring mit aktivem Schleifbelag aufweisen, werden häufig Belagdicke und Breite angegeben. Unterschieden wird nach der **Kornart** D = Diamant und B = CBN mit der nachfolgenden Angabe der **Korngröße** in Form der Maschenweite des entsprechenden Prüfsiebes, sodass die Zahl in etwa dem mittleren Korndurchmesser entspricht. Die **Bindungsangaben** enthalten zum Teil verschlüsselte herstellerspezifische Angaben, die die entsprechenden Buchstaben zur Grobeinteilung der Bindungsart nutzen. Einige Bindungsvarianten lassen eine Anpassung der **Härte** zu, die analog zu konventionellen Schleifscheiben von A = weich bis Z = hart bezeichnet werden. Da heute eine Reihe verschiedener Grundkörperwerkstoffe zur Verfügung stehen, kann die **Grundkörperart** durch einen Buchstaben gekennzeichnet werden. Bei Volumenbelägen endet die Kennzeichnung mit der Angabe der **Schleifmittelkonzentration.** Die Angabe einer maximal zulässigen Höchstgeschwindigkeit ist nach DIN 6104 nicht zwingend vorgeschrieben.

Eine andere Art der Bezeichnung wird für **Schleifstifte zum Freihandschleifen** auf Handschleifmaschinen oder zum zwangsgeführten Schleifen (Innenrundschleifen) auf ortsfesten Schleifmaschinen genutzt. Diese Werkzeuge sind in DIN 69170 genormt, wobei grundsätzlich auch die DIN ISO 603-17 anwendbar ist. Die Formkennzeichnung nach DIN 69170 orientiert sich an der deutschsprachigen Benennung der Schleifstiftform (ZY = Zylinder, WR = Walzenrund, WK = Walzenkegel, KE = Kegel, KU = Kugel usw.) und die weitaus detailliertere Din ISO 603-17 nach der englischsprachigen Bezeichnung) WER = Wheel round end, WCE = Wheel conical end, WTC = Wheel truncated cone end, CRE = Conical round end usw.).

2.3 Schleifscheibenaufnahmen

Um die Schleifscheiben auf der Schleifspindel zu befestigen, bedient man sich bei großen Schleifkörpern eines zweiteiligen Aufnahmeflansches. Der **lose Teil** des Flansches spannt die Schleifscheibe zur Montage/Demontage durch Reib- oder Formschluss über mehrere, auf einem Teilkreis angeordnete Schrauben. Er ist das Gegenstück zum **festen Teil** des Aufnahmeflansches, der die Schnittstelle zur Schleifspindel bildet.

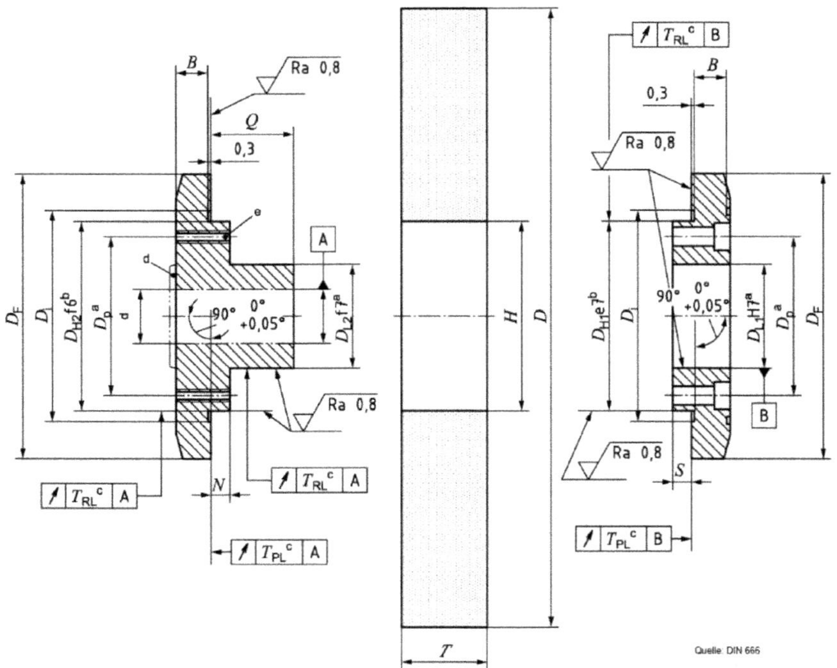

Bild 2.20 Aufnahmeflasch einer Schleifscheibe nach DIN 666

In DIN ISO 666 sind eine Reihe verschiedener Flanschaufnahmen für Spindeln mit Kegelschäften (z.B. 1:10 oder 1:9,98) oder Innen- bzw. Außen-Kurzkegel (1:4) beschrieben.

Ein Aufnahmeflansch mit Aufnahme A (Aufnahme für Spindel mit Kegelschaft 1:10 nach DIN ISO 1119), $d_1 = 63$ mm für gerade Schleifscheiben mit $D = 400$ mm, $T = 32$ mm bis 100 mm und $H = 127$ mm wird nach DIN ISO 666 wie folgt bezeichnet:

Aufnahmeflansch ISO 666 A63 - 400 × 32/100 × 127

In DIN ISO 666 werden zudem die notwendigen Formeln zur näherungsweisen Berechnung der erforderlichen Einspannkraft und des Anziehdrehmomentes beim Montieren einer Schleifscheibe im Flansch angegeben. Bei den erforderlichen Anzugskräften wird zwischen Präzisions-, Schrupp- und Hochdruckschruppschleifen unterschieden.

Kleine **Schleifstifte** mit zylindrischem Schaft werden i.d.R. durch Zangen- oder Hydrodehnspanndorne gespannt. Dabei wird der Schleifkörperschaft über eine mit einer Spannzange versehenen Schnittstelle (SK, HSK usw.) gespannt. Größere Innenschleifkörper lassen sich auch auf speziellen Schleifdornaufnahmen mit Kegel oder Polygonaufnahmen aufkleben oder schrauben.

2.4 Prüfung von Schleifwerkzeugen

Nach der Herstellung der Werkzeuge erfolgt die Prüfung der Geometrie (nach DIN ISO 13942) sowie wichtiger Eigenschaften wie Härte, Gefüge, Dichte und Bruchsicherheit.

Zur Bestimmung der Schleifscheibenhärte[129] kommen unterschiedliche Testmöglichkeiten zum Einsatz, wie

- die **Stichelprüfung** mit einem Handstichel, bei der die Härte ohne apparativen Aufwand subjektiv geprüft wird.
- das **Kugeleindruckverfahren** nach Rockwell, mit dem i.d.R. sehr feinkörnige Schleifscheiben untersucht werden.
- dem **Sandstrahlverfahren** nach Zeiss-Mackensen, bei dem Sand einer bestimmten Korngröße mit Druckluft auf die Scheibenoberfläche geblasen wird. Der Gewichtsverlust der Schleifscheibe bzw. die Blastiefe wird dann als Maß für die Härte der Schleifscheibe herangezogen.

---

[129] siehe z.B. Klocke 2018, S. 64ff oder Denkena 2011, S. 273ff

- das Verfahren zur **Bestimmung der Schallgeschwindigkeit bzw. der Eigenfrequenz** mittels eines piezoelektrischen Sensors und eines daraus ermittelten Elastizitätsmoduls nach Grindo-Sonic, ZVUK oder Buzz-o-sonic.[130] Höhere E-Module korrelieren mit einer höheren Härte.

Die Zusammensetzung des Bindungsmaterials eines Schleifkörpers ist nicht nur für dessen Schleifverhalten, sondern auch für die Bruchfestigkeit der Schleifscheibe maßgebend. Rotierende Schleifkörper können durch Spannkräfte, Schnittkräfte und Fliehkräfte, Fehler im Gefügeaufbau oder Alterung (z.B. bei Kunstharzbindungen) zu Bruch gehen. Die Beanspruchung eines Schleifkörpers wird wesentlich durch die Fliehkraftspannungen bestimmt, die mit zunehmender Umfangsgeschwindigkeit quadratisch anwachsen und im Bereich der Bohrung die höchsten Werte annehmen.

Die **Porosität** ist das Verhältnis von Hohlraumvolumen zum Gesamtvolumen des Schleifbelages, womit dadurch die Möglichkeit der Schleifscheibe. Da die Porosität i.d.R. über den Bindungsanteil gesteuert wird, hat diese auch Auswirkungen auf die Härte der Schleifscheibe.

Die **Dichte eines Schleifbelages** zur Ermittlung des Porenvolumens wird z.B. an Bruchstücken ausreichender Größer nach dem Auftriebverfahren in Wasser bestimmt. Aus dem Probengewicht in Luft, dem Gewicht der in Wasser eingetauchten Probe und dem Gewicht der mit Wasser gefüllten Probe lässt sich die Dichte des Körpers bestimmen und somit auf das Porenvolumen schließen.

Die wesentlichste sicherheitstechnische Kenngröße eines rotierenden Schleifwerkzeugs ist seine **Arbeitshöchstgeschwindigkeit** v_{smax}. Sie gibt die höchstzulässige Schleifscheibenumfangsgeschwindigkeit an, mit der das Werkzeug betrieben werden darf. Jeder Hersteller von Schleifkörpern ist verantwortlich für die Sicherheit seiner Produkte und muss im Zweifel selbst durch geeignete Verfahren und Dokumentation nachweisen, dass seine Produkte den Bestimmungen entsprechen. Entsprechende Sicherheitsvorgaben sind in DIN EN 12413 geregelt.

Die **Bruchgeschwindigkeit** an Voll-Schleifkörpern oder Schleifkörpern mit Schleifbelag mit einem keramischen oder Kunstharz-Grundkörper kann an einem Schleifkörper mittels eines Fliehkraftversuches bestimmt werden. In einem Schleuderstand wird die Drehzahl des Schleifkörpers langsam bis zum Bruch gesteigert, wobei die Arbeitshöchstgeschwindigkeit innerhalb einer Minute erreicht sein soll. Dabei ist vorgeschrieben, wie die unterschiedlichen Prüfkörper (Schleifstifte, -segmente oder -scheiben) einzuspannen sind. Für Schleifkörper mit Schleif-

[130] benannt nach den Geräteherstellern

belägen und einem Grundkörper aus Metall wird der Versuch bis zu einer Mindestbruchdrehzahl durchgeführt und anschließend die durch die plastischen Verformungen hervorgerufenen Durchmesserveränderungen ermittelt. Weiterhin lassen sich an scheibenförmigen Schleifkörpern (Trennscheiben) Biegefestigkeitsuntersuchungen und an segmentierten Schleifkörpern die Abscherkräfte ermitteln.[131]

Vor der Auslieferung sollten die Schleifkörper beim Hersteller einer **Unwuchtprüfung** unterzogen werden.

2.5 Schleifscheibenanwendung

Nach der Auswahl einer für den Prozess geeigneten Schleifscheibe muss diese für den eigentlichen Schleifprozess auf der Schleifmaschine vorbereitet werden. Damit ergeben sich für den Anwender eine Reihe sicherheitsrelevanter Tätigkeiten und Selbstprüfungen. I.d.R. geben zudem die Maschinen- und Schleifscheibenhersteller Sicherheitsempfehlungen, die vor der Inbetriebnahme eines Schleifkörpers durchzuführen und zu beachten sind.

2.5.1 Aufspannen und Betreiben eines Schleifkörpers

Für das Aufspannen eines Schleifkörpers auf einer Maschine sind eine Reihe sicherheitsrelevanter Tätigkeiten zu beachten. Einige wichtige Punkte nach den Richtlinien der OSA[132], DGUV[133], DIN EN 12413 bzw. DIN EN 13236 sind:

- Der Schleifkörper muss optisch auf Beschädigungen oder Mängel untersucht werden, und vor dem Aufspannen muss ein **Klangtest** (mit Gummihammer mehrfaches leichtes, axiales Anschlagen um 45° versetzt) für Werkzeuge $d_s > ø$ 80mm durchgeführt werden.
- Der Schleifkörper muss für die Anwendung geeignet und die Kennzeichnung vollständig und lesbar sein.
- Die Befestigungsflansche sollen paarweise zusammenpassen, sauber, gratfrei und nicht verzogen sein.
- Falls vom Hersteller vorgeschrieben, sind **Zwischenlagen** (aus 0,2 bis 1 mm dicker weicher Pappe oder Kunststoff) zu nutzen, um eine gleich-

[131] DGUV 2017
[132] OSA 2019
[133] DGUV 2017

mäßige Druckverteilung zu gewährleisten (Formfehler werden kompensiert), ein Rutschen des Schleifkörpers im Flansch und eine Abnutzung des Stahlflansches zu vermeiden.

- Nach dem Aufspannen oder dem Wiederaufspannen muss der Schleifkörper mindestens 30 Sekunden mit Arbeitsgeschwindigkeit in einem Probelauf geprüft werden.
- Es darf nicht mit der Seite eines Schleifkörpers geschliffen werden, wenn dieser nicht ausdrücklich für Seitenschleifen zugelassen ist.
- Die Spannflansche müssen gleiche Außendurchmesser und gleichgeformte Anlageflächen haben.
- Die Anlageflächen des Spannflansches müssen plan, sauber und fettfrei sein.
- Der Schleifkörper darf nicht bis zu den Flanschen abgenutzt werden.
- Schleifscheiben mit keramischer Bindung sollen nach dem Schleifen einige Sekunden "ausschleudern", da sich diese mit Kühlschmierstoff vollsaugen.
- Beim **Nassschleifen** soll der Kühlschmierstoff erst nach dem Anlaufen des Schleifkörpers zugeführt werden, um Unwuchten zu vermeiden.

2.5.2 Auswuchten von Schleifscheiben

Für das Präzisionsschleifen werden die Schleifscheiben auf der Schleifmaschine fast immer gewuchtet, um Schwingungen im Prozess sowie Kraftschwankungen und damit Sicherheitsrisiken durch einen Schleifscheibenbruch zu reduzieren.

Läuft die Drehachse nicht durch den Schwerpunkt des Rotationskörpers spricht man von einer **statischen Unwucht** U. Damit entstehen kreisförmige mechanische Schwingungen rechtwinklig zur Drehachse. Die zulässige statische Unwucht eines rotierenden Körpers mit der Masse m_R (z.B. Schleifscheibenmasse) und dem Abstand e zwischen ihrem Schwerpunkt und der Achse der Aufnahmebohrung berechnet sich nach:

$$U = m_R \cdot e \tag{2-1}$$

Eine zu große Unwucht kann durch Ausgleichsgewichte oder Materialentnahme auf der Gegenseite eliminiert werden. Die statische Unwucht ist auch bei einem stillstehenden Rotor messbar und kann z.B. mit Ausgleichswaagen für Schleifscheiben ermittelt werden.

Die **Momentenunwucht** (Deviation) ist eine reine dynamische Unwucht, die bei einer Rotation zu einer Taumelbewegung führt (s. Bild 2.21). Eine **dynamische Unwucht** entsteht, wenn die Rotationsachse nicht mit der Hauptträgheitsachse übereinstimmt. Diese Unwuchten können bei breiten Körpern (Spitzenlos-Schleifscheiben, Wälzschleifscheiben) nur durch Gewichte in zwei Ebenen ausgewuchtet werden. Für schmale Körper (Schleifscheiben, Abrichtscheiben) reicht ein dynamisches Auswuchten in einer Ebene zumeist aus.

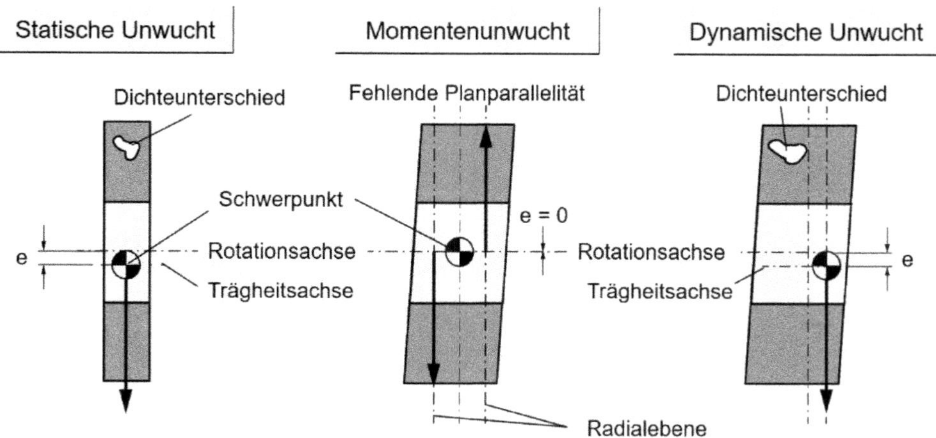

Bild 2.21 Unwuchten

Da die Fliehkräfte vom Gewicht des Rotors m_R und von der Rotationsgeschwindigkeit ω_R abhängen, lassen sich dynamische Unwuchten immer nur für eine bestimmte Nenndrehzahl n_R ermitteln. Die zulässige Restunwucht U_{zul} eines Rotors kann somit über die Wuchtgüte G bei einer Drehzahl des Rotors n_R berechnet werden, die bei gegebener Masse des Rotors m_R in eine Exzentrizität e_{zul} umgerechnet werden kann.

$$G = \omega_R \cdot e_{zul} = 2 \cdot \pi \cdot n_R \cdot e_{zul} = \frac{U_{zul} \cdot \omega_R}{m_R} \tag{2-2}$$

Während Räder, Felgen, Radsätze, Gelenkwellen, Kurbeltriebe von Pkw oder Lkw i.d.R. mit einer Wuchtgüte von G40 bis G16 auszuwuchten sind, werden Ventilatoren, Schwungräder, Maschinenbau- und Werkzeugmaschinenteile häufig zwischen G6,3 bis G2,5 gewuchtet. Feinwuchtungen mit der Wuchtgüte G1 und Feinstwuchtungen von G0,4 kommen im Bereich Schleifmaschinen-Antriebe und Präzisionsanwendungen vor. Noch kleinere Wuchtgüten sind nur mit extrem hohem technischen Aufwand zu erreichen.

Bild 2.22 zeigt die Ermittlung der zulässigen Restunwucht U_{zul} bzw. der vergleichbaren Exzentrizität e_{zul} am Beispiel einer Schleifscheibenaufnahme und eines Abrichtwerkzeuges.

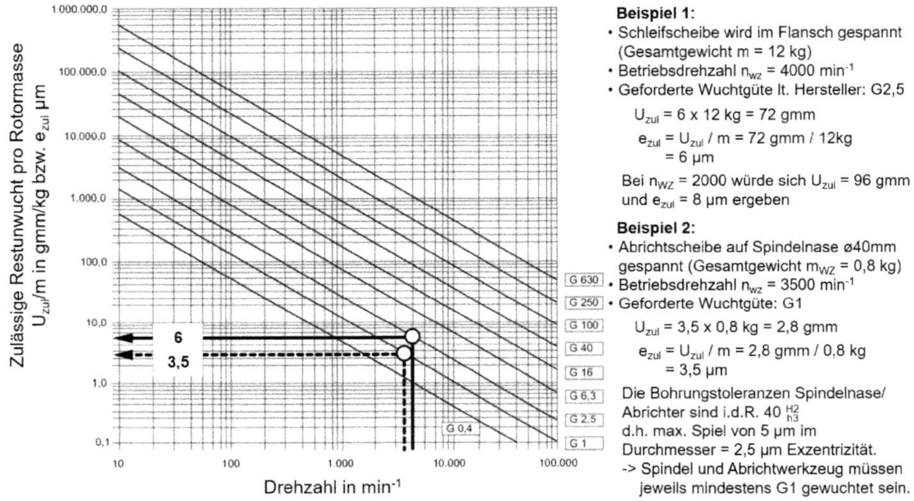

Bild 2.22 Ermittlung von Unwuchten aus der Wuchtgüte bzw. Unwucht pro Rotormasse mit zwei Beispielen

Eine Unwucht komplett zu eliminieren ist nicht möglich. Insbesondere beim Schleifen mit konventionellen Schleifscheiben, reduziert sich die Schleifscheibenmasse kontinuierlich durch den Scheibenverschleiß und das Abrichten. Damit ändert sich auch U_{zul}. Bei Prozessen ohne automatische Auswuchteinheit ist daher die Wuchtung zwischenzeitlich zu überprüfen und ggf. zu korrigieren.

I.d.R. werden kleinere Werkzeuge (wie Abrichtwerkzeuge oder galvanischen Schleifscheiben) zwar im Herstellerwerk feingewuchtet. Für das montierte Gesamtsystem „Werkzeug-Spindel" ergibt sich jedoch eine Unwucht und Exzentrizität durch die Verwendung einer Spiel- bzw. Übergangspassung für die Spindel-Werkzeugverbindung ein. Eine weitere Unwucht- und Exzentrizitäts-Reduzierung kann z.B. durch Spindelsysteme mit (teurem) Hydrodehnspannfutter, dem direkten Fein-Auswuchten auf der Spindel oder, im Falle höchstgenauer Abrichtwerkzeuge, dem zusätzlichen Schleifen des Diamantbelages auf der Abrichtspindel erreicht werden. [134]

Eine durch Unwucht erzeugte Fliehkraft F_F lässt sich durch ein Ausgleichsgewicht m_A beseitigen (s. Bild 2.23). Zur Berechnung von m_A gilt folgender Zusammenhang:

$$F_F = m_R \cdot e \cdot \omega_R^2 = m_A \cdot r_A \cdot \omega_R^2 = 2 \cdot \pi \cdot m_A \cdot r_A \cdot n_R \qquad (2\text{-}3)$$

Somit ergeben sich die Ausgleichsmasse m_A und der Abstand r_A der Ausgleichsmasse vom Drehzentrum zu:

$$m_A = \frac{m_R \cdot e}{r_A} = \frac{U}{r_A} \qquad (2\text{-}4)$$

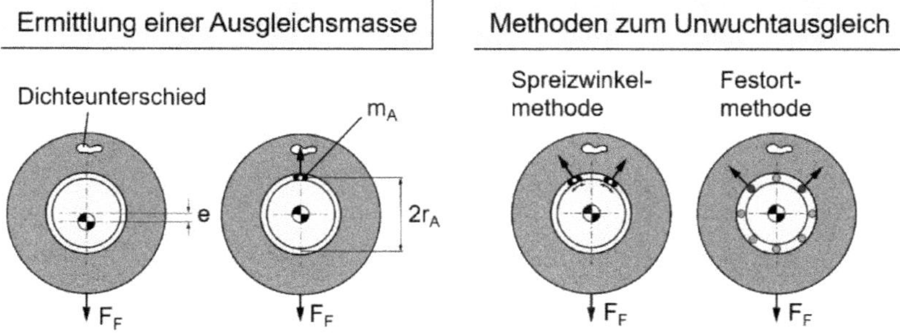

Bild 2.23 Ermittlung einer Ausgleichsmasse und Methoden zum Unwuchtausgleich

Beim Hersteller werden Werkzeuge häufig durch Ausgleichsbohrungen vorausgewuchtet. Viele Schleifscheibenflansche nutzen zwei definierte, verschiebbare Ausgleichsgewichte nach der **Spreizwinkelmethode**, wobei das Verfahren einen entsprechenden Platzbedarf im Flansch erfordert. Automatische Wuchtsysteme mittels elektromechanischer, elektromagnetischer oder hydraulischer Gewichtsverstellung können aufgrund des notwendigen Bauraumes i.d.R. nur für größere Werkzeuge (z.B. Außenrund-Schleifscheiben, Wälzschleifen) genutzt werden. So-

[134] Scherer 2014, S. 584ff

fern Werkzeuge über Teilkreisbohrungen direkt mit der Spindel verschraubt werden, lassen sich auch die Schrauben nach der **Festortmethode** zur Auswuchtung nutzen (s. Bild 2.23).

Weiterhin ist zu beachten, dass beim Hochfahren auf Nenndrehzahl oder beim Abbremsen der Spindeln jeweils kritische Eigenschwingungsbereiche von Maschinenkomponenten durchfahren werden können.

2.5.3 Einsatz unterschiedlicher Schleifwerkzeuge

Die vielen verschiedenen Schleifmittel und Bindungssysteme führen zu grundsätzlich unterschiedlichen Einsatzbedingungen und Anwendungsmöglichkeiten. Grundsätzlich sind konventionelle Schleifscheiben gut abrichtbar, womit sie sich flexibel an neue Bearbeitungsbedingungen anpassen lassen. Hochharte Schleifscheiben sind in der Serienfertigung auf neuen Maschinen mit schnelllaufenden Schleifspindeln häufig anzutreffen. Um die verschiedenen, auf dem Markt verfügbaren Systeme einordnen zu können, beschreiben die folgenden Kapitel, die Arbeitsweisen der verschiedenen Werkzeugsysteme.

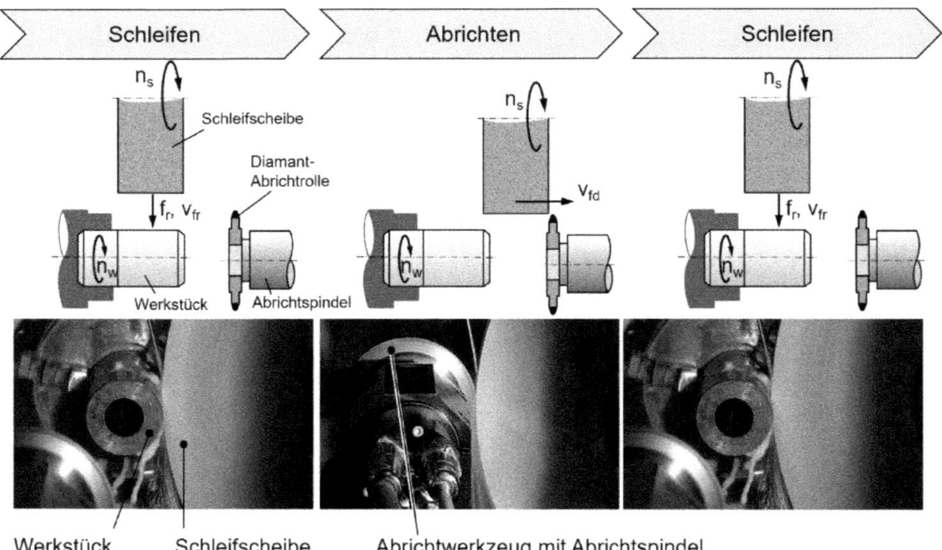

Bild 2.24 Prozessfolge beim Schleifen (Beispiel Einstechschleifen mit konventioneller Schleifscheibe)

Abrichtbare Schleifscheiben müssen zwischen zwei Schleifzyklen regeneriert, d.h. profiliert bzw. abgerichtet werden. Das typische Vorgehen ist am Beispiel des Einstechschleifens in Bild 2.24 dargestellt. Die Abrichtzeit ist eine unproduktive Nebenzeit, da keine Werkstücke produziert werden, sondern die Schleifscheibe für ihren nächsten Einsatz vorbereitet wird. Die Schleifkorn- und Schleifscheibenhersteller entwickeln kontinuierlich verbesserte Kornspezifikationen und Bindungssysteme, um das Arbeitsergebnis qualitativ und wirtschaftlich zu verbessern, d.h. die Schleifzyklen zu verlängern oder die Prozesszeiten zu verkürzen. Für die meisten Hochleistungs-Schleifanwendungen werden bei der Einführung einer neuen Schleifscheibe (z.B. bei einem Lieferantenwechsel oder einer Neueinführung eines Prozesses) mehrere Anpassungen der Schleifscheibenzusammensetzung vorgenommen, um die geforderten wirtschaftlichen oder technologischen Rahmenbedingungen (z.B. Bearbeitungszeit, Verschleißverhalten oder Werkstückqualität) zu erfüllen.

In der industriellen Serienfertigung sind Reduzierungen der Prozesszeiten oder Erhöhungen der Werkstückausbringung ein ständiges Thema, um wettbewerbsfähig zu bleiben. Bei Neuplanungen von Produktionslinien oder einzelnen Prozessen, bei denen Neumaschinen zu beschaffen sind, übernehmen die Maschinenhersteller die Aufgabe, geforderte Taktzeiten einzuhalten und damit ihre Maschinen entsprechend auszulegen. Um diese Aufgabe erfüllen zu können, bestehen im Bereich der Schleifanwendungen enge Kooperationen zwischen den Herstellern der Maschine und den Werkzeugen.

2.5.4 Prozessführung beim Schleifen

Anders als bei geometrisch bestimmten Prozessen müssen beim Schleifen i.d.R. die Prozessschritte Schruppen und Schlichten mit einem Werkzeug durchgeführt werden. Ein schneller Wechsel von einer Schrupp- auf eine Schlichtschleifscheibe ist i.d.R. nicht möglich.

Bild 2.25 zeigt am Beispiel des Flachschleifens die Prozessschritte Schruppen, Schlichten und Ausfeuern. Das Schruppen erfolgt bei einem höheren Zeitspanvolumen Q_w und es wird ein großes Zerspanvolumen V_w bearbeitet. Durch eine Verringerung der Zustellungen schließt sich das Schlichten an, wobei der Zeitanteil für diesen Prozessschritt vergleichsweise hoch ist. Beim Ausfeuern wird die Zustellung auf Null reduziert und mit einigen Leerhüben die Maß- und Formgenauigkeit und die Oberflächenqualität des Werkstücks generiert. In einigen Fällen schließt sich dem Schlichten noch ein Feinschlichten an. In einigen Fällen wird auf das Ausfeuern verzichtet.

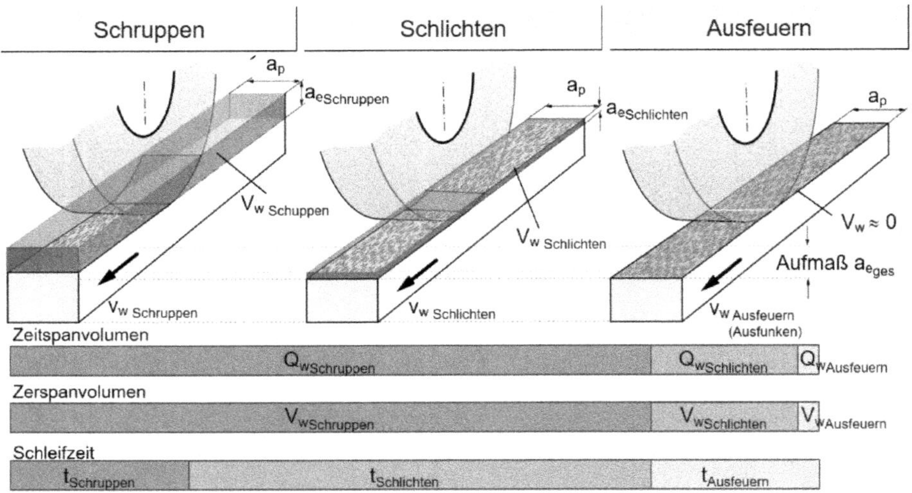

Bild 2.25 Prinzipielle Aufteilung des Zeit- und Zerspanvolumens sowie der Schleifzeit

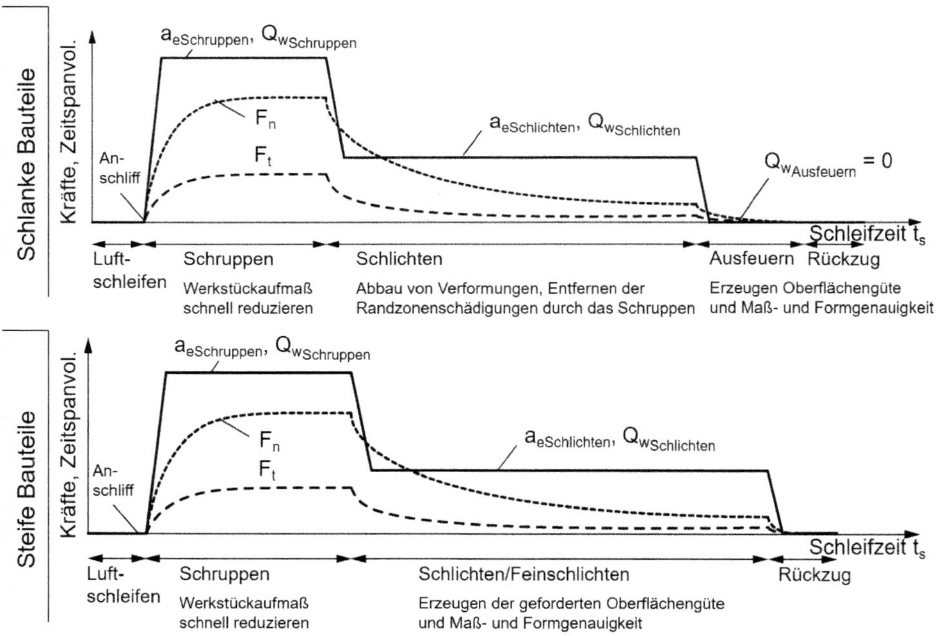

Bild 2.26 Schleifkräfte und Zeitspanvolumen Q_w bei einer 2- oder 3-stufigen Prozessführung

Bei der Auslegung eines Prozesses sind auch die Werkstückeigenschaften und ggf. die Spannsituation einzubeziehen. Schlanke Bauteile lassen sich erfahrungsgemäß besser mit einer 3-stufigen Prozessführung bearbeiten, da die Ausfeuerphase die beim Schlichten noch nicht abgebauten Schleifkräfte eliminieren und die Sollposition der Schleifscheibe erreichen kann. Bei stabilen, steifen Bauteilen und Werkstückaufspannungen kann ggf. auf den Ausfeuervorgang verzichtet werden, womit sich die Gesamtprozesszeit verkürzt.

3 Schleifverfahren

Für nahezu jedes herzustellende geometrische Formelement stehen entsprechende Schleifverfahren zur Verfügung. Damit verbunden sind kinematische und geometrische Unterschiede zwischen den einzelnen Verfahren, die wiederum spezifische Randbedingungen bei der Prozessführung mit sich bringen. Die folgenden Kapitel sollen einen kurzen Überblick über die wichtigsten Schleifverfahren geben. Dabei werden wesentliche Prozessparameter beschrieben. Die jeweiligen Angaben sind als grobe Richtwerte anzusehen, da die Prozessführung von vielen Randbedingungen (Werkstück-Werkstoff, Kühlschmierstoff, Schleifscheibe, Abrichtsystem, Maschine usw.) abhängig ist.

Die Norm DIN 8589-11 unterscheidet zwischen **Plan-, Außenrund- und Innenrundschleifen**, womit die grundsätzliche Geometrie des zu bearbeitenden Werkstücks beschrieben wird, und dem **Längs- oder Querschleifen**, um anzugeben, ob die Schleifscheibe neben einer radialen Zustellung auch einen axialen, seitlichen Versatz (Längsschleifen) oder nur eine Vorschubbewegung in radialer Richtung (Einstechschleifen) ausführt.

Plan-, Außenrund-, Innenrundschleifen wird über die zu erzeugende Geometrie des Werkstücks beschrieben.
Beim **Längsschleifen** wird das Schleifwerkzeug unter radialer Zustellung seitlich (axial) über das Werkstück geführt.
Beim **Querschleifen** wird das Schleifwerkzeug radial zugestellt (Einstechschleifen), ohne seitliche (Axiale) Bewegungskomponente. ■

Nach DIN 8589-11 werden die Schleifverfahren entsprechend ihrer Kinematik wie folgt unterschieden.

3.1.1. bezeichnet das **Schleifen mit rotierendem Werkzeug**

4te Stelle: Unterteilung **nach der zu erzeugenden Fläche**:

- 1. Plan-
- 2. Rund-
- 3. Schraub-
- 4. Wälz-

- 5. Profil-,
- 6. Formschleifen

5te Stelle: Unterteilung **nach der Lage der Bearbeitungsstelle** am Werkstück:

- 1. Außen-
- 2. Innenschleifen

6te Stelle: Unterteilung **nach der Wirkfläche** am Schleifwerkzeug:

- 1. Umfangs-
- 2. Seitenschleifen

7te Stelle: Unterteilung **nach der Vorschubbewegung** bei Plan-Rund-Schraub- und Profilschleifverfahren, Art der Steuerung beim Formschleifen, Ablauf der Wälzbewegung beim Wälzschleifen:

- 1. Längs-
- 2. Quer-
- 3. Schräg-
- 4. Freiform-
- 5. Nachform-
- 6. Kinematisch Form-
- 7. NC-Form-
- 8. Kontinuierliches Wälz-
- 9. Diskontinuierliches Wälzschleifen

Weitere Begrifflichkeiten zu den Schleifverfahren, die in der Norm nicht mit Ordnungsnummer gekennzeichnet werden, sind: Gleichlauf-, Gegenlauf-, Pendel-, Tief-, Durchlauf-, Spitzenlos-, Spitzenlos-Durchlauf-, Spitzenlos-Querschleifen.

Da i.d.R. diese Kennzeichnungen im industriellen Alltag nicht verwendet werden, wird in den folgenden Kapiteln auch nicht darauf eingegangen.

3.1 Planschleifen

Die genormten Varianten der Umfangs-Planschleifverfahren mit ihren jeweiligen Verfahr- und Zustellbewegungen zeigt Bild 3.1. Bei Längsbearbeitungsprozessen bewegt sich das Schleifwerkzeug bzw. das Werkstück entlang der zu erzeugenden Werkstückoberfläche, beim Querschleifen „sticht“ die Schleifscheibe in die Werkstückoberfläche ein und überträgt das Werkzeugprofil auf das Werkstück.

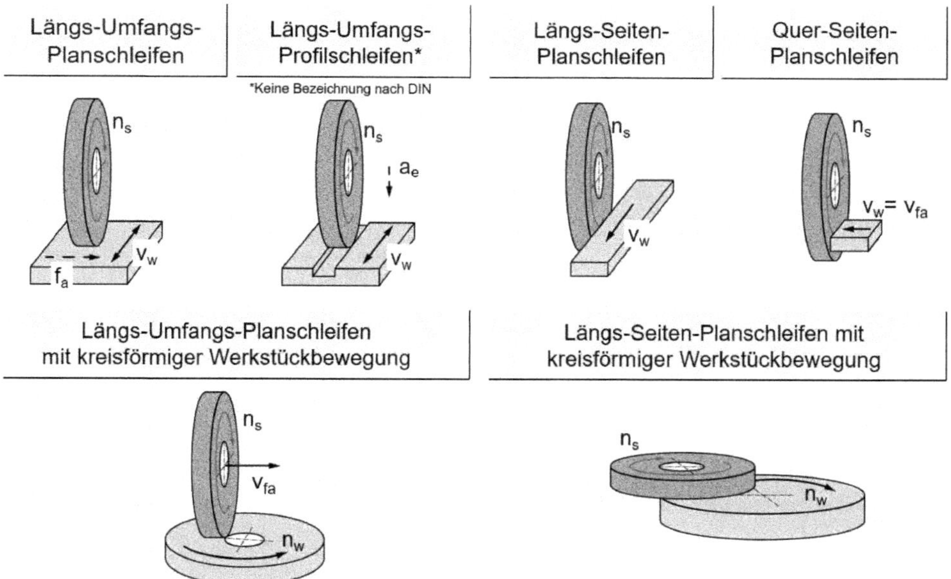

Bild 3.1 Planschleifverfahren nach DIN 8589-11

Im allgemeinen Sprachgebrauch wird das nach DIN 8589-11 bezeichnete Längs-Umfangs-Planschleifen auch als "**Flachschleifen bzw. Planschleifen**" bezeichnet. Es dient i.d.R. zum Erzeugen ebener Flächen. Die rotierende Schleifscheibe wird außerhalb des Werkstückeingriffs in Richtung Werkstück um einen Zustellbetrag a_e zugestellt und mit einer Werkstückvorschubgeschwindigkeit v_w über das Werkstück bewegt.

Das Seiten-Planschleifen nutzt zur Bearbeitung des Werkstücks die Stirnseite (die Seite) der Schleifscheibe. Damit lassen sich ebene Flächen, jedoch keine Profile bearbeiten. Das Verfahren wird in **Längs-Seiten-Planschleifen** und **Quer-Seiten-Planschleifen** untergliedert, wobei in seltenen Fällen auch kreisende Bewegungen des Werkstücks eingesetzt werden. In den meisten Fällen werden topfartige Schleifscheiben verwendet.

3.1.1 Längs-Umfangs-Planschleifen (Flach- und Profilschleifen)

Grundsätzlich lässt sich das Flach- bzw. Planschleifen in die Verfahrensvarianten Querschleifen und Längsschleifen gliedern. Beim Querschleifen wird das Schleifwerkzeug zum Werkstück ohne axiales Versetzen zugestellt, um Nuten bzw. Profile zu erzeugen. Große Flächen lassen sich durch axiales Versetzen der Schleifscheibe erzeugen. Beide Verfahrensvarianten können sowohl im Tief- als auch im Pendelschleifen, also mit niedrigen bzw. hohen Tischvorschubgeschwindigkeiten in Kombination mit hohen bzw. geringen Zustellbeträgen, durchgeführt werden.

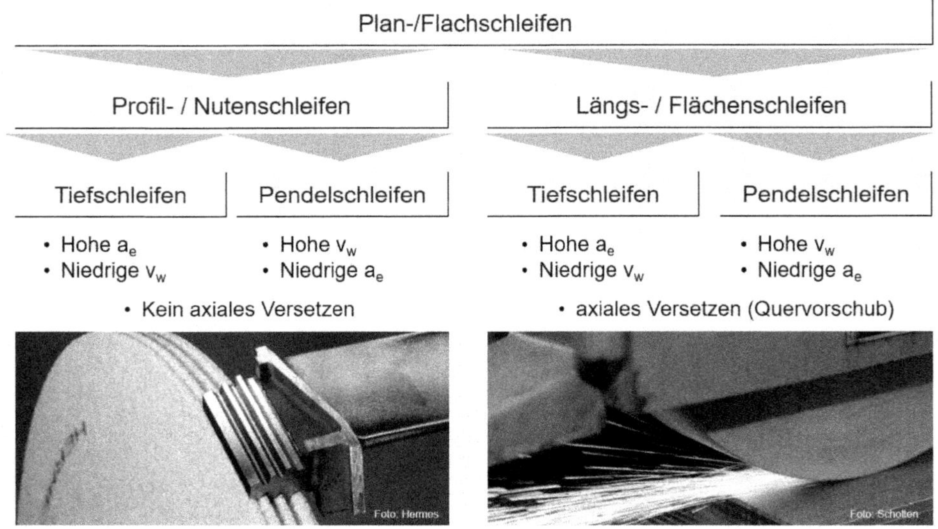

Bild 3.2 Verfahrensvarianten des Flach- bzw. Planschleifens

Das weit verbreitete **Pendelschleifen** nutzt hohe Werkstückgeschwindigkeiten v_w (tangentiale Vorschubgeschwindigkeit v_{ft} durch den Maschinentisch) von 5.000 bis 30.000 mm/min bei kleinen Zustellbeträgen (Schnitttiefe a_e) von 0,001 bis 0,05 mm. Es sind heute Hochleistungsmaschinen mit Tischgeschwindigkeiten bis 120.000 mm/min (2 m/s) verfügbar, die als **Schnellhub-Pendelschleifmaschinen** bezeichnet werden. Der **Quervorschub** (axiales Versetzen der Schleifscheibe zum Werkstück) kann **intermittierend** oder **kontinuierlich** erfolgen. Bei größeren Schleiflängen wird i.d.R. die intermittierende Zustellung verwendet, da der Prozess kontinuierlicher abläuft. Bei kurzen Werkstücklängen lassen sich durch die kontinuierliche Zustellung Schaltzeiten einsparen[135]. Der Versatz ist die Überdeckung U_S, die kleiner als die Schleifscheibenbreite sein sollte (s. Bild 3.3).

Das Gegenteil von Pendelschleifen ist das **Tiefschleifen**, bei dem höhere Zustellbeträge von $a_e > 0{,}5$mm bis zu einigen Millimetern bei relativ geringen Vorschubgeschwindigkeiten v_w genutzt werden. Der Übergang vom Pendel- zum Tiefschleifen ist fließend und nicht exakt definiert. Häufig wird bei dem Verfahren das gesamt Aufmaß in einem Arbeitsgang abgetragen, sodass $z \sim a_e$.

Die für das Tiefschleifen konzipierten Werkzeugmaschinen müssen eine hohe Steifigkeit aufweisen. Durch die sehr niedrigen Vorschubgeschwindigkeiten sind ruckfrei laufende Tischführungen notwendig, die zur Positionierung jedoch auch für Eilgangbetrieb ausgelegt sein müssen.

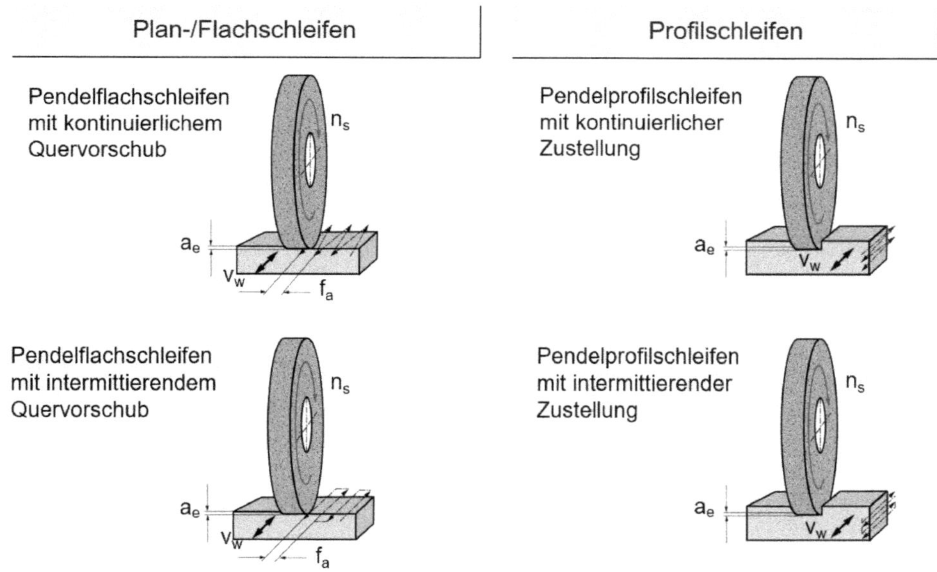

Bild 3.3 Unterschiedliche Zustellstrategien beim Längs-Umfangs-Planschleifen

Erfolgt die Bearbeitung ohne einen Quervorschub, bildet sich das Schleifscheibenprofil in der Oberfläche ab und es entsteht eine Nut, bei profilierten Schleifschei-

[135] Oppelt 2014, S. 602ff

ben eine Profilnut. Auch hier kann entweder jeweils außerhalb des Werkstückkontaktes intermittierend oder kontinuierlich in Richtung des Werkstücks zugestellt werden.

Wie beim Längs-Umfangs-Planschleifen wird auch beim „Einstechschleifen" zwischen Pendel- und Tiefschleifen unterschieden. Nuten und Profile durch Einstechschleifen werden heute vielfach durch das **Tiefschleifen** (auch Vollschnitt- oder Schleichgangschleifen genannt) in einem Schnitt bearbeitet, d.h. die Zustellungen liegen bis in den Millimeterbereich, wobei die Werkstückgeschwindigkeit v_w mit 10 bis 5000 mm/min relativ langsam ist. Der Einsatz des Tiefschleifens liegt im Bereich des Profilschleifens von z.B. Turbinenfußprofilen und -schaufeln, Heckenscheren oder Räumnadeln.

Die Schleifscheibenbreite b_s entspricht i.d.R. der Eingriffsbreite a_p. In den meisten Fällen werden durch das Tiefschleifen bessere Oberflächengüten und Werkzeugstandzeiten als beim Pendelschleifen erreicht. Zudem ist die Gesamtprozesszeit kürzer, da Leerwege und Tischumsteuervorgänge wegfallen. Allerdings wirken durch die großen Kontaktflächen größere Bearbeitungskräfte, die besondere Maschinensteifigkeiten erfordern. Das Tiefschleifen hat gegenüber dem Pendelschleifen einige technische Vorteile, die in Bild 3.4[136] schematisch zusammengestellt sind.

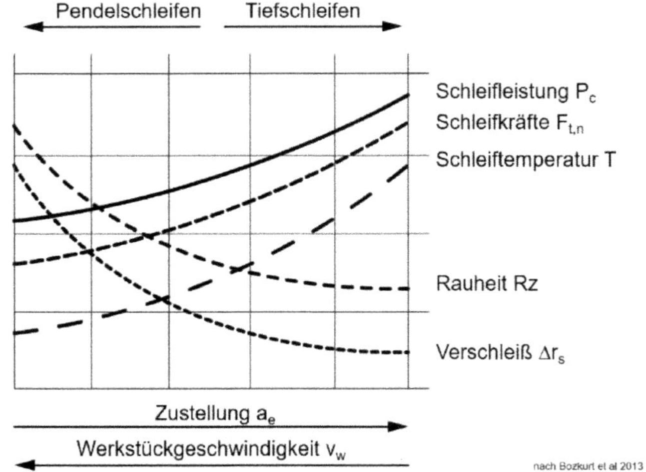

Bild 3.4 Wichtige Kenngrößen beim Tief- und Pendelschleifen

[136] Bozkurt 2003, S. 28

Grundsätzlich ist das **Flach-Pendelschleifen** eher zur Herstellung von großen, ebenen Flächen geeignet, wobei eine zylindrische Schleifscheibe genutzt wird. Der Prozess wird in die Prozessschritte *Schruppen*, *Schlichten*, *Ausfeuern* (oder Ausfunken) unterteilt. Die geringen Kontaktflächen ermöglichen eine gute Kühlschmierstoffversorgung, wodurch die Gefahr von Randzonenschädigungen geringer ist als beim Tiefschleifen. Viele offene Maschinen nutzen z.B. Hydraulikantriebe für die Tischbewegung. Maschinen für das sogenannte **Schnellhubschleifen** mit sehr hohen Werkstückgeschwindigkeiten nutzen heute teure Tischantriebe (Linearantriebe), die ein schnelles Beschleunigen auf Werkstückgeschwindigkeit nach den jeweiligen Umsteuervorgängen gewährleisten.

Tief-*(Vollschnitt-, Schleichgang-)*schleifen

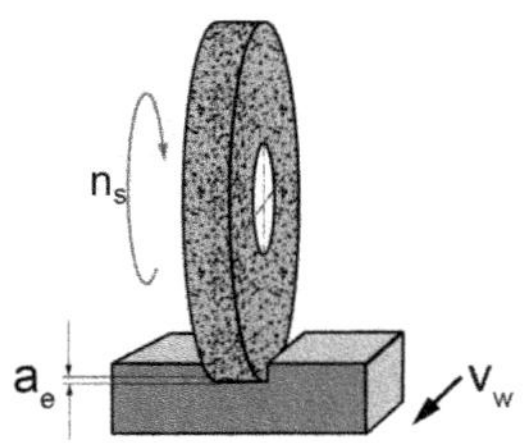

Richtwerte Stahlschleifen mit Korund:

Tischgeschwindigkeit: v_w = 100-1000 mm/min
Zustellung: a_e = 3-10 mm
Zeitspanvolumen:
Q'_w = 5 … 20… 50 mm³/mms
min……gut……Leistungsschleifen

Flach-Pendelschleifen

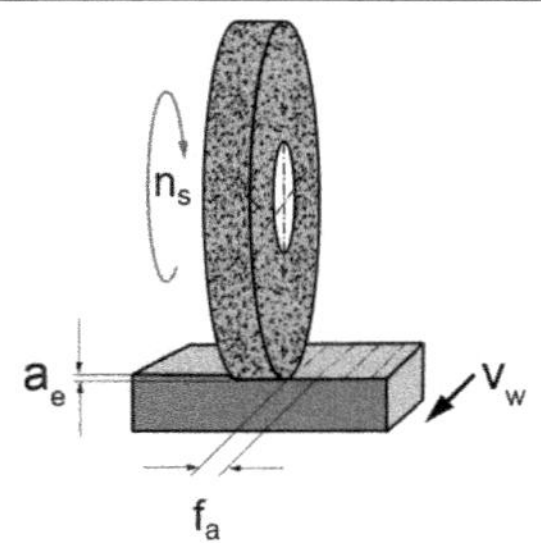

Schruppen: f_a = 1/3 bis 1/2 · b_s
Schlichten: f_a = 1/5 bis 1/6 · b_s
Tischgeschwindigkeit: v_w = 20-25 m/min
Zustellungen pro Hub: a_e = 0,005-0,02 mm
Zeitspanvolumen:
Q'_w = 1,5 … 3 … 5 … 10 mm³/mms
Schlichten……gut……Leistungsschleifen

Bild 3.5 Typische Prozessparameter beim Tief- und Pendelschleifen

Bild 3.5 stellt die wichtigsten Stellgrößen der beiden Verfahrensvarianten gegenüber, wobei die Angaben zum Zeitspanvolumen Q_w vom Schichten bis zum hochproduktiven Leistungsschleifen von Stahlbauteilen gehen. Das Tief- und Pendelschleifen kann bei einer mehrstufigen Prozessführung und ausreichender Maschinensteifigkeit auch kombiniert werden. Beim Tiefschleifen eignet sich das Gleichlaufschleifen mehr als das Gegenlaufschleifen, da bei letzterem die Reibanteile bei der Spanbildung höher sind und damit größere Temperaturen entstehen (s. Bild 3.6).

Grundsätzlich kann die Bearbeitung beim Planschleifen im Gleich- oder Gegenlauf erfolgen. Beim Pendelschleifen mit beidseitiger Zustellung, wechseln sich die beiden Verfahrensvarianten ab. Beim Tiefschleifen ist die Strategie vorab entsprechend zu wählen, da i.d.R. das gesamte Aufmaß in wenigen Überschliffen zerspant wird. Welche Strategie im jeweiligen Einzelfall vorteilhaft ist, lässt sich häufig nur durch Versuche klären. In VDI 3390 sind eine Reihe von Bearbeitungsbeispielen mit detaillierten Prozessdaten für verschiedene Tiefschleifanwendungen beschrieben. Dabei werden unterschiedliche Bauteile (HSS-Werkzeuge, verschiedene Bauteile aus Einsatz- und Vergütungsstählen sowie Hartmetall, Bauteile aus der Flugzeugindustrie aus Ni-Basislegierungen) im Tiefschliff sowohl mit Emulsion als auch Öl als KSS bearbeitet.

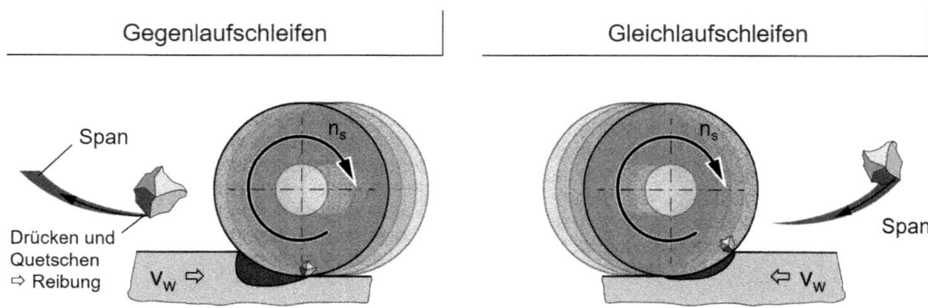

Bild 3.6 Wärmebildung beim Gleich- und Gegenlaufschleifen[137]

Die meisten Tiefschleifmaschinen für das **Profilschleifen** benötigen spezielle Abrichttechniken, um die Profilinformationen auf die Schleifscheibe übertagen zu können und die Schleifscheibe in einem „schnittigen" Zustand zu halten. Neben dem Abrichten mit Formrolle, Profilrolle und (seltener) stehendem Abrichter (s. Kap. 5.10) sind Maschinen zur Bearbeitung schwer zerspanbarer hochgenauer Werkstücke (Ni-Co-Cr-Fe-Legierungen) mit einer kontinuierlichen Abrichttechnik, dem **CD-Abrichten (continious dressing)** ausgestattet (s. Bild 3.7). Ohne den Arbeitsablauf unterbrechen zu müssen, wird die Schleifscheibe auf der Gegenseite der Schleifkontaktzone kontinuierlich mit einer Profilrolle abgerichtet, womit Zusetzungen in der Schleifscheibe vermieden werden und so das hochgenaue Profil während des Schleifvorgangs kontinuierlich regeneriert wird[138,139]. Derartige Ma-

[137] nach Meister 2011, S. 31
[138] Minke 1999, S.60ff
[139] Lang u. Saljé, S. 75ff

schinen müssen eine entsprechende Kompensation des sich kontinuierlich ändernden Schleifscheibendurchmessers über die CNC-Steuerung ermöglichen. Zum Einsatz kommen bei der Bearbeitung langspanender und zäher Werkstoffe (z.B. Ti, oder Ni-Basis-Legierungen) häufig offenporige, konventionelle Schleifscheiben (z.B. EK-weiß).

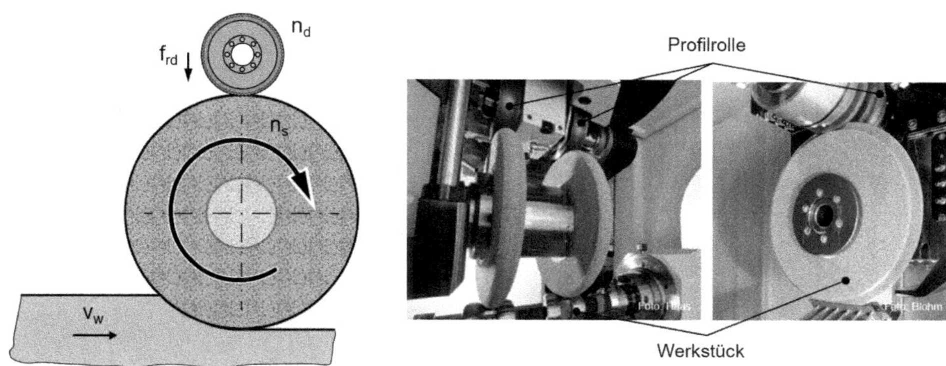

Bild 3.7 Kontinuierliches Abrichten (CD-Abrichten) während der Schleifbearbeitung (continuous dressing)

Beim Schleifen mittels CD-Abrichttechnik wird das Gesamtaufmaß häufig in zwei bis drei Einzelschritte unterteilt, sodass das Verfahren dem Tiefschleifen zugeordnet werden kann. Das Schlichtaufmaß beträgt i.d.R. ca. 0,05mm. Die Tischvorschubgeschwindigkeiten $v_{fa} = v_w$ liegen im Bereich von wenigen 100 mm/min. Die Schleifscheibe wird während des Schleifprozesses mittels einer Diamantprofilrolle kontinuierlich mit einem Abrichtbetrag von f_{rd} = 0,3 bis 0,8µm/$U_{Schleifscheibe}$ zumeist im Gleichlauf abgerichtet. Für den Schlichtprozess kann auch Gegenlaufabrichten verwendet werden.

3.1.2 Längs-Seiten-Planschleifen (Stirnschleifen)

Das Längs-Seiten-Planschleifen erzeugt mit der Stirnseite der Schleifscheibe einen Abtrag an einem Werkstück und wird im allgemeinen Sprachgebrauch auch **Stirnschleifen** oder **Seitenschleifen** genannt. Da die Schleifscheibe in eigen Fällen topfförmig ausgeführt ist, wird auch vom **Topfschleifen** gesprochen. Das Werkstück bewegt sich bei diesem Verfahren senkrecht zur Schleifscheibendrehachse an der Seitenfläche der Schleifscheibe vorbei, womit Flächen, die größer als das Schleifwerkzeug sind, bearbeitet werden können Bild 3.1. Die parallel oder leicht zueinander geneigten(Tiltung) Schleifscheiben können je nach Maschinentyp horizontal oder vertikal angeordnet sein, die Werkstücke werden geradlinig nacheinander oder rotierend zugeführt.[140]

Beim **Doppelseiten-Planschleifen** werden die Werkstücke zwischen zwei Schleifscheiben hindurchbewegt, um somit z.B. planparallele Flächen schnell und effektiv zu bearbeiten.

Die Eingriffskinematik des Seitenschleifens führt zu großen Kontaktflächen, sehr kleinen Spanungsdicken, und durch die damit verbundenen hohen Reibanteile wird viel Wärme erzeugt. Außerdem gelangt nur wenig Kühlschmierstoff an die Wirkzone. Das Verfahren ähnelt dem Stirnfräsen, wobei die Schleifscheiben i.d.R. deutlich größer sind als die Werkstücke. Durch die Kinematik ergeben sich bogenförmige Vorschubmarkierungen auf der Oberfläche.

Typische Werkstücke für das Seiten-Planschleifen sind Führungsschienen, Pleulaugen, Kolbenringe, Lagerringe, Sicherungsringe, Wälzkörper u.v.m..

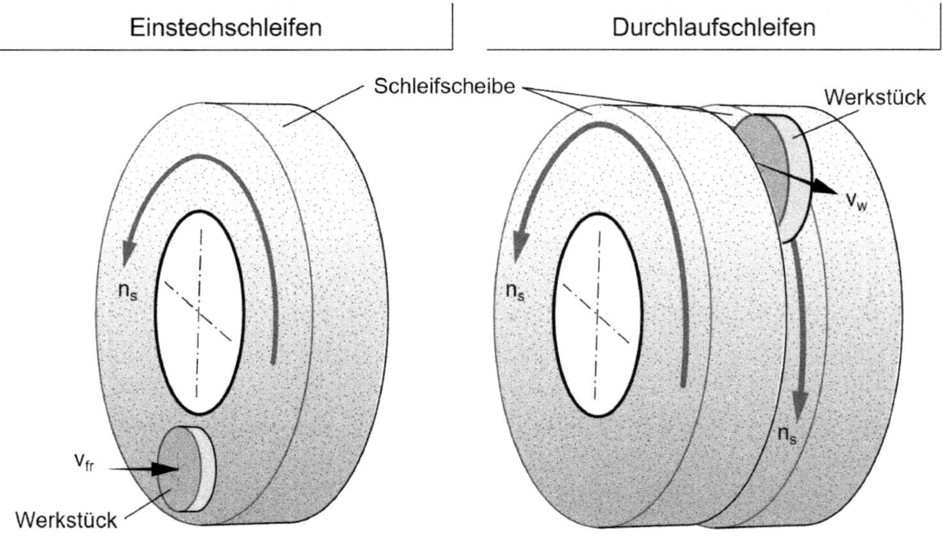

Bild 3.8 Quer-Seiten-Planschleifverfahren

[140] Oppelt 2014, S. 608ff

3.1.3 Quer-Seiten-Planschleifen (Einstechschleifen)

Durch die Zustellung des Werkstücks parallel zur Schleifscheibenachse können bei diesem Verfahren i.d.R. nur kleinere Werkstücke bearbeitet werden (s. Bild 3.8). Es ist damit ein reines Einstechschleifverfahren und wird auch als Tauschschleifen bezeichnet. Das Verfahren ist im Bereich der Wendeschneidplattenfertigung etabliert. Wie beim vorgenannten Verfahren liegen auch hier ungünstige Kontaktbedingungen vor - die gesamte zu bearbeitende Werkstückfläche ist im Kontakt mit der Schleifscheibe, sodass die Kontaktfläche der Werkstückfläche entspricht. Die verfahrensbedingt kleinen Spanungsdicken führen im Prozess schnell zu thermischen Problemen.

Eine typische Anwendung für das Quer-Seiten-Planschleifen ist die Wendeschneidplattenbearbeitung.

3.1.4 Seitenschleifen mit Planetenkinematik

Für die Bearbeitung von Werkstücken mit gegenüberliegenden, ebenen Funktionsflächen wie z.B. Dichtscheiben, Lagerringe oder Wafer eignet sich das Doppelseitenplanschleifen mit Planetenkinematik. Dabei werden mehrere Werkstücke in sogenannten Läuferscheiben gehalten und auf zykloiden Bahnen zwischen zwei Schleifscheiben geführt. Die Läuferscheiben werden zwischen einem inneren und einem äußeren Stift oder Zahnkranz geführt, von denen meistens der innere angetrieben ist. Durch die Werkstückführung werden Oberflächenstukturen mit ungeordneten, sich überkreuzenden Schleifriefen erzeugt.

Die Schnittgeschwindigkeiten sind mit wenigen Metern je Sekunde recht niedrig. Trotzdem lassen sich mit dem Verfahren recht hohe Zeitspanvolumina von bis zu 1500 mm^3/min (Abtragsraten von bis zu 0,8mm/min an Keramik) erzielen. Je nach Schleifwerkzeug können Rauheiten von $Ra = 0{,}03$ bis 1 µm bei sehr hoher Ebenheit erreicht werden.[141]

[141] Runkel 2008

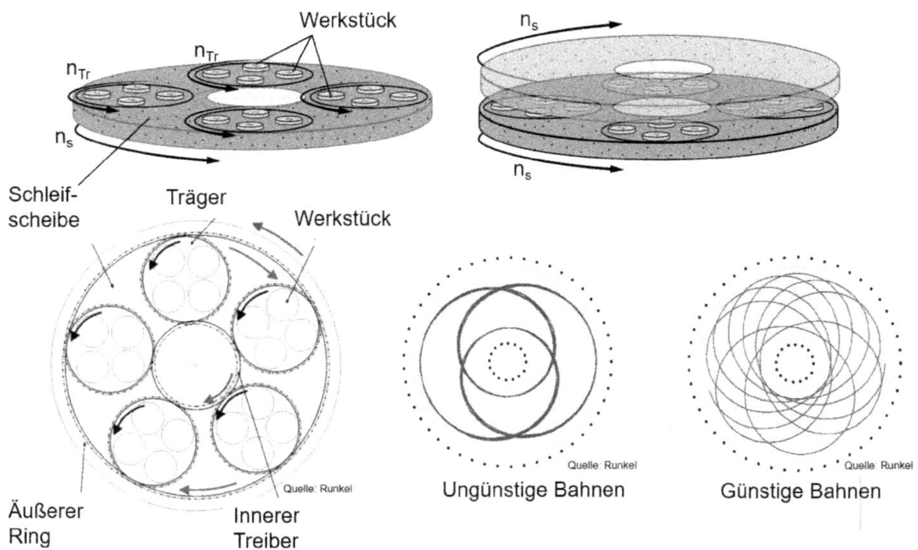

Bild 3.9 Doppelseitenplanschleifen mit Planetenkinematik

3.2 Außenrundschleifen

Rotationssymmetrische aber auch unsymmetrische, exzentrische, unrunde oder gewindeförmige Außenflächen lassen sich über das Außenrundschleifen bearbeitet. Dabei werden, wie beim Planschleifen, Verfahren mit und ohne Quervorschub parallel zur Schleifscheibenachse eingesetzt. Prinzipiell lassen sich die beiden Verfahren auf einer Maschine realisieren. In Anwendungen mit kombinierter Schulterbearbeitung (Bearbeitung eines Außendurchmessers und einer Planfläche am Werkstück) kann die Schleifscheibe geschwenkt werden, sodass sie schräg in das Werkstück eintaucht. **Universal-Schleifmaschinen** sind häufig durch schwenkbare Schleifspindeln oder mehrere unabhängige Schleifzonen auch für Innenbearbeitungen nutzbar.

Bild 3.10 zeigt die wichtigsten Schleifverfahren zur Außenrundbearbeitung mit ihren Normbezeichnungen nach DIN 8589 - Teil 11. Im praktischen Sprachgebrauch sind hierfür Begriffe wie Außendurchmesser- bzw. Außenrund-Längsschleifen, Einstechschleifen und Schräg-Einstechschleifen gebräuchlich. Weiterhin wird in

Form- und Profilschleifen unterschieden. Beim Formschleifen wird die Werkstückgeometrie durch eine Bahnsteuerung, beim Profilschleifen durch die werkstückgebundene Geometrie der Schleifscheibe erzeugt.

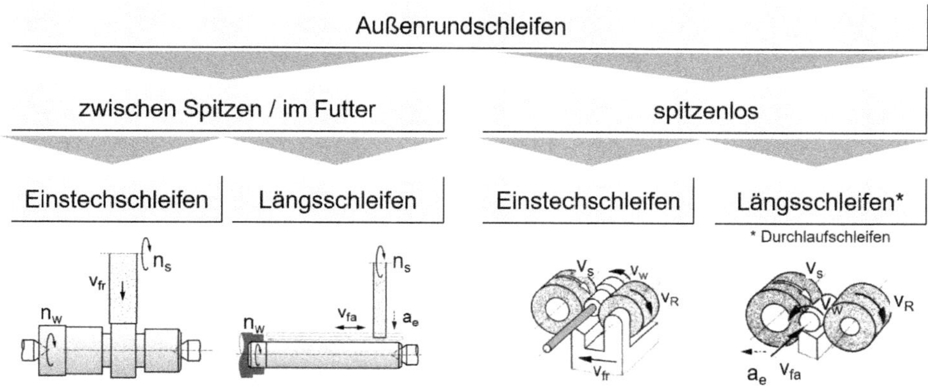

Bild 3.10 Außenrundschleifverfahren

3.2.1 Längs-Außenrundschleifen

Wird das Längsschleifen zur Erzeugung eines Profils genutzt, ist auch der Begriff **Formschleifen** gebräuchlich. Grundsätzlich ist beim Längsschleifen der zu bearbeitende Bereich breiter als die Schleifscheibe, und der Vorschub ist durch eine axiale Längsbewegung gekennzeichnet. Während der Bearbeitung rotiert das Werkstück mit einer Drehzahl n_W, und über den Werkstückdurchmesser d_W berechnet sich die Werkstückgeschwindigkeit v_W.[142,143,144]

Die Bandbreite der verfügbaren Maschinenausführungen ist groß und orientiert sich in der Maschinenbezeichnung i.d.R. am größtmöglichen Bearbeitungsdurchmesser (doppelte Spitzenhöhe der Maschine) und der Einspannlänge. Maschinen für kleinere Bauteile können die Werkstücke einseitig z.B. in einer Spannzange oder einem Präzisionsfutter spannen und ggf. zusätzlich das Werkstück mit einer

[142] Lierse 2015
[143] Klocke 2018, S. 191ff
[144] Fiebelkorn 2014, S. 620ff

Zentrierspitze in einem Reitstock abstützen. Bei sehr langen oder schlanken Werkstücken verhindern zusätzlich Lünetten Verformungen durch das Eigengewicht oder die Bearbeitungskräfte.

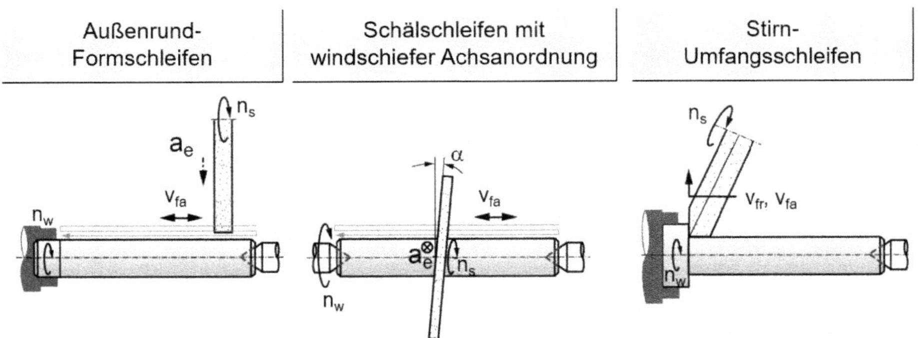

Bild 3.11 Längs-Außen-Rundschleifverfahren

Beim Formschleifen wird der axialen Hauptvorschubbewegung f_a bzw. v_{fa} eine zusätzliche radiale Zustellbewegung a_e (NC-gesteuert) überlagert, um Konturen zu erzeugen. Dabei wird zumeist das gesamte Aufmaß in einem Überschliff (Schälschliff) zerspant. Wegen der hohen Schleifscheibenbelastung kommen bei der Stahlbearbeitung überwiegend CBN-Schleifscheiben zum Einsatz. Schmale Schleifscheiben erlauben die flexible Bearbeitung unterschiedlicher Werkstückkonturen.

Das „klassische" **Längs-Außenrundschleifen** wird i.d.R. zur Bearbeitung wellenförmiger Bauteile, Kegel oder feiner Konturen verwendet. Die Schleifscheibe wird mit mehreren Zustellbeträgen a_e mit einer axialen Vorschubgeschwindigkeit v_{fa} an dem Werkstück vorbeigeführt, bis das Aufmaß abgetragen ist. Die Zustellung a_e erfolgt dabei je nach Spannsituation einseitig oder beidseitig, womit sich an der Schleifscheibe einseitig oder beidseitig ein Verschleiß ergibt (s. Bild 3.12).

Der axiale Vorschub f_a wird entsprechend eines geeigneten Schleifüberdeckungsgrades U_s gewählt (s. Kap. 1.6.5), um die entsprechende Oberflächenqualität zu erzielen. Üblicherweise werden die Prozesse mehrstufig betrieben. Durch mehrere Leerhübe (Ausfunken) lässt sich die Formgenauigkeit und Oberflächengüte verbessern. Wegen der hohen Spanngenauigkeit werden die Werkstücke i. d. R. zwischen Spitzen gespannt. Typische Stellgrößen beim Längsschleifen mit konventionellen Schleifscheiben sind in Bild 3.13 zu finden. Typische Abrichtwerkzeuge für konventionelle und CBN-Längs-Schleifprozesse sind Diamant-Formrollen.

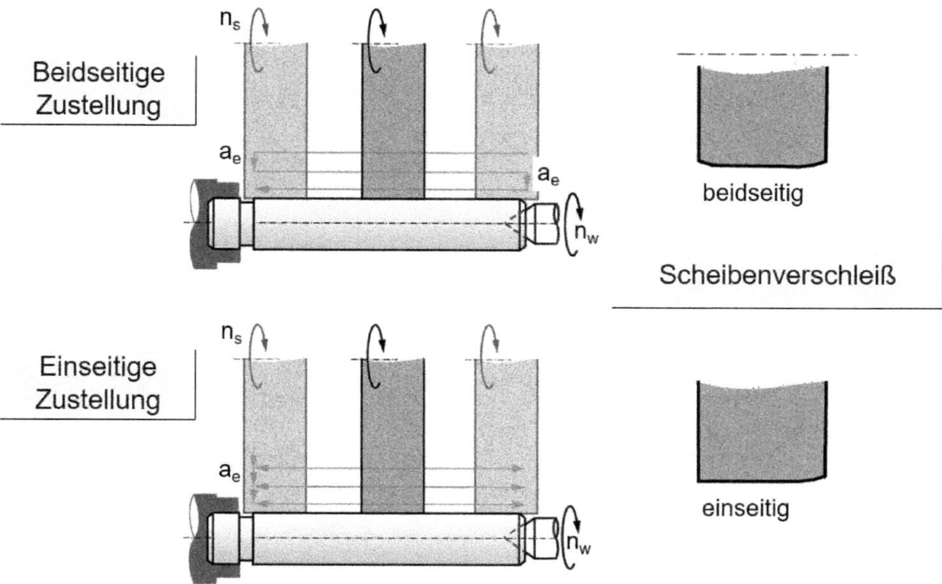

Bild 3.12 Schleifscheibenverschleiß durch ein- oder beidseitige Zustellung

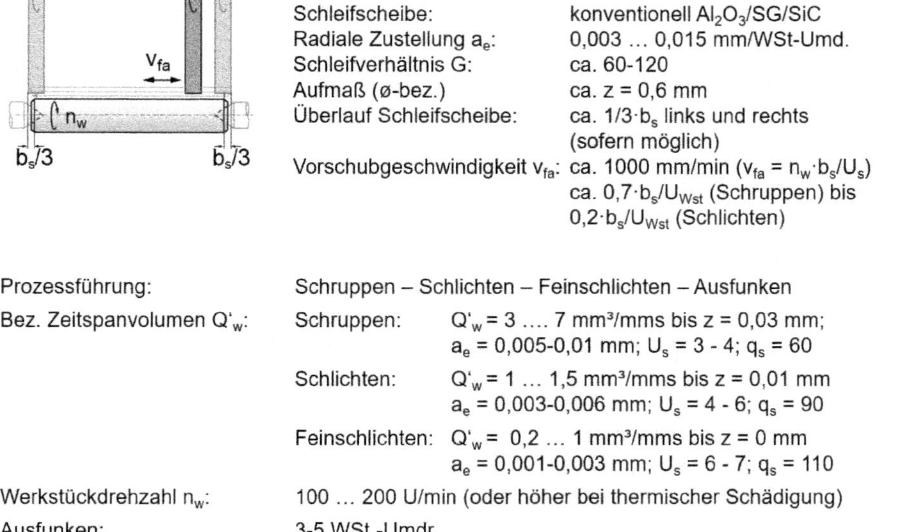

Schleifscheibe:	konventionell Al_2O_3/SG/SiC
Radiale Zustellung a_e:	0,003 … 0,015 mm/WSt-Umd.
Schleifverhältnis G:	ca. 60-120
Aufmaß (ø-bez.)	ca. z = 0,6 mm
Überlauf Schleifscheibe:	ca. $1/3 \cdot b_s$ links und rechts (sofern möglich)
Vorschubgeschwindigkeit v_{fa}:	ca. 1000 mm/min ($v_{fa} = n_w \cdot b_s/U_s$) ca. $0{,}7 \cdot b_s/U_{Wst}$ (Schruppen) bis $0{,}2 \cdot b_s/U_{Wst}$ (Schlichten)

Prozessführung:	Schruppen – Schlichten – Feinschlichten – Ausfunken	
Bez. Zeitspanvolumen Q'_w:	Schruppen:	Q'_w = 3 …. 7 mm³/mms bis z = 0,03 mm; a_e = 0,005-0,01 mm; U_s = 3 - 4; q_s = 60
	Schlichten:	Q'_w = 1 … 1,5 mm³/mms bis z = 0,01 mm a_e = 0,003-0,006 mm; U_s = 4 - 6; q_s = 90
	Feinschlichten:	Q'_w = 0,2 … 1 mm³/mms bis z = 0 mm a_e = 0,001-0,003 mm; U_s = 6 - 7; q_s = 110
Werkstückdrehzahl n_w:	100 … 200 U/min (oder höher bei thermischer Schädigung)	
Ausfunken:	3-5 WSt.-Umdr.	

Bild 3.13 Typische Stellgrößen beim Längsschleifen mit konventionellen Schleifscheiben

Eine Verfahrensvariante ist das **Außenrund-Schälschleifen**, bei dem das gesamte Bearbeitungsaufmaß in einem Überschliff abgenommen wird. Die Längsvorschubgeschwindigkeit und die Werkstückgeschwindigkeit sind kleiner als beim „klassischen" Außendurchmesser-Längsschleifen. Die Zustellung erfolgt außerhalb des Werkstückeingriffs und liegt bei der Stahlbearbeitung bei a_e < 0,5 mm, wobei der Materialabtrag in der schrägen Zone der Umfangsfläche der Schleifscheibe erfolgt. Der zylindrische Teil der Schleifscheibe übernimmt nur noch eine Werkstückglättung. Wegen der hohen Schleifscheibenbelastung werden bei diesem Verfahren häufig CBN-Schleifscheiben eingesetzt. Durch den Einsatz geringer Schleifscheibenbreiten ergibt sich für das CNC-gesteuerte Formschleifen eine hohe Flexibilität im Hinblick auf die erzeugbaren Werkstückkonturen. Damit ist das Formschleifen gerade für Kleinserien interessant, obwohl die Bearbeitungszeiten gegenüber einer Profilschleifbearbeitung deutlich größer sind.[145,146]

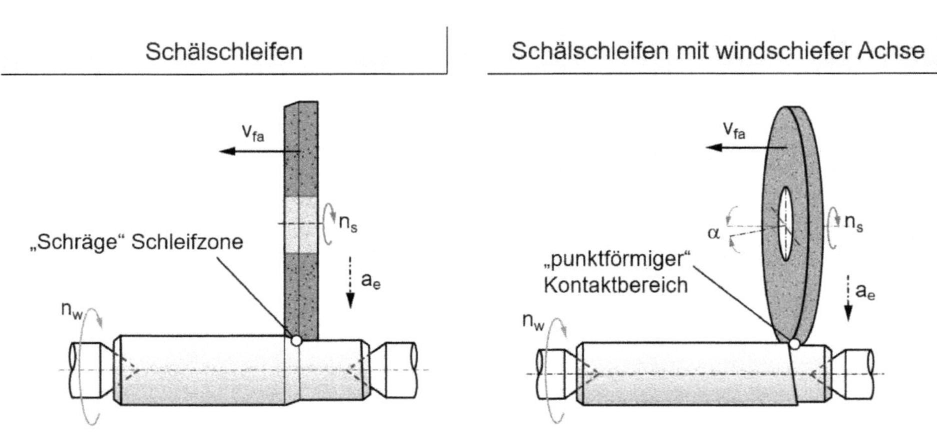

Bild 3.14 Schälschleifverfahren

Eine Sonderform stellt das **Schälschleifen mit windschiefer Achsanordnung** dar. Bei dieser auch als **„Quickpoint"-Verfahren**[147] bekannten Variante steht die Schleifscheibe unter einem kleinen Winkel (α ~ 0,5°) um die A-Achse geneigt, wodurch sich eine reduzierte Kontaktfläche zwischen Schleifscheibe und Werkstück ergibt (s. **Bild 3.14**). Infolge der „Punktberührung" kommt es zu einer sehr

[145] Meister 2011, S. 442ff

[146] Hegener 1998

[147] *Quickpoint*-Schleifen ist eine Firmenbezeichnung der Fa. Junker

hohen Scheibenbelastung[148], sodass dieses Verfahren mit keramisch oder metallisch gebundenen CBN- und Diamantschleifscheiben geringer Breite (b_s ~ 4 mm) arbeitet. Über die CNC-Steuerung der Maschine können Konturen mit nur einer Schleifscheibe bearbeitet werden. Für die Stahlbearbeitung verfügen die Maschinen über Schleifscheibenumfangsgeschwindigkeiten bis v_s = 140 m/s. Aufgrund der geringen Bearbeitungskräfte lassen sich schlanke Bauteile ohne Lünetten in einem Durchgang komplett schleifen. Die Schleifscheiben werden häufig auf Selbstschärfung ausgelegt, sodass kein Abrichten notwendig ist.[149]

Zur Bearbeitung eines Außendurchmessers und einer Planfläche (Schulter) wird das **Form-Schrägeinstechschleifen** oder auch Stirn-Umfangsschleifen eingesetzt. Dabei wird der Durchmesser fertig bearbeitet, bevor die Schleifscheibe die Planfläche herstellt.

3.2.2 Quer-Außenrundschleifen (Einstech- bzw. Profilschleifen)

Das auch als **Außenrund-Einstechschleifen** bezeichnete Quer-Außenrundschleifen (Bild 3.15, links) ist weit verbreitet , z.B. in der Serienfertigung von Lagersitzen, Wellenabsätzen, Nuten oder Düsennadeln. Die Zerspanung erfolgt durch eine radiale Zustellung der Schleifscheibe in der Abfolge: Schruppen, Schlichten, Feinschlichten, Ausfunken.[150]

Die Bandbreite dieses Bearbeitungsverfahrens ist groß. Neben konventionellen Schleifscheiben werden auch abrichtbare und nicht abrichtbare CBN-Schleifscheiben eingesetzt. Bild 3.16 stellt typische Stellgrößen für das Einstechschleifen von Stahlbauteilen zusammen. Sofern keine Planflächen mitbearbeitet werden müssen, kann ein reines Einstechschleifen erfolgen. Für die kombinierte Bearbeitung von Plan- und Außenrundflächen eignet sich das Schräg-Einstechschleifen.

Durch die Vielzahl der verfügbaren Maschinen, Schleifscheiben und Anwendungen lassen sich allgemeingültige Angaben zur Prozessführung nicht sinnvoll angeben. Der Durchmesserbereich liegt üblicherweise um d_s = 500 mm (Kurbelwellenschleifen z.B. bis 750 mm) mit Schnittgeschwindigkeiten im konventionellen Bereich bis ca. v_s = 80 m/s und im hochharten Bereich bis ca. v_s = 160 m/s. Bild 3.16 zeigt am Beispiel der Bearbeitung von gehärtetem Stahl typische Stellgrößen beim geraden Einstechschleifen.

---

[148] Klocke 2018, S. 201

[149] z.B. Fiebelkorn 2016, S. 633

[150] Lierse 2015

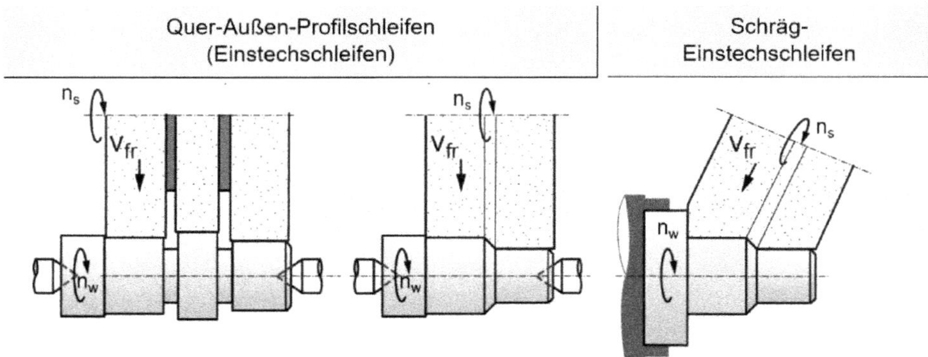

Bild 3.15 Einstechschleifen und Schräg-Einstechschleifen

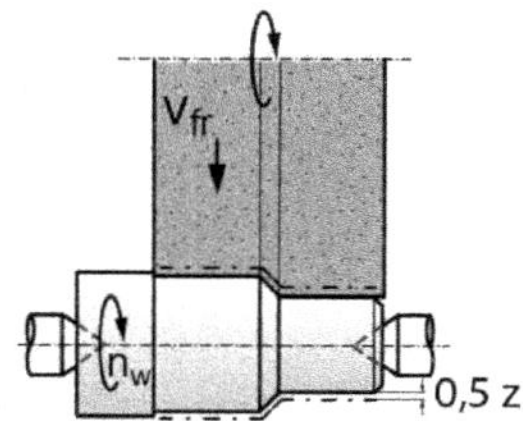

Schleifscheibe:	konventionell Al_2O_3/SG/SiC
Vorschubgeschwindigkeit v_{fr}:	0,35 … 0,5 mm/min (konventionelle Maschinen) 0,45 … 0,7 mm/min (stabile Masch., CBN-Schl.)
bzw. radialer Vorschub f_r:	0,003 … 0,01 mm/WSt-Umd.
Schleifgeschw.-verhältnis q_s:	60…90

Prozessführung: Schruppen – Schlichten – Feinschlichten – Ausfunken

Bez. Zeitspanvolumen Q'_w: **1,5** (Schlichten) … **8** (Leistungsschleifen) mm³/mms
Zielwert ca. 3,5 mm³/mms

bei stabilen WSt: Schruppen: 1 … 5 mm³/mms
Schlichten: 0,5 … 1,5 mm³/mms
Feinschlichten: 0,1 … 0,3 mm³/mms

bei schlanken WSt: Schruppen: 0,5 … 3 mm³/mms
Schlichten: 0,3 … 0,7 mm³/mms
Feinschlichten: 0,05 … 0,2 mm³/mms

Ausfunken: 3 (stabiles WSt) … 10 (schlankes WSt) WSt.-Umdr.
bzw. ~ 1 sec.

Bild 3.16 Ttypische Stellgrößen bei der Bearbeitung von Stahlbauteilen mittels Einstechschleifen

3.2.3 Schräg-Außenprofilschleifen (Schräg-Einstechschleifen)

Eine Variante des Einstechschleifens ist das in Bild 3.15, rechts dargestellte Außenrund-Umfangs-Schrägschleifen (**Schräg-Einstechschleifen**). Mit einer um die B-Achse angestellten Schleifscheibenachse werden gleichzeitig die Umfangsfläche und eine Planschulter bearbeitet. Bei der Bearbeitung von Schrägen ist zu beachten, dass der radiale Vorschub f_r nicht in vollem Maße ankommt. Die Zustellung erfolgt über eine Kombination aus axialer und radialer Vorschubbewegung, wobei die häufig um 20° bis 30° schräg gestellte Schleifscheibe durch Interpolation der X und Z-Achse zugestellt wird. Durch profilierte Schleifscheiben lassen sich im Schrägeinstechschleifverfahren auch Konturen erzeugen. Sofern das Verfahren im Bereich der Serienfertigung zum Einsatz kommt, haben sich Diamant-Profilrollen zum Abrichten bewährt.

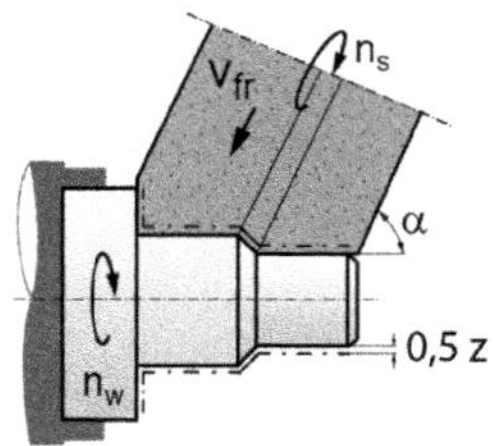

Schleifscheibe:	konventionell Al_2O_3/SG
Schleifsch.umfangsgeschw. v_s:	40 … 50 m/s
Vorschubgeschwindigkeit v_{fr}:	0,35 … 0,5 mm/min
bzw. radialer Vorschub f_r:	0,003 … 0,015 mm/WSt-Umd.
Schleifverhältnis:	ca. 60-90
WSt-Drehzahl n_w:	150 … 250 U/min
Aufmaße	z = 0,3 mm im ø; 0,05mm Stirn
Einstechwinkel:	ca. 60 °
Schleifzeit:	ca. 1 … 2 min (je nach Stellgrößen)
Anzahl WSt. zw. Abrichtzyklen:	ca. 5 … 10

Prozessführung:	Schruppen – Schlichten – Feinschlichten – Ausfunken
Bez. Zeitspanvolumen Q'_w:	Schruppen: Q'_w = 3 … 5 mm³mm/s bis z = 0,05 mm; q_s = 60 Schlichten: Q'_w = 1 … 3 mm³mm/s bis z = 0,01 mm ; q_s = 80 Feinschlichten: Q'_w = 0,1 … 1 mm³/mms bis z = 0 mm ; q_s = 90
Ausfunken:	3-5 WSt.-Umdr.

Bild 3.17 Typische Stellgrößen beim Schräg-Einstechschleifen

Typische Stellgrößen des Schräg-Einstechschleifprozesses mit konventionellen Schleifscheiben sind in Bild 3.17 zusammengestellt. Grundsätzlich ist bei diesem Prozess zu beachten, wie die Zustellbewegungen durch die Maschineninterpolation der Achsen am Werkstück „ankommen". Gleiches gilt auch für den Abrichtprozess.

3.2.4 Seiten-Außenrundschleifen

Das Rundschleifen von Werkstücken mit topfförmigen Schleifscheiben kommt in der industriellen Fertigung weniger häufig vor und ist in DIN 8589-11 in die Verfahrensvarianten mit Längsvorschubbewegung und Quervorschubbewegung unterteilt. Beim **Längs-Seiten-Außenrundschleifen** werden längere Werkstücke an einer Topfschleifscheibe vorbeigeführt, um einen Außendurchmesser zu bearbeiten. Das mit einer Zustellung a_e der Schleifscheibe zugeführte Werkstück wird mit einer Vorschubbewegung v_{fa} an der Schleifscheibe entlangbewegt. Beim **Quer-Seiten-Rundschleifen** erfolgt die Zustellbewegung durch ein „Einstechen“ in die Schleifscheibe mittels einer kontinuierlichen radialen Vorschubgeschwindigkeit v_{fr}.

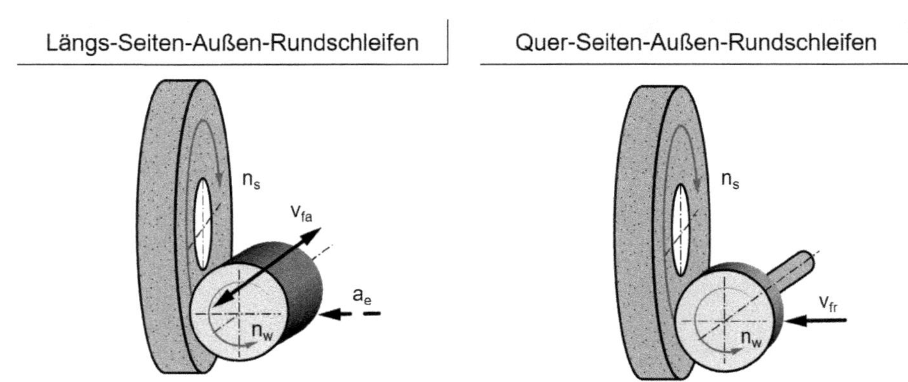

Bild 3.18 Seiten-Außenrund-Schleifen

3.2.5 Spitzenlosschleifen (Centerless-Schleifen)

Beim Spitzenlos-Außenrundschleifen werden die rotationssymmetrischen Werkstücke ohne feste Einspannung auf einer **Werkstückauflage** (zumeist Auflagelineal genannt) durch eine **Regelscheibe** der Schleifscheibe zugeführt. Die Regelscheibe drückt das Werkstück während der Bearbeitung gegen die **Schleifscheibe**, wodurch der Werkstückabtrag erfolgt. Die Spitzenlosbearbeitung eignet sich besonders für die Serien- und Massenfertigung. Durch die linienförmige Abstützung des Bauteils lassen sich biegeweiche oder auch spröde Werkstücke mit sehr hohen

Genauigkeiten bearbeiten. Unterschieden wird zwischen dem Durchgangsschleifen (oder Durchlaufschleifen – also einem Längsschleifen) und dem Einstechschleifen (einem Querschleifen) (s. Bild 3.19).[151,152,153]

Die Regelscheibe bremst das von der Schleifscheibe in Rotations versetzte Werkstück auf die gewollte Werkstückdrehzahl ab. Die Regelscheibe besteht i.d.R. aus abrasivem Schleifkorn in einer nachgiebigen Gummi- oder Kunstharzbindung (in einigen Fällen kommen auch keramische Bindungen zum Einsatz), um den Mitnahme- bzw. Reibeffekt zu verstärken.

Beim **Spitzenlos-Durchlaufschleifen** – dem Spitzenlosschleifen mit Längsvorschub – wird das zylindrische Werkstück zumeist in einmaligem Durchlauf, d. h. mit einem auf das vorgesehene Maß eingestellten Zustellweg, geschliffen. Die Vorschubbewegung wird durch die Schrägstellung der Regelscheibe um α_R = 2 bis 4° erzeugt, wodurch das Werkstück eine Längsvorschubgeschwindigkeit von v_{fa} = 500 bis 3000 mm/min erhält[154]. Um das Werkstück durch die schräggestellte Regelscheibe gleichmäßig an die Schleifscheibe zu drücken, muss die Regelscheibe eine konische oder symmetrische Hyperboloidform aufweisen. Die Form wird i.d.R. mittels stehendem Abrichter NC-gesteuert vorprofiliert. Die Schleifscheibe wird in mehrere Abschnitte unterteilt, um nach einem schrägen Einlaufbereich in den Zonen Schleifen, Ausfunken und Auslaufen das Werkstück auf Fertigmaß zu bearbeiten.

Für das **Spitzenlos-Einstechschleifen** werden die Werkstücke für die Bearbeitung in den Schleifspalt geführt, bearbeitet und nach der Bearbeitung wieder entnommen. Schleif- und Regelscheibe haben das Negativprofil des Werkstücks, das zur Bearbeitung auf dem Auflagelineal aufliegt. Um eine definierte axiale Position des Werkstücks zu gewährleisten, wird dieses durch die leicht schräg gestellte Regelscheibe mit definierter Axialkraft gegen einen Axialanschlag gedrückt. Die Prozessführung erfolgt mehrstufig und ist mindestens unterteilt in die Schritte Schruppen, Schlichten und Ausfunken, die durch die radialen Vorschubgeschwindigkeiten v_{fr} erzeugt werden.

[151] siehe dazu Klocke 2018, S. 203ff
[152] Otto 2014, S. 642ff
[153] Reinold 1988, S. 114ff
[154] Paucksch 2008, S. 303

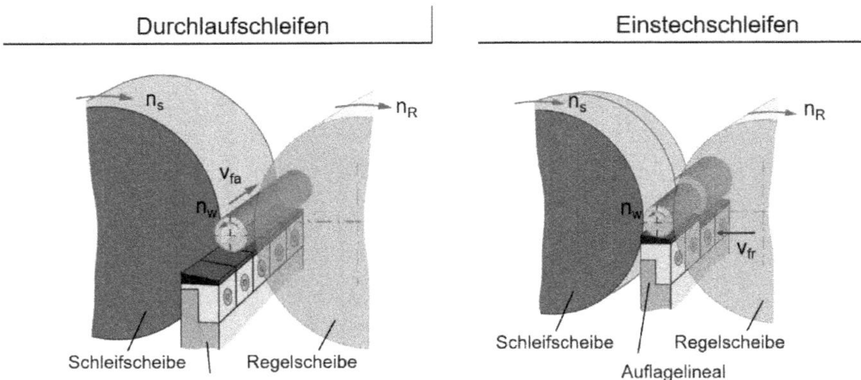

Bild 3.19 Spitzenlosschleifverfahren

Mit dem Spitzenlosschleifen sind grundsätzlich **höhere Fertigungsgenauigkeiten** erreichbar als mit anderen Rundschleifverfahren, da der Zustellbetrag a_e bzw. der Vorschub f_r beim Spitzenlosschleifen genau der Durchmesserabnahme des Werkstücks entspricht und nicht, wie bei Schleifen „zwischen Spitzen“ oder „mit fester Einspannung“, der doppelten Durchmesserabnahme. Die Maschinengenauigkeit (Zustellgenauigkeit), der Schleifscheibenverschleiß und die thermische Verlagerungen der Maschine wirken weniger kritisch auf die Genauigkeit aus.

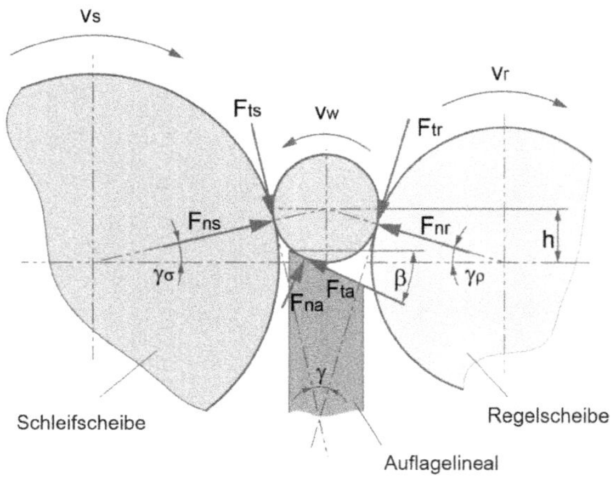

Bild 3.20 Kontaktverhältnisse im Schleifspalt beim Spitzenlosschleifen

Ein Problem bei der Spitzenlosbearbeitung sind Rundheitsfehler durch die Bildung von Polygonen, die mit der Lage der Kontaktpunkte am Werkstück und der Maschinensteifigkeit zu tun haben. Grundsätzlich kann zwischen Über- und Untermitte-Bearbeitung unterschieden werden.

3.3 Innenrundschleifen

Zur Herstellung von Bohrungen, Innenkonen und -profilen, Kugellaufbahnen usw. wird das **Innenrundschleifen** eingesetzt. Wie bei den anderen Schleifverfahren gibt es auch hier eine Reihe in DIN 8589-11 definierter Verfahrensvarianten. Das Längs- bzw. Quer-Innen-Schraubschleifen zur Herstellung von Innengewinden wird in der Gruppe Schraubschleifen geführt. Bild 3.21 zeigt die typischen beiden Vertreter dieser Fertigungstechnologie: Innenrund-Umfangs-Längs- bzw. Innenrund-Querschleifen.[155]

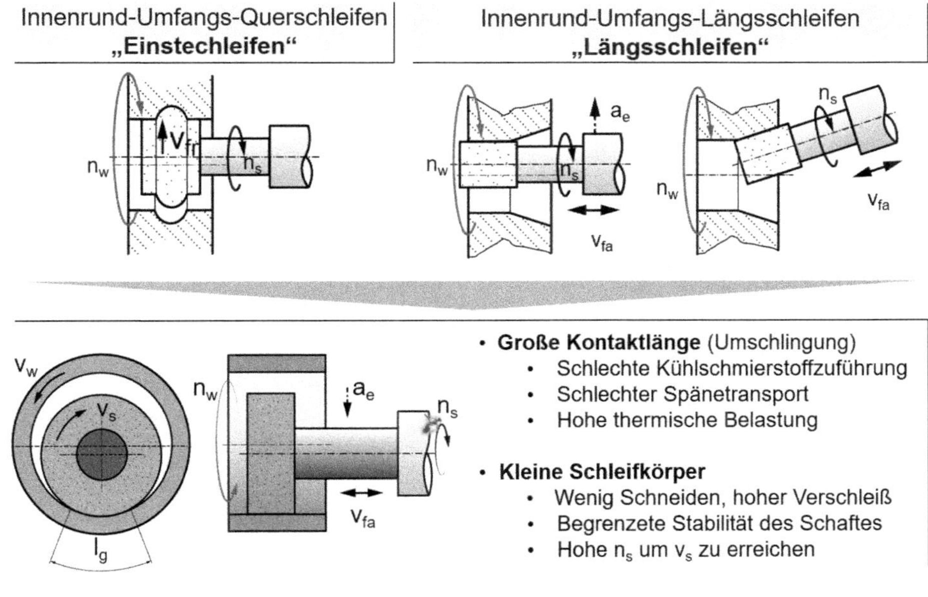

Bild 3.21 Innenrundschleifverfahren

[155] Fiebelkorn 2014, S. 634ff

Beim Innenrundschleifen muss die Schleifscheibe kleiner sein als die Werkstückbohrung, womit sich im Vergleich zu anderen Schleifverfahren sehr große Kontaktlängen l_g ergeben. In Kap. 1.6.3 wurde zur Ermittlung der Kontaktlängen l_g der äquivalente Schleifscheibendurchmesser d_{seq} eingeführt (s. dazu Bild 1.24). Die **Innenschleifscheiben** (auch *Innenschleifkörper* oder *Schleifstift* genannt) werden über einen relativ dünnen Schleifdorn in die Bohrung geführt, die bei einigen Anwendungen recht tief sein kann. Zudem muss der Prozess im Bereich der Kontaktzone mit Kühlschmierstoff versorgt werden, wobei die Platzverhältnisse für die Zuführeinrichtung sehr klein sind. Damit ergeben sich beim Innenrundschleifen besondere technologische Rahmenbedingungen.

3.3.1 Längs-Innenrundschleifen

Das auch als **Innenrund-Längsschleifen** bezeichnete Verfahren dient der Herstellung von Innenbohrungen, -konen oder -fasen, in Einzelfällen auch von Profilen, womit es zu einem Formschleifprozess wird. Zur Erzeugung von geraden Geometrieelementen nutzt das Verfahren neben einer intermittierenden oder kontinuierlichen Zustellung a_e zumeist eine oszillierende axiale Vorschubbewegung v_{fa}. Die die Überlagerung der Schneideneingriffsbahnen hat einen positiven Einfluss auf die Oberflächenrauheit. Das im Werkstückspindelstock eingespannte Werkstück rotiert während der Bearbeitung mit einer Drehzahl n_w, womit sich über den Bohrungsdurchmesser die Werkstückgeschwindigkeit v_w ergibt.

Die Schwenkbewegungen des Werkstücks oder des Schleifspindelstocks können auf Universal-Rundschleifmaschinen von Hand, auf serientauglichen Maschinen auch motorisch erfolgen. NC-gesteuerte Schwenkeinrichtungen der Schleifspindel ermöglichen, in einem Arbeitsgang verschiedene Konuswinkel oder auch Radienübergänge zwischen verschiedenen Kegeln zu schleifen (z.B. Ziehmatrizen).

Da an vielen Bauteilen neben Innenbohrungen auch Umfangs-, Kegel- und/oder Planflächen in möglichst einer Aufspannung bearbeitet werden müssen, sind häufig Maschinen zur Innenbearbeitung ebenfalls mit einer Schleifspindel zum Außenrund- und/oder Planschleifen ausgestattet, womit sie zu **Universalschleifmaschinen** werden.

Zur **Werkstückspannung** gibt es eine Reihe unterschiedlicher Systeme wie die Magnet-, Spanzangen- oder die Futterspannung. Für die Serienbearbeitung sind die Maschinen mit integrierten Werkstückwechslern oder mit Portal- oder Roboterbeladeeinrichtungen ausgestattet.

Die im Allgemeinen recht kleinen Schleifscheiben erfordern schnelllaufende **Innenschleifspindeln**, um mit Drehzahlen von zu bis n_s = 180.000 U/min entsprechende Schleifscheibenumfangsgeschwindigkeiten v_s erreichen zu können.

Beim Innenrundschleifen werden i.d.R. abrichtbare Schleifscheiben aus konventionellen oder hochharten Schleifmitteln eingesetzt, die eine entsprechende Abrichttechnik erforderlich machen. Zum **Abrichten** kommen neben stehenden Diamant-Abrichtern häufig auch Formrollen, selten Profilrollen, zum Einsatz. Wegen der geringen nutzbaren Schleifbeläge kleiner Schleifkörper, eigenen sich als Alternative zu konventionellen Schleifkörpern CBN-Schleifscheiben, insbesondere bei der Bearbeitung sehr kleiner Bohrungen (z.B. Düsenkörper).

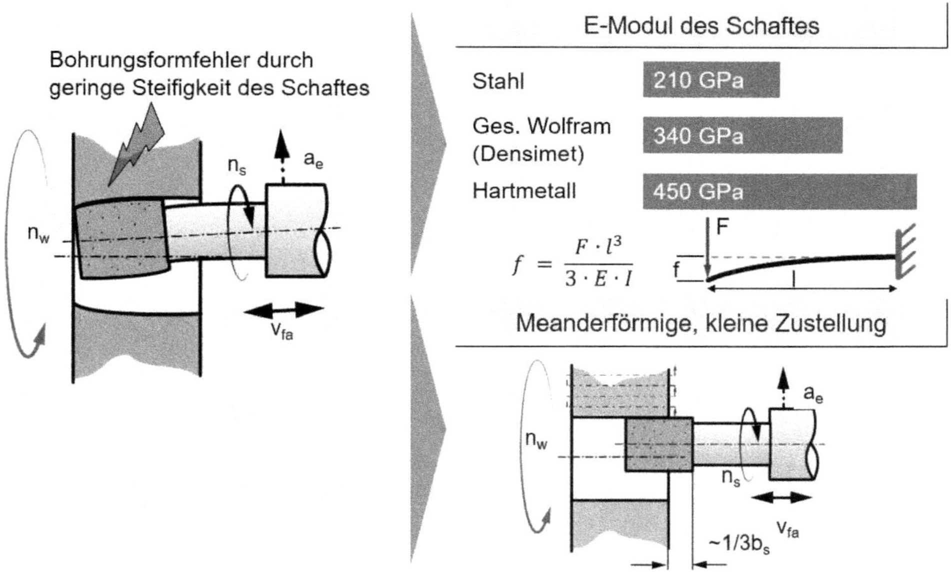

Bild 3.22 Steifigkeiten von Schaftwerkstoffen für das Innenrundschleifen

Die Bearbeitung von Bohrungen mit relativ kleinen Schleifkörpern erfordert besondere Rahmenbedingungen. Um das Schleifwerkzeug in die Bohrung einführen zu können, ist dieses auf einem Schaft befestigt, der infolge der Flieh- und Schleifkräfte zum Durchbiegen neigt. Um die Auslenkungen klein zu halten, werden **Schaftmaterialien** mit einem hohen E-Modul eingesetzt. Neben Stahl (Vergütungsstahl) wird vielfach auch gesintertes Wolfram (Densimet) und vor allem Hartmetall verwendet. Die Auskraglänge sollte so klein wie möglich gehalten werden, da diese mit dritter Potenz in die Durchbiegung eingeht (s. Bild 3.22).

Gerade bei langen Werkstückbohrungen ist das Verhältnis zwischen Schleifkörper- zu Schaftdurchmesser groß zu wählen, womit jedoch die nutzbare Profilhöhe des Schleifkörpers abnimmt. Beim Bohrungsschleifen wird die **Zustellung** $\boldsymbol{a_e}$ i.d.R. mäanderförmig, d.h. durch intermittierendes Zustellen an den jeweiligen Umkehrpunkten der Oszillationsbewegung des Schleifkörpers durchgeführt. Dabei sollte die Schleifscheibe bei der Bearbeitung von Durchgangsbohrungen max. 1/3 der Schleifscheibenbreite b_s aus beiden Seiten der Bohrung herausfahren.

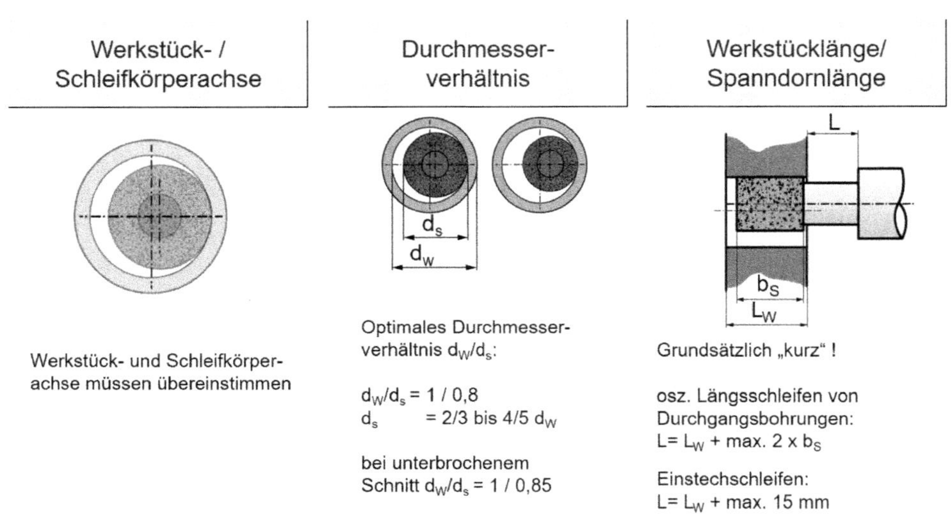

Bild 3.23 Prozessführung beim Innenrundschleifen (1 / 2)

Um zylindrische Bohrungen zu erzeugen, sind die Werkstück- und Schleifscheibenachse parallel zu halten (s. Bild 3.23). Auf einigen Maschinen kann die Schaftbiegung durch eine geringfügige Neigung der Schleifspindel kompensiert werden. Als optimales Durchmesserverhältnis zwischen Werkstückbohrung und Schleifscheibendurchmesser hat sich d_s/d_{Wst} ~ 0,65 bis 0,9 (0,8) für Korund und d_s/d_{Wst} ~ 0,5 bis 0,75 (0,65) für CBN bewährt. Grundsätzlich ist die Schleifdornlänge kurz zu halten, um Durchbiegungen infolge der Schleifnormalkräfte so gering wie möglich zu halten. Um die Schleifkräfte gering zu halten, sind bei sehr langen Bohrungen schmale Schleifscheiben vorteilhaft, womit jedoch die axiale Oszillationsgeschwindigkeit wegen einer entsprechenden Schleifüberdeckung U_s klein sein muss (s. Bild 3.24).

Austrittslänge des Schleifkörpers

Beidseitiger Austritt aus der Bohrung bei oszillierendem Innenschleifen:

$L_ü < 1/3\ b_S$

Schleifkörper-/Dorndurchmesser

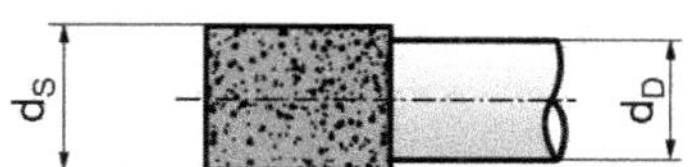

Bei langen Werkstückbohrungen Schleifkörperdurchmesser zu Schleifdorn-durchmesserverhältnis $d_S/d_D > 0{,}8$, um Durchbiegungen zu vermeiden

Schleifkörperlänge zu Bohrungslänge

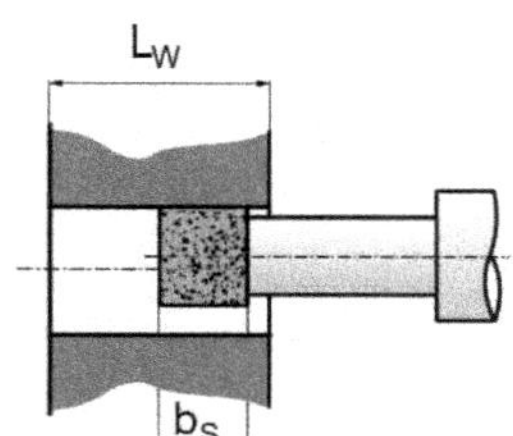

Bei langen Bohrungen b_s reduzieren, um die Kräfte zu verringern.

Damit muss auch v_{ft} reduziert werden, um den Überdeckungs-grad zu halten (Rz) !

Bild 3.24 Prozessführung beim Innenrundschleifen (2/2)

Seitenschleifen
⇨ Wärme

Stirnfläche abrichten (hinterziehen)

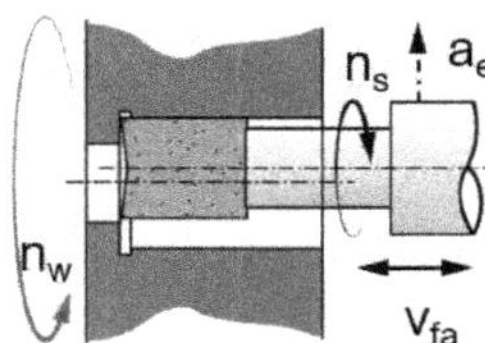

Schrägstellen des Schleifdorns

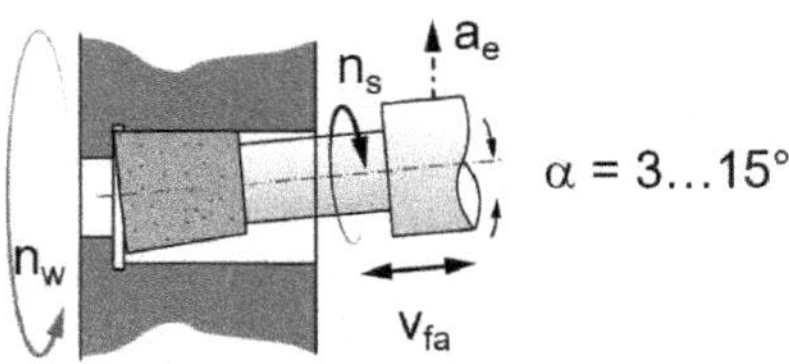

Bild 3.25 Schleifen von Innenplanflächen

Innenplanflächen lassen sich ebenfalls gut bearbeiten, sofern der Schleifkörper kein reines Seitenschleifen durchführen muss, da aufgrund der vergleichsweise großen Kontaktflächen, kleinen Spanungsdicken und der schlechten Kühlschmierstoffversorgung zu viel Wärme erzeugt wird. Gute Bedingungen schafft ein Schrägstellen der Schleifspindel um 3 bis 15°, sodass sich die Kontakteigenschaften mit plan-abgerichteter Schleifscheibe im betreffenden Bereich verbessern und der Schleifkörper nur mit dem Außenbereich der Planfläche schleift (s. Bild 3.25). Sofern eine Schrägstellung nicht möglich ist, kann durch Hinterziehen der Planfläche beim Abrichten ein ähnlicher Effekt erreicht werden. oszillierenden

Beim Innenrundschleifen sind die erreichbaren **Zeitspanvolumina** vergleichsweise gering. Mit konventionellen Schleifkörpern werden beim Stahlschleifen bis zu Q'_w = 3 mm³/mms erreicht, bei CBN-Anwendungen max. Q'_w = 5 mm³/mms.

Die grundsätzlichen **Formelzusammenhänge für das Innenrundschleifen** lassen sich vom Außenrundschleifen ableiten, sodass an dieser Stelle auf das Kap. 1.6.7 verwiesen werden kann.

Schleifzyklen

Aufteilen auf drei bis vier Zyklen:

Schruppen:	bis 0,02 mm vor Endmaß
Schlichten:	50% reduzierte Zustellung bis 0,01 mm vor Endmaß
Feinschlichten:	50% reduzierte Zustellung auf Endmaß
Ausfeuern:	ohne Zustellung 2 bis 8 Hübe

Zustellungen beim IR-Schleifen

Je kleiner der Bohrungsdurchmesser, desto kleiner die Zustellung (Steifigkeit).

Bohrung:	5mm	25mm	100mm
Zustellung:	0,003mm ...	0,01mm...	0,015mm

Geschwindigkeitsverhältnis q_s

Schruppen:	40-60
Schlichten:	80-120

Überdeckungsgrad U_{ds}

Schruppen:	3-4
Schlichten:	4-5
Feinschlichten:	5-6

Bez. Zeitspanvolumen

Richtwerte :

Schruppen (Korund/SG/SiC):	$Q'_w \sim 1{,}5$ mm³/mms
Schlichten (Korund/SG/SiC):	$Q'_w \sim 0{,}3$ mm³/mms
CBN-Schleifen:	$Q'_w \sim 3$ mm³/mms

Bild 3.26 Zusammenstellung wichtiger Größen beim Innenrundschleifen

Innenschleifprozesse werden mehrstufig ausgelegt und in drei bis vier Zyklen unterteilt. Die **Prozessauslegung** bei der Stahlbearbeitung folgt i.d.R. der Strategie, das Schruppen bis auf ca. 0,02 mm vor Fertigmaß, das Schlichten mit halbierter Zustellung bis ca. 0,01 mm vor dem Endmaß und mit einer nochmaligen Halbierung der Zustellung das Feinschlichten auszuführen. Häufig wird der Prozess durch 4 bis 8 Ausfeuerhübe abgeschlossen. Bei kleineren Werkstück-Bohrungsdurchmessern d_w wird die maximale Zustellungen a_e von den Bearbeitungskräften begrenzt. Für Bohrungen im Bereich von d_w = 100 mm lassen sich radiale Zustellungen im Bereich a_e = 0,015 mm, bei d_w =5 mm jedoch nur noch Zustellungen a_e = 0,003 mm bei der Stahlbearbeitung realisieren. Das Schleifverhältnis q_s sollte beim Schruppen ca. 50, beim Schlichten abhängig von der zu erzielenden Oberflächengüte ca. 90-120 betragen. Übliche Überdeckungsgrade U_s liegen im auch für die Außenbearbeitung bekannten Bereich von 3-4 (Schruppen) bis 5-6 (Feinschlichten). In Bild 3.26 sind wichtige Werte für die Prozessführung beim Innenrundschleifen zusammengestellt.

3.3.2 Quer-Innenrundschleifen (Einstech- bzw. Profilschleifen)

Das **Innen-Profil- oder Einstechschleifen** ist prinzipiell auf den gleichen Maschinen wie die Innenlängsbearbeitung möglich. Sofern abrichtbare Schleifscheiben verwendet werden, ist eine entsprechende Abrichteinheit notwendig. Die Zustellbewegung vom Schleifwerkzeug wird wie beim Außenrundschleifen über einen radialen Vorschub f_r je Werkstückumdrehung n_w erzeugt. Je nach Maschinensteuerung kann die Vorschubbewegung auch durch eine radiale Vorschubgeschwindigkeit v_{fr} generiert werden.

3.4 Schraubschleifen (Gewindeschleifen)

Grundsätzlich kann mit jeder Längs-Innen- oder Außenrund-Schleifmaschine ein gewindeförmiges Profil hergestellt werden. Allerdings erfordert das hochgenaue Erzeugen eines Gewindeprofils i.d.R. eine Schrägstellung der Schleifscheibe, um Profilungenauigkeiten zu vermeiden.[156]

---

[156] Heim 2014, S. 662ff

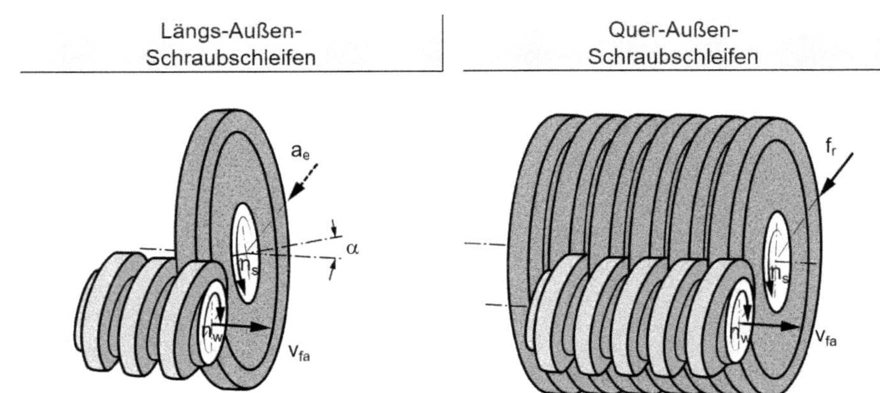

Bild 3.27 Außen-Schraubschleifverfahren

3.4.1 Längs-Schraubschleifen

Gewinde- oder schraubenförmige Konturen wie Kompressorschnecken oder Spindeln und Muttern für Antriebe und Lenkgetriebe werden auf speziellen Schleifmaschinen für das Längs-Innen- und das Längs-Außenschraubschleifen hergestellt und stellen eine Sonderform des Rundschleifens dar. Um höchste Profilgenauigkeiten zu erreichen, wird das **einprofilige Längsschraubschleifen** mit scheibenförmigen Schleifwerkzeugen verwendet, deren Profil der Negativkontur des herzustellenden Schraubenprofils entspricht (s. Bild 3.27). Mehrgängige Gewinde werden je Gang einzeln nacheinander geschliffen.

Parallel stehende Achsen zwischen Schleifscheibe und Werkstück führen zu Verzerrungen im Gewindeprofil, die mit zunehmender Gewindesteigung und Profilhöhe größer werden. Um die Profilabweichungen am Werkstück zu vermeiden, wird die Schleifscheibe über die A-Achse der Schleifspindel in den Schneckengang des Gewindeprofils eingeschwenkt. Damit entspricht die Profillückenkontur dem Normalschnitt des Schraubenprofils, womit sich nahezu alle Gewindeprofile abbilden lassen. Ist ein vollständiges Einschwenken nicht möglich, müssen Korrekturen am Schleifscheibenprofil vorgenommen werden, die gerade bei großen Schleifscheiben die erzeugten Profilfehler i.d.R. nicht ganz kompensieren können.

Entsprechend der herzustellenden Gewindesteigung bewegt sich die Schleifscheibe mit einer axialen Vorschubgeschwindigkeit v_{fa} am Werkstück entlang, während das Werkstück mit einer Werkstückdrehzahl n_w gedreht wird. Der axiale Vorschub f_a (je Werkstückumdrehung) entspricht damit der Steigung des herzustellenden Gewindes.

Durch den Profilschleifprozess sind die Kontaktlängen l_g zwischen Schleifscheibe und Werkstück vergleichsweise groß, sodass der Kühlschmierstoffversorgung eine große Bedeutung zukommt. Die Wärmeentwicklung in der Kontaktzone kann insbesondere beim **Außen-Schraubschleifen** die Steigungsgenauigkeit durch Wärmedehnung beeinflussen. Lange Gewinde werden auf der Werkstückspindelseite mit Präzisionsspannfuttern und auf der Reitstockseite mittels Zentrierspitze gespannt, wobei die Reitstockseite evtl. auftretende Wärmedehnungen des Werkstücks kompensiert.

Beim **Innen-Schraubschleifen** besteht prinzipbedingt ein Problem mit der Kühlschmierstoffversorgung aufgrund der Platzverhältnisse. Die kleinen Schleifscheiben müssen zudem relativ häufig abgerichtet werden, um die hohen Anforderungen an die Werkstückqualität erfüllen zu können. Um den Schleifscheibenverschleiß klein zu halten, bieten CBN-Schleifscheiben die beste Wirtschaftlichkeit. Die Schleifdorne sollten zur besseren Steifigkeit einen möglichst großen Durchmesser haben. Dabei sind die notwendige Gewindeprofilhöhe und das Schwenken in den Gewindesteigungswinkel zu berücksichtigen.

Beim **mehrprofiligen Längs-Schraubschleifen** sind mehrere Gewindeprofile nebeneinander auf der Schleifscheibe angeordnet. Sie sind im Anschnittbereich (wie bei einem Gewindestrehler) abgestuft. Dadurch wird das Profil erst mit den letzten Profilrillen fertigbearbeitet. Der Gesamtvorschubweg ergibt sich aus der Gewindelänge und der Schleifscheibenbreite. Mit diesem Verfahren werden kleinere Gewindesteigungen bis ca. 4 mm bearbeitet.

3.4.2 Quer-Schraubschleifen

Um ein Gewindeprofil geringerer Steigungshöhe schnell zu bearbeiten, kann das Quer-Schraubschleifen eingesetzt werden. Die Schleifscheiben sind mehrrippig, entsprechend des Gewindeprofils ausgeführt (sind also nicht gewindeförmig) und werden radial zum sich drehenden Bauteil zugestellt. Während der ersten ¼ Umdrehung des Werkstücks erfolgt die gesamte Zustellung des Profils, um in einer weiteren Umdrehung das Gewinde fertig zu schleifen. Dabei wird die Schleifscheibe entsprechend der Gewindesteigung axial verschoben. Die Schleifwerkzeuge müssen einen Gewindegang breiter ausgeführt sein als die zu bearbeitende

Gewindeprofillänge. Wegen der großen Kontaktlängen l_g sind die Bearbeitungskräfte bei diesem Verfahren sehr hoch. Die Gesamtlänge des Gewindes beträgt bei diesem Verfahrens selten mehr als ca. 40 mm.[157,158]

3.5 Koordinatenschleifen

Unter der nicht genormten Bezeichnung Koordinatenschleifen werden unterschiedliche Verfahrensvarianten verstanden, die eine entsprechende Positionierung zwischen der Schleifscheibe und dem Werkstück über eine simultane Koordinatenansteuerung von drei oder mehr Maschinenachsen realisieren. Sie ähneln in ihrem Aufbau Fräs-Bearbeitungszentren mit vertikaler Schleifspindel und werden häufig auch für geometrisch bestimmte Zerspanungsprozesse (HSC- oder HPC-Fräsen) genutzt. In einer Aufspannung können somit vielfach Planflächen, Innen- und Außendurchmesser bzw. -kegel, Radian, Unrundkonturen oder auch Verzahnungen bearbeitet werden.

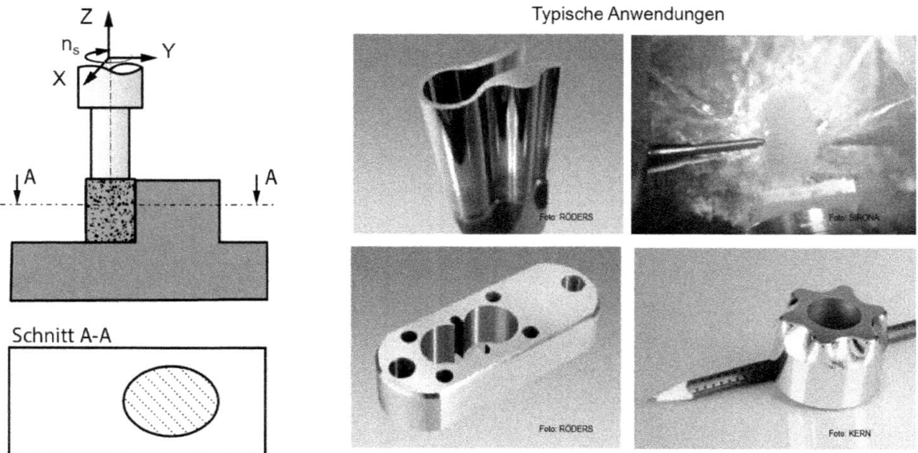

Bild 3.28 Koordinatenschleifen

Anwendungsfälle sind im Bereich des Werkzeug- und Formenbaus zu finden, beispielsweise für hochgenaue Bauteile aus schwer zerspanbaren Werkstoffen, Stahl, Schneid- oder Umformstempel oder sonstige Bauteile mit Kurvengeometrien (s.

---

157 Tönshoff 1995, S. 71

158 Heim 2014; S. 662

Bild 3.28). Für die Glas- oder Cerodurbearbeitung (Glaskeramik) werden oft Maschinen mit Ultraschallunterstützung verwendet. Die Schleifwerkzeuge sind relativ klein, wobei abrichtbare Schleifbeläge eher selten verwendet werden. Meist kommen hier galvanisch gebundene, hochharte Spezifikationen zum Einsatz.

Zum Koordinatenschleifen können auch Schleifmaschinen für **Dentalprodukte** gezählt werden, auf denen Zahnimplantate aus hochharten Werkstoffen bearbeitet werden. Derartige Maschinen sind häufig für das Fräsen und Schleifen kleiner Bauteile mit 4 bis 5 CNC-Achsen konzipiert. Wegen der im Detalbereich verwendeten keramischen Implantatwerkstoffe werden häufig galvanisch positiv belegte Diamant-Schleifstifte verwendet.

3.6 Werkzeugschleifen

Die Herstellung von geometrisch bestimmten Zerspanungswerkzeugen wie Bohrern, Fräsern, Reibahlen, Senkern, Sägen usw. ist durch komplexe Geometrien geprägt. Die harten Werkstoffe sind nur durch Schleifen, Lasern oder Erodieren zu bearbeiten, wobei das Schleifen auf mehrachsigen Werkzeugschleifmaschinen mit hochharten Schleifscheiben das wichtigste Verfahren ist.

Für die Komplettbearbeitung verfügen Werkzeugschleifmaschinen meist über vier oder fünf simultan ansteuerbare CNC-Maschinenachsen. Neben manuell zu bedienenden Maschinen für kleineren Stückzahlen sind im Bereich der Serienfertigung gekapselte Maschinen mit komplexen CNC-Steuerungen im Einsatz. Die Bearbeitung erfolgt häufig durch Schleifscheibensätze aus mehreren Einzelscheiben, die nacheinander in den Einsatz gebracht werden (s. Bild 3.29).

Das Schleifen der Umfangsflächen (Freiflächen und Eckenradien) von Wendescheidplatten erfolgt mit Topfschleifscheiben der Form 6A2 oder Umfangsschleifscheiben der Form 1A1. Sägeblätter werden im Bereich der Spanfläche (Brust), der Freifläche (Rücken) und der Flanken auf speziellen Sägeblattschleifmaschinen geschliffen.

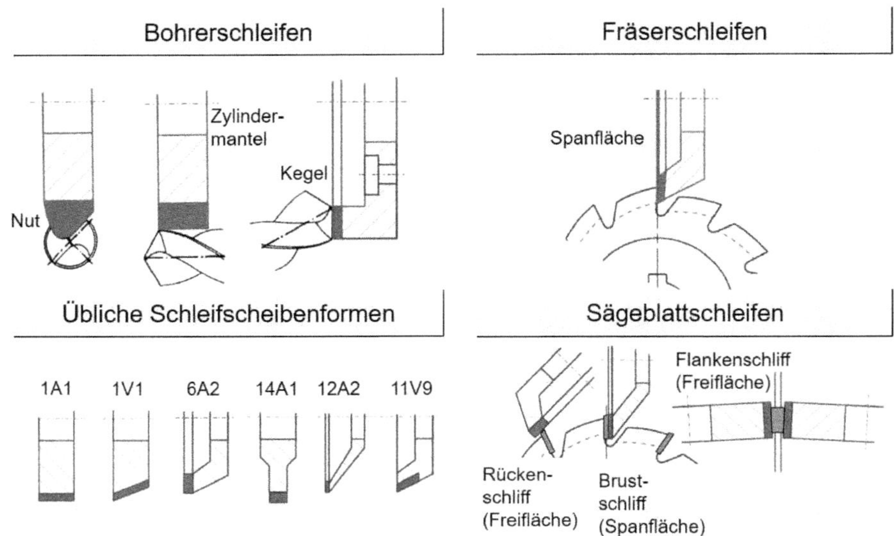

Bild 3.29 Werkzeugschleifen

Zerspanungswerkzeuge aus Werkzeug- oder Schnellarbeitsstahl werden mit konventionellen Korundschleifscheiben und vor allem mit CBN-Schleifscheiben geschliffen. Für Hartmetall- und Keramikwerkzeuge kommen Diamantschleifscheiben in Hybridbindung (Metall/Kunstharz oder Keramik/Kunstharz) oder in reinen Kunstharz- oder Metallbindungen zum Einsatz. Gegenüber konventionellen Schleifscheiben besitzen die hochharten eine höhere Leistungsfähigkeit und Standzeit und lassen sich auch für Tiefschleifoperationen einsetzen. Aufgrund der Komplexität der Profile (Radien, Schrägen, Winkel) und um Nebenzeiten zu reduzieren, erfolgt das Profilieren der Schleifscheiben zumeist auf externen Abrichtmaschinen[159]. Während der Schleifbearbeitung wird ggf. die Bindung der Schleifscheibe durch Schärfen mittels Korundblock zurückgesetzt, um die Schnittigkeit der Schleifscheibe zu erneuern. Metallische Schleifscheiben werden auch durch Funkenerosion abgerichtet. Die Bearbeitung erfolgt häufig mit Öl bei Schnittgeschwindigkeiten zwischen v_c = 10 und 40 m/s bei Diamantschleifscheiben, und zwischen v_c = 40 und 80 m/s bei CBN-Anwendungen. Hartmetalle und Diamantwerkzeuge (PKD) werden auch mit Emulsion als Kühlschmierstoff bearbeitet.

---

[159] Maschinen, zum manuellen oder bahngesteuerten (CNC) Profilieren von (zumeist metall- und kunstharzgebundenen) Diamant- und CBN-Schleifscheiben mit i.d.R. SiC- oder Korundschleifscheiben

3.7 Verzahnungsschleifen

Die Herstellung von hochgenauen Verzahnungen zählt im Bereich der Fertigungstechnik zu den anspruchsvollsten Aufgaben. Die Verzahnungen werden mittels tragfähigkeitsorientierten, geräusch- oder wirkungsgradoptimierende Auslegungsverfahren konstruiert. Verformungen und Verlagerungen infolge der Krafteinwirkungen können bei der Auslegung berücksichtigt werden, um die Eingriffsabweichungen in Zahnhöhenrichtung und die Flankenabweichungen in Zahnbreitenrichtung zu definieren. Siehe zu diesem Thema auch die weiterführende Literatur von *Bausch*[160], *Felten*[161], *Schriefer*[162], *Klocke*[163], *Abler*[164], *Linke*[165].

3.7.1 Grundlagen der Verzahnung

Mit dem Verzahnungsgesetz werden die notwendigen Anforderungen an die Zahngeometrie beschrieben.

Das **Verzahnungsgesetz** besagt, dass die Normalen (Senkrechten) der beiden Berührflächen zweier Zahnflanken stets durch den *Wälzpunkt* gehen müssen, um eine Winkelgeschwindigkeit mit gleichmäßiger Übersetzung von einer Welle auf eine zweite Welle zu übertragen. Die Berührpunkte liegen auf einer Linie, der *Eingriffslinie*. Die Zahnflanken dürfen sich nicht durchdringen oder voneinander abheben.[166] ■

Die **Zykloidenverzahnung** wird nach der Evolventenverzahnung am häufigsten verwendet. Die Zykloidenform entsteht durch die Bahnkurve eines festen Punktes beim Abrollen eines Kreises (dem Rollkreis) auf einer Geraden oder eines anderen Kreises. Abhängig von der Basis, auf dem der Rollkreis abgerollt wird, lassen sich verschiedene Zykloiden unterschieden:

- Epizykloide: Rollkreis rollt außen auf einem größeren, feststehenden Grundkreis ab.
- Orthozykloide: Rollkreis rollt auf einer Geraden ab.

---

[160] Bausch 2015
[161] Felten 1999
[162] Schriefer 2008
[163] Klocke 2017
[164] Abler 2003
[165] Linke 2010
[166] Felten 1999, S. 13

- Hypozykloide: Rollkreis rollt innen auf einem größeren, feststehenden Grundkreis ab.
- Perizykloide: Rollkreis rollt außen auf einem kleineren Grundkreis ab

Der Vorteil der Zykloidenverzahnung ist die geringe Unterschittgefahr bei kleinen Zähnezahlen, wodurch sich besonders gut hohe Getriebeübersetzungen erreichen lassen. Die guten geometrischen Kontaktbedingungen der Zahnformen führen zu geringen Flächenpressungen und damit zu einem geringen Verschleiß der Zahnflanken. Da sich das Zahnprofil einer Zykloidenverzahnung aus Hypo- und Epizykloiden zusammensetzt, entsteht beim Übergang zwischen Zahnfuß zum Zahnkopf ein Wendepunkt im Flankenprofil, der bei Achsabstandsänderungen das Laufverhalten stört. Zykloidenverzahnungen sind aufwendig und teuer in der Herstellung, da für jede Verzahnung ein eigenes, hochgenaues Werkzeug erforderlich ist. Geringe Fertigungsungenauigkeiten bewirken Störungen im Zahneingriff. Die **Triebstockverzahnung** bzw. **Punktverzahnung** ist ein Sonderfall der Zykloidenverzahnung, bei der der Rollkreis mit dem Wälzkreis zusammenfällt, wodurch die Kopfflanken des einen Rades Epizykloiden sind und die Fußflanken des Gegenrades zu einem Punkt zusammenschrumpfen. In der Praxis werden diese Punkte zu Kreisen erweitert und technisch durch Bolzen, Zapfen, Zapfenrollen oder Nadeln gebildet. Die Profile der Gegenflanken sind um den Radius der Bolzen reduzierte Äquidistanten zu den Epizykloiden.[167,168][169]

Die erst Mitte des 20. Jahrhunderts entwickelte **Wildhaber-Novikov-Verzahnung** nutzt konvexe, halbkreisförmige Zähne, die in entsprechende konkave Lücken greifen. Die Vorteile der damit verbundenen guten Schmiegungen zwischen Zahn und Zahnlücke (gute Tragfähigkeit, Laufruhe und gleichmäßiger Verschleiß) sind jedoch nur bei hoher Fertigungsgenauigkeit zu erreichen. Diese Verzahnung ist bzgl. Teilungsfehlern und Abstandsabweichungen sehr kritisch und daher in der industriellen Praxis wenig vertreten.

Die **Evolventenverzahnung** ist die in industriellen Anwendungen am häufigsten eingesetzte Verzahnungsart. Da die Herstellung dieses Geometrieelementes eng mit der Erzeugung der Evolventenform verbunden ist, sollen an dieser Stelle die notwendigen Grundlagen etwas ausführlicher behandelt werden.

---

[167] Felten 1999, S. 15 f
[168] Klocke 2017, S. 16ff
[169] Bausch 2006, S. 53ff

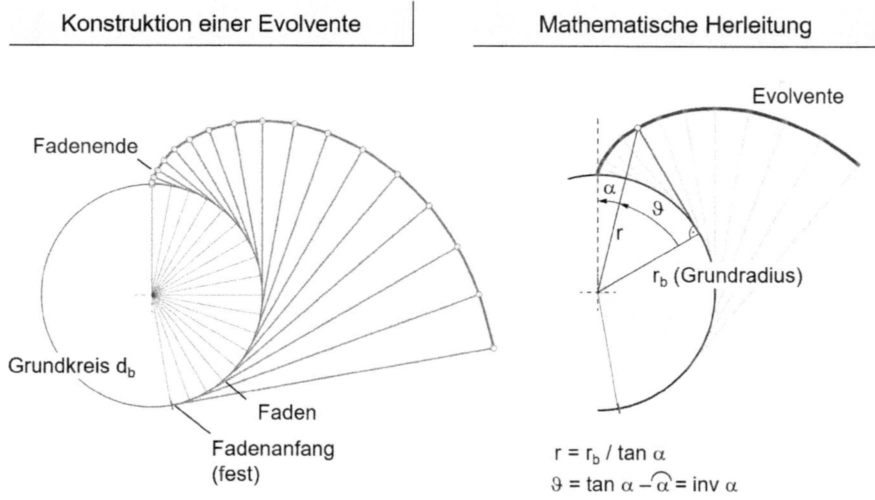

Bild 3.30 Erzeugung einer Evolvente durch Abwickeln einer Fadenlinie und mathematische Beschreibung

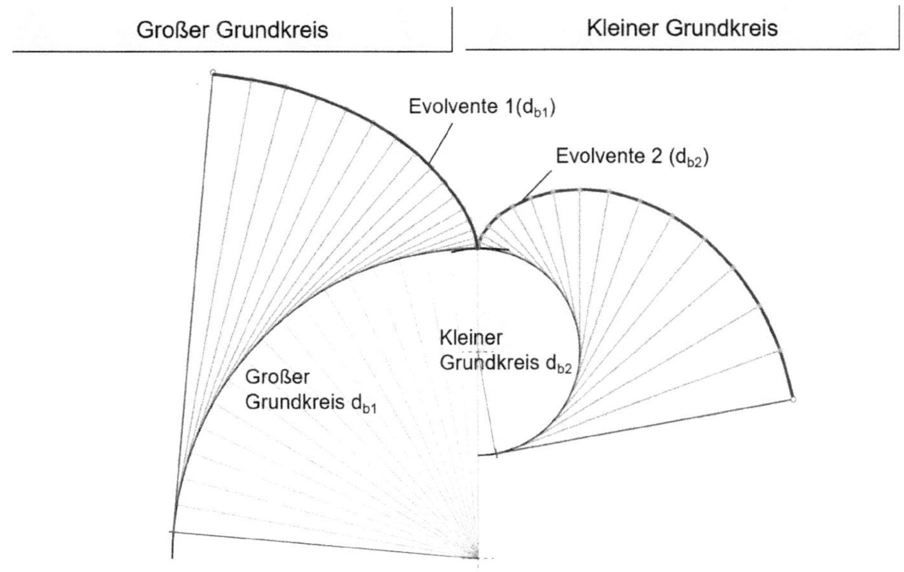

Bild 3.31 Auf unterschiedlichen Grundkreisen konstruierte Evolvente

Die **Kreisevolvente** entsteht durch die „Abwicklung“ einer Tangente auf einem Kreis, dem Grundkreis d_b. Anschaulich lässt sich die Evolvente durch eine Fadenlinie konstruieren: Das Ende eines um einen Grundkreis gewickelten Fadens beschreibt bei dessen Abwicklung eine Evolvente (s. Bild 3.30). Die Evolvente tritt mit dem Winkel 90° aus dem Grundkreis heraus und beschreibt je nach Größe des Grundkreises eine gekrümmte Bahnkurve. Deren mathematische Beschreibung findet sich ebenfalls in Bild 3.30.

Durch unterschiedlich große Grundkreise entstehen Evolventen, die sich in ihrer „Krümmung“ unterscheiden (s. Bild 3.31). Je größer der Grundkreis, desto weniger gekrümmt ist der Verlauf der Evolvente. Wird als Grundkreis eine Gerade gewählt, entsteht eine Sonderform der Evolvente: eine senkrecht stehende Gerade.

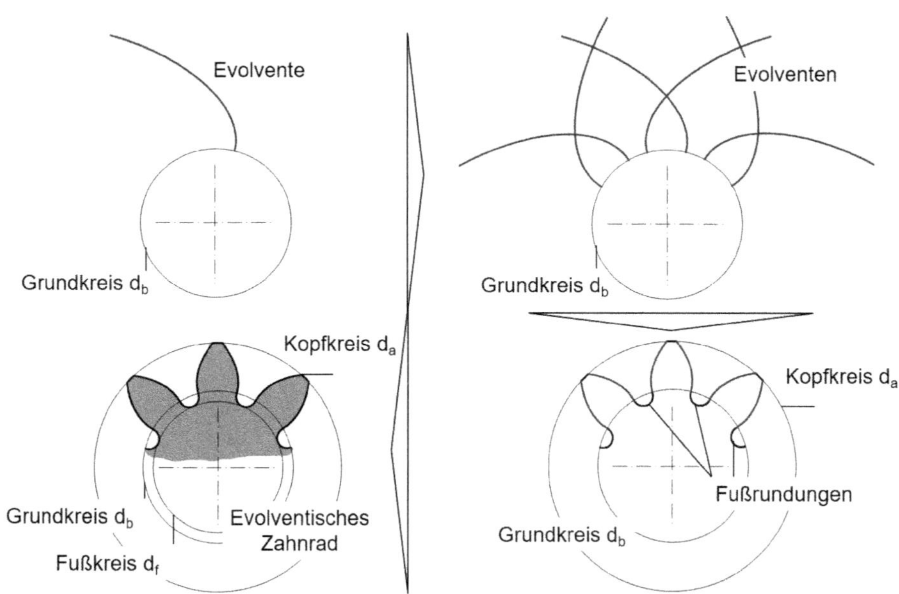

Bild 3.32 Prinzip der Zahnradkonstruktion

Für die Konstruktion der Zähne eines Zahnrades lassen sich in definierten Abständen mehrere Evolventen auf dem zum Zahnrad zugehörenden **Grundkreis d_b** beschreiben. Für die Zahnkontur wird nur ein kleiner Abschnitt kurz oberhalb des Grundkreises im Bereich des Evolventenbeginns benötigt, der unterhalb des Schnittpunktes der gegeneinander konstruierten Evolventen endet. Der Endpunkt beschreibt den Außendurchmesser (genauer: den Kopfkreisdurchmesser d_a) des

Zahnrades. Unterhalb des Grundkreises werden die Evolventen über eine Fußrundung miteinander verbunden, sodass sich ein **Fußdurchmesser d_f** ergibt (s. Bild 3.32). Die Zahnteilung wird über den Modul definiert, der als Basisgröße für Längenmaße an Verzahnungen anzusehen ist.

Der **Modul m** einer Verzahnung ist

$$m = \frac{d_0}{z} = \frac{p}{\pi} \quad (in\,mm) \tag{3-1}$$

mit d_0 = Teilkreisdurchmesser, z = Zähnezahl, p = Teilung.

Im englischsprachigen Raum wird anstatt des Moduls das **„diametral pitch“** (DP = Diametral Pitch) verwendet:

$$DP = \frac{25{,}4}{m} \quad (in\ 1/Zoll) \tag{3-2}$$

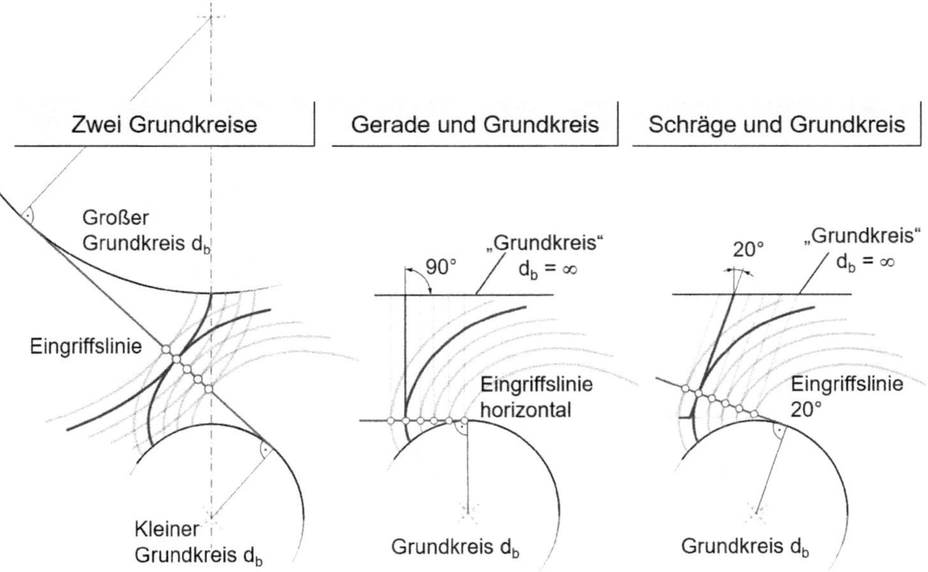

Bild 3.33 Entstehung der Eingriffslinie beim Abwälzen zweier Evolventen

Die Berührpunkte zweier aufeinander abwälzender Evolventen beschreiben die **Eingriffslinie**, die beide Grundkreise tangential berührt (s. Bild 3.33). Beim Abwälzen zwischen einer senkrecht auf einem Grundkreis mit $d_b = \infty$ gebildeten Evolvente (eine Sonderform der Evolvente) und einer Kreisevolvente liegt die Eingriffslinie parallel zum Grundkreis $d_b = \infty$. Prinzipiell wäre damit ein einfaches Werkzeug einsetzbar (eine Gerade), um eine Kreisevolvente herzustellen. Allerdings berührt die Gerade die Kreisevolvente beim Abwälzen nur mit einem einzigen Punkt, sodass der Werkzeugverschleiß sehr hoch wäre. Ein Schrägstellen der Geraden um einen beliebigen Winkel führt zu einem Wandern des Berührpunktes, womit sich ein möglicher Verschleiß über einen weiteren Bereich verteilt. Dieses relativ einfache Prinzip nutzen die Fertigungsverfahren Wälzfräsen und -schleifen (s. Kap. 3.7.4): zur Erzeugung der mathematisch komplexen Kreisevolvente wird das einfach herzustellende geometrische Element Gerade genutzt.

Bei der Herstellung eines evolventenverzahnten Zahnrades ergeben sich nun eine Reihe verzahnungsspezifischer Kenngrößen, die bei der Konstruktion festgelegt und in der Fertigung erreicht werden müssen. Da nicht im Einzelnen jede relevante Größe in diesem Buch beschrieben werden kann, wird an dieser Stelle auf die Normen DIN 3960, DIN 3961, DIN 3962, DIN 3972 und DIN 3999 verwiesen.

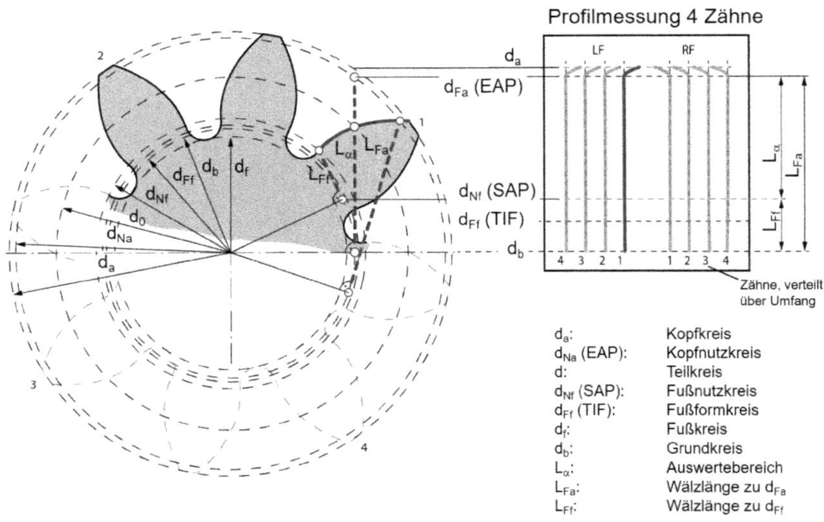

Bild 3.34 Wichtige Kenngrößen am Zahnrad und Prinzip eines Verzahnungs-Meßschriebs für die Profillinien

Bild 3.34 stellt die wichtigsten Verzahnungsdurchmesser der schematischen Darstellung einer Verzahnungs-Profilmessung gegenüber. Dargestellt sind neben den relevanten Durchmessern die Wälzlängen L der wichtigen Durchmesser d_{Ff} (Fußformkreis = Beginn der reinen Evolvente), d_{Nf} (Fußnutzkreis = Berührpunkt Kopfkreis des Gegenrades) und d_{Fa} (Kopfnutzkreis = letzter Punkt der Evolvente), die im englischen Sprachraum als *TIF* (True Involute Form), *SAP* (Start of Active Profile) und *EAP* (End of Active Profile) bezeichnet werden.

In dem in Bild 3.34 dargestellten Profil-Messdiagramm sind von 4 Zähnen jeweils die rechten und linken Flanken als Messlinie (mehrere 1000 Messpunkte) in Profilrichtung dargestellt. Diese Art der Visualisierung ist in allen Verzahnungsmessmaschinen eine übliche Veranschaulichung der Qualität des Verzahnungsprofils. Jeweils in Breitenmitte wird durch Abwälzen eines Tastkopfes auf der Oberfläche der Zahnflanke die Abweichung zur „reinen" Evolvente ermittelt und in der abgebildeten Form dargestellt.

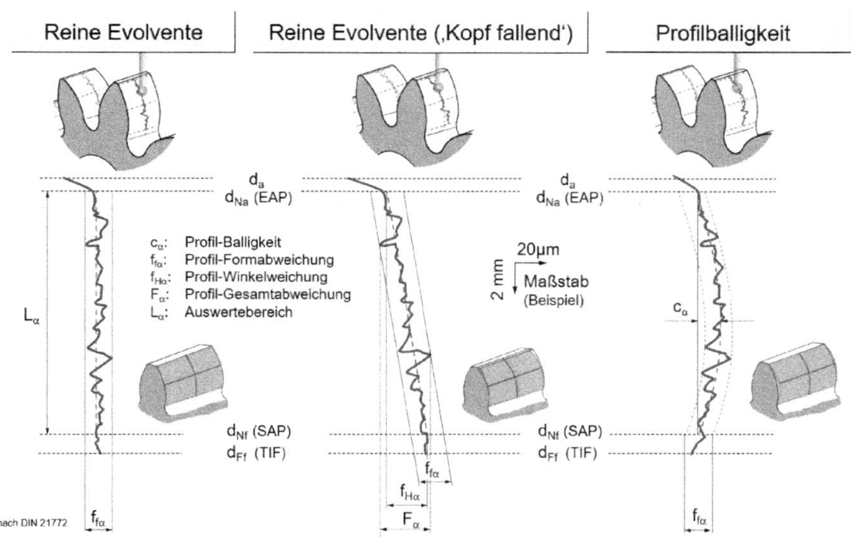

Bild 3.35 Wichtige Kenngrößen zur Beschreibung der Profillinie

In der industriellen Praxis werden Zahnräder üblicherweise nicht mit reinen Evolventen hergestellt, da kleinste Fertigungsfehler zu Störungen im Laufverhalten der Zahnradpaare führen würden. Daher werden „gewollte" Abweichungen vom nominellen Evolventenprofil in der Konstruktion bereits definiert und in der Fertigung unter der Nutzung von festgelegten Toleranzen erzeugt. Neben der Rauheit und der überlagerten Welligkeit des Profils sind auch zulässige Winkelabweichungen oder aber spezielle **Profilmodifikationen** definiert. Bild 3.35 zeigt die Profilform mit der Wälzlänge L_α als „reine Evolvente" mit einem welligen bzw. rauen Profil. Der Formfehler über der Profilhöhe wird als $f_{f\alpha}$ definiert. Ist eine Evolvente zusätzlich verkippt, kann dies über das Maß $f_{H\alpha}$ angegeben werden, sodass sich eine Gesamtformabweichung F_α über die gesamte Profilhöhe ergibt. Üblicherweise wird eine Verkippung zum „Kopf hin fallend" eher toleriert als ein zum „Kopf hin steigendes Profil", da ein Klemmen mit dem Gegenrad vermieden wird. Häufig sind jedoch Balligkeiten in Profilrichtung gefordert, die sich aus dieser Art der Messung als **Profilballigkeit** c_α ermitteln lassen. Die Beträge der Balligkeiten liegen je nach Modul bzw. konstruktiver Gestaltung der Verzahnung im Bereich weniger Mikrometer.

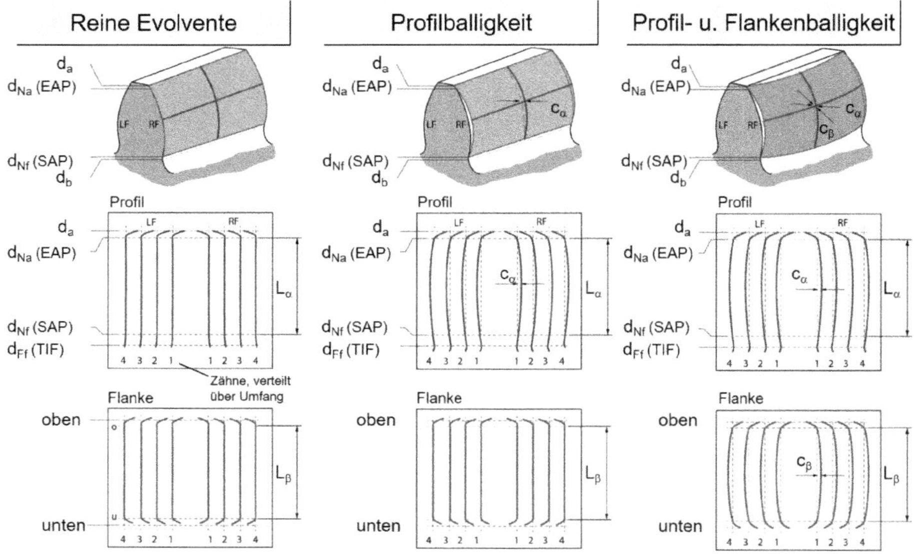

Bild 3.36 Wichtige Profil- und Flankenmodifikationen am Zahnrad und Prinzipdarstellung der Messschriebe (1/2)

Neben der Profilform sind auch die Flankengenauigkeiten in Zahnbreitenrichtung zu berücksichtigen. Bild 3.36 und Bild 3.37 zeigen die Profil- und Flankenmessdiagramme schematisch für die eben beschriebenen Fälle mit und ohne Breitenballigkeit c_β und zusätzlich Profilmodifikationen mit einer sogenannten **Kopf- bzw. Fußrücknahme**. Dabei werden entweder im Kopfbereich ab einem definierten Verzahnungsdurchmesser $d_{c\alpha}$ und/oder im Zahnfußbereich ab d_{cf} das Zahnprofil zusätzlich zur Profilballigkeit um einen Betrag von wenigen Mikrometern bzw. Hundertstelmillimetern modifiziert, d.h. der Zahn wird schmaler gefertigt. Die Übergänge zwischen balligem Profilbereich und den Rücknahmen können scharf oder durch Radienübergänge definiert sein, oder die Rücknahmen selbst unterliegen einer definierten Radienkontur.

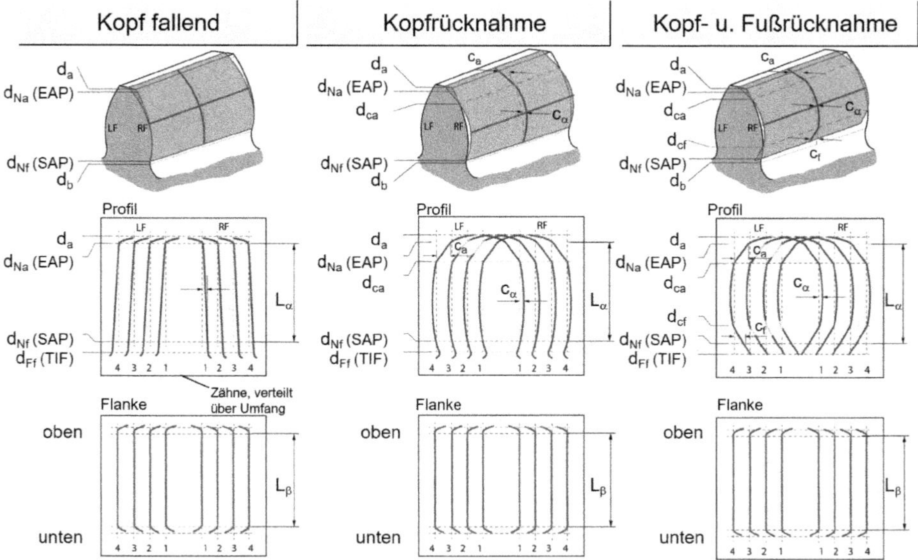

Bild 3.37 Wichtige Profil- und Flankenmodifikationen am Zahnrad und Prinzipdarstellung der Messschriebe (2/2)

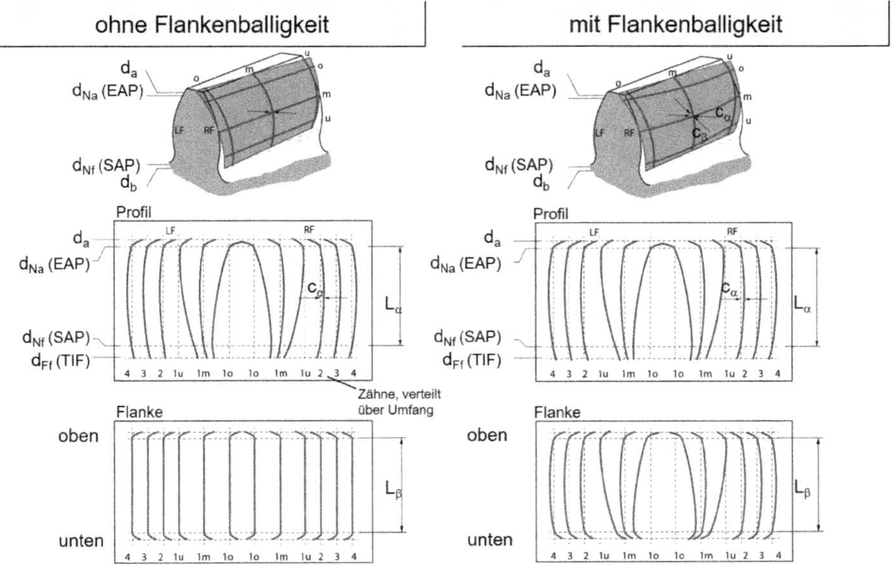

Bild 3.38 Verschränkungseffekte bei der Herstellung schrägverzahnter Zahnräder

Die Profilmodifikationen (Profilballigkeit, Kopf- und/oder Fußrücknahmen) werden bei der Bearbeitung durch das Profil der Schleifscheibe erzeugt. Bei abrichtbaren Schleifwerkzeugen übernimmt daher der Abrichtprozess die wichtige Aufgabe der Profilerzeugung. Die Breiten- oder **Flankenballigkeit** bzw. Flankenmodifikationen wie Rücknahmen an den Stirnseiten in Breitenrichtung wird über die Zustellbewegungen während der Bearbeitung in Breitenrichtung der Verzahnung durch die Verfahrbewegungen in X- und Y-Richtung der Schleifmaschine erzeugt. Dabei kommt es bei der Herstellung von Schrägverzahnungen zu fertigungstechnischen Abweichungen infolge der Kontaktbedingungen zwischen Schleifscheibe und Werkstück, wenn beide Zahnflanken gleichzeitig bearbeitet werden. Dieser als **Verschränkung** bezeichnete Effekt macht sich durch Winkelabweichungen im Profil bemerkbar, die zu den Stirnseiten umgekehrt zunehmen und in ihrer Ausprägung vom Schrägungswinkel β abhängen. Je größer der Schrägungswinkel β, desto ausgeprägter der Verschränkungseffekt. Die Auswirkungen einer Breitenballigkeit bei der Bearbeitung eines schrägverzahnten Zahnrades auf die Profil- und Flankenlinien ist in Bild 3.38 exemplarisch dargestellt. Üblicherweise wird die Verschränkung nur an einem Zahn durch Vermessung der Profillinie in der Mitte des Zahnrades und im Bereich der Stirnseiten sowie bei der Flankenlinie durch Messung in der Nähe des Teilkreises und im Bereich Zahnkopf und Zahnfuß ermittelt. Die mathematischen Ursachen dieses Phänomens und deren Vermeidung durch innovative, teilweise patentierte Schleifstrategien und Softwareanpassungen der Maschinensteuerungen sollen an dieser Stelle nicht weiter vertieft werden (s. dazu z.B. *Klocke*[170], *Schriefer*[171]).

3.7.2 Prozesskette zur Herstellung von Stirnradverzahnungen

Wenngleich in diesem Buch nicht auf die Fertigungsschritte vor der Hartfeinbearbeitung im Detail eingegangen werden kann, soll im Folgenden ein kurzer Überblick über die Prozesskette zur Herstellung von Stirnradverzahnungen sowie deren wichtigste Bearbeitungsverfahren gegeben werden. Die in der industriellen Praxis am häufigsten vorkommende Prozesskette hochbelasteter Zahnräder ist:

Weichbearbeiten – (Umwandlungs-)Härten – Hartbearbeiten.

Als Werkstoffe werden für hochbelastete Zahnräder legierte oder unlegierte Vergütungsstähle (C35, C45, 34CrNiMo6, 42CrMo4) und Einsatzstähle (16MnCr5,

---

170 Klocke 2017, S. 125, 242, 252

171 Schriefer 2008, div. Kapitel

20MnCr5, 18CrNiMo7-6) verwendet. Einsatzstähle lassen sich durch den geringeren Kohlenstoffgehalt sehr gut im weichen (nicht gehärteten) Zustand bearbeiten (Vorverzahnen) und in kohlenstoffhaltiger Atmosphäre randschichthärten. Die Einhärtetiefe beträgt je nach Modul wenige Zehntel bis einige Millimeter (0,1 bis 0,2 · Modul) bei einer Härte im Bereich von 58 bis 62 HRC.[172]

Neben **gesägten oder geschmiedeten Halbzeugen**, die durch spanende Bearbeitungsverfahren zu verzahnen sind, kommen heute auch vermehrt **aus Pulvern gesinterte Stirnräder** (Fe, C, Cr, Ni, Mo) zum Einsatz. Durch den Press- und Sintervorgang können bereits sehr endkonturnahe Halbzeuge hergestellt werden, d.h. auf ein Vorverzahnen durch Weichbearbeiten kann verzichtet werden. Eine Hartbearbeitung nach der Wärmebehandlung ist jedoch unverzichtbar. Das **Präzisionsschmieden** hat bisher keinen nennenswerten Marktanteil im Bereich Stirnradfertigung erlangt, da die komplexen Geometrien (z.B. von Stirnrädern mit Schrägungswinkeln) wirtschaftlich durch Schmieden nicht herstellbar sind.

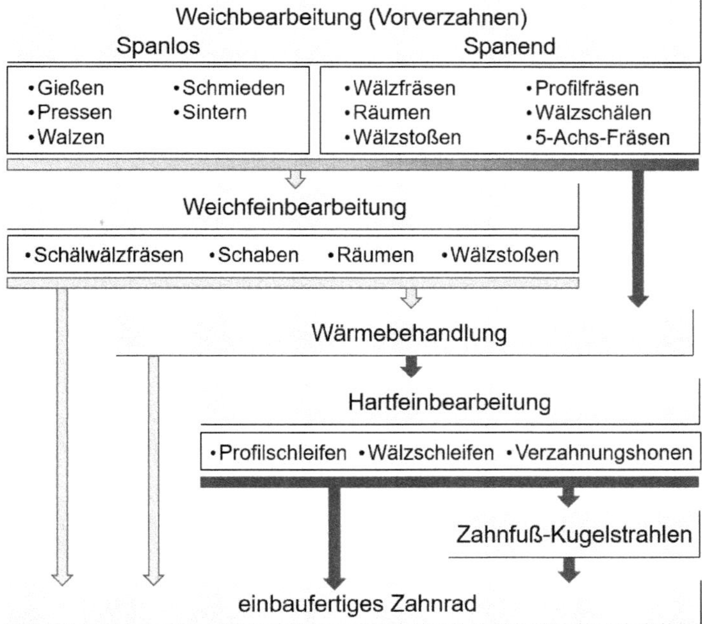

Bild 3.39 Prozesskette Zahnradherstellung (dunkle Pfeile = weite Verbreitung)

[172] z.B. Klocke 2017, S.163ff

Im Betrieb wälzen die Zahnflanken zweier im Eingriff befindlicher Zahnräder punktförmig mit hohen lokalen Flächenpressungen aufeinander ab. Zur Vermeidung von Oberflächenverschleiß sollte daher ein hartes Gefüge an der Oberfläche vorliegen. Nicht-gehärtete Verzahnungen kommen nur bei gering belasteten Zahnrädern vor.

Das **Vorverzahnen** ist immer eine Weichbearbeitung, die in spanlose und spanabhebende Verfahren unterteilt werden kann (s. Bild 3.39). Bei den **spanlosen Verfahren** zur Herstellung von Stirnradverzahnungen können prinzipiell die Verfahren Pressen, Gießen, Walzen und Schmieden angewendet werden. Wegen der komplexen Form eines Stirnrades haben jedoch lediglich das Pressen und Sintern von pulverförmigem Ausgangsmaterial einen hohen Stellenwert erlangt. Sie sind in der Lage, endkonturnahe Geometrien zu erzeugen. Die pulvermetallurgische Herstellung von vorverzahnten Zahnrädern hat in der Serienfertigung eine zunehmende Bedeutung, da im Vergleich zu konventionellen Prozessen schon mit geringem Material- und Energieeinsatz Zahnräder mit guten Festigkeitseigenschaften hergestellt werden können.

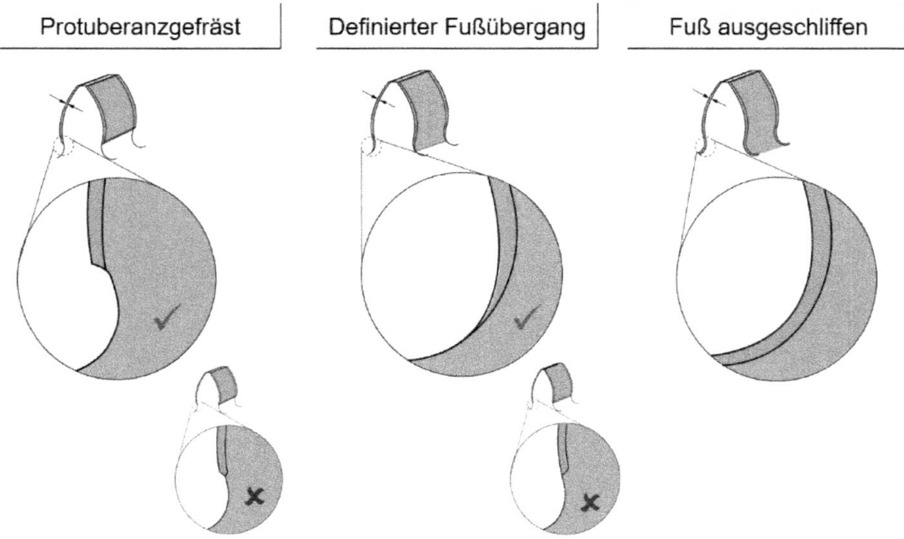

Bild 3.40 Mögliche Zahnfußbearbeitungen

Nach dem Vorverzahnen mit einem **Bearbeitungsaufmaß** von einigen Zehntel Millimetern für den zu erwartenden Härteverzug und die Hartfeinbearbeitung erfolgt die **Wärmebehandlung durch Vergüten oder Einsatzhärten**. In einigen Fällen wird der Wärmehandlung auch eine Weichfeinbearbeitung vorgeschaltet, um nach dem Umwandlungshärten einbaufertige Zahnräder zu erhalten. Da die erreichbaren Qualitäten jedoch schlechter als hartfeinbearbeitete Zahnräder sind, ist diese Vorgehensweise nur für weniger genaue Qualitätsvorgaben nutzbar.

Der überwiegende Teil von hochbelasteten Zahnrädern wird nach der Wärmebehandlung durch die geometrisch unbestimmten Bearbeitungsverfahren Profil- oder Wälzschleifen bzw. Verzahnungshonen **hartfeinbearbeitet**. Geometrisch bestimmte Verfahren wie Schälwälzfräsen, Schälwälzstoßen oder Hartschälen spielen in der industriellen Fertigung keine Rolle mehr.

In bestimmten Fällen (höchstbelastete Zahnräder im Pkw-Getriebe) schließt sich nach der Hartfeinbearbeitung das **Verfestigungsstrahlen** (Kugelstrahlen) an, um definierte Druckeigenspannungen im Zahnfußbereich einzubringen und somit die Festigkeit der Verzahnung zu steigern.

Die Weich- und Hartbearbeitung der Verzahnungen müssen sehr genau aufeinander abgestimmt sein, um entsprechende Bearbeitungsaufmaße einzuhalten und die hohen Qualitätsvorgaben zu erfüllen.

Der Zahnfußbereich ist ein wichtiges festigkeitsrelevantes Geometrieelement des Zahnrades, da dieser bei der Kraftübertragung den höchsten Belastungen ausgesetzt ist. Für den Übergang zwischen Zahnflanke und Fußbereich sind verschiedene Bearbeitungsstrategien anwendbar, die sich an den Konstruktionsvorgaben und den damit verbundenen Festigkeitsberechnungen orientieren (s. Bild 3.40). Sofern der Zahnfußbereich nicht mitgeschliffen werden muss, werden die Zahnräder vielfach **protuberanzgefräst**, d.h. der Fräser ist im Kopfbereich modifiziert, sodass während der Bearbeitung ein absichtlicher Unterschnitt erzeugt wird. In diesem Bereich kann die Schleifscheibe auslaufen, ohne die ansonsten zwangsläufige Kerbe zu erzeugen. Eine weitere Möglichkeit ist der **definierte Zahnfußübergang**, der eine sehr genaue Abstimmung zwischen dem Fräser und der Schleifscheibe erfordert. Bei beiden vorgenannten Verfahren sind Kerben im Bereich des Zahnfußes nicht erlaubt, da diese zu Reduzierungen der Festigkeit des Zahnrades führen. Festigkeitsrelevante Zahnräder werden daher **im Zahnfuß ausgeschliffen**, d.h. im Fräsprozess wird ein gewisses Aufmaß von wenigen Hundertstel bis Zehntel Millimetern erzeugt, die im nachfolgenden Schleifprozess fertigbearbeitet werden. Durch diese Bearbeitungsstrategie werden Kerben ausgeschlossen.

3.7.3 Profilschleifen von Zahnrädern

Das Profilschleifen zählt zu den **abbildenden Schleifverfahren**, wobei die Schleifscheibe die Zahngeometrie auf das Werkstück überträgt. Der aktive Schleifbereich trägt das Negativprofil der Zahnlückengeometrie und bearbeitet durch eine Verfahrbewegung der Schleifscheibe in Breitenrichtung des Zahnrades die Kontur der Verzahnung. Dabei können sowohl eine Einzellücke als auch mehrere nebeneinanderliegende Zahnlücken bearbeitet werden. Das Zahnrad wird zur Bearbeitung aller Zähne entweder diskontinuierlich - Zahnlücke für Zahnlücke - weiter getaktet, oder es dreht sich kontinuierlich um seine Achse.

3.7.3.1 Diskontinuierliches Profilschleifen

Beim diskontinuierlichen Profilschleifen entspricht das Schleifscheibenprofil der Zahnradlückengeometrie, womit das Verfahren zu den „abbildenden" Verfahren zählt. Wenn das Schleifscheibenprofil symmetrisch zur Mittellinie der Zahnlücke liegt, ist ein Zweiflankenschliff möglich. Um die gesamte Zahnradbreite zu bearbeiten (und ggf. Flankenmodifikationen in Breitenrichtung der Verzahnung zu erzeugen), verfährt die Schleifscheibe relativ zur Zahnradlücke mit einer axialen Vorschubgeschwindigkeit v_{fa}.

Bei einer beidseitigen Flankenbearbeitung wird das aus der Vorbearbeitung verbleibende Aufmaß durch mehrere Einzelzustellungen a_e (Schruppen, Schlichten) abgenommen. Aufgrund der gekrümmten Zahnform ergeben sich bei der Bearbeitung jedoch unterschiedliche Zustellbeträge über der Zahnhöhe und damit auch unterschiedliche Zeitspanvolumina. Der erste Kontakt zwischen Schleifscheibenprofil und Zahnrad erfolgt bei einer radialen Zustellung der Schleifscheibe zum Zahnrad im Bereich des Zahngrundes (an den Profilflanken im Bereich der 30°-Tangente). Die Bearbeitung des Zahnkopf- und des Zahnfußbereiches erfolgt erst deutlich später. Durch die evolventische Zahnform arbeitet die Schleifscheibe in unterschiedlichen Modifikationen: im Zahnfuß ausschließlich durch Umfangsschleifen, an den steilen Flankenbereichen im Bereich der 30°-Tangente eher durch Seitenschleifen und im Bereich des Zahnkopfes wieder eher durch Umfangsschleifen (s. Bild 3.41).

Die zu erzeugenden Profilmodifikationen am Zahnrad werden durch das Abrichten mit Diamantformrollen auf die Schleifscheibe übertragen. Durch die CNC-Steuerung können alle Modifikationen sehr flexibel erzeugt werden. In Zahnbreitenrichtung (Flankenrichtung) werden Modifikationen (zumeist Balligkeiten) über die

Steuerung der Maschinenachsen übertragen. Grundsätzlich entstehen durch die Kinematik des Schleifprozesses Schleifspuren in Zahnbreitenrichtung.

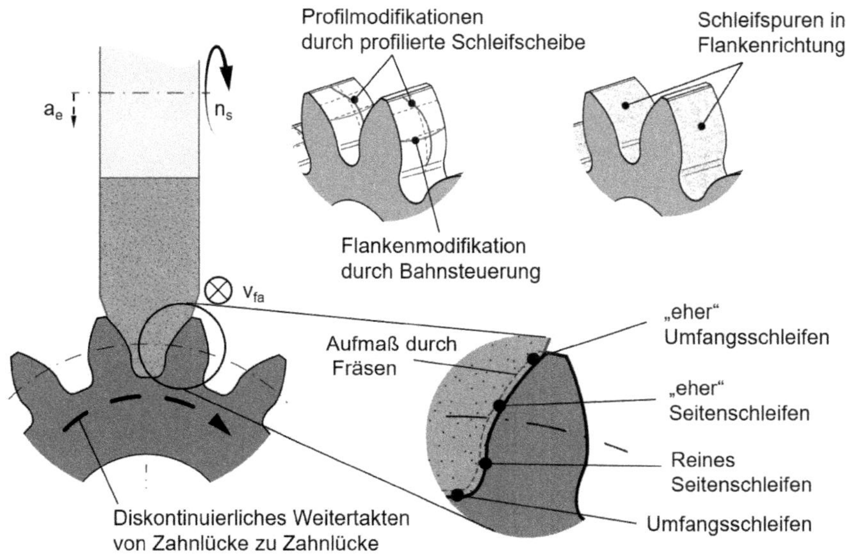

Bild 3.41 Profilschleifen einer Verzahnung

Das Zahnflankenprofilschleifen ist gekennzeichnet durch große Kontaktlängen l_g, sodass eine geeignete Kühlschmierung des Prozesses wichtig ist. Durch das Vorverzahnen sind beim Schleifen Bearbeitungsaufmaße von $z \sim 0{,}2$mm für kleine Modulbereiche $m < 6$ mm und Aufmaße von $z > 0{,}5$ mm für große Verzahnungen mit $m > 10$ mm abzutragen. Als Schleifmittel kommen im Bereich der Serienfertigung häufig galvanisch positive CBN-Schleifscheiben für kleinere Module (z.B. im Bereich Lkw-Getriebe) und im Bereich der Großverzahnungen keramisch gebundene Korundschleifscheiben zum Einsatz. Weiterführende Hinweise zur Prozessgestaltung finden sich z.B. bei *Bausch*[173], *Abler*[174] bzw. in den Dissertationen von *Kemper*[175], *Türich*[176], *Schlattmeier*[177]. Abrichtbare, keramisch gebundene CBN-Schleifscheiben haben sich wegen der schlechten Profilierbarkeit in der Serienfertigung noch nicht durchgesetzt und sind nur in Sonderanwendungen zu finden.

---

173 Bausch 2015
174 Abler 2003
175 Kemper 1999
176 Türich 2002
177 Schlattmeier 2004

3.7.3.2 Kontinuierliches Profilschleifen

Das kontinuierliche Profilschleifen nutzt im Gegensatz zum weit verbreiteten kontinuierlichen Wälzschleifen eine **globoidförmige Schleifschnecke**, die einen Teil des Werkstückumfangs umschließt. Das Bezugsprofil der Schleifscheibe ist daher nicht die Zahnstange, sondern die Kontur einer Zahnflanke. Um die Zahnbreite zu bearbeiten, braucht die Schleifscheibe nicht axial zum Zahnrad verschoben zu werden, da die gesamte Geometrie durch eine Linien- oder Flächenberührung zwischen Zahnrad und Werkstück generiert wird. Für die Bearbeitung ist lediglich ein radialer Vorschub erforderlich. Daraus resultiert die kurze, wirtschaftliche Bearbeitungszeit, und beim Einsatz kleiner (galvanisch positiver) Schleifwerkzeuge können störkonturbehaftete Bauteile bearbeitet werden. Allerdings ist die Globoidschnecke werkstückgebunden, sodass dieses Verfahrens nur in der Serienfertigung sinnvoll ist. Neben galvanisch positiv belegten Schleifscheiben kommen abrichtbare Korundscheiben zum Einsatz, die mit diamantbelegten Abrichtzahnrädern profiliert werden.[178]

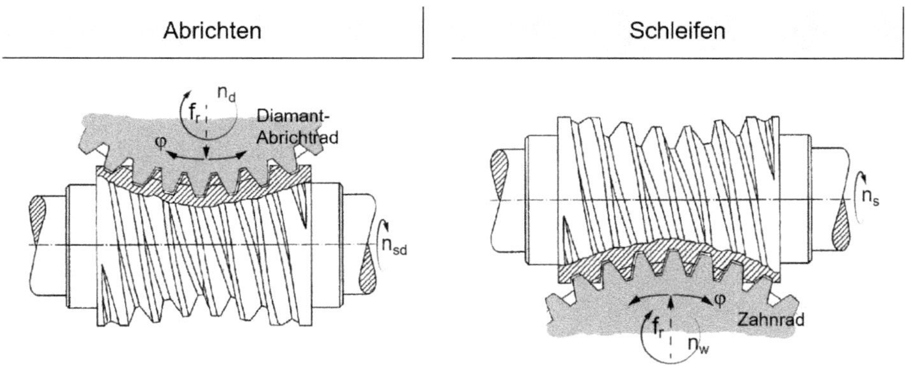

Bild 3.42 Abrichten und Schleifen mit einer Globoid-Schleifschnecke

Aufgrund der großen Kontaktfläche zwischen Schleifscheibe und Zahnrad und der damit verbundenen großen Bearbeitungskräfte hat sich eine Einseitenbearbeitungs-Strategie entwickelt. Beim Abrichten mit einem diamantbelegten Zahnrad (Meisterrad) wird durch radiales Eintauchen von wenigen Zehnteln Millimetern je Profiliervorgang das Abrichtrad nach links und rechts um wenige Grad verdreht, womit eine breitere Zahnlückengeometrie in der Schleifscheibe entsteht. Das

[178] z.B. Klocke 2017, S. 245ff, Bausch 2006, 584ff

Schleifen des Zahnrades erfolgt dann mit unterschiedlichen radialen Vorschubgeschwindigkeiten (Schruppen, Schlichten), wobei zuerst die eine Flanke und danach die zweite Flanke bearbeitet wird.

Die mit dem kontinuierlichen Profilscheifen erreichbaren Verzahnungsqualitäten machen häufig eine Nachbearbeitung erforderlich, sodass das Verfahren zumeist mit einem nachgeschalteten Verzahnungshonprozess kombiniert wird. Das Verfahren hat sich nicht langfristig im Markt durchsetzen können, da es wirtschaftlich und qualitativ mit dem kontinuierlichen Wälzschleifen und dem Verzahnungshonen oder dem Profilschleifen nicht mithalten konnte.

3.7.4 Wälzschleifen von Zahnrädern

Im Gegensatz zum Profilschleifen ist das Wälzschleifen ein **generierendes Schleifverfahren**, dessen Werkzeugprofil einer Zahnstange, also mit geraden Flanken, gleicht und erst durch eine Abwälzbewegung von Schleifscheibe und Werkstück die eigentliche Zahnform entsteht. Auch hier lassen sich diskontinuierliche und kontinuierliche Verfahren unterscheiden. Weiterführende Literatur zu diesem Thema sind z.B. bei *Schriefer*[179], *Bausch*[180], *Klocke*[181], *Reichel*[182] zu finden.

3.7.4.1 Diskontinuierliches Teilwälzschleifen

Das in den 1930er Jahren entwickelte diskontinuierliche **Wälzschleifen mit Tellerscheiben** nutzt paarweise auf einer Achse (0°-Methode) oder unter einem Winkel zueinander angeordnete (α-Methode), stirnseitig belegte Schleifscheiben (s. Bild 3.43). Das rechte und linke Zahnflankenprofil entsteht durch das Abwälzen eines Zahnrades an den jeweiligen Planflächen der Tellerschleifscheiben. Da dieses Schleifverfahren nur noch bei der Herstellung von Diamant-Abrichtzahnrädern eine Bedeutung hat, soll es an dieser Stelle nicht weiter behandelt werden.

Beim **Schleifen mit Doppelkegelscheibe** hat die Schleifscheibe gerade Zahnflanken und stellt damit den Ausschnitt einer Zahnstange dar. Der Abwälzvorgang entsteht aus der Überlagerung einer Drehbewegung des Zahnrades mit gleichzeitiger Linearbewegung. Zahnrad und Schleifscheibe berühren sich punktförmig. Durch die Zustellung entsteht eine Berührfläche, die durch die Drehbewegung des Zahnrades vom Zahnfuß zum Zahnkopf bzw. umgekehrt wandert. Damit verschleißt das

---

[179] Schriefer 2008
[180] Bausch 2015
[181] Klocke 2017
[182] Reichel 2014

Profil der Schleifscheibe weitgehend gleichmäßig. Beim **Einflankenschliff** wird nur eine Flanke bearbeitet, womit das Schleifscheibenprofil nicht auf ein Zahnrad bezogen ist und flexibel eingesetzt werden kann. Beim produktiveren **Zweiflankenschliff** muss die Breite der Schleifscheibe genau auf die Zahnradlücke abgestimmt sein (s. Bild 3.43).

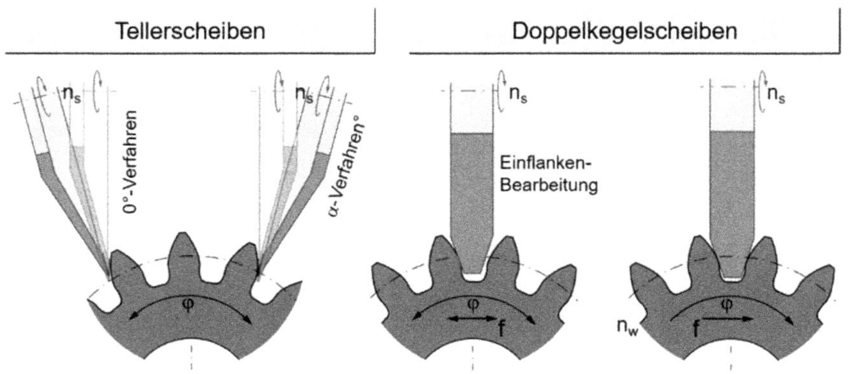

Bild 3.43 Teilwälzschleifverfahren

Das Teilwälzschleifen ist grundsätzlich für alle Zahnradgrößen (Zähnezahlen, Module) anwendbar, wobei der Großteil der Maschinen für große Werkstücke bis zu Durchmessern von 4500 mm und mehr hergestellt wurde. Als Schleifscheiben werden abrichtbare Korundscheiben (Edelkorund/Sinterkorund) verwendet, die mit NC-Abrichtgeräten profiliert werden. Um Profilmodifikationen (Balligkeit, Kopfrücknahmen usw.) auf die Zahnflanke zu übertragen, müssen die Schleifscheiben sehr präzise konditioniert werden. Dabei wurden zunehmend stehende Diamant-Abrichter durch rotierende Diamant-Formrollen ersetzt. Das Teilwälzschleifen wurde vom diskontinuierlichen Profilschleifen abgelöst und findet auf modernen Maschinen nur noch im Bereich der Kleinserien- und Prototypfertigung Anwendung.

3.7.4.2 Kontinuierliches Wälzschleifen

Das kontinuierliche Wälzschleifen mit einem gewindeförmigen Schleifwerkzeug (einer Schnecke) ist im Bereich der Serienfertigung von Stirnradverzahnungen kleiner bis mittlerer Module bis ca. 10 mm das am häufigsten eingesetzte Verzahnungs-Schleifverfahren. In seiner Kinematik gleicht es dem kontinuierlichen Wälzfräsen, wobei der Wälzbewegung zwischen Schleifschnecke und Zahnrad ein axialer Vorschub in Richtung der Zahnradbreite überlagert ist.

Bild 3.44[183] stellt den Prozess, die wesentlichen Stellgrößen und die Verzahnungsparameter der Schleifschnecke und des Zahnrades dar.

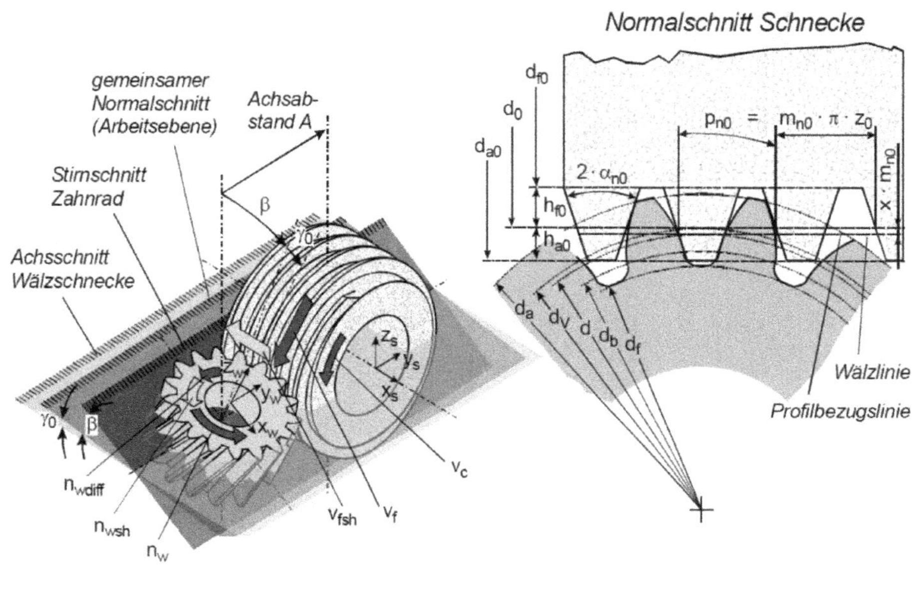

Bild 3.44 Kontinuierliches Wälzschleifen, Verfahrensprinzip

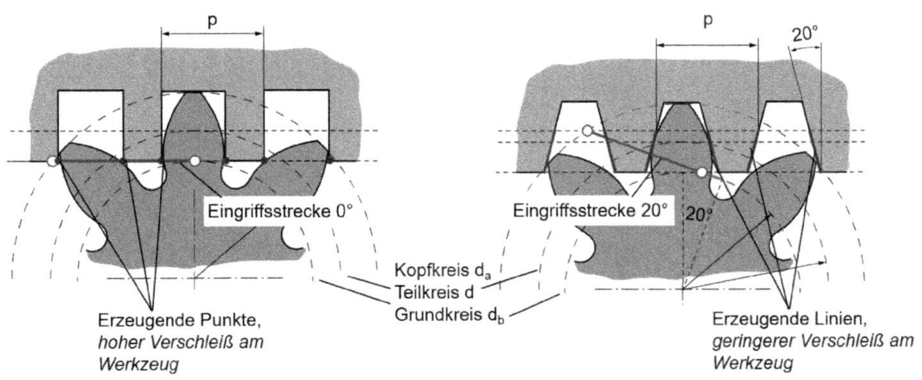

Bild 3.45 Wälzschleifen mit einer 0°- und einer 20°-Schleifschnecke

[183] Das Bild stammt aus Türich 2002.

Als Werkzeug kommt beim kontinuierlichen Wälzschleifen eine Schleifschnecke zum Einsatz, dessen Achsschnitt das Profil einer Zahnstange abbildet. Wie beim 0°-Teilwälzschleifen kann beim kontinuierlichen Wälzschleifen grundsätzlich auch eine 0°-Schleifschnecke zur Erzeugung der Evolventen verwendet werden. Allerdings erfolgt die Bearbeitung – das Abwälzen – dann nur im Bereich des Grundkreises, sodass der Verschleiß in diesen Bereich sehr hoch wäre. Abhilfe schafft eine Schrägstellung der Gewindeflanken i.d.R. auf den Eingriffswinkel der Verzahnung. Damit wandern die Kontaktpunkte während der Bearbeitung entlang der Flanke, womit sich die Werkzeugabnutzung über einen größeren Bereich verteilt (s. Bild 3.45).

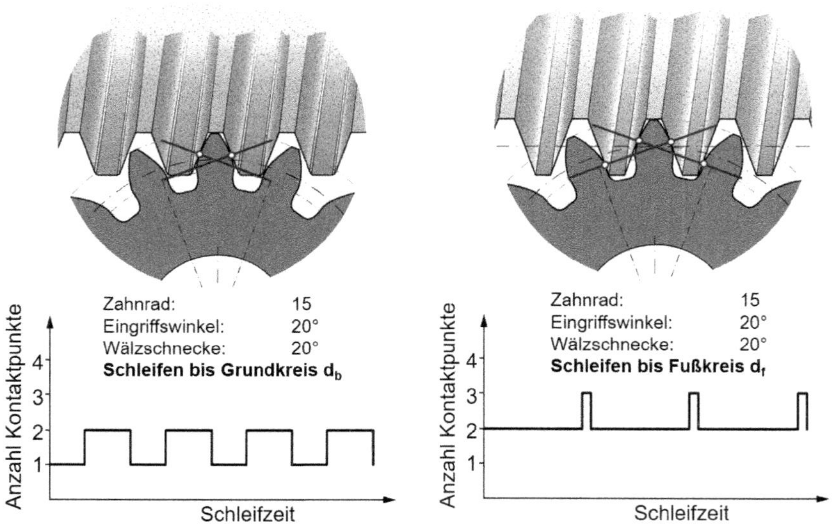

Bild 3.46 Änderung der Anzahl der Kontaktpunkte beim Wälzschleifen (Beispiel)

Während des Abwälzens sind zumeist mehrere Kontaktpunkte zwischen der Schleifschnecke und der Verzahnung im Eingriff. Die Anzahl der zu einem Zeitpunkt des Abwälzens vorliegenden Kontaktpunkte hängt dabei von der Wälzstellung und dem verwendeten Bezugsprofil (Zahnfußhöhe und Eingriffswinkel) der Schleifschnecke ab. Die Anzahl der Kontaktstellen kann kontinuierlich wechseln, und zu Kraftschwankungen während der Bearbeitung führen (s. Bild 3.46). Derartige Prozessstörungen können u.U. Auswirkungen auf die Profilgenauigkeit bzw.

die Maschinendynamik (Anregung von Eigenfrequenzen) haben. Durch mathematische Simulation der Wälzkinematik lässt sich die Anzahl der Kontaktpunkte ermitteln und der Schleifvorgang optimieren. Damit verbunden sind dann Änderungen der Eingriffshöhen im Zahngrund oder soggenannte Modulkorrekturen: Anpassungen des Eingriffswinkels in Verbindung mit einer Modulveränderung der Schleifschnecke.

Neuere Wälzschleifmaschinen sind aufgrund der Steifigkeiten der verwendeten Antriebe weniger anfällig gegen diese Art von Prozessstörung als ältere Maschinen. Aufgrund der besseren Zahnfußfestigkeit werden Verzahnungen im Zahnfuß ausgeschliffen. Bild 3.47 zeigt die in der industriellen Praxis verwendeten Zahnfußbearbeitungen. Im einfachen Fall wird die Zahnkopfhöhe der Schleifscheibe so ausgelegt, dass sie den Zahnfuß nicht berührt, der Fußformkreis d_{Ff} jedoch sicher erreicht wird. Andere Verzahnungsauslegungen definieren genaue Schleifübergänge im Zahnfußbereich, die eine sehr exakte Abstimmung zwischen dem Fräsprozess und dem Schleifwerkzeug (dem Abrichtwerkzeug) erfordern.

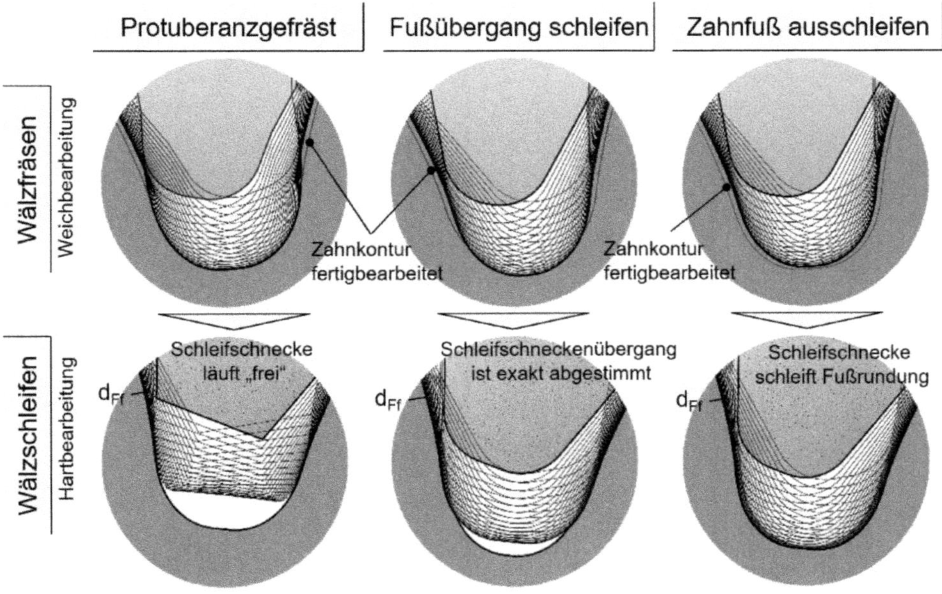

Bild 3.47 Verschiedene Möglichkeiten der Zahnfußbearbeitung – Darstellung durch Hüllschnitte

Auch beim Schleifen des Zahnfußes müssen die Geometrien zwischen Wälzfräser und Schleifwerkzeug sehr genau aufeinander abgestimmt sein, um Überbelastungen der Schleifscheibe durch ein zu großes Schleifaufmaß im Fußbereich zu vermeiden. Bei abrichtbaren Schleifschnecken überträgt sich diese Anforderung folglich auf das Abrichtwerkzeug.

Wie bei allen anderen Schleifprozesses wird auch der Wälzschleifprozess zweistufig durch Schruppen und Schlichten realisiert. Beim **Schruppen** liegt der Schwerpunkt auf einer effizienten und schnellen Aufmaßreduzierung, beim **Schlichten** auf entsprechenden Oberflächeneigenschaften (Profil- und Flankengenauigkeit sowie Rauheit). Durch die relativ breiten Schleifscheiben kann die Bearbeitung der beiden Prozessschritte an unterschiedlichen Positionen auf der Schleifschnecke erfolgen. Damit kann gewährleistet werden, dass das Schlichten immer mit einem „frischen" Bereich der Schleifscheibe durchgeführt werden kann, was im Bereich der Schleifbearbeitung eine Besonderheit darstellt. Während der Bearbeitung wird die Schleifscheibe durch das sogenannte **Shiften** während der Bearbeitung sequenziell (schrittweise durch Shiftsprünge) oder kontinuierlich in Achsrichtung der Schleifscheibe verschoben. Durch das Shiften wird der Verschleiß der Schleifscheibe gleichmäßig auf die Schleifscheibenbreite verteilt.

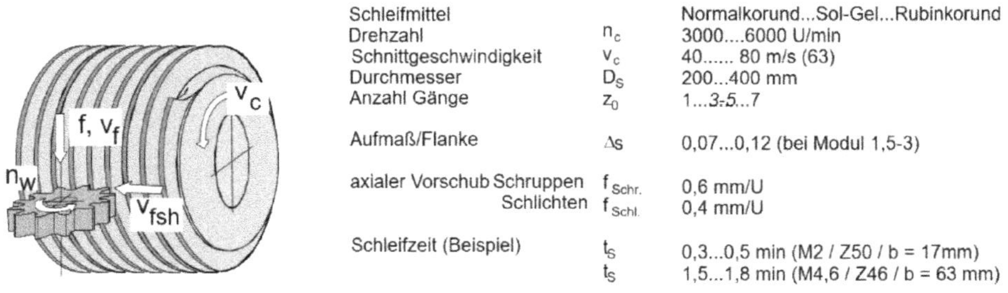

Schleifmittel		Normalkorund...Sol-Gel...Rubinkorund
Drehzahl	n_c	3000....6000 U/min
Schnittgeschwindigkeit	v_c	40...... 80 m/s (63)
Durchmesser	D_S	200...400 mm
Anzahl Gänge	z_0	1...3÷5...7
Aufmaß/Flanke	Δs	0,07...0,12 (bei Modul 1,5-3)
axialer Vorschub Schruppen	$f_{Schr.}$	0,6 mm/U
Schlichten	$f_{Schl.}$	0,4 mm/U
Schleifzeit (Beispiel)	t_S	0,3...0,5 min (M2 / Z50 / b = 17mm)
	t_S	1,5...1,8 min (M4,6 / Z46 / b = 63 mm)

Bild 3.48 Prozessparameter beim Wälzschleifen mit konventionellen Schleifmitteln

Die Produktivität des Prozesses kann durch die Verwendung **mehrgängiger Schleifschnecken** gesteigert werden. Bei gleichbleibender Schleifscheibendrehzahl (Schnittgeschwindigkeit) erhöht sich die Werkstückdrehzahl proportional zur Anzahl der Gänge, womit sich gleichzeitig das Zeitspanvolumen Q_w erhöht. Durch die höhere Werkstückgeschwindigkeit wird die Kontaktzeit zwischen Zahnflanke und Schleifscheibe reduziert und somit die Gefahr der thermischen Schädigung. Um Teilungsfehler durch periodische Anregungen zu vermeiden, muss bei der

Auslegung des Prozesses berücksichtigt werden, dass die Zähnezahl des Zahnrades nicht durch die Gangzahl der Schleifschnecke teilbar ist.

In Bild 3.48 sind einige für die Wälzschleifbearbeitung mit konventionellen Schleifmitteln übliche Prozessstellgrößen dargestellt, die als Richtwerte für die Prozessauslegung dienen sollen. Das „kontinuierliches Wälzschleifen" ist durch die Wechselwirkungen zwischen Werkstück, Schleifscheibe, Maschine sowie den Schleif- und Abrichtprozessbedingungen äußerst komplex.

3.8 Trennschleifen

Um Werkstücke (Halbzeuge) abzulängen, werden dünne, scheibenförmige Schleifscheiben verwendet. Im industriellen Einsatz unterscheidet man zwischen **Kappschnittmaschinen**, mit i.d.R. nach unten gerichteter Vorschubbewegung und **Fahrschnittmaschinen**, die mehrere hintereinanderliegende Werkstücke durch eine Linearvorschubbewegung bearbeiten können. Als konventionelle Schleifmittel kommen kunstharzgebundene, glasfaserverstärkte Korund-, selten SiC-Scheiben, zum Einsatz. Typische Anwendungen sind das Schienentrennen oder das Heißtrennen in Stahlwerken. Bei Hartmetall, Glas oder auf Labortrennmaschinen werden überwiegend Diamanttrennscheiben verwendet. Als Bindungsmaterial haben sich hier Kunstharze, Sintermetall oder galvanische Bindungen bewährt. Das Gefüge der Schleifscheibe wird idealerweise so eingestellt, dass durch einen Selbstschärfeffekt das Werkzeug kontinuierlich verschleißt und ständig frische, scharfkantige Schneiden zur Verfügung stellt.

4 Grundlagen des Abrichtprozesses

4.1 Einordnung des Abrichtprozesses

Alle als Volumenkörper hergestellten, gebundenen Schleifwerkzeuge verlieren während des Einsatzes im Schleifprozess ihre geometrische Form und Schnittigkeit durch die mechanischen, thermischen und chemischen Prozesswirkungen. Um diesen Verschleiß zu kompensieren bzw. um die Solltopographie (bzw. Oberflächengestalt) wiederherzustellen, wird bei abrichtbaren Schleifwerkzeugen ein zusätzlicher Prozess notwendig: Das **Konditionieren**, im allgemeinen Sprachgebrauch auch **Abrichten** genannt.

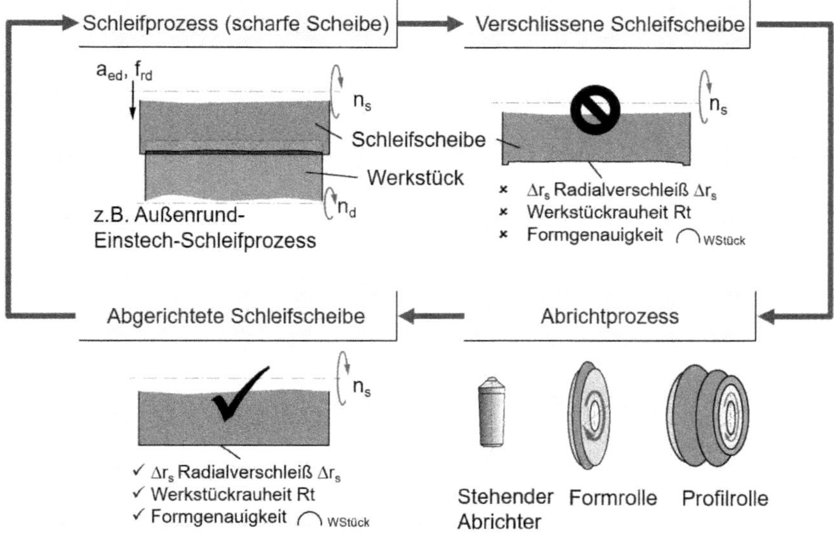

Bild 4.1 Wirkkette beim Schleifen mit abrichtbaren Schleifscheiben: Regenerierung des Schleifbelags durch Abrichten

Bild 4.1 zeigt die Wirkkette beim Schleifen mit einem als Volumenkörper aufgebauten Schleifwerkzeug schematisch: Eine scharfe, schnittige und geometrisch korrekte Schleifscheibe bearbeitet das Werkstück bzw. einige Werkstücke. Durch die Prozesswirkungen entsteht ein Verschleiß, der sich durch verschiedene Kenngrößen am Schleifwerkzeug, im Schleifprozess oder am Bauteil beschreiben lässt (z.B. Werkstückrauheit, Geometriefehler, Randzonenzustand, Schleifkräfte). Ab einer nicht mehr tolerierbaren **Verschleißgrenze** (Rauheit oder Geometriefehler) muss die Schleifscheibe „abgerichtet“ werden, sodass anschließend wieder Werkstücke bearbeitet werden können, die den Qualitätsvorgaben mit passender Profilgeometrie und Mikrogeometrie entsprechen.

Zur Regenerierung der Schleifbelagoberfläche muss ein als Volumenkörper aufgebautes Schleifwerkzeug in regelmäßigen Abständen **konditioniert** werden. In der Praxis spricht man dabei i.d.R. vom **Abrichten.** Dabei wird in einem separaten Prozess (im allgemeinen Sprachgebrauch *Abrichtprozess* genannt) die Makro- und Mikrogeometrie der Schleifscheibe wieder hergestellt. ■

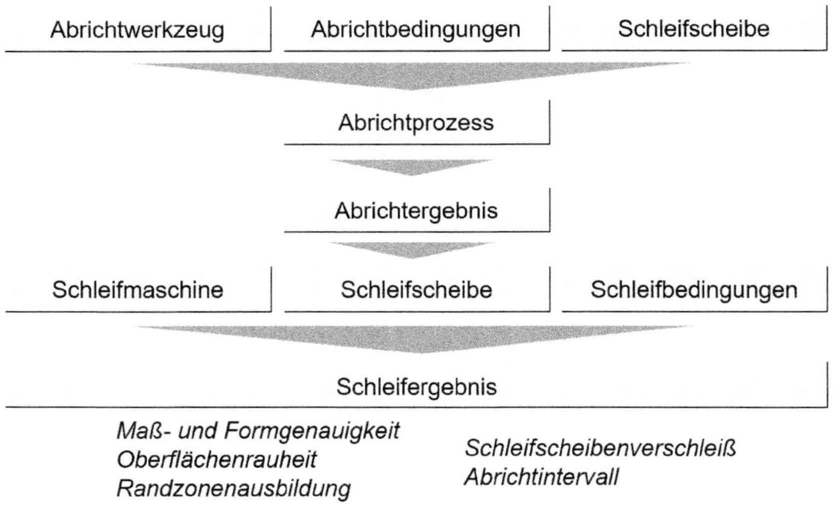

Bild 4.2 Prozessschritte zum Erreichen eines gewünschten Schleifergebnisses

Die übliche Prozessfolge in einem Schleifprozess mit abrichtbaren Schleifscheiben ist: **Schleifen - Abrichten - Schleifen - Abrichten - Schleifen -** usw. Wie viele Werkstücke zwischen den einzelnen Abrichtzyklen bearbeitet werden können, hängt von dem Aufmaß (Zerspanvolumen V_w), der zu erreichenden Qualität (z.B. Maß- und Formgenauigkeit und Oberflächengüte), dem verwendeten Werkzeug (z.B. Schleifmittel), den Stellgrößen (z.B. Zeitspanvolumen Q_w) und den Systemgrößen (z.B. Kühlschmierstoff) ab. Der **Abrichtprozess** selbst wird durch das Abrichtsystem (Abrichtwerkzeug und ggf. Abrichtspindel), die Abrichtbedingungen (die Stellgrößen beim Abrichten) und dem aufzubereitendem Schleifbelag mit seiner Spezifikation definiert. Mit diesen Randbedingungen ergibt sich aus dem Abrichtprozess ein **Abrichtergebnis**, das im Wesentlichen den Solltopographiezustand der Schleifscheibe (die Mikrostruktur der Schleifbelagoberfläche) für den Schleifprozess beschreibt. Zusammen mit den Systemgrößen (wie Schleifmaschine, Kühlschmierstoff usw.) und den Stellgrößen wird im Schleifprozess ein entsprechendes **Schleifergebnis** erreicht (s. Bild 4.2).

Da der Schleifprozess ein durch den Verschleiß des Schleifwerkzeugs geprägter Prozess ist, muss die Schleifscheibe *diskontinuierlich* in separaten Abrichtzyklen oder *kontinuierlich*, z.B. durch CD-Abrichten[184] konditioniert werden.

Das **Konditionieren** eines Schleifscheibe ist das (Wieder-) Einstellen der Schneidenraumstruktur mit einem *Kornüberstand* durch **Schärfen**, das Erzeugen einer geeigneten *Makrogeometrie* des Schleifbereiches durch **Profilieren** und das **Reinigen** der Porenräume im Bereich des Schleifbereiches.[185]
Die beiden Prozessschritte *Abrichten* und *Reinigen* werden zusammen als **Konditionieren**, die Prozessschritte *Profilieren* und *Schärfen* als **Abrichten** bezeichnet (s. Bild 4.3). ■

Konventionelle Schleifmittel (Korund, mikrokristallines Korund oder SiC) für die Schleifbearbeitung von Stahl haben den Vorteil, relativ kostengünstig zu sein. Die Schleifscheibenhersteller können verschiedene Korundspezifikationen (oder Mischungen verschiedener Kornarten) mit einer entsprechend auf den Prozess angepassten Bindung herstellen und damit das Schleifwerkzeug an seine Aufgaben anpassen. Gleiches gilt für SiC, das eher für die Bearbeitung von Nichteisenmetallen oder austenitischen Stählen geeignet ist.

---

[184] Continious Dressing
[185] Lang u. Salé 1989, S. 55

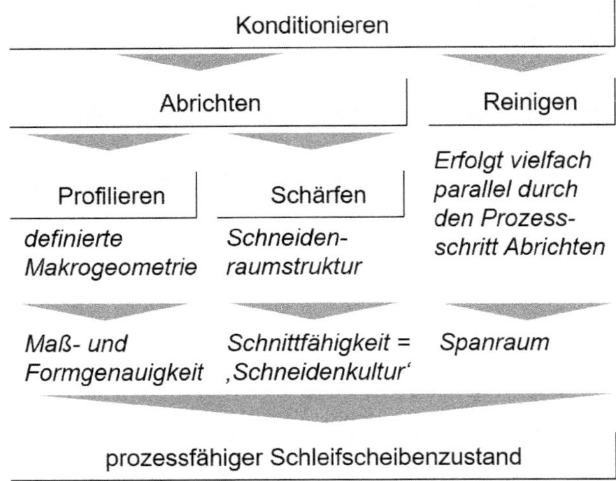

Bild 4.3 Definition Konditionieren - Abrichten – Profilieren – Schärfen - Reinigen

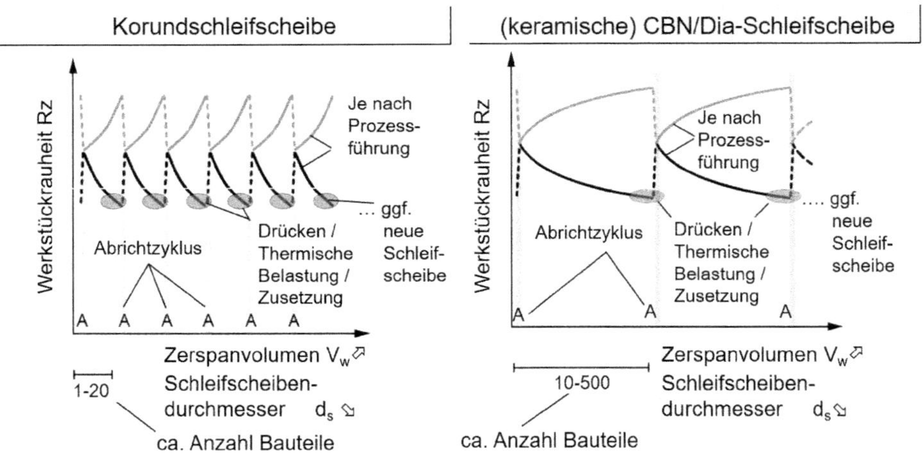

Bild 4.4 Prinzip der Prozessführung beim Schleifen mit abrichtbaren konventionellen und CBN-Schleifscheiben

Neben konventionellen Schleifmitteln haben hochharte **CBN-Schleifscheiben** durch die Entwicklungen abrichtbarer Bindungssysteme einen hohen Stellenwert im Bereich der Serienfertigung von Stahlbauteilen erlangt. Der Vorteil beim CBN-Schleifen liegt in der deutlich höheren Standzeit (charakterisiert durch das G-Verhältnis, s. Kap. 1.8.4). Es lassen sich während eines Abrichtzyklusses deutlich mehr Werkstücke fertigen als mit konventionellen Werkzeugen. Allerdings sind in vielen Fällen komplexe Profile wegen der schlechten Profilierbarkeit nicht herstellbar. **Diamantschleifscheiben** werden eher im Bereich der Hartmetall-, Glas- oder Keramikbearbeitung eingesetzt und sind grundsätzlich nur unter hohem Aufwand regelmäßig abrichtbar. Dies liegt an der Kornhärte – Diamant kann ja schließlich selbst auch nur mit Diamant bearbeitet werden.

4.2 Wirkprinzipien des Abrichtens

Grundsätzlich lassen sich verschiedene Wirkprinzipien für das Abrichten einer Schleifscheibe nutzen. Neben thermischen und (elektro-)chemisch basierten Verfahren sind mechanische Verfahren am häufigsten anzutreffen. Kombinationen verschiedener Wirkprinzipien lassen sich als Hybrid-Verfahren bezeichnen. Eine sehr detaillierte Übersicht mit einer umfangreichen Literaturzusammenstellung ist in *Wegener*[186] zu finden. In der VDI-Richtlinie VDI 3392 „Abrichten von Schleifkörpern – Profilieren und Schärfen" werden die verschiedenen Abrichtwerkzeuge, deren Aufbau und Anwendungsbereiche beschrieben.

Mechanisch

Gebundene geom. undefinierte Schneiden
- Formstabiles AWz
- Verschleißendes AWz

Gebundene geom. definierte Schneiden
- Stehendes AWz
- Rotierendes AWz

Ungebundene Schneiden
- Wasserabrasiv
- Trägerfluid (Suspension)

Stahl
- Crushierrolle

Thermisch

Laser
- Tangential gerichtet
- Radial gerichtet

Funkenerosiv (EDM)
- Drahtelektrode (WEDD)
- Steh. oder rotierende Elektrode (SEDD)
- Kontakterosiv (ECDD)

(elektro-) Chemisch

Elektrochemisch (ECM)
- *Elektrolytische Oxidation der Metallbindung (ELID)*$^{(S)}$
- *Anodische Auflösung der Metallbindung (ECCD)* $^{(S)}$

Chemisch
- *Photokatalyse*$^{(S)}$

Hybrid

Mechanisch und ultraschallunterstützt
- Stehendes AWz
- Rotierendes AWz

Mechanisch und thermisch
- Stehendes AWz u. Laser
- Stehendes AWz u. trocken-funkenerosiv (DEDD)

Mechanisch und (elektro-) chemisch
- Rot. AWz u. chemisch

(elektro-) Chemisch und thermisch
- Elektrochemisch und funkenerosiv (ECDM)

kursiv$^{(S)}$ *= nur Schärfen, kein Profilieren möglich*
AWz = Abrichtwerkzeug

in Anlehnung an Wegener 2011

Bild 4.5 Einteilung der Abrichtverfahren nach ihrem Wirkprinzip

[186] Wegener 2011

Das **mechanisch-basierte Abrichten** lässt sich mit gebundenen und ungebundenen Schneiden realisieren, wobei neben geometrisch undefinierten Schneiden auch definierte Schneiden bei rotierenden und stehenden Abrichtwerkzeugen zum Einsatz kommen. Die **thermisch-basierten Abrichtverfahren** nutzen den Laser oder unterschiedliche Konzepte der Funkenerosion, um durch einen Bindungsabtrag eine Schleifscheibe zu konditionieren. Bei **chemisch-basierten Abrichtverfahren** wird die Bindung chemisch aufgelöst. **Hybride Verfahren** nutzen Kombinationen verschiedener Wirkprinzipien (s. Bild 4.5).

4.2.1 Mechanische Abrichtverfahren

Die nach dem mechanisch-basierten Wirkprinzip arbeitenden Abrichtverfahren lassen sich in die Varianten mit *gebundenen* und *ungebundenen Schneiden* einteilen. Die Verfahren mit gebundenen Schneiden sind in der Praxis am weitesten verbreitet.

4.2.1.1 Abrichten mit ungebundenen Schneiden

Das Abrichten mit ungebundenen Schneiden nutzt i.d.R. einen Wasserstrahl, um abrasive Partikel (Al_2O_3, SiC) mit hoher kinetischer Energie auf die Schleifscheibenoberfläche zu transportieren (s. Bild 4.6). Die erzielbaren Genauigkeiten der erzeugten Profile sind i.d.R. für industrielle Anwendungen nicht ausreichend, sodass sich das Verfahren bisher zum Profilieren von Schleifscheiben nicht durchgesetzt hat. Genaue Profile lassen sich mit diesem Verfahren nicht herstellen.

Für keramisch- oder metallgebundene CBN- und Diamantschleifscheiben kann das **Wasserabrasivstrahl-Schärfen** eingesetzt werden (s. Bild 4.6)[187,188,189]. Dabei wird der Prozess entweder nach dem Vorprofilieren mit Diamantrolle, simultan zum Prozess oder zeitparallel zum Schleifen durchgeführt. Diese Verfahren sind jedoch industriell nicht weit verbreitet.

Weit verbreitetet ist das **Reinigen** der Schleifbelagoberfläche durch hohen Kühlschmierstoffdruck (ohne abrasive Partikel), um Bearbeitungsrückstände (Späne) aus den Poren der Schleifscheibenbindung zu entfernen und damit dem Zusetzten

---

[187] VDI 3392

[188] Wegener 2011

[189] Lang u. Saljé 1989, S. 70ff

der Schleifscheibe entgegenzuwirken. Mittels Flachstrahl-, Schuh-, Rotor- oder Nadeldüsen wird der Kühlschmierstoff außerhalb des Schleifbereiches unter hohem Druck auf den Schleifbelag geleitet, um den Spanraum freizuhalten.

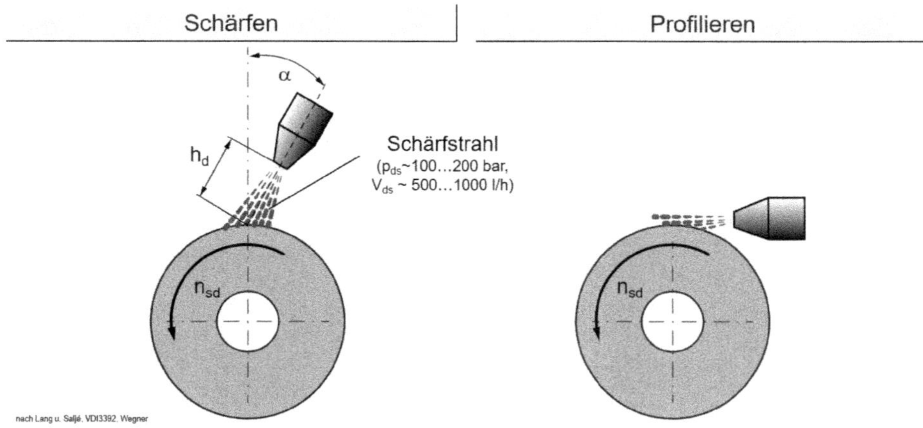

Bild 4.6 Abrichten mit ungebundenen Schneiden (Wasserstrahlabrasiv)

4.2.1.2 Abrichten mit gebundenen Schneiden

Das Abrichten mit gebundenen Schneiden zum Konditionieren von Schleifscheiben ist in der Praxis am weitesten verbreitet. Im Falle keramisch gebundener Schleifscheiben kommen zumeist **Diamant-Abrichtwerkzeuge** zum Einsatz, bei kunstharzgebundenen Diamant-Schleifwerkzeugen auch SiC-Abrichtrollen. Unterscheiden lassen sich grundsätzlich formstabile und verschleißende Abrichtwerkzeuge (s. Bild 4.7). Die **formstabilen Abrichtwerkzeuge** sollen dabei über einen langen Zeitraum ihre Geometrie möglichst genau behalten -ein Verschleiß und damit ein Verlust der Geometrie ist nur in einem geringen Maße zugelassen und wird entweder werkstückseitig toleriert oder durch Korrekturmaßnahmen im Prozess kompensiert. Unterschieden wird dabei zwischen stehenden und rotierenden Abrichtwerkzeugen. **Stehende Abrichter** und die **Formrolle** haben ein werkstückungebundenes Profil (Gerade, Fase, Radius) und werden bahngesteuert an der zu profilierenden Schleifscheibenoberfläche vorbeibewegt. **Profilrollen** und **Crushierrollen** verwenden das Negativprofil der Schleifscheibe und übertragen durch eine Einstechbewegung das Profil auf die Schleifscheibe.

In einigen Sonderfällen wird zusätzlich durch eine kinematische Kopplung der Bewegungen zwischen Schleifscheibe und Abrichtwerkzeug (z.B. durch Abwälzen) ein Profil vom Abrichtwerkzeug auf die Schleifscheibe übertragen. Dies wird als **generierendes Abrichtverfahren** bezeichnet (z.B. Abrichten einer Wälzschleifschnecke mit einem diamantbelegten Meisterrad).

Verschleißende Abrichtwerkzeuge verschleißen im Abrichtprozess und erzeugen kontinuierlich neue, frische Schneiden. Diese Werkzeuge werden bahngesteuert als geometrieunabhängige Abrichtwerkzeuge (Formrolle, stehender Abrichter) beim Abrichten von keramisch gebundenen Schleifscheiben verwendet.

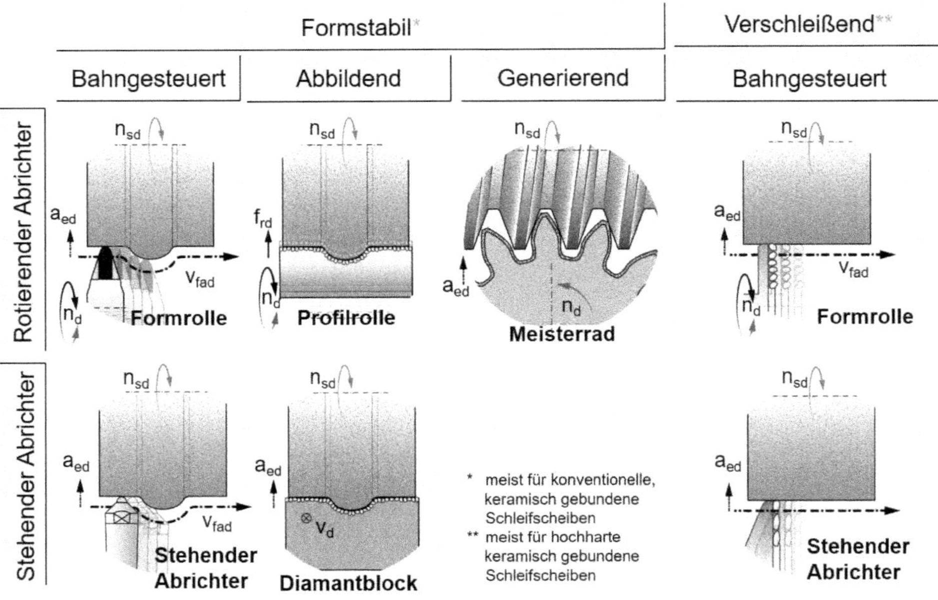

Bild 4.7 Abrichtverfahren, die Werkzeuge mit gebundenen Schneiden verwenden

4.2.1.2.1 Formstabile Abrichtwerkzeuge

Geometrieungebundene Abrichtwerkzeuge nutzen Geraden, Radien, Fasen als Wirkelemente und eine Bahnsteuerung (CNC-Steuerung), um ein entsprechendes Profil auf die Schleifscheibe zu übertragen. Dabei können die Abrichtwerkzeuge entweder als **stehendes Werkzeug** (ähnlich einer Wendeschneidplatte im Drehprozess) oder als rotierendes Werkzeug (**Formrolle**) ausgeführt werden. Die verschiedenen Geometrieelemente werden am Diamant-Abrichtwerkzeug so ausgelegt, dass sich die zu erzeugende Schleifscheibengeometrie unter Nutzung der Bahnsteuerung optimal erzeugen lässt. Bild 4.8 stellt die relevante Abrichtverfahren gegenüber.

Beim Abrichten mit rotierendem Abrichtwerkzeug (Formrolle) sind die Achsen zwischen Schleifscheibe und Abrichter in den meisten Fällen parallel zueinander angeordnet. Für das kombinierte Abrichten der Umfangs- und Planfläche an der Schleifscheibe können die Achsen auch unter einem Winkel zwischen 0° und 90° in der gleichen Ebene schräg zueinander stehen.

In Sonderfällen sieht man in der Praxis auch Formrollen, die unter 90° zur Schleifscheibenachse angeordnet sind. Der Wirkradius r_{pd} für den Abrichtvorgang entspricht dann der halbe Rollendurchmesser $\frac{1}{2} d_d$. Aufgrund der damit senkrecht aufeinander stehenden Geschwindigkeiten zwischen Schleifscheibe v_{sd} und Formrolle v_d liegen bei diesem Abrichtverfahren Bedingungen vor, die bisher kaum wissenschaftlich untersucht wurden.

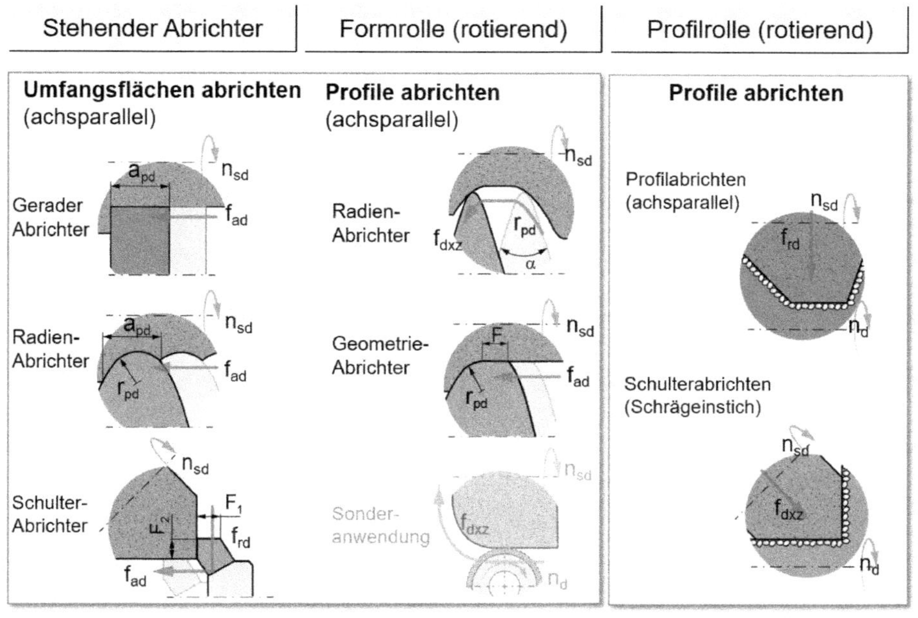

Bild 4.8 Übersicht über die gebräuchlichsten Abrichtverfahren mit formstablilen Diamant-Abrichtwerkzeugen

Das Abrichten mit bahngesteuerter Formrolle erfordert eine gewisse Zeit, da das Abrichtwerkzeug mit einer axialen Vorschubgeschwindigkeit v_{fad} an der Schleifscheibe vorbei bewegt werden muss. Eine geometriegebundene **Profilrolle** wird dagegen nur mit einer radialen Zustellung f_{rd} bzw. einer radialen Vorschubgeschwindigkeit v_{frd} in die Schleifscheibe „eingestochen“, womit das Profil deutlich schneller regeneriert werden kann. Allerdings sind derartige Prozesse anfälliger gegen einen Verschleiß am Abrichtwerkzeug, da sich dieser als Geometrieungenauigkeit auf der Schleifscheibenoberfläche direkt abbildet und i.d.R. nicht kompensiert werden kann. Profilrollen sind geometrisch *unflexibel* und eignen sich nur für die Massenfertigung. Bei einer Änderung der Werkstückkontur wird eine Profilrolle unbrauchbar und muss ersetzt werden.

Profilrollen sind in den meisten Fällen achsparallel zur Schleifscheibe ausgerichtet. In der Anwendung des Schräg-Einstechschleifens zur kombinierten Bearbeitung von Planschultern und zylindrischen Flächen können auch hier die Achsen unter einem Winkel zur Schleifscheibenachse geneigt sein.

In der Praxis sind auch Anwendungen in einer 90°-gedrehten Anordnung bekannt, in denen die konkave Schleifscheibengeometrie über den Rollendurchmesser d_d erzeugt wird.

4.2.1.2.2 Verschleißende Abrichtwerkzeuge

Verschleißende Abrichtwerkzeuge sind nur als stehendes Abrichtwerkzeug oder als Formrolle ausgebildet und werden vorwiegend zum Abrichten hochharter keramisch gebundener CBN-Schleifscheiben verwendet. Bild 4.9 zeigt die Größenverhältnisse schematisch für das Abrichten einer keramisch gebundenen CBN-Schleifscheibe mit verschleißender Formrolle (links) und beim Abrichten einer keramischen Korundschleifscheibe (rechts) mit formstabiler Formrolle (oder stehendem Radien-Abrichter). In einzelnen, seltenen Anwendungen kommen auch verschleißende Abrichtwerkzeuge beim Abrichten von Korundscheiben zum Einsatz. Allerdings ist dann die Bindung des Abrichtwerkzeuges sehr genau auf die vergleichsweise geringe abrasive Wirkung des Korundes einzustellen, um die gewünschten Effekte zu erzielen und eine derartige Werkzeugauslegung sinnvoll zu nutzen.

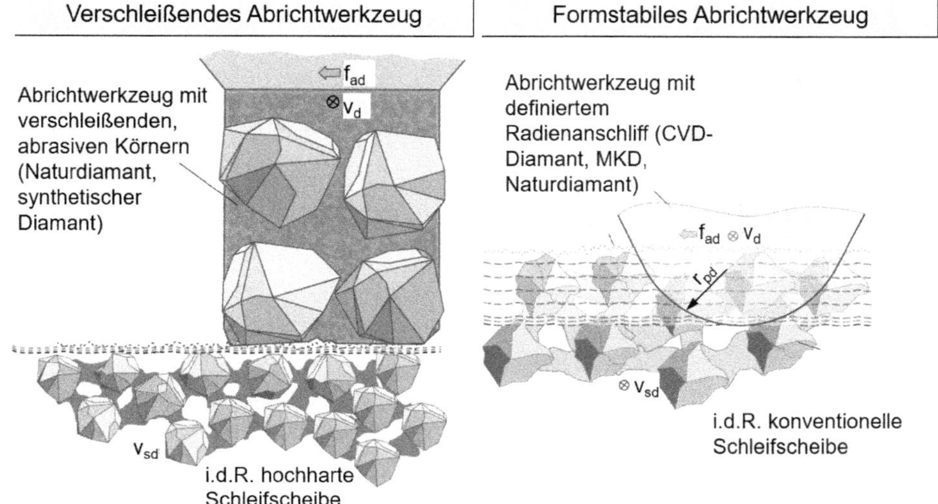

Bild 4.9 Verschleißendes und formstabiles Abrichtwerkzeug beim Abrichten einer hochharten CBN- und einer Korundschleifscheibe (größenrichtige Darstellung)

4.2.1.2.3 Schärfen und Reinigen mit gebundenem Korn

Ein Vorteil von keramischen Bindungen ist, dass ihre Struktur mit einer natürlichen oder künstlichen Porosität hergestellt werden kann. Damit kann beim Abrichten ein zusätzlicher, nachgeschalteter Schärfprozess entfallen. Die Topgraphie erhält bereits beim Profilieren ihre gewollte Mikrostruktur (Schärfe). Andere Bindungssysteme, insb. Kunstharzbindungen, haben diesen Vorteil nicht. Bei ihnen muss die Bindung nach dem Profilieren noch in einem Zusatzprozess zurückgesetzt werden, um eine schnittige Topographie am Schleifwerkzeug zu erhalten.

Für diese Bindungssysteme ist daher nach dem Profilieren ein zusätzlicher Prozessschritt - das **Schärfen** - erforderlich.

Der Schärfblock besteht aus konventionellen Schleifmitteln (Korund oder SiC) in keramischer oder Kunstharz-Bindung. Für reproduzierbare Schärfergebnisse werden die Schärfsteine unter Kühlschmierstoff mit definierten Stellgrößen im Einstech- oder Durchlaufverfahren der Schleifscheibe zugeführt (s. Bild 4.10). Dabei soll nur die Bindung zerspant werden, um einen erhöhten Kornüberstand zu erhalten. Die Schneiden erfahren möglichst keine Veränderungen. Auf einigen Maschinen kann die Zuführung auch von Hand erfolgen, wobei die Schärfsteine dann vorher mit Kühlschmierstoff getränkt werden sollten.

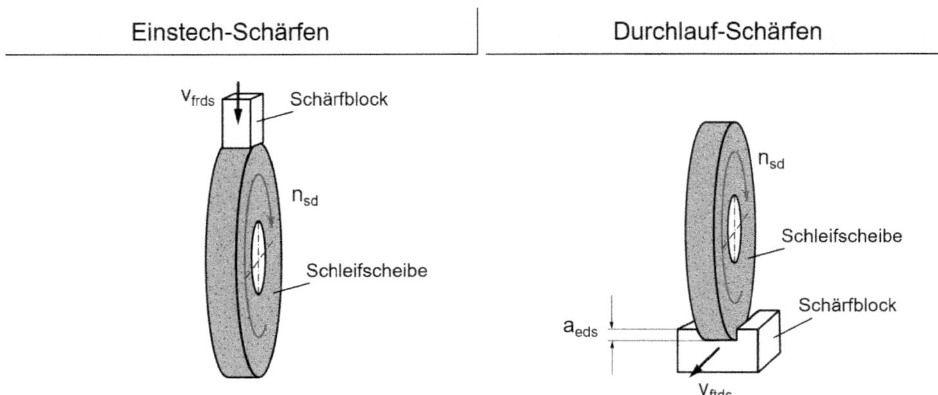

Bild 4.10 Schärfen und Reinigen durch Einstechen und Durchlauf-Schärfen

4.2.2 Thermische Abrichtverfahren

Die thermisch-basierten Abrichtverfahren sind relativ selten und lassen sich in das in der Forschung verwendete Laser-Abrichten und das in der industriellen Praxis eingesetzte kontakterosive Abrichten unterteilen.

4.2.2.1 Abrichten mit Laser

Beim Konditionieren mittels Laser wird ein Nd:YAG-Festkörperlaser verwendet, der entweder normal oder tangential zur Schleifbelagoberfläche ausgerichtet wird (s. Bild 4.11). In der normal ausgerichteten Anordnung ist das Verfahren zum Schärfen, Reinigen und Strukturieren (z.B. zur Erzeugung von künstlichen Porenraum) geeignet. Zum Profilieren einer Schleifscheibenkontur wird der Laser durch eine Bahnsteuerung tangential an der Schleifbelagoberfläche vorbeibewegt, wobei Schleifkorn und Bindung gleichermaßen abgetragen werden.[190,191]

---

[190] Wegener 2011

[191] Azarhoushang 2015a

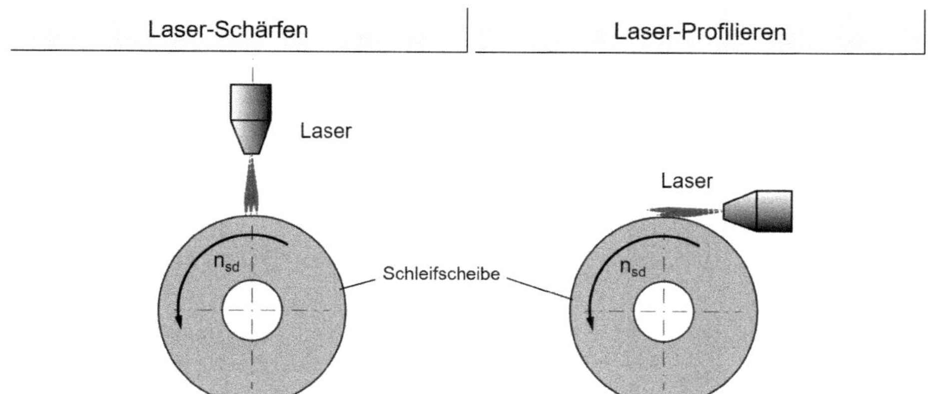

Bild 4.11 Abrichten mit dem Laserstrahl

4.2.2.2 Funkenerosives Abrichten

Die funkenerosive Abrichttechologie kann für elektrisch leitfähige Bindungssysteme, z.B. Sintermetall, verwendet und grundsätzlich in die beiden Verfahrensvarianten Abrichten mit Drahtelektrode und Abrichten mit Senkelektrode unterteilt werden (s. Bild 4.12). Das Prinzip basiert auf dem Fertigungsverfahren „Erodieren (EDM)", indem die elektrisch leitfähige Metall-Bindung durch Funkenentladung verdampft wird. Eine rotierende **Senkelektrode** bietet den Vorteil, dass durch das größere nutzbare Belagvolumen höhere Standzeiten erreicht werden können. Eine Weiterentwicklung des Verfahrens nutzt einen über eine keramische Rolle geführten **Elektrodendraht**, wodurch höhere Führungsgenauigkeiten des Drahtes erreicht werden können. Als Elektrodenwerkstoffe kommen Graphit, Kupfer oder Wolfram zum Einsatz.[192]

[192] s. auch Harbs 1997, S. 34ff

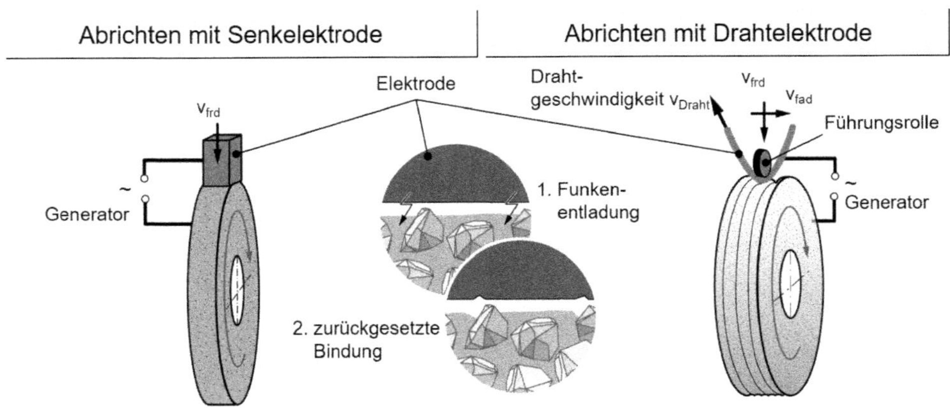

Bild 4.12 funkenerosives Abrichten mit Senk- oder Drahtelektrode

4.2.3 Elektrochemische Abrichtverfahren

Das Wirkprinzip der Elektrolyse wird beim elektrochemischen Abrichten genutzt. Ein zum Schärfen bereits profilierter Schleifscheiben verwendetes Verfahren ist das **elektrolytische In-Prozess Abrichten** (ELID-Abrichten). Dabei wird durch eine Elektrolyse die metallische Bindung der Schleifscheibe oxidiert und im abrasiven Kontakt zwischen Werkstück und Schleifscheibe mechanisch abgetragen, womit ein notwendiger Kornüberstand an der Schleifscheibe erzeugt wird. Das Verfahren regelt sich selbst, indem ein Kreislauf aus Schichtwachstum der Oxid- oder Hydrooxidschicht und deren Abtrag im Schleifprozess entsteht. Mit entsprechenden Schleifscheiben (bis Korngrößen im Submikrometerbereich) lassen sich Rauheiten im Nanometerbereich erzeugen.[193]

Beim **elektrochemical In-Process Controlled Dressing** (ECD) wird durch einen konstanten Elektrolysestrom die Bindung aufgelöst. Das Verfahren ist damit ein klassisches Verfahren zur elektrochemischen Metallauflösung (ECM). Dabei wird die anodisch gepolte, metallische Bindung durch Elektrolyse aufgelöst und abgetragen. Mit dem Verfahren lassen sich sehr große Kornüberstände erzeugen. Zur Optimierung des Verfahrens wurden Versuche mit Doppel- und Folienelektroden durchgeführt. Das ECD-Verfahren hat sich industriell bisher nicht durchgesetzt.[194,195]

---

[193] Azarhoushang 2015b
[194] Falkenberg 1998
[195] Klink 2009, S. 11ff

4.2.4 Hybride Abrichtverfahren

Hybride Abrichtverfahren nutzen verschiedene Wirkmechanismen gleichzeitig, um einen verbesserten Abrichteffekt zu erzielen.

4.2.4.1 Ultraschallunterstütztes Abrichten

Wie beim Schleifen wird die Ultraschallanregung auch beim **ultraschallunterstützten Abrichten** genutzt. Dabei werden stehende oder rotierende Abrichtwerkzeuge mit einer überlagerten, hochfrequenten Anregung im kHz-Bereich mit Amplituden von ca. 2 Mikrometern in Schleifscheibenrichtung eingesetzt. Das Ziel ist eine Reduzierung der Abrichtzeit, verbesserte Prozessbedingungen oder eine verbesserte Werkstückqualität. Das ultraschallunterstützte Abrichten ist noch nicht industriell umgesetzt.[196]

4.2.4.2 Kontakterosives Abrichten

Das **kontakterosive Abrichten** - ECDD (Electro Contact Discharge Dressing) - ist eine Kombination aus Funkenerosion und gleichzeitiger Zerspanung und zählt daher zu den hybriden Abrichtverfahren. Die kontinuierliche Zuführung der Elektrode führt zur Spanbildung durch die Schneiden, womit diese „auf Abstand" gehalten wird. Zwischen den Spänen des Elektrodenmaterials und der Bindung kommt es infolge von elektrischen Feldüberhöhungen zu einer elektrischen Entladung und damit zu einem thermischen Abtrag der Schleifscheibenbindung und des Elektrodenmaterials. Mit wachsendem Kornüberstand nehmen die Entladungsvorgänge ab, womit der Prozess verlangsamt wird. Mit diesem Verfahren kann die Schleifscheibe geschärft und in Grenzen auch profiliert werden. Während des Profiliervorgangs treten geringe mechanischen Kräfte auf, wodurch die erzeugte Konturgeometrie nicht durch Ausbrüche geschädigt werden kann. Die Schleifkörner werden nur für die Spanbildung zur Erzeugung der Funkenentladung benötigt und werden somit durch den Abrichtprozess kaum beschädigt. Im Gegensatz zum klassischen ECM wird bei diesem Verfahren kein Dielektrikum benötigt. Die mittels der Kontakterosion abgerichteten Schleifscheiben sind sehr schnittig und ermöglichen hohe Zerspanleistungen durch die freistehenden Schneiden.

---

[196] Rasifard 2011

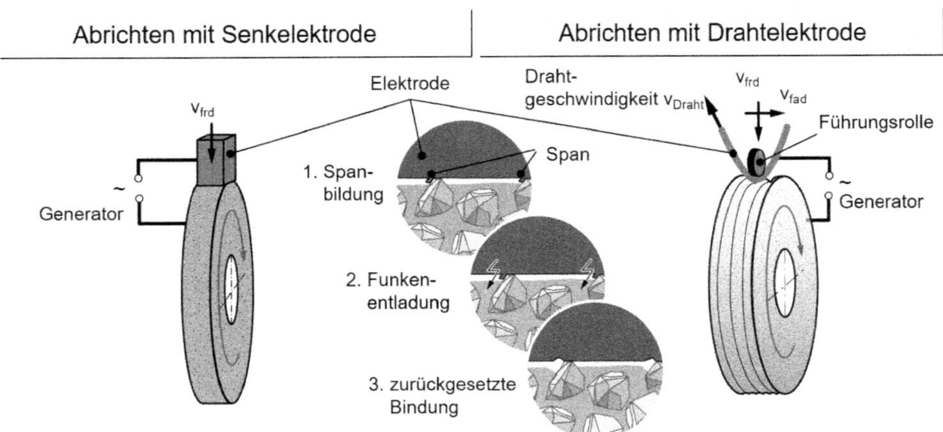

Bild 4.13 Kontakterosives Abrichten mit Draht- bzw. Senkelektrode

Eine Weiterentwicklung des Verfahrens stellt das **kontakterosive Abrichten mittels Drahtelektrode** - WEDD (Wire Electro Discharge Dressing) dar. Es basiert auf dem Prinzip des Drahterodierens. Der von einer Spule abgewickelte, stromführende Draht wird über eine Führungsrolle an der Schleifscheibe vorbeigeführt. Der Vorteil gegenüber dem ECDD-Verfahren besteht in der einfachen Form der Elektrode, die durch ihren Drahtvorschub keinen Verschleiß aufweist bzw. keine Verschleißkompensation erforderlich macht. Durch die geringen Drahtstärken können an der Schleifscheibe Innenradien bis zu $r_s \sim 0{,}05$ mm einprofiliert werden. Außenradien werden durch die Schleifkorngröße und das Bindungsmaterial begrenzt.[197]

[197] Wegener 2011

5 Abrichten mit Diamantwerkzeugen

5.1 Einordnung des Abrichtens mit Diamantwerkzeugen

In der industriellen Praxis werden **Diamant-Abrichtwerkzeuge** eingesetzt, um überwiegend keramisch gebundene Schleifscheiben für die Stahlbearbeitung und viele andere Anwendungen abzurichten. Mit einer Vielzahl unterschiedlicher Ausführungsvarianten von *stehenden Abrichtern*, *Formrollen* und *Profilrollen* können weitgehend alle erforderlichen technologischen und wirtschaftlichen Anforderungen an die Einsatzvorbereitung der Schleifscheiben erfüllt werden. Daher ist das Abrichten mit Diamantabrichtwerkzeugen das am weitesten verbreitete Verfahren in der Praxis. Für einige spezielle Anwendungen (z.B. aus Werkzeugen aus Hartmetall, Keramik oder PCBN, Ultrapräzisionsschleifen) kommen auch andere Abrichtverfahren zum Einsatz. Deren industrielle Verbreitung ist jedoch gering bzw. auf Nischenanwendungen beschränkt. Eine Ausnahme bildet das Abrichten von kunstharz- oder metallgebundenen Diamantschleifscheiben mit SiC-Scheiben. Dies Verfahren hat eine große Bedeutung.

Stehende Abrichter nutzen einen bzw. wenige Diamanten in einem Werkzeug, um mittels einer Bahnsteuerung die erforderliche Makrogeometrie der Schleifscheibe zu erzeugen bzw. wiederherzustellen. Der größte Vorteil liegt im einfachen Aufbau des Werkzeugs, das im Maschinenraum an einer stabilen Aufnahme befestigt wird. Die Investitionen und Wiederbeschaffungskosten sind relativ niedrig, womit dieses Werkzeugsystem für viele Anwendungen eine interessante Lösung ist.

Für den Abrichtvorgang wird der Abrichter mit einem Zustellbetrag a_{ed} zur Schleifscheibe zugestellt und die geometrische Form an der Schleifscheibe mit einem definierten Abrichtvorschub f_{ad} pro Schleifscheibenumdrehung über eine Bahnsteuerung erzeugt. Das Verfahren ähnelt damit in seiner Kinematik dem Drehprozess. Neben der Geometrie, der Art und der Anzahl der Diamanten als Systemgrößen kann der Prozess durch die direkten Stellgrößen Abrichtzustellung a_{ed} und axialen Abrichtvorschub f_{ad} beeinflusst werden. Der Vorschub je Schleifscheibenumdrehung f_{ad} ergibt eine axiale Abrichtvorschubgeschwindigkeit v_{fad} in axialer Schleifscheibenrichtung. In Bild 5.1 sind die wesentlichen Möglichkeiten gegenübergestellt.

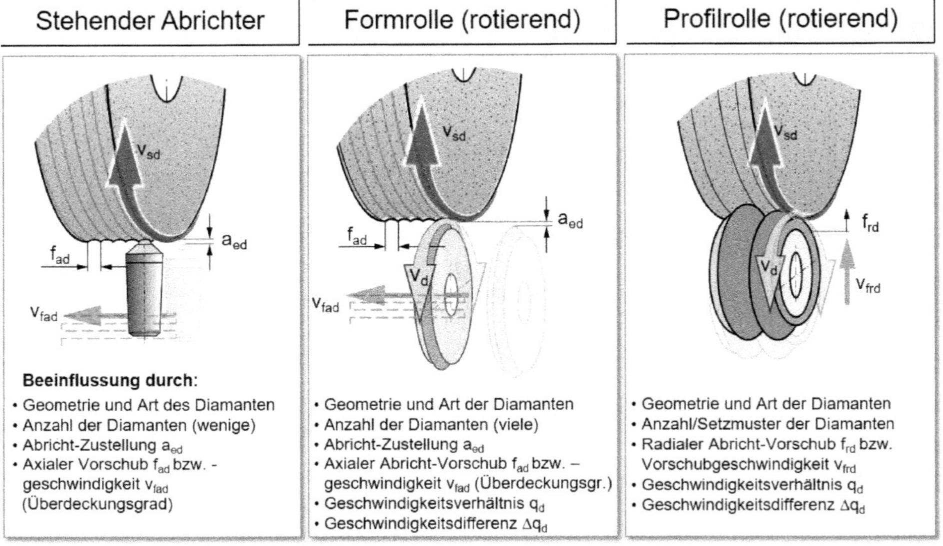

Bild 5.1 Übersicht über die wichtigen Abrichtverfahren mit Diamantwerkzeugen und deren Möglichkeiten, den Prozess zu beeinflussen

Das Abrichten mit **Formrolle** hat gegenüber *stehenden Abrichtern* den Vorteil, dass die Anzahl der nutzbaren Diamanten auf dem rotationsymmetrischen Abrichtwerkzeug deutlich größer ist, was zu einem geringeren Verschleiß an den Diamanten führt. Die aufwendigere Herstellung eines zur Aufnahmebohrung rund- und planlaufenden Diamantbelages macht das Werkzeuge jedoch deutlich teurer als ein stehendes Werkzeug mit wenigen Diamanten. Zusätzlich muss die Formrolle angetrieben werden, sodass Investitionen in eine präzise Abrichtspindel notwendig sind. Neben den Stellgrößen Vorschub f_{ad} und Zustellung a_{ed} lässt sich jedoch die Drehrichtung zur Schleifscheibenumfangsgeschwindigkeit v_s und die Abrichtumfangsgeschwindigkeit v_d variieren. Damit kann der Prozess in weiteren Grenzen beeinflusst werden und ein noch größerer Einfluss auf die Wirkgröße „Arbeitsergebnis“ als bei stehenden Abrichtern genommen wird.

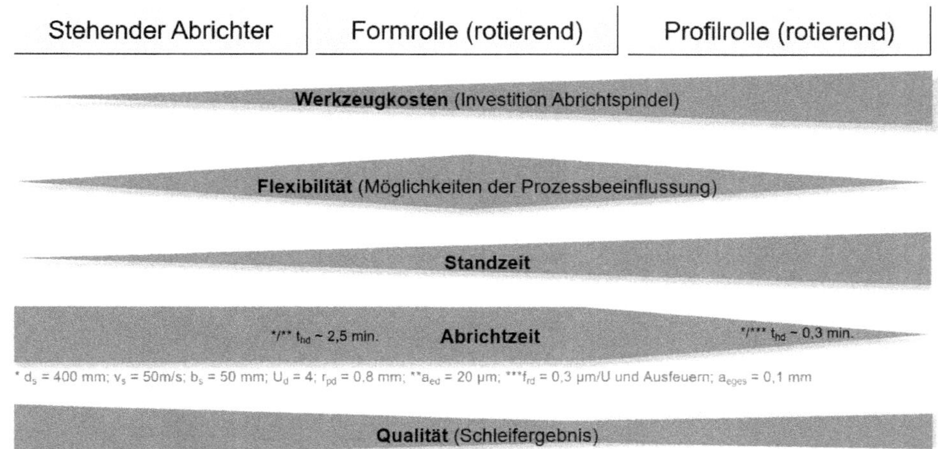

Bild 5.2 Zusammenstellung der wichtigen Entscheidungskriterien für den Einsatz verschiedener Diamant-Abrichtwerkzeuge[198]

Die beiden beschriebenen Abrichtverfahren sind jedoch relativ langsam und führen zu längeren Nebenzeiten durch den Abrichtprozess, da für mehrere Zustellzyklen ($i \cdot a_{ed}$) das Abrichtwerkzeug mit seinem axialen Vorschub f_{ad} an der Schleifscheibe vorbeibewegt werden muss. Je nach abzurichtender Schleifscheibenbreite kommen so Abrichtzeiten t_{hd} von bis zu einigen Minuten zusammen.

Die **Profilrolle** reduziert die Haupt- und Nebenzeiten des Abrichtens, da das gesamte abzurichtende Profil durch ein radiales Einstechen des hochgenauen Diamantprofils in die Schleifscheibe übertragen wird. Da die gesamte Werkstückgenauigkeit in der Diamant-Profilrolle vorliegen muss, sind diese Werkzeuge in der Beschaffung am teuersten. Die Reduzierung der Abrichtzeiten t_d kann diesen Nachteil gerade in der Serienfertigung kompensieren. Da das Abrichten mit Profilrolle nur einen radialen Vorschub f_{rd} je Schleifscheibenumdrehung nutzt, sind die notwendigen Verfahrwege relativ kurz, um das Profil auf die Schleifscheibe zu übertagen. Das abzurichtende Schleifscheibenvolumen wird damit deutlich schneller abgetragen als bei dem vorgenannten Verfahren. Wie bei der Formrolle ist aber auch hier ein Spindelsystem erforderlich, das aufgrund der großen Kontaktbreiten zwischen Profilrolle und Schleifscheibe besonders steif und antriebsstark sein muss.

[198] Die Entscheidung für ein entsprechendes Abrichtsystem wird in den meisten Fällen vom Maschinenhersteller getroffen bzw. für eine Maschinenbeschaffung im Pflichtenheft des Endkunden festgelegt. Eine Änderung einer bestehenden Maschine ist mit erheblichem Aufwand verbunden.

Für eine Maschinenbeschaffung bzw. Prozessauslegung sind die wichtigsten Entscheidungskriterien wie Investitionskosten und erreichbare Qualität im Einzelfall abzuwägen. Zudem sind auch die Standzeiten der Werkzeuge sowie die Abrichtzeiten für eine wirtschaftliche Bearbeitung entscheidend. Da Profilrollen werkstückgeometriegebunden sind, weisen diese im Vergleich die geringste Flexibilität auf. Eine Änderung der Werkstückgeometrie oder der Toleranzen hat i.d.R. zur Folge, dass die Profilrolle unbrauchbar wird. In Bild 5.2 sind wichtige Entscheidungskriterien für den Einsatz der unterschiedlichen Abrichtverfahren gegenübergestellt.

5.2 Kenngrößen des Abrichtprozesses

Der Schleifprozess wird durch eine Reihe von Eingangsgrößen beeinflusst, wie dies in Kap 1.3 (siehe Bild 1.3) verdeutlicht ist. Vom System vorgegeben und damit nicht direkt veränderbar sind die **Systemgrößen** wie der Maschinenaufbau, die in der Maschine genutzten Führungssysteme, die Antriebe, Spindeln und die damit verbundenen Verfahrwege und -genauigkeiten, die Kühlschmiereinrichtung usw. Aber auch die Schleifscheibe, das Werkstück mit seiner Rohteilgeometrie und der Werkstückspannung sind Größen, die nicht direkt beeinflusst werden können. Zusätzlich ist auch das in der Maschine eingesetzte Abrichtsystem als nicht direkt änderbar anzusehen und zählt somit zur Systemgröße.

Um den Prozess nun an seine Aufgabe anzupassen, stehen eine Reihe von **direkten Stellgrößen** zur Verfügung: In den von der Maschine vorgegebenen Grenzen können Abrichtzustellungen, Vorschübe und Geschwindigkeiten verändert werden. Damit ergeben sich im Prozess **abgeleitete Stellgrößen** (Abrichtzeitspanvolumen, Abrichtgeschwindigkeitsverhältnis, Spanungsdicke, usw.), die technologisch und/oder wirtschaftlich den Prozess beschreiben und sich aus einer Kombination aus den direkten Stellgrößen und den Systemgrößen (z.B. Diamantgröße, -form und -verteilung) ergeben. Diese Größen dienen der Vergleichbarkeit und Einordnung des realisierten Prozesses und geben Hinweise zu Optimierungsmöglichkeiten.

Im Prozess werden die **Prozessgrößen** wie Kräfte, Temperaturen, Schwingungen usw. erzeugt, die eine direkte Auswirkung auf das Prozessergebnis – beschrieben durch die **Ausgangsgrößen** wie Genauigkeiten, Werkstückeigenschaften usw. – haben.

Bei den Schleifanwendungen mit abrichtbaren Schleifscheiben ist somit neben dem Schleifprozess zur Erzeugung des Werkstücks zusätzlich die Schleifscheibenvorbereitung durch den **Abrichtprozess** zu berücksichtigen.

Das Abrichten ist durch System- sowie direkte und abgeleitete Stellgrößen gekennzeichnet. Die Prozessgrößen beim Abrichten beeinflussen das Arbeitsergebnis in Form einer abgerichteten Schleifscheibe mit einer entsprechenden Schnittigkeit und Genauigkeit, und damit in weiten Grenzen den eigentlichen Schleifprozess.

Die Vielzahl der möglichen Parameter in einem Schleifprozess und die entsprechenden Abhängigkeiten zwischen den beiden Prozessen Abrichten und Schleifen macht den Gesamtprozess zu einem sehr komplexen System. Die weiteren Kapitel beschreiben die wichtigsten Möglichkeiten, einen Schleifprozess durch das Abrichten zu beeinflussen.

5.3 Systemgrößen beim Abrichten

5.3.1 Diamantarten und Qualitäten

Diamant ist wegen seiner Festigkeit der einzig sinnvoll nutzbare Werkstoff, um Werkzeuge zum profilgenauen Abrichten herzustellen. Für die Auslegung der geometrischen Form des Abrichtwerkzeugs, dessen notwendige Diamantierung und der Realisierbarkeit der Genauigkeit greifen die Diamantwerkzeughersteller auf einen jahrelangen Erfahrungsschatz der technischen Umsetzungsmöglichkeit zurück. Damit muss das Abrichtwerkzeug mit dessen spezifischer Diamantierung als Systemgröße für die Prozessauslegung betrachtet werden. Je nach Werkzeugtyp stehen dem Werkzeughersteller eine Reihe unterschiedlicher Diamantarten und -qualitäten zur Verfügung, die in Verbindung mit unterschiedlichen Bindungssystemen und Herstellverfahren zu einem Abrichtwerkzeug konzipiert werden können.

Neben Naturdiamanten sind häufig synthetisch hergestellte monokristalline Diamanten (MKD) und seit Ende der 1990er Jahre die aus einem kohlenstoffhaltigen Gas erzeugten CVD-Diamanten im Einsatz. Insbesondere der letztgenannte wird für die Herstellung von Abrichtwerkzeugen in stehenden Abrichtern und Formrollen häufig eingesetzt, da er gegenüber Naturdiamanten eine geometrisch definierte Form und gegenüber MKD ein gutes Preis-Leistungsverhalten aufweist. Außerdem haben CVD-Diamanten sehr gute Festigkeitseigenschaften. Bild 5.3 stellt die für Abrichtwerkzeuge häufig eingesetzten wesentlichen Diamantarten gegenüber.

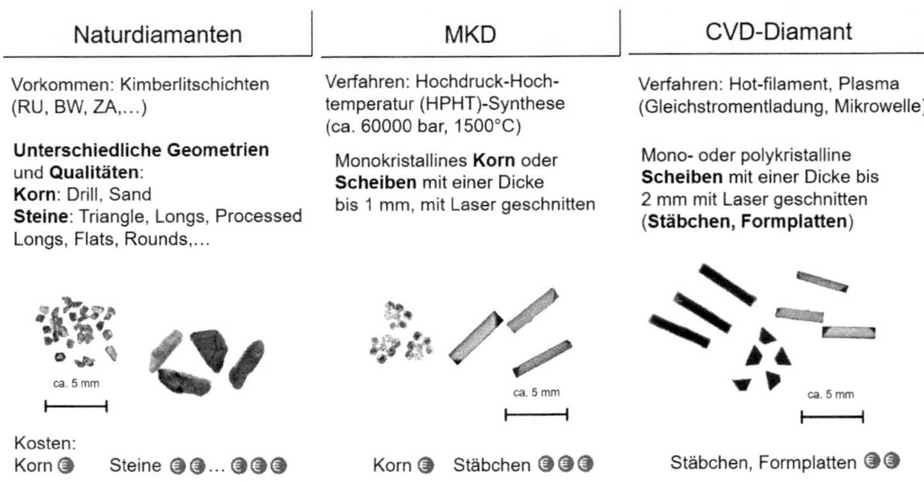

Bild 5.3 Verschiedene Diamantqualitäten für Diamant-Abrichtwerkzeuge

5.3.2 Diamantierung

Unter dem Begriff **Diamantierung** wird die Art der Diamantanordnung im Abrichtwerkzeug, z.T. in Verbindung mit dem verwendeten Diamantmaterial, verstanden.

Durch die unterschiedlichen geometrischen Formen und ihrer spezifischen Eigenschaften werden sehr unterschiedliche Diamantarten in Abrichtwerkzeugen eingesetzt (s. Bild 5.4). **Stehende Abrichtwerkzeuge** nutzen relativ wenige Diamanten. Naturgewachsene, qualitativ hochwertige Steine werden häufig für große Diamantkörnungen ab D60,1 z.B. für Einkornabrichter oder Profilrollen, eingesetzt. Beim Einkornabrichter ragt ein einzelne Spitze des Diamanten aus der, den Stein haltenden Bindung heraus. Sofern die Spitze verschlissen ist, kann der Diamant beim Hersteller umgelötet werden, um durch Nutzung einer anderen Spitze die Gesamtlebensdauer des Werkzeugs zu erhöhen. Aufgrund der naturgewachsenen Form der Diamanten sind diese Werkzeuge für das Abrichten komplexer Schleifscheibengeometrien weniger gut geeignet. Die Aufnahmen der Werkzeuge sind sehr unterschiedlich, zumeist jedoch als standardisierte Kegelaufnahme ausgeführt.

Hochwertige Naturdiamanten sind selten und teuer, sodass bis zur einer Korngröße von max. D801 häufig synthetische Diamanten eingesetzt werden, deren

Schneidengeometrie – ein Radius oder Fläche – durch Anschleifen erzeugt wird. Diese als **Profildiamant** bezeichneten Abrichter werden vielfach zum Abrichten komplexer Schleifscheibenkonturen verwendet. Mehrere synthetische Diamanten (MKD bzw. CVD-Diamant), unter- bzw. hintereinander angeordnet, erhöhen die Standzeit der Werkzeuge, um komplexe Konturen wirtschaftlich abrichten zu können. Bei den Werkzeugen haben sich unterschiedlichste Klemmungen auf dem Markt etabliert. Zumeist kommen prismatische Aufnahmen mit einer Bohrung zum Einsatz.

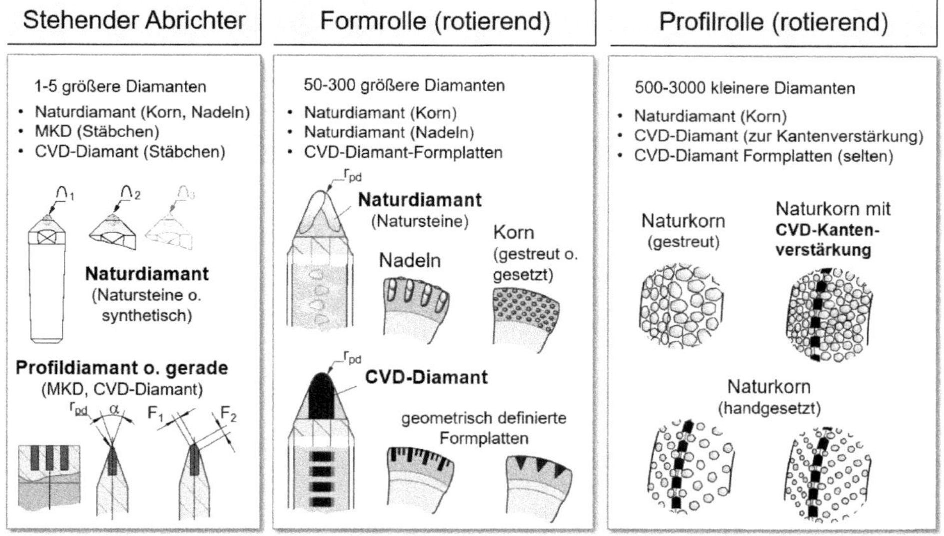

Bild 5.4 Möglichkeiten der Diamantierung von Diamant-Abrichtwerkzeugen

Formrollen nutzen deutlich mehr Diamantmaterial als stehende Abrichter. Die einzelnen Diamanten sind umfangsseitig mittels einer Bindung im Abrichtwerkzeug gehalten und werden durch Anschleifen in die gewünschte Form (Radien und/oder Flächen) und den erforderlichen Rund- und Planlauf zur Werkzeugaufnahmebohrung gebracht. Auch hier werden Naturdiamanten in Form von körnigem Material (Grit) oder längliche Diamanten (Nadeln) verwendet. Aufgrund der schwankenden und ungleichmäßigen Qualitäten und Verfügbarkeiten auf dem Markt kommen seit einigen Jahrzehnten überwiegend CVD-Diamanten zum Einsatz. Die Form des CVD-Diamant-Materials kann durch Zuschnitt leicht an die geometrischen und technischen Erfordernisse der Formrolle angepasst werden. Diamantstäbchen decken kleinere Radien ab, lasergeschnittene Formplatten können für größere oder komplexere Geometrien verbaut werden.

Als weiteres Abrichtwerkzeug kann die **Diamant-Profilrolle** genutzt werden, die die gesamte Geometrieinformation sehr schnell, dafür jedoch werkstückgebunden in die Schleifscheibe übertragen kann. Die geometrisch komplexen, mit Diamanten belegten Umfangsflächen der Profilrollen werden durch einen Einstechvorgang in die Schleifscheibe übertragen. Um die geforderten Werkstückgenauigkeiten über einen langen Zeitraum erzielen zu können (Verschleiß), werden bei der Auslegung der Profilrollen die Werkstücktoleranzen halbiert oder gedrittelt. Die Diamantierung der Profilrollen besteht überwiegend aus Natur- oder synthetischen Diamanten. Das rundliche Diamantkorn in einem Korngrößenbereich von ca. D151 bis D601 wird je nach Herstellverfahren gestreut, d.h. in einer dichten, regellosen Anordnung oder in regelmäßigen, dem Prozessverhalten erforderlichen, Setzmustern in der Bindung gehalten. Exponierte Werkzeugbereiche wie Spitzen und Kanten, können mit zusätzlichen Steinen -CVD-Diamant oder besonders verschleißfeste Naturdiamanten- verstärkt werden. In diesen Fällen spricht man von **kantenverstärkten Abrichtwerkzeugen**. In bestimmten Ausnahmefällen (z.B. Abrichtwerkzeuge für das kontinuierliche Wälzschleifen oder filigrane Profilrollen für Messeranwendungen) werden auch Profilrollen nur mit CVD-Diamanten ausgestattet.

5.3.3 Diamantanschliff

Grundsätzlich unterliegen alle Abrichtwerkzeuge einer hohen Belastung durch die Prozesswirkungen im Kontaktbereich mit der Schleifscheibe. Durch mechanische, thermische und chemische Wirkungen während des Abrichtvorgangs verschleißt der Diamant, womit sich die Geometrie des Abrichtwerkzeugs verändert. Je nach erforderlicher Genauigkeit des herzustellenden Bauteils ist ein bestimmter Verschleiß (Anflächungen, Radienveränderungen, Geometrieänderungen) tolerierbar. Lassen sich Geometrien beim Abrichten jedoch nicht mehr in den erforderlichen Toleranzen erzeugen oder die Schleifscheibe nicht mehr in einer erforderlichen Schnittigkeit abrichten, muss das Abrichtwerkzeug ersetzt werden.

Einige Abrichtwerkzeuge können beim Werkzeughersteller „nachgeschliffen“ werden. Dabei wird der noch vorhandene Diamant durch Anschleifen wieder in seine ursprüngliche Geometrie (Radius, Fase, Kombinationen) gebracht. Die damit verbundene geringe Reduzierung des Werkzeugdurchmessers des Abrichtwerkzeugs kann durch die Maschinensteuerung kompensiert werden. Bild 5.5 zeigt die möglichen und nicht-möglichen Nachschleifbarkeiten der betrachteten Abrichtwerkzeuge. **Einkorndiamanten** können ausgelötet und umgesetzt (umgelötet) werden, womit eine neue Diamantspitze die weiteren Abrichtaufgaben übernehmen kann. **Stehende Profildiamanten** mit einer CVD-Diamant- oder MKD-Diamantierung lassen sich recht gut nachschleifen, sofern die Diamanten nur einen Profilverlust aufweisen. Werkzeuge, deren Diamanten im Prozess herausgebrochen sind (z.B. durch Überbelastung infolge zu hoher Abrichtkräfte oder Crash), sind in den meisten Fällen irreparabel.

Gleiches gilt für **Formrollen**, die grundsätzlich als nachschleifbar gelten. Zu beachten ist jedoch, dass bei Formrollen mit einer *Naturdiamant-Diamantierung* häufig das gesamte Abrichtverhalten nach einem Nachschliff verändert ist. Zumeist sind die Naturdiamanten nicht nur verschlissen und weisen damit größere Anflächungen auf, sondern sie sind auch mechanisch durch Aus- und Abbrüche beschädigt, sodass ihre Form sich verändert hat. Ein Nachschleifen, d.h. ein Wiederherstellen der Geometrie durch äquidistantes Nachsetzen der Originalgeometrie bewirkt, dass sich der Traganteil der einzelnen Diamanten vergrößert bzw. zumindest verändert. Das Werkzeug wird im Vergleich zum Neuzustand ein anderes (schlechteres) Abrichtverhalten aufweisen.

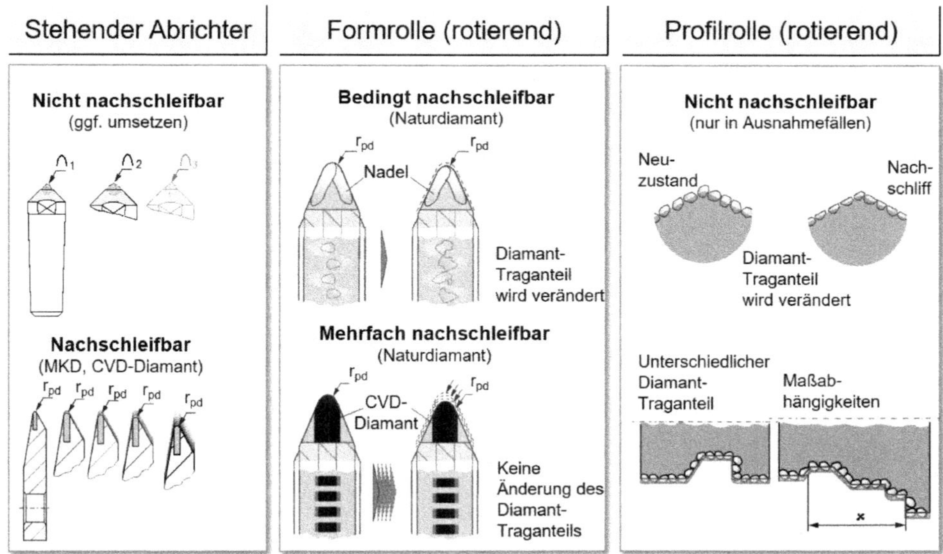

Bild 5.5 Möglichkeiten des Nachschleifens von Diamant-Abrichtwerkzeugen

Diesen Nachteil weisen Formrollen mit einer *CVD-Diamantierung* nicht auf. Die in geometrische Formen lasergeschnittenen CVD-Diamanten sind tief in die Bindung des Abrichtwerkzeugs reichend und damit i.d.R. bis zu 5 mal nachschleifbar. Aufgrund der geometrisch definierten Form wird bei jedem Nachschliff wieder ein

Traganteil der Diamanten mit scharfen Kanten erzeugt, der der Ausgangsdiamantierung entspricht. Die durch das Nachschleifen erzeugte Durchmesserreduzierung des Werkzeugs von wenigen Zehntel Millimetern stellt für die meisten Anwendungen keine Problematik dar. Diese Werkzeuge sind erst bei einem größeren Diamantverlust durch Ausbruch oder durch eine zu geringe Einbettungstiefe in der Bindung nicht mehr nachschleifbar.

Profilrollen sind grundsätzlich *„nicht nachschleifbar"*. Bei komplexeren Profilen lassen axiale Maßabhängigkeiten ein äquidistantes, radiales Nachsetzen der Profilgeometrie nicht zu. Zudem werden durch das Anschleifen unterschiedliche Traganteile an den Diamanten erzeugt, die sich negativ auf das Abrichtverhalten auswirken. Es gibt auch hier Ausnahmen bei Werkzeugen mit geometrisch einfachen Geometrien, jedoch führen Änderungen des Traganteils der Diamanten (Anflächungen der zumeist rundlichen Körnungen) in jedem Fall zu einer Veränderung des Abrichtverhaltens. In dem meisten Fällen ist es nicht wirtschaftlich, Profile im Mikrometerbereich zu korrigieren.

5.3.4 Abrichtspindelsysteme und Abrichterhalter

Die Abrichtwerkzeuge müssen im Arbeitsraum der Maschine positioniert und durch die Verfahrbewegungen der Maschinenachsen für die Schleifscheibe erreichbar sein. Zudem ist die **Abrichtstation** mit einer entsprechenden Kühlschmierstoffversorgung auszustatten, um den Prozess zu kühlen.

Im Wesentlichen lassen sich drei unterschiedliche Diamantabrichtverfahren unterscheiden: **Stehende Abrichter mit Abrichterhaltern** sowie **Form- und Profilrollen, die mit einer Abrichtspindel angetrieben werden**. Das Abrichtsystem gehört zu den Systemgrößen der Maschine, da dieses auf einer Maschine nicht einfach geändert werden kann. Für den Abrichtprozess ermöglicht die Abrichtspindel die Steuerung der Spindeldrehzahl n_d und damit das Abrichtgeschwindigkeitsverhältnis q_d beim Abrichten. Die Spindelantriebsleistung entscheidet über mögliche Abrichtzustellungen a_{ed} oder die Ausführungsform des Abrichtwerkzeugs. Die Spezifikationen der Abrichtspindeln sind daher wichtig für die Auslegung des Abrichtprozesses.

Die **Abrichterhalter** stehender Abrichtwerkzeuge werden in der Maschine üblicherweise entweder am Werkstückspindelstock, dem Reitstock oder dem Maschinentisch positioniert. Die Abrichterhalter der Abrichtwerkzeuge sind mit der entsprechenden Gegenaufnahme ausgeführt, um die Werkzeuge schnell wechseln zu können. Ähnlich dem Werkzeugrevolver einer Drehmaschine sind auf einigen Maschinen sternförmige Ausführungen, die ein Einschwenken verschiedener Abrichtwerkzeuge erlauben, verfügbar. In der überwiegenden Zahl der Maschinenausführungen beschränkt sich das Abrichten jedoch zumeist auf *ein* Abrichtwerkzeug. Bei einigen Maschinenherstellern lassen sich Abrichter auch in den Arbeitsraum einschwenken. Grundsätzlich sollte der Abrichter durch eine verwindungssteife und stabile Aufnahme gespannt werden, um dynamische Effekte beim Abrichten zu vermeiden.

Bei den **Abrichtspindeln für Formrollen** ist das abzubildende Drehzahl-Leistungsspektrum für die unterschiedlichen Anwendungsgebiete recht groß. Daher sind eine Vielzahl unterschiedlicher **Abrichtspindeln** auf dem Markt, die einerseits für große Drehzahlen bis ca. 60.000 U/min, andererseits für höhere Genauigkeiten mit höheren Steifigkeiten bei etwas geringeren Drehzahlen (bis n_d = 15.000 U/min) konzipiert sind. Die schneller laufenden, kleineren Spindeln (Gehäusedurchmesser ø33 bis ø60 mm) sind eher im Bereich der Innenschleifanwendungen anzutreffen und können durch die geringe elektrische Antriebsleistung (bis ca. $P_s \sim$ 0,25 kW) auch nur Formrollen mit kleineren Durchmessern aufnehmen. Durch die kleinen Lagerdurchmesser ist die Steifigkeit derartiger Spindeln begrenzt. Für hochgenaue Anwendungen stehen größere Spindeln (Gehäusedurchmesser 70 bis 100 mm) zur Verfügung, die Drehzahlen bis ca. n_d = 15.000 U/min bei Maximalleistungen bis $P_s \sim$ 1,5 kW realisieren können.

Zu beachten ist, dass jede Abrichtspindel ein gewisses **axiales Spiel** aufweist. Eine Änderung der auf die Spindel wirkenden Kraftrichtung verursacht eine (wenn auch geringe) axiale Lageverschiebung und kann somit beim Abrichten mit Formrolle zu Geometriefehlern am Werkstück führen[199]. ■

Profilrollen werden entweder mit Motorspindeln oder, für sehr große bzw. breite Profilrollen, mit beidseitig gelagerten **Rollendornen** angetrieben. Eine beidseitige Lagerung bietet dabei die höchste Steifigkeit. Die auf dem Rollendorn montierte Profilrolle kann über Riemen oder Kupplung z.B. mit einem frequenzgesteuerten Asynchronmotor oder Servomotor angetrieben werden. Aufgrund der hohen Abrichtkräfte müssen die Spindeln für große Drehmomente ausgelegt sein.

Viele Abrichtspindeln (vor allem für Formrollen) sind mit zusätzlichen **Überwachungssensoren** ausgestattet. Ein *Körperschallsensor* (AE-Sensor = Acoustic Emission-Sensor) in der Spindelnase ermöglicht es, den Erstkontakt zwischen

---

[199] s. dazu Kap. 5.10.2.1

Schleifscheibe und Abrichtwerkzeug zu erkennen. Damit ist es auch möglich, den Abrichtprozess zu steuern und z.B. unnötige Leerhübe zu vermeiden oder das Abrichten des Profils zu überwachen. *Temperatursensoren* überwachen die Lagererwärmung und können so der Maschine z.B. eine Überlastung melden. *Drehzahlsensoren* sind entweder ebenfalls für eine Zustandsüberwachung (z.B. Spindeldrehzahl erreicht, Spindel steht) nutzbar oder ermöglichen eine Drehzahlregelung. Gerade bei hochgenauen Abrichtaufgaben sind teilweise entsprechend hohen Drehzahlgenauigkeiten erforderlich (z.B. Punktcrushieren[200], Abrichten mit variablen Drehzahlen).

5.4 Direkte Stellgrößen beim Abrichten

5.4.1 Abrichtumfangsgeschwindigkeit

Wie bereits im Kap. 1.5.1 für die Umfangsgeschwindigkeiten profilierter Schleifscheiben erläutert, ist die Umfangsgeschwindigkeit der Rolle beim Abrichten v_d auch bei Profilrollen eine Funktion des Profilrollen-Durchmessers. Formrollen nutzen nur einen kleinen Bereich des Außendurchmessers (Fase und/oder Radius), sodass bei diesen Werkzeugen nur der Außendurchmesser d_d zu berücksichtigen ist.

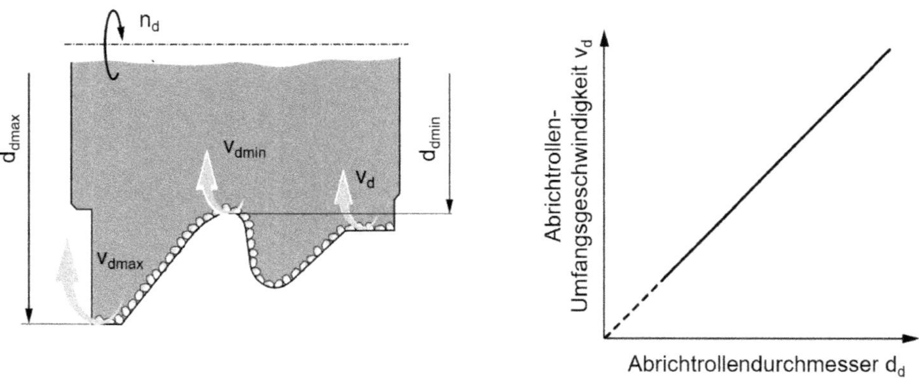

Bild 5.6 Umfangsgeschwindigkeit an einer Profilrolle als Funktion des Rollendurchmessers

[200] z.B. Hessel 2003

5.4.2 Axialer Abrichtvorschub

Beim Abrichten mit **stehendem Abrichter** und **Formrolle** ist der *axiale Abrichtvorschub* f_{ad} eine wichtigste Stellgröße des Abrichtprozesses. Der axiale Abrichtvorschub f_{ad} ergibt sich als Vorschubweg je Umdrehung der Schleifscheibe und wird in mm/U$_S$ angegeben (häufig vereinfacht in der Einheit mm). Bei vielen Schleifmaschinen wird als Stellgröße die Vorschubgeschwindigkeit v_{fad} verwendet, sodass die Schleifscheibendrehzahl[201] n_{sd} berücksichtigt wird.

$$v_{fad} = f_{ad} \cdot n_{sd} \tag{5-1}$$

Bild 5.7 zeigt die Eingriffsverhältnisse beim Abrichten mit geradem Abrichter und Radienabrichter schematisch. Durch die Zustellung a_{ed} ergibt sich eine aktive Zerspanfläche, die im Falle eines geraden Abrichters einen rechteckigen und im Falle eines Radienabrichters einen kommaförmigen Querschnitt hat. Die Berührline zwischen Abrichter und Schleifscheibe ist beim geraden Abrichter die Länge der Abrichterbreite $a_{pd} = b_d$. Beim Radienabrichter ist $a_{pd} < b_d$, wobei die sogenannte Wirkbreite b_d die theoretische Breite des Abrichters bei der Tiefe a_{ed} ist.

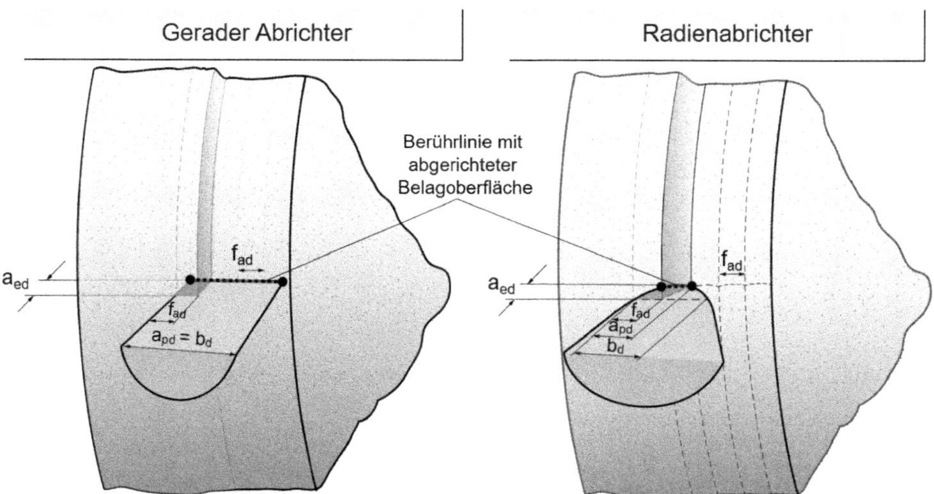

Bild 5.7 Axialer Vorschub beim Abrichten mit geradem Abrichter und Radienabrichter

---

[201] n_{sd} ist die Schleifscheibendrehzahl beim Abrichten. In den meisten Fällen, sollte die Schleifscheibe jedoch bei der Drehzahl abgerichtet werden, bei der auch geschliffen wird.

Die Kontaktverhältnisse sind die gleichen wie beim Drehprozess (wobei beim Drehen die Zustellung als a_p und der Vorschub als f bezeichnet wird). Die Bearbeitung mit einem **geraden Abrichter** entspricht übertragen auf den Drehprozess am ehesten der Bearbeitung mit einem Werkzeug mit Einstellwinkel $\kappa = 0°$ (sog. Wiper-Technologie), um einen „Glättungseffekt" zu erzielen. Beim Abrichten mit geradem Abrichtwerkzeug glättet die gerade Werkzeugschneide die erzeugte Oberfläche durch die „nachlaufende Schneide", da $a_{pd} = b_d > f_{ad}$. Eine feinere Oberfläche kann somit durch eine Reduzierung des axialen Vorschubes f_{ad} oder ein breites Abrichtwerkzeugs (größere Wirkbreite b_d) erreicht werden. In der Praxis hat sich als guter Ansatz bewährt, den axialen Abrichtvorschub f_{ad} etwa so groß wie zu wählen wie das Korn der Schleifscheibe d_k.

Diesen „Glättungseffekt" gibt es beim **Radienabrichter** nicht.

Ein Radienwerkzeug, das mit einem axialen Vorschub f_{ad} an der Schleifscheibe vorbeibewegt wird, berührt die Schleifscheibe mit der aktiven Kontaktlinie der Breite a_{pd} nur ein einziges Mal. Eine feinere Oberfläche kann somit nur durch eine Reduzierung des axialen Vorschubes f_{ad} oder einen größeren Abrichtradius r_{pd} erreicht werden, indem damit die Tiefe der erzeugten Wellenstruktur (R_{ths}) reduziert wird.

■

5.4.3 Abrichtzustellung

Beim Abrichten mit **stehendem Abrichter** und **Formrolle** wird das Abrichtwerkzeug durch einen axialen Zustellbetrag relativ zur Schleifscheibe in den Kontakt mit der Schleifscheibe gebracht. Diese Zustellung analog der Zustellung a_p eines Drehmeißels, als Abrichtzustellung a_{ed} bezeichnet und außerhalb des Eingriffs Schleifscheibe/Abrichter realisiert. Für den eigentlichen Abrichtvorgang, d.h. die Materialabnahme an der Schleifscheibe, ist zusätzlich ein axialer Vorschub f_{ad} notwendig. Der Abrichtzustellbetrag a_{ed} beträgt üblicherweise:

- a_{ed} = 10 bis max. 40 µm beim Abrichten keramisch gebundener *konventioneller* Schleifscheiben mit stehendem Abrichter oder Formrolle,
- a_{ed} = 2 bis 5 µm beim Abrichten von keramisch gebundenen *CBN-* und *Diamant*-Schleifscheiben (mit i.d.R. verschleißenden Formrollen).

Bild 5.8 stellt das CNC-Abrichten mittels Formrolle bzw. stehendem Abrichter mit einem entsprechenden Radienabrichter dem CNC-Drehprozess gegenüber. Während beim Drehen ein duktiler, plastisch verformbarer Werkstoff bearbeitet wird, bilden sich durch die Spanbildung und die kontinuierliche Werkstofftrennung auf der Oberfläche Vorschubmarkierungen in Form eines Gewindes aus, der in der Praxis hauch häufig als „Drall“ bezeichnet wird.

Die Kinematik beim CNC-gesteuerten Abrichten mit stehendem Abrichter oder Formrolle entspricht der Kinematik des Drehprozesses, wobei die Schleifscheibe als Werkstück angesehen werden kann und das Werkzeug entweder steht (stehender Abrichter) oder rotiert (Formrolle). Da abrichtbare Schleifscheiben sprödharte Körper sind, brechen während des „Spanbildungsvorgangs“ Kornsplitter, ganze Kornfragmente, Bindungsteile und Zusetzungen[202] aus der Schleifscheibenoberfläche heraus. Grundsätzlich entsteht durch den axialen Vorschub f_{ad} (meist eingestellt über eine axiale Vorschubgeschwindigkeit v_{fad}) auch eine Gewindestruktur auf der Schleifscheibenoberfläche. Die Änderung der Abrichtzustellung hat aus rein geometrisch-kinematischer Sicht keinen Einfluss auf die Gewindestruktur bzw. die Rillentiefe der Schleifscheibe R_{ths}. **Bild 5.9** stellt die Zusammenhänge grafisch dar.

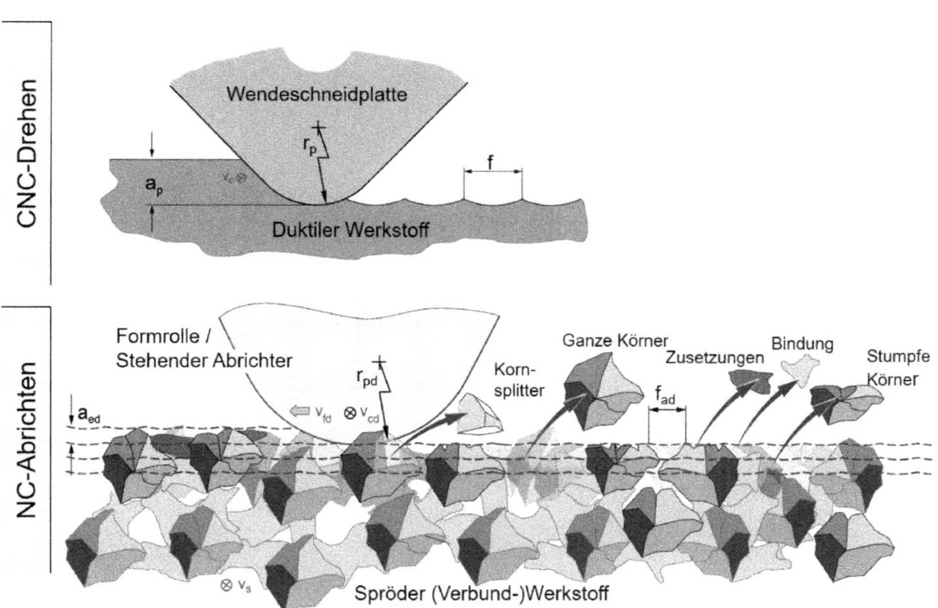

Bild 5.8 Vergleich des Abrichtens mit stehendem Abrichter bzw. Formrolle zum CNC-Drehen duktiler Werkstoffe

[202] in der Schleifbelagoberfläche verbleibende Zerspanprodukte

Bei der Änderung der Abrichtzustellung a_{ed} ändern sich die geometrisch-kinematischen Verhältnisse beim Einsatz eines **geraden Abrichters** nicht. Die Eingriffsbreite a_{pd} entspricht der Breite des Abrichtwerkzeugs b_d. Sofern der axiale Vorschub $f_{ad} < a_{pd}$ (was grundsätzlich eine zwingende Voraussetzung für das Abrichten ist) ergibt sich eine theoretische Rautiefe $R_{ths} = 0$.

Beim Einsatz eines **Radienabrichters** ergibt sich aus rein geometrisch-kinematischer Betrachtung aus dem Abrichtradius r_{pd} und dem Abrichtvorschub f_{ad} eine theoretische Rautiefe R_{ths} in Form einer Rillenstruktur (Ausbildung des Gewindes wie beim CNC-Drehen). Die theoretische Rautiefe R_{ths} ändert sich durch die Variation der Abrichtzustellung a_{ed} ebenfalls nicht.

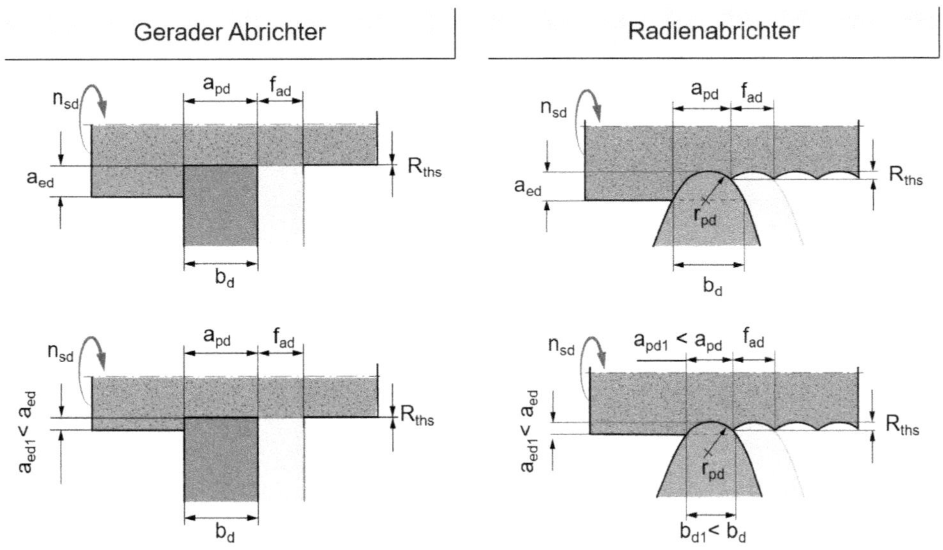

Bild 5.9: Wirkung der Abrichtzustellung a_{ed} auf die Schleifscheibenmikrostruktur (geometrisch-kinematisch)

Allerdings verändert sich mit einer Änderung der Abrichtzustellung a_{ed} die Eingriffsbreite a_{pd} des Radienabrichters. Je kleiner die Abrichtzustellung a_{ed}, desto kleiner ist die Eingriffsbreite a_{pd}. Zur Berechnung der Eingriffsbreite a_{pd} wird die Hilfsgröße „*Wirkbreite* b_d“ herangezogen, die von der Abrichtzustellung a_{ed} und dem Abrichtradius r_{pd} abhängt. Die Wirkbreite b_d berechnet sich für Radienabrichter mit einem Radius r_{pd} berechnet für kleine Abrichtzustellungen a_{ed} wie folgt:

$$b_d = \sqrt{8 \cdot r_{pd} \cdot a_{ed}} \qquad (5\text{-}2)$$

Die Eingriffsbreite a_{pd} lässt sich dann aus der Wirkbreite a_{pd} und dem Abrichtvorschub f_{ad} bestimmen:

$$a_{pd} = \frac{f_{ad} + b_d}{2} \qquad (5\text{-}3)$$

Kleinere Zustellungen a_{ed} führen im Allgemeinen durch kleinere Abrichtkräfte zu einem Abstumpfen der Schleifscheibe, da das Korn im Bindungsverband „zurückweichen" kann. Durch zu große Abrichtzustellungen werden infolge größerer Kräfte Schleifkörner komplett ausgebrochen, wobei auch die Bindung geschädigt wird. Dies kann zur Folge haben, dass die Schleifscheibe zwar sehr schnittig wirkt, jedoch nur wenig aktive Schneiden zur Verfügung stehen. Hohe Abrichtzustellungen können auch zu einer Überlastung des Abrichtwerkzeugs und damit zu einem erhöhten Verschleiß führen. Bei Formrollen mit einem Radius r_{pd} sollte die maximale Zustellung bei $a_{ed} < 0{,}1\ r_{pd}$ liegen. Werkzeuge mit einem Profilradius von $r_{pd} = 0{,}2$ mm sollten mit maximalen Zustellbeträgen von $a_{edmax} = 20\ \mu m$, Formrollen für filigrane Abrichtanwendungen mit einem Radius von z.B. $r_{pd} = 0{,}05$ mm nur mit $a_{edmax} = 5\ \mu m$ abgerichtet werden.

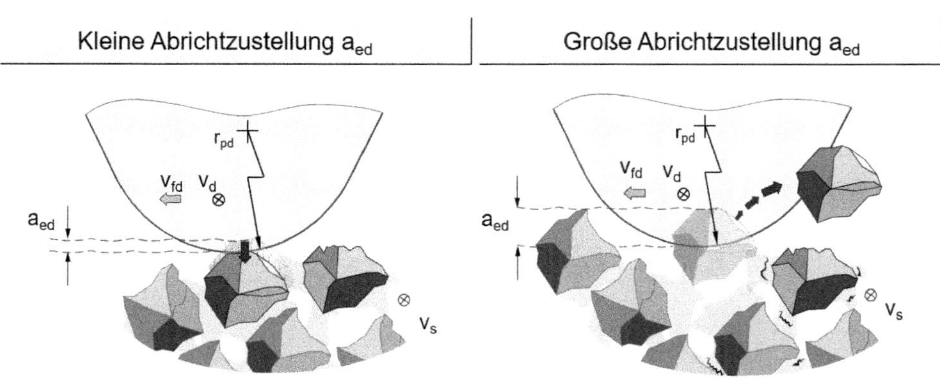

Bild 5.10 Einfluss der Abrichtzustellung auf das Abrichtergebnis

Die Abrichtzustellung a_{ed} muss auch auf die Schleifscheibenkorngröße angepasst sein. Feinkörnige Schleifscheiben sollten mit geringeren Abrichtzustellungen a_{ed}

abgerichtet werden als gröbere Schleifscheiben. In der Praxis haben sich folgende Richtwerte bewährt:

- Bei konventionellen Schleifscheiben sollte der Zustellbetrag von a_{ed} = 5% bis 15% des Schleifkorndurchmessers d_k betragen. Für eine konventionelle Korundschleifscheibe der Korngröße #80 liegt die Abrichtzustellung bei a_{ed} = 20 µm und damit bei etwa 10% des Korndurchmessers von d_k ~ 200 µm.
- Bei hochharten Schleifscheiben ist die Abrichtzustellung a_{ed} deutlich geringer und sollte im Bereich a_{ed} = 3 bis 5 µm liegen.

Bild 5.11 zeigt am Beispiel des Abrichtens einer feinen (Körnung #220) und mittelfeinen (Körnung #100) Schleifscheibe entsprechende Einzelzustellbeträge a_{ed} bei der Verwendung eines Radienwerkzeugs (r_{pd} = 0,5 mm).

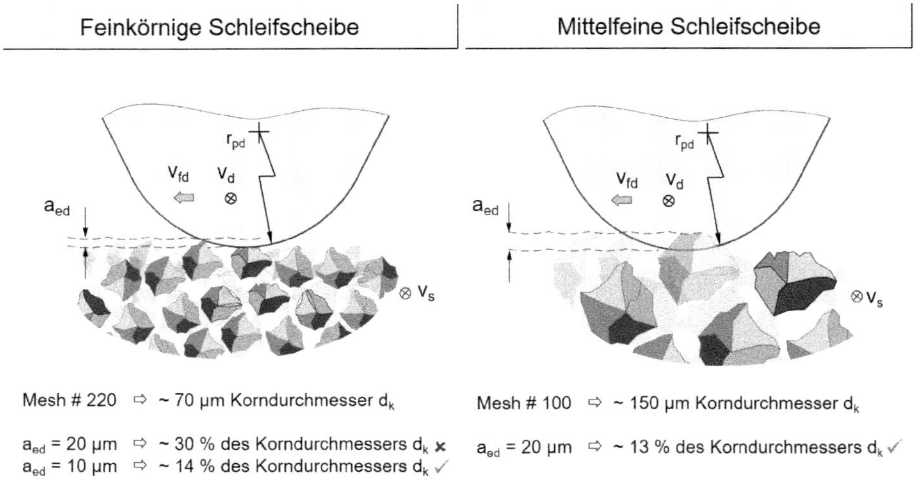

Bild 5.11 Einfluss der Schleifscheibenkörnung auf die Abrichtzustellung a_{ed} beim Abrichten konventioneller Schleifscheiben

Als Richtwerte für eine geeignete Abrichtzustellung a_{ed} beim Abrichten *konventioneller Korundschleifscheiben* zeigt Bild 5.12 typische Werte. Größere Abrichtzustellungen a_{ed} führen i.d.R. zu geringeren Schleifkräften infolge einer erhöhten Schnittigkeit der Schleifscheibe. Zu beachten ist jedoch, dass mit der damit einhergehenden Zerrüttung des Bindungsverbandes eine verringerte Standzeit der Schleifscheibe verbunden ist und häufigeres Abrichten notwendig werden kann.

Richtwerte für Abrichtzustellung a_{ed}

Mesh #	Korndurchmesser der Schleifscheibe	Abrichtzustellung a_{ed}
36	420 µm	40 µm
60	250 µm	30 µm
80	190 µm	25 µm
100	150 µm	20 µm
120	125 µm	18 µm
180	85 µm	10 µm
220	70 µm	8 µm

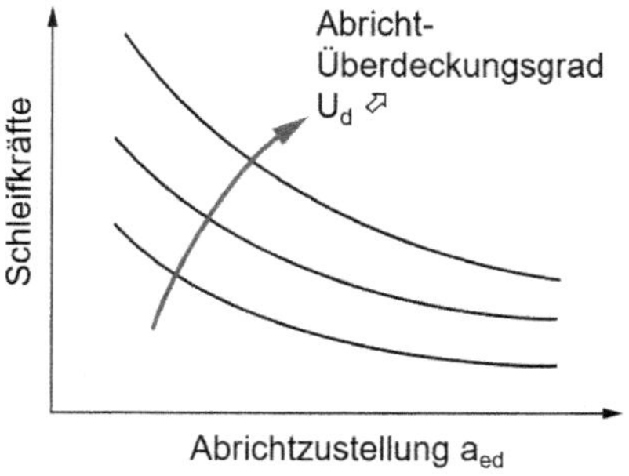

Schleifkräfte
Abricht-Überdeckungsgrad U_d
Abrichtzustellung a_{ed}

Bild 5.12 Einfluss der Abrichtzustellung a_{ed} auf den Schleifprozess (Korundschleifscheibe)

Neben der Abrichtzustellung ist beim Abrichten mit stehendem Abrichter und Formrolle auch der Abrichtüberdeckungsgrad U_d eine entscheidende Größe. Je größer U_d desto größer die Schleifkräfte, da durch den geringeren axialen Vorschub die Schleifscheibenoberfläche deutlich glatter abgerichtet wird. Auf den wichtigen Einfluss von U_d wird in Kap. 5.5.1 gesondert eingegangen.

Abrichtzustellung an Schrägen und Profilen

Für das Abrichten von Profilen ist zu berücksichtigen, dass der axiale Zustellbetrag a_{ed} nur für das Erzeugen einer zylindrischen Umfangsfläche gilt. An Schrägen oder Profilen ergeben sich entsprechend des Kontaktwinkels zwischen Schleifscheibe und Abrichter geringere Beträge, was dazu führt, dass ein evtl. notwendiger Gesamtabrichtbetrag (z.B. durch Zusetzungen während des Schleifens) nur am Umfangsbereich durch Addition der Einzelzustellbeträge erreicht wird, nicht jedoch an einer Schräge. Die **effektive Abrichtzustellung $a_{ed\alpha}$** berechnet sich über den Profilwinkel α an der Schleifscheibe (siehe Bild 5.13):

$$a_{ed_{eff}} = a_{ed_{\alpha}} = a_{ed} \cdot \cos\alpha \quad (für\ \alpha < 90°) \tag{5-4}$$

Entsprechend des Profilwinkels α ergibt sich an einer Schräge deutlich geringere Gesamtzustellung $a_{ed\alpha}$, womit sich auch eine andere Schleifscheibentopographie einstellt.

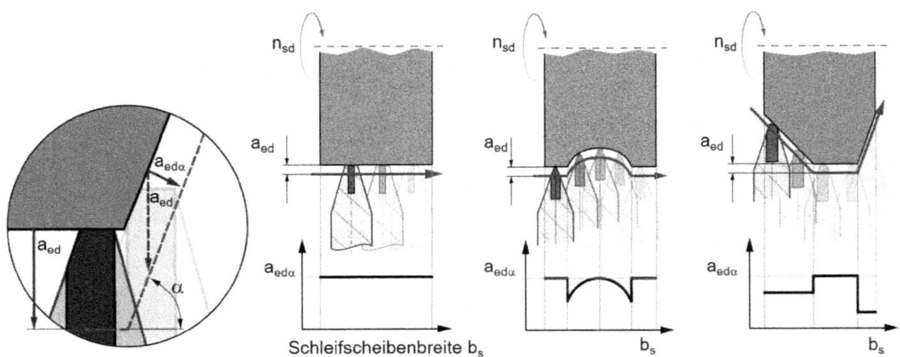

Bild 5.13 Abrichtzustellung an Schrägen und Profilen

In Bild 5.13 sind diese Zusammenhänge für das Abrichten einer zylindrischen und zweier profilierter Schleifscheiben mit stehendem Abrichter bzw. Formrolle dargestellt. Für einen Gesamtabrichtbetrag von a_{edges} = 0,1 mm an einer α = 45°-Schrägen ist ein axialer Abrichtbetrag von a_{ed} = 0,14 mm erforderlich. Je steiler das Profil, desto geringer ist der effektive Zustellbetrag $a_{ed\alpha}$. Insbesondere beim Abrichten mit kleinen Zustellbeträgen im Mikrometerbereich, z.B. bei keramisch gebundenen CBN-Schleifscheiben, ist dieser Zusammenhang unbedingt zu berücksichtigen. [203]

Die **Abrichtzustellung a_{ed}** ergibt sich durch eine radiale Bewegung in Richtung Schleifscheibe. Der tatsächlich am Schleifwerkzeug „ankommende" Betrag (**effektive Abrichtzustellung $a_{ed\alpha}$**) ist an Schrägen bzw. Profilkonturen entsprechend geringer.

5.4.4 Radialer Abrichtvorschub

Das Abrichten mit einer **Diamant-Profilrolle** wird beim Schleifen mit konventionellen Schleifscheiben im Bereich der Serienfertigung eingesetzt. Das Verfahren ist besonders schnell und wirtschaftlich, da die Profilrolle mit einem kontinuierlichen, radialen Vorschub f_{rd} in mm/U_s in Richtung Schleifscheibe bewegt wird und ihr Negativprofil in der Schleifscheibe abbildet.

- Der **radiale Abrichtvorschub f_{rd}** liegt beim Abrichten konventioneller Schleifscheiben in der Größenordnung f_{rd} = 0,1 bis 0,8 µm/U_s.

[203] s. auch Harbs 1997, S. 58ff

- Die beim Abrichten verwendete Schleifscheibenumfangsgeschwindigkeit v_{sd} sollte die beim Schleifen verwendete Umfangsgeschwindigkeit v_s sein (Änderungen der Umfangsgeschwindigkeit können dynamische Instabilitäten wie z.B. Schwingungen durch Unwucht oder Eigenfrequenzen hervorrufen).

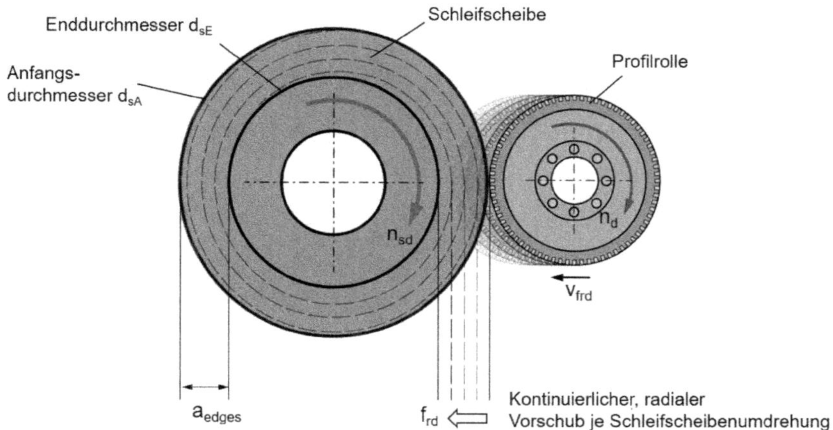

Bild 5.14 Abrichtvorschub f_{rd} beim (Einstech-)Abrichten mit Profilrolle

Auf den meisten Schleifmaschinen wird als Stellgröße statt des radialen Abrichtvorschubes f_{rd} die radiale Abrichtvorschubgeschwindigkeit v_{frd} verwendet, die sich wie folgt berechnet:

$$v_{frd} = f_{rd} \cdot n_{sd} \qquad (5\text{-}5)$$

Bei einer Schleifscheibendrehzahl von z.B. n_{sd} =2000 U/min ergibt sich somit eine **radiale Abrichtvorschubgeschwindigkeit** von v_{frd} = 0,2 bis 1,5 mm/min.

Als Faustformel gilt: die **Gesamtzustellung a_{edges}** beträgt

- a_{edges} ~ eine Kornlage der Schleifscheibe

In vielen Fällen wird nach dem Abrichten mit einem radialen Abrichtvorschub noch **ausgefeuert**. Durch einen radialen Vorschub f_{rd} = 0 soll nach dem eigentlichen Abrichten die Schleifscheibenmikrostruktur geglättet werden, um die Oberflächenqualität am Werkstück zu verbessern. Diese Prozessstrategie ist jedoch möglichst zu vermeiden, da die Schleifscheibentopographie zum Drücken der

Schleifscheibe führt und die Gefahr für Schleifbrand zunimmt. Grundsätzlich ist es günstiger, mit dem Abrichtwerkzeug nach dem Erreichen des gewünschten Abrichtbetrages die Schleifschiebe im Eilgang „zu verlassen". Höhere Abrichtvorschübe f_{rd} erzeugen i.d.R. schlechtere Oberflächenqualitäten (s. Bild 5.15).

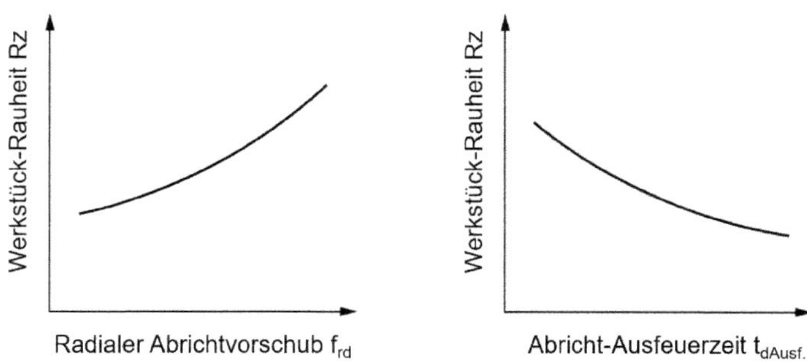

Bild 5.15 Werkstückrauheit und radialer Abrichtvorschub

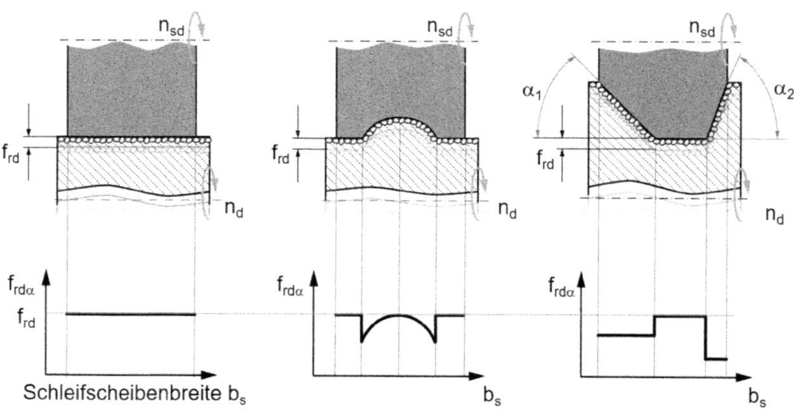

Bild 5.16 Effektiver Abrichtvorschub f_{rd} an Profilrollen

Beim Abrichten mit Profilrollen ist zu beachten, dass der radiale Abrichtvorschub f_{rd} an Schrägen nur zu einem Teil am Profil ankommt. Für den **effektiven radialen Abrichtvorschub f_{rd}** gilt:

$$f_{rd_{eff}} = f_{rd_\alpha} = f_{rd} \cdot \cos\alpha \ (\text{für } \alpha < 90°) \tag{5-6}$$

Insbesondere beim Abrichten steiler Profilgeometrien ist es wichtig, diese Zusammenhänge zu berücksichtigen.

Das Abrichten von hochharten abrichtbaren Schleifscheiben (CBN oder Diamant) mit Profilrolle kommt in der Praxis mit speziellen Schleifscheibenbindungen vor, sollte aber wegen der hohen Belastung des Abrichtwerkzeuges möglichst vermieden werden.

5.5 Abgeleitete Stellgrößen des Abrichtprozesses

Neben den Stellgrößen, die an der Maschine *direkt* eingestellt werden können, gibt es eine Reihe Parameter, die als Kombination verschiedener Stell- oder auch Systemgrößen berechnet bzw. *abgeleitet* werden können. Die wichtigsten Größen sind der Abrichtüberdeckungsgrad U_d und das Abrichtgeschwindigkeitsverhältnis q_d, die in den nächsten Kapiteln näher betrachtet werden. Weitere abgeleitete Stellgrößen sind z.B. berechnete Größen wie Abricht-Zeitspanvolumen Q_{wd}, Abricht-Spanungsdicke h_{cd}, Abricht-Zerspanvolumen V_{wd} usw. Diese Größen werden in der Praxis nicht verwendet und daher hier auch nicht weiter behandelt.

5.5.1 Abrichtüberdeckungsgrad (stehende Abrichter, Formrollen)

Eine sehr wichtige Größe beim Abrichten mit stehendem Abrichter und Formrolle ist der **Abrichtüberdeckungsgrad** U_d. Diese aus der Eingriffsbreite des Abrichters a_{pd} und dem axialen Vorschub f_{ad} je Schleifscheibenumdrehung berechnete *abgeleitete* Stellgröße hat einen großen Einfluss auf die Oberflächenausbildung der Schleifscheibe und damit die Struktur des Schneidenraums.

$$U_d = \frac{a_{pd}}{f_{ad}} = \frac{a_{pd}}{(v_{fad}/n_{sd})} = \frac{a_{pd} \cdot n_{sd}}{v_{fad}} \qquad (5\text{-}7)$$

Für einen geraden Abrichter wird damit die Anzahl der „Berührungen" des Abrichters mit einem festen Punkt an der Schleifscheibenoberfläche beschrieben. Je häufiger das Abrichtwerkzeug diesen Schleifscheibenpunkt überrollt, d.h. je größer der Abrichtüberdeckungsgrad U_d ist, desto feiner wird die Schneidenstruktur. I.d.R. führt dies zu einer besseren Oberflächengüte am Werkstück, sofern nicht zu große Abtragsleistungen (Zeitspanvolumen Q_w) beim Schleifen realisiert werden oder die Schleifscheibe durch eine zu feine Schneidenstruktur drückt. Bild 5.17 stellt diese Zusammenhänge zusammenfassend für das Abrichten mit einem geraden Abrichter dar. Geringe Überdeckungsgrade U_d werden eher für Schruppschleifaufgaben, große Überdeckungsgrade eher zum Schlichtschleifen verwendet.

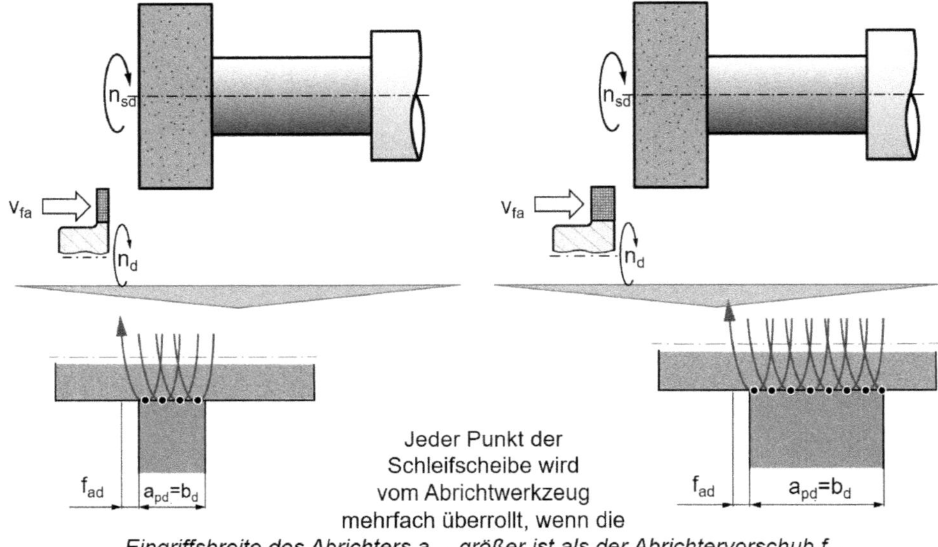

Bild 5.17 Überdeckungsgrade U_d beim Abrichten mit unterschiedlich breiten „geraden Abrichtern“

5.5.1.1 Gerade Abrichter

Die Nutzung des Abrichtüberdeckungsgrades U_d bei Abrichten mit geradem Abrichter ist streng genommen ein Sonderfall, wenn z.B. der Umfang einer zylindrischen Schleifscheibe abgerichtet wird, siehe Bild 5.17. In der Praxis kommen sehr unterschiedliche „gerade“ Abrichter zum Einsatz, die zudem einem Verschleiß unterliegen und damit im Kontaktbereich mit der Schleifscheibe in ihrer Breite nicht konstant sind. Bild 5.18 zeigt beispielhalft einige „gerade“ Abrichtwerkzeuge und den sich ausbildenden Verschleiß durch den Einsatz.

Als Eingriffsbreite a_{pd} wird beim geraden Abrichter häufig die Abrichterbreite b_d herangezogen. Da die effektive Breite a_{pd} sich durch eine einseitige oder beidseitige Prozessführung verschleißbedingt ändert, ist diese Vereinfachung nicht zulässig.

Bei der Ermittlung des Abrichtüberdeckungsgrades U_d muss die tatsächlich wirkende Breite a_{pd} des jeweiligen Abrichters berücksichtigt werden.

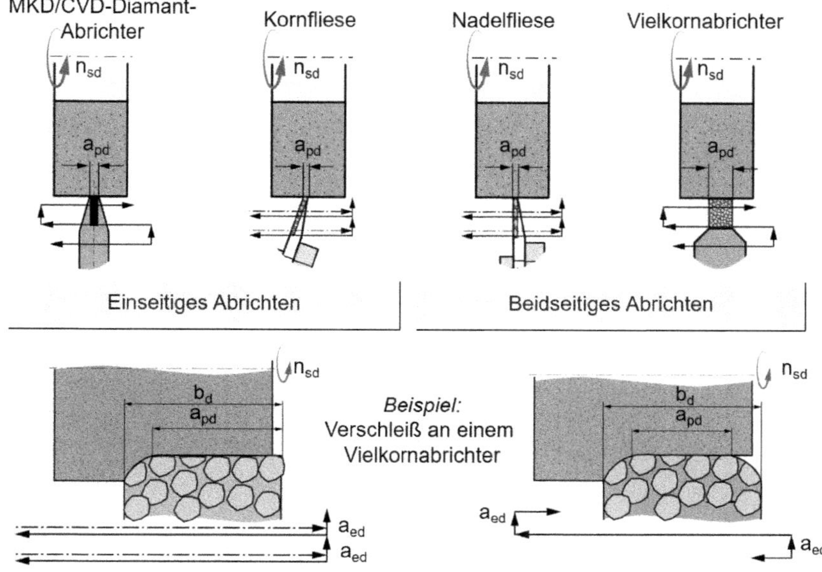

Bild 5.18 Beispiele für stehender, gerader Abrichter und Verschleißausbildung durch verschiedene Prozessstrategien

5.5.1.2 Profilabrichter (Radienabrichter)

Vielfach werden Profilwerkzeuge zum Abrichten eingesetzt, da diese bzgl. der erzeugbaren Geometrien mittels einer Bahnsteuerung deutlich flexibler sind. Um auch bei diesem Abrichtertyp einen ähnlich einfachen Zusammenhang zwischen Schleifscheibentopographie und den Stellgrößen des Prozesses zu nutzen, wurde der Abrichtüberdeckungsgrad U_d durch einen „mathematischen Trick“ auch auf Radienwerkzeuge übertragen. Allerdings gibt es bei einem Radienwerkzeug *keine Überdeckung* bzw. ein mehrfaches Überrollen eines festen Punktes auf der Schleifscheibe durch das Abrichtwerkzeug. Wie bei einem Drehprozess ist der jeweilige Schneideneingriff abhängig von der Zustellung a_{ed}, dem axialen Vorschub f_{ad} und dem Radius des Werkzeugs r_{pd}. Für die Oberflächenausbildung sind aus geometrisch-kinematischer Sicht nur der Vorschub f_{ad} und der Werkzeugradius r_{pd} entscheidend. Jeder Punkt der Schleifscheibe wird lediglich ein einziges Mal vom Radienabrichter berührt: einen Abrichtüberdeckungsgrad wie bei einem geraden Abrichter gibt es hier nicht.

Eine feinere Schleifscheibenstruktur lässt sich entweder durch einen geringen Vorschub f_{ad} oder durch einen größeren Abrichterradius r_{pd} erzeugen. Um jedoch Abrichtprozesse mit verschiedenen Abrichterradien r_{pd} miteinander vergleichen zu können, wurde auch hier der Begriff des Abrichtüberdeckungsgrades U_d mittels der Einführung der (irreführenden) Wirkbreite b_d eingeführt. Die Wirkbreite b_d ist eine aus Zustellung a_{ed} und Radius r_{pd} berechnete Größe, die jedoch nicht an der Schleifscheibe „wirkt". Wirklich im Eingriff mit der Schleifscheibe ist die Eingriffsbreite a_{pd}, die zusammen mit dem Vorschub f_{ad} und dem Abrichterradius r_{pd} den „fiktiven" Überdeckungsgrad U_d bilden. Die Zusammenhänge sind grafisch in Bild 5.19 dargestellt.

Die Wirkbreite b_d (als rechnerische Hilfsgröße) beim Abrichten mit Radienabrichter berechnet sich aus:

$$b_d = \sqrt{8 \cdot r_{pd} \cdot a_{ed} - 4 \cdot a_{ed}^2} \qquad (5\text{-}8)$$

Für $a_{ed} << r_{pd}$ kann die Wirkbreite b_d vereinfacht berechnet werden aus:

$$b_d = \sqrt{8 \cdot r_{pd} \cdot a_{ed}} \qquad (5\text{-}9)$$

Da beim Radienabrichter nicht die gesamte Wirkbreite b_d, sondern nur Eingriffsbreite a_{pd} am Abrichtvorgang beteiligt ist, berechnet sich der Abrichtüberdeckungsgrad U_d aus:

$$U_d = \frac{a_{pd}}{f_{ad}} = \frac{\sqrt{2 \cdot r_{pd} \cdot a_{ed}}}{f_{ad}} + \frac{1}{2} = n_{sd} \cdot \frac{\sqrt{2 \cdot r_{pd} \cdot a_{ed}}}{v_{fad}} + \frac{1}{2} \qquad (5\text{-}10)$$

$$\text{Mit } a_{pd} = \frac{f_{ad} + b_d}{2} \qquad (5\text{-}11)$$

kann U_d auch folgendermaßen berechnet werden:

$$U_d = \frac{a_{pd}}{f_{ad}} = \frac{1}{2} \cdot \left[\frac{b_d}{f_{ad}} + 1\right] = \frac{1}{2} \cdot \left[\frac{b_d \cdot n_{sd}}{v_{fad}} + 1\right] \qquad (5\text{-}12)$$

Bei gegebenem Abrichtüberdeckungsgrad U_d ist der axialen Abrichtvorschub f_{ad}.

$$f_{ad} = \frac{\sqrt{2 \cdot r_{pd} \cdot a_{ed}}}{U_d - 0{,}5} \tag{5-13}$$

Die theoretische Rautiefe für das Abrichten mit einem **Radienabrichter** ergibt sich aus dem Vorschub f_{ad} und dem Radius des Abrichters r_{pd} und lässt sich berechnen nach:

$$R_{ths} = \frac{f_{ad}^2}{8 \cdot r_{pd}} \tag{5-14}$$

Für einen **geraden Abrichter** ist für jeden Abrichtüberdeckungsgrad $U_d > 1$ die theoretische Wirkrautiefe immer $R_{ths} = 0$.

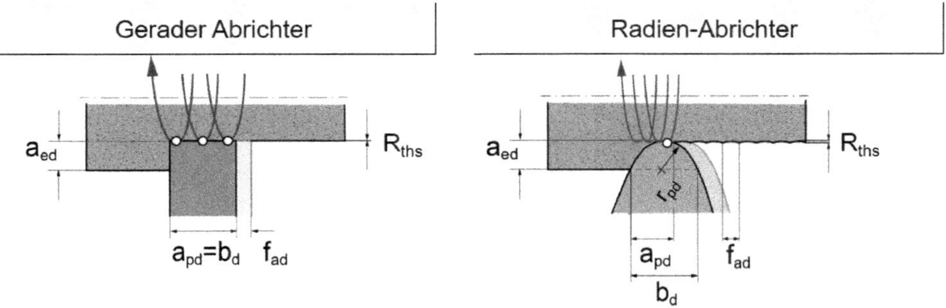

Bild 5.19 Theoretische Rauheit bei einem geraden Abrichter und einen Radienabrichter

Jeder Punkt der Schleifscheibe wird beim Abrichten mit **geradem Abrichter** entsprechend des Abrichtüberdeckungsgrades U_d mehrfach „überrollt" und damit „geglättet".
Beim Abrichten mit **Radiusabrichter** wird jeder Punkt der Schleifscheibe nur einmal „überrollt". ■

Um diese Zusammenhänge und deren Auswirkungen auf den Prozess zu verdeutlichen, zeigt Bild 5.20 für ein Radienwerkzeug mit Profilradius r_{pd} die kinematisch gebildeten Schleifscheibenstrukturen bei unterschiedlichen Zustellungen a_{ed} und axialen Vorschüben f_{ad}. Bei gleichem Vorschub f_{ad} ergibt sich durch eine Reduzierung der Abrichtzustellung a_{ed} keine Änderung der theoretischen Rauheit R_{ths} der Schleifscheibenoberfläche, obwohl der Abrichtüberdeckungsgrad U_d rechnerisch reduziert wird. Eine feiner abgerichtete Schleifscheibe kann – bei sonst gleichen Bedingungen – nur durch die Reduzierung des Abrichtvorschubs f_{ad} erzielt werden (oder durch die Vergrößerung des Abrichtprofilradius r_{pd}).

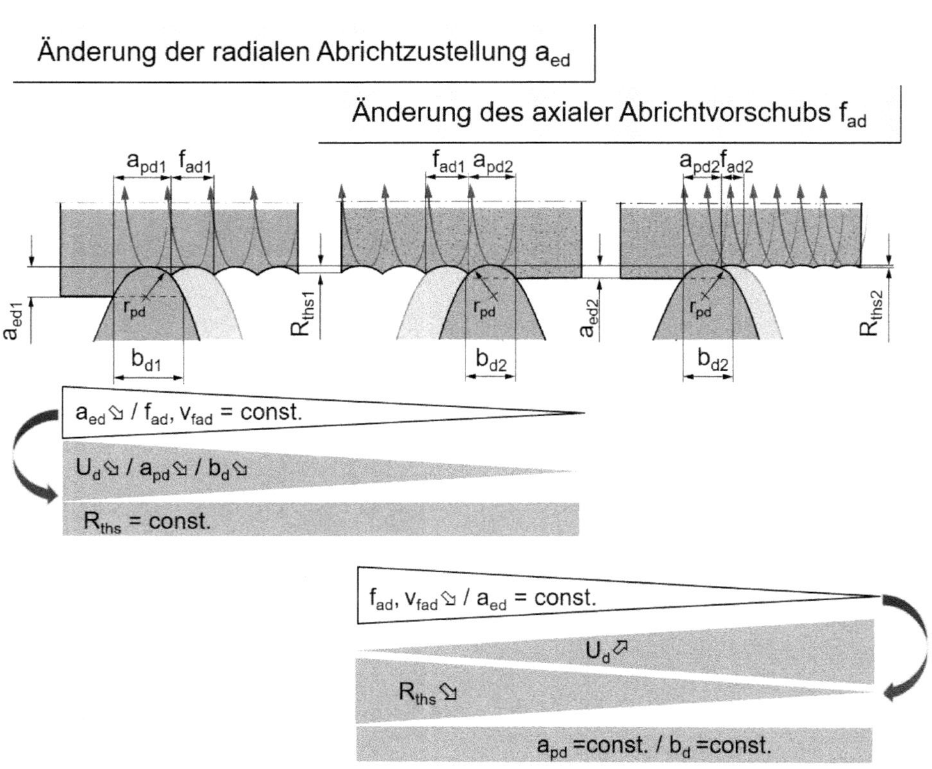

Bild 5.20 Ausbildung der Schleifscheibenstruktur beim Abrichten mit einem Radienwerkzeug

Neben den rein geometrischen und kinematischen Kontaktverhältnissen beim Abrichten müssen jedoch auch die wirkenden Kräfte zwischen Abrichter und Schleifscheibe berücksichtigt werden. Größere Zustellungen a_{ed} und Vorschübe f_{ad} bewirken auch höhere Kräfte, die auf die Schleifscheibe wirken und somit einen stärkeren Kornausbruch aus der Bindung verursachen. Bild 5.21 zeigt exemplarisch für das Abrichten mit einem **Radienabrichter** bei einem rechnerischen Abrichtüberdeckungsgrad U_d = 3 die Kontaktbedingungen bei zwei unterschiedlichen Abrichtzustell-Vorschubkonstellationen und zeigt wie der Abrichtvorschub f_{ad} die Mikrostruktur der Schleifscheibe beeinflusst. In Stichprobenuntersuchungen beim Planschleifen konnte dies anhand der Werkstückrauheit nachgewiesen werden.

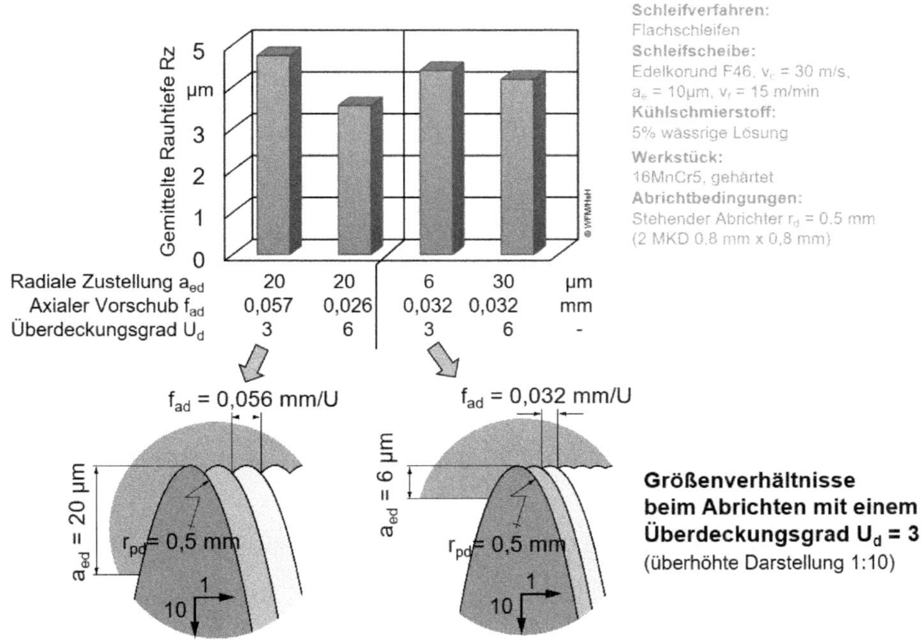

Bild 5.21 Größenverhältnisse beim Abrichten mit Radienwerkzeug und Rauheiten beim Flachschleifen

In der Praxis sollte man sich daher dieser Zusammenhänge bewusst sein, wenn es darum geht, Prozessoptimierungen beim Abrichten mit Radienwerkzeugen (stehender Abrichter oder Formrolle) über den Abrichtüberdeckungsgrad realisieren zu wollen.

Grundsätzlich kann die Schleifscheibenmikrostruktur durch eine Änderung des Abrichtüberdeckungsgrades U_d, d.h. durch die Veränderung des axialen Abrichtvorschubes f_{ad} bzw. durch eine Veränderung der Wirkbreite b_d oder dem Profiradius r_{pd} beeinflusst werden. Diese Zusammenhänge sind in Bild 5.22 noch einmal zusammengefasst.

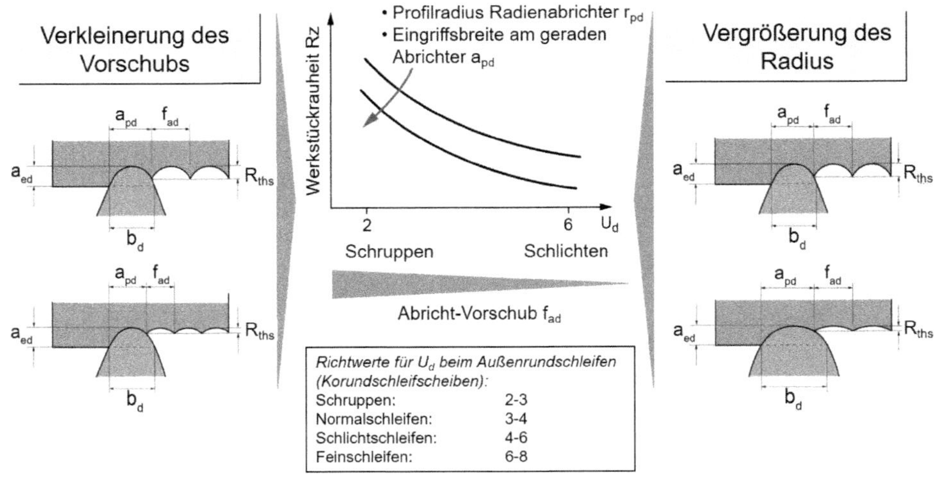

Bild 5.22 Werkstückrauheit durch Änderungen des Vorschubes und durch Werkzeugänderung

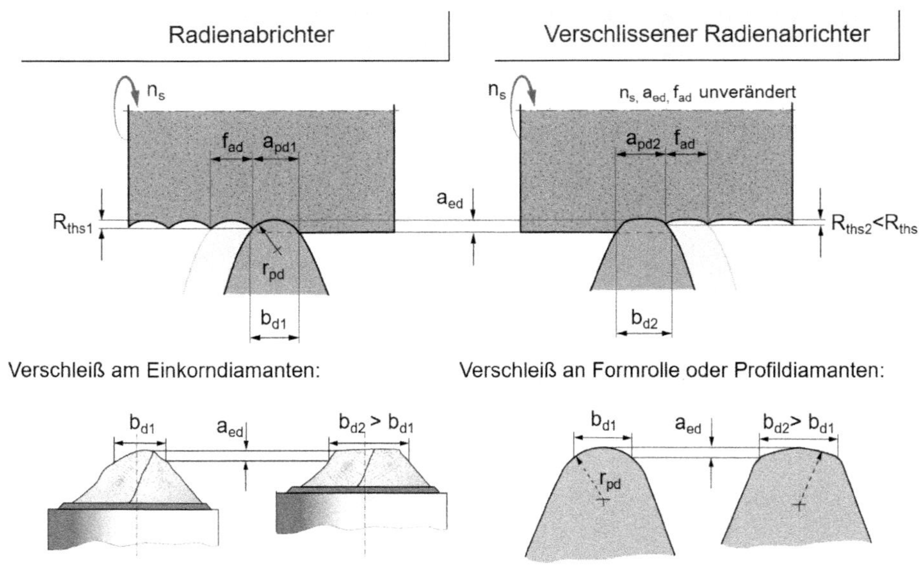

Bild 5.23 Veränderung der Schleifscheibenmikrotopographie durch Verschleiß am Abrichtwerkzeug

Da der Abrichtüberdeckungsgrad U_d durch sein Verhältnis aus effektiver Abrichterbreite a_{pd} und Abrichtervorschub f_{ad} einen recht großen Einfluss auf die Schleifscheibenmikrostruktur hat, ist auch der Verschleiß eines Profilabrichters zu berücksichtigen. Infolge eines Verschleißes am Abrichtwerkzeug ändert sich die Wirkbreite b_d und damit die Abrichtbedingungen.

5.5.1.3 Kombinations-Abrichtwerkzeuge und Schrägen

Die Berechnung des Abrichtüberdeckungsgrades U_d ist auch bei Schleifscheibenprofilen möglich. Bild 5.24 stellt an einem unter einem Winkel α abzurichtenden Schleifscheibenprofil die Eingriffsverhältnisse am Beispiel eines Radianabrichters dar und gibt für diesen Fall die entsprechenden Formelzusammenhänge für b_d, a_{pd} und U_d an.[204] Die Zusammenhänge sind z.B. beim Zahnradprofilschleifen wichtig. Letztlich ist zur Ermittlung der Wirkbreite b_d bzw. der Abrichterbreite a_{pd} die effektive Zustellung a_{ed} heranzuziehen.

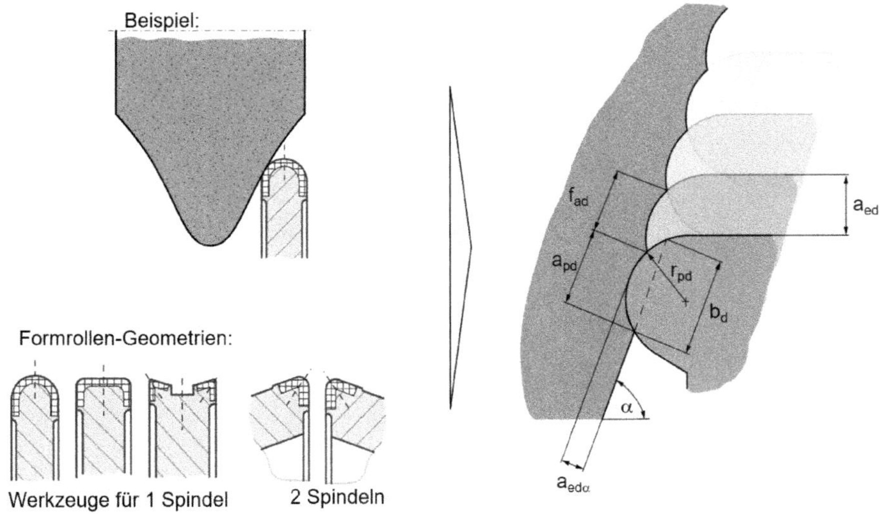

Bild 5.24 Wirkbreite b_d und Abrichtüberdeckungsgrad U_d bei einen schrägen Schleifscheibenprofil

Damit ergeben sich für die Wirkbreite b_d und den Abrichtüberdeckungsgrad U_d an einer Schrägen für kleine a_{ed} folgende Zusammenhänge:

[204] siehe auch Türich 2002, S. 63ff

$$b_d = 2 \cdot \sqrt{(2 \cdot a_{ed_\alpha} \cdot r_{pd}) - a_{ed}^2} \approx \sqrt{8 \cdot a_{ed_\alpha} \cdot r_{pd}} \quad (5\text{-}15)$$

$$a_{pd} = \frac{b_d + f_{ad}}{2} = \sqrt{(2 \cdot a_{ed_\alpha} \cdot r_{pd})} + \frac{1}{2} f_{ad} \quad (5\text{-}16)$$

mit $a_{ed_\alpha} = a_{ed} \cdot cos\,\alpha$

und $f_{ad} = v_{fad}/n_{sd}$

$$U_d = \frac{\sqrt{(2 \cdot a_{ed} \cdot cos\,\alpha \cdot r_{pd})}}{f_{ad}} + \frac{1}{2} = n_{sd} \cdot \frac{\sqrt{(2 \cdot a_{ed} \cdot cos\,\alpha \cdot r_{pd})}}{v_{fad}} + \frac{1}{2} \quad (5\text{-}17)$$

Um eine bessere Rauheit am Werkstück zu erzeugen, werden stehende Abrichter und Formrollen teilweise mit Radien und Fasenbereichen ausgestattet (ähnlich der Wiperplatten beim Drehen). Die effektive Breite des Abrichtwerkzeugs ist dann von dem Radius des Abrichters r_{pd}, der Abrichtzustellung a_{ed} und der Fasenbreite F abhängig (s. Bild 5.25).

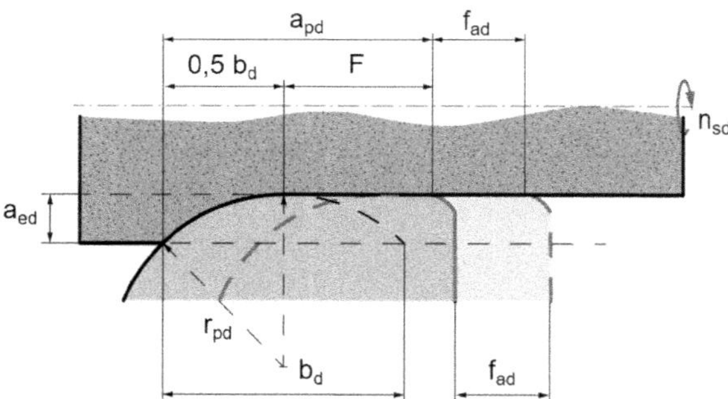

Bild 5.25 Wirkbreite und effektive Abrichterbreite Werkzeugen mit Radius und Fase

Für die effektive Abrichterbreite a_{pd} ergibt sich bei diesen Werkzeugen:

$$a_{pd} = \frac{b_d}{2} + F = \sqrt{(2 \cdot a_{ed} \cdot r_{dp})} + F \quad (5\text{-}18)$$

5.5.1.4 Einfluss der Abrichtzustellung auf den Abrichtüberdeckungsgrad

Im Gegensatz zu Radienabrichtern bewirkt eine Veränderung der Abrichtzustellung a_{ed} bei **geraden Abrichtern** (stehender Abrichter oder Formrolle) keine Veränderung der „kinematisch erzeugten, theoretischen Rautiefe R_{ths}". Die theoretische Rautiefe R_{ths} ist für gerade Abrichter für alle Zustellbeträge Null. Auswirkungen hat die Zustellung a_{ed} infolge der wirksamen Abrichtkräfte jedoch auf die Mikrozerspanung, d.h. das Ausbrechen oder Zersplittern einzelner Schleifkörner. Geringere Zustellungen führen durch eine „feiner abgerichtete" Schleifbelagoberfläche häufig zu besseren Oberflächenqualitäten am Werkstück.

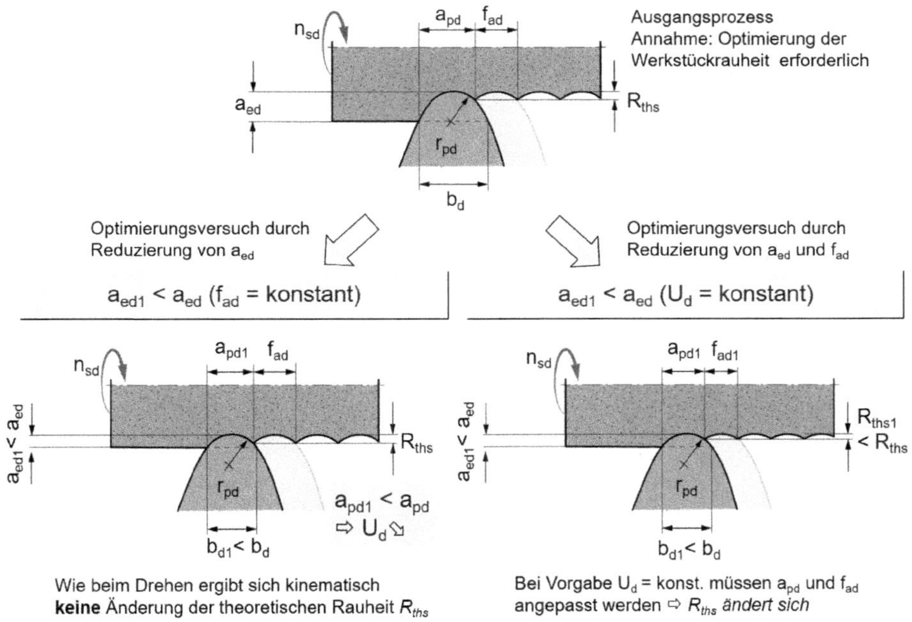

Bild 5.26 Auswirkungen von a_{ed} auf die Wirkrauhtiefe R_{ths} der Schleifscheibe

Auch beim Abrichten mit **Radienabrichtern** (stehender Abrichter oder Formrolle) führt eine Reduzierung der Abrichtzustellung a_{ed} bei ansonsten unveränderten Stellgrößen grundsätzlich dazu, dass sich die „kinematisch erzeugte Rautiefe R_{ths}" an der Schleifscheibe nicht ändert. Wie beim CNC-Drehen duktiler Werkstoffe hat die Zustellung (Schnitttiefe a_p beim Drehen) keinen Einfluss auf die sich ausbildende Gewindestruktur an der Schleifscheibe, sofern „Spanbildungsvorgänge" und Kraftänderungen nicht berücksichtig werden. Die theoretische Rautiefe R_{ths} ergibt sich nur über den axialen Vorschub f_{ad} und den Radius des Abrichtwerkzeugs r_{pd}.

Dies hat zur Folge, dass sich bei einer Reduzierung von a_{ed} gleichzeitig der berechnete Überdeckungsgrad U_d reduziert. D.h. das Abrichtergebnis wird „schlechter“ bzw. erzeugt größere Rautiefen am Werkstück.

Soll also eine deutlich feinere Oberfläche durch eine Reduzierung der kinematischen Rauheit an der Schleifscheibe erzeugt werden, kann dies (bei gleichem Werkzeug) aus rein kinematischer Sicht nur durch eine Reduzierung des Abrichtvorschubs f_{ad} - und damit einer Erhöhung des Abrichtüberdeckungsgrades U_d - erfolgen.

Vorsicht beim Reduzieren von der Abrichtzustellung a_{ed} (wird häufig als Schlichthub gedeutet) bei **Radienabrichtern** (stehender Abrichter und Formrolle): wenn der Vorschub f_{ad} (oder die Vorschubgeschwindigkeit v_{fad}) unverändert bleibt, reduziert sich der Abrichtüberdeckungsgrad U_d. ■

5.5.1.5 Einfluss der Maschine auf den Abrichtüberdeckungsgrad

Auf vielen Maschinen wird der axiale Abrichtvorschub f_{ad} durch die Stellgröße axiale Vorschubgeschwindigkeit v_{fad} eingestellt. Zusammen mit der Schleifscheibendrehzahl[205] n_{sd} ergibt sich dann der axiale Abrichtvorschub f_{ad}:

$$f_{ad} = \frac{v_{fad}}{n_{sd}} \tag{5-19}$$

Auf älteren Schleifmaschinen wird die Schleifscheibe i.d.R. mit einer konstanten Drehzahl n_s angetrieben. Für diese **„n_s-konstant-Maschinen“** führt ein abnehmender Schleifscheibendurchmesser d_s zu einer Reduzierung der Schleifscheibenumfangsgeschwindigkeit v_s. Diese Art der Prozessführung verändert als Funktion des kleiner werdenden Schleifscheibendurchmessers d_s nicht den Abrichtüberdeckungsgrad U_d. Daher brauchen die axiale Vorschubgeschwindigkeit v_{fad} bzw. der axiale Abrichtvorschub f_{ad} nicht angepasst zu werden, um trotz abnehmender Schleifscheibenumfangsgeschwindigkeit v_s konstante Abrichtbedingungen (in Bezug auch den berechneten Abrichtüberdeckungsgrad U_d) zu erhalten (s. Bild 5.27).

---

[205] Schleifscheibendrehzahl beim Abrichten n_{sd}. Jedoch sollte beim Abrichten möglichst mit der Schleifscheibenumfangsgeschwindigkeit beim Schleifen n_s abgerichtet werden.

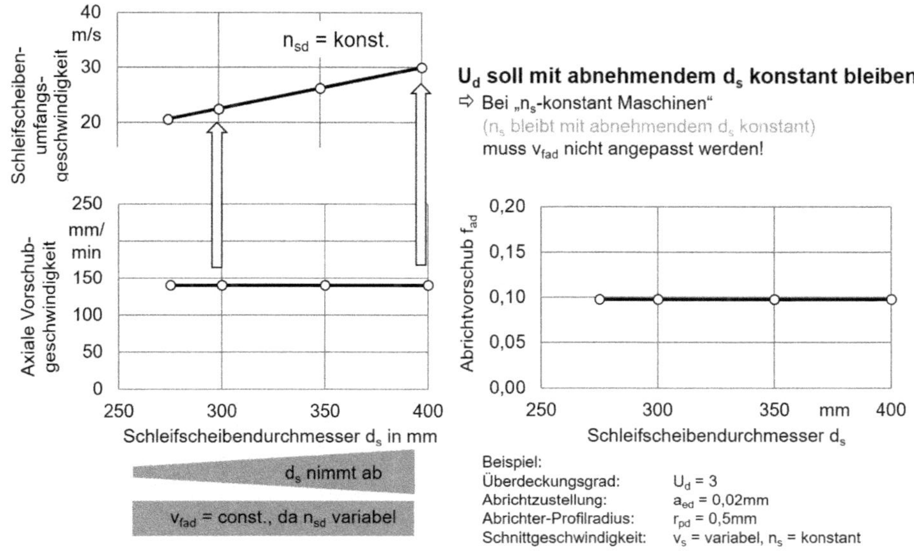

Bild 5.27 Bei n_s-konstant-Maschinen braucht der Abrichtvorschub f_{ad} nicht verändert werden, um U_d konstant zu halten

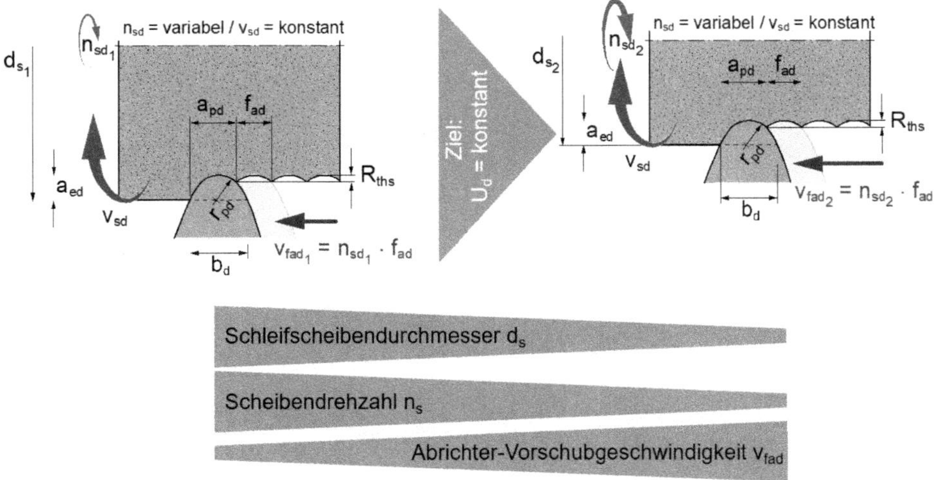

Bild 5.28 Bei „v_c-konstant-Maschinen" muss v_{fad} angepasst werden, wenn der Abrichtüberdeckungsgrad U_d bei abnehmendem Schleifscheibendurchmesser d_s konstant gehalten werden soll.

Moderne Schleifmaschinen halten die Schleifscheibenumfangsgeschwindigkeit v_s mit abnehmendem Schleifscheibendurchmesser d_s durch die Anpassung der Spindeldrehzahl n_s konstant. Bei derartigen **„v_c-konstant-Maschinen[206]“** ist dringend darauf zu achten, dass für einen konstanten Abrichtüberdeckungsgrad U_d die axialen Vorschubgeschwindigkeit v_{fad} angepasst wird. Bild 5.28 zeigt die Verhältnisse schematisch: Für einen konstanten Abrichtüberdeckungsgrad U_d ist die axiale Vorschubgeschwindigkeit v_{fad} kontinuierlich nachzuregeln, da sich die Drehzahl n_s als Funktion des Schleifscheibendurchmessers ändert (s. Bild 5.29).

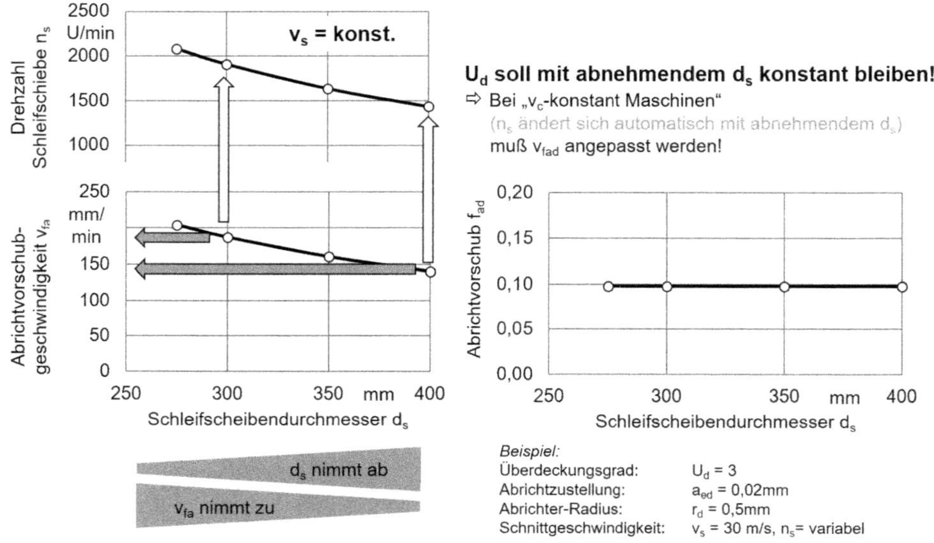

Bild 5.29 Beispiel für die Anpassung von v_{fad} bei „v_c-konstant-Maschinen“

5.5.2 Abrichtgeschwindigkeitsverhältnis

Beim Abrichten mit rotierenden Abrichtwerkzeugen ist das Abrichtgeschwindigkeitsverhältnis q_d eine wichtige *abgeleitete Stellgröße*, die sich aus dem Quotienten der Umfangsgeschwindigkeiten von Abrichtwerkzeug und Schleifscheibe[207] ergibt:

$$q_d = \frac{v_d}{v_{sd}} = \frac{d_d \cdot n_d}{d_s \cdot n_{sd}} \qquad (5\text{-}20)$$

[206] Strenggenommen „v_s-konstant-Maschinen“ (und damit auch „v_{sd}-konstant-Maschinen“)

[207] strenggenommen der Schleifscheibendrehzahl beim Abrichten n_{sd}. Jedoch sollte beim Abrichten möglichst mit der Schleifscheibenumfangsgeschwindigkeit beim Schleifen n_s abgerichtet werden.

Grundsätzlich lassen sich die Umfangsgeschwindigkeiten der Schleifscheibe beim Abrichten v_{sd} und der Abrichtrolle v_d frei wählen. Grundsätzlich sollte jedoch die Schleifscheibe bei „Arbeitsdrehzahl", d.h. bei der im Schleifprozess genutzten Schleifscheibenumfangsgeschwindigkeit n_s abgerichtet werden. Da die dynamische Unwucht eines rotierenden Körpers von der Drehzahl abhängt, können sich sonst beim Schleifen unerwünschte Schwingungen ergeben.

Die Abrichtwerkzeuggeschwindigkeit v_d kann während des Abrichtvorgangs langsamer, gleich oder schneller als die Schleifscheibenumfangsgeschwindigkeit v_{sd} und zudem in der Drehrichtung gleichsinnig (+) oder gegensinnig (-) gewählt werden. Bild 5.30 zeigt die möglichen Fälle an einer zylindrischen Schleifscheibe, denn die Schleifscheibenumfangsgeschwindigkeit v_{sd} ist abhängig vom Profil der Schleifscheibe. Beim Crushieren (q_d = 1) sind beide Geschwindigkeiten und Drehrichtungen gleich, d.h. die Relativgeschwindigkeit v_{rel} = 0, sodass das Abrichtwerkzeug auf der Schleifscheibe lediglich „abrollt".

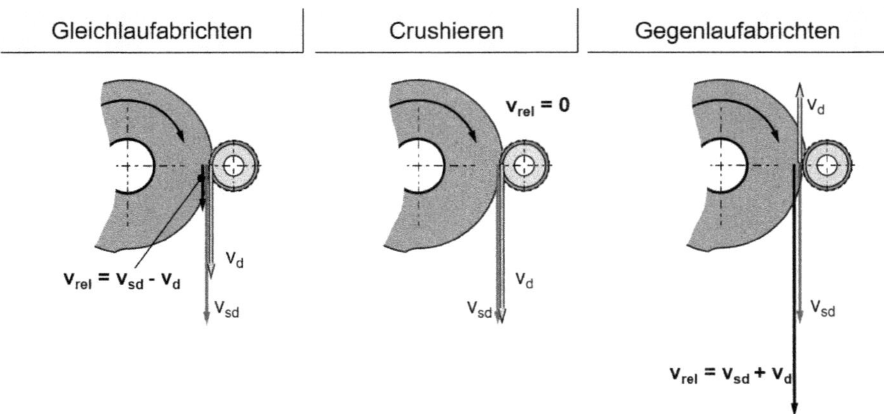

Bild 5.30 Gleich-, Crushier- und Gegenlaufabrichten beim Abrichten einer zylindischen Schleifscheibe

Für das **Abrichten von Profilschleifscheiben** sind die jeweiligen Geschwindigkeiten über der Profilhöhe zu betrachten! D.h. beim Abrichten von Profilen ist grundsätzlich $q_d \neq$ const[208].

[208] s. Kap. 5.5.2.1

Die Drehrichtung und die Geschwindigkeitsdifferenz v_{rel} zwischen Schleifscheibe und Abrichtwerkzeug beeinflussen den Abrichtprozess in sehr weiten Grenzen. Das **Gleichlaufabrichten** (gleichsinnige Drehrichtungen) führt zu steileren Eingriffsbahnen der Abrichtdiamanten auf die Schleifscheibenoberfläche und damit zu einem stoßartigen Kontakt mit eher senkrechtem Eintrittswinkel in die Schleifbelagoberfläche (s. Bild 5.31). Beim gegensinnigen Abrichten (**Gegenlaufabrichten**) entstehen eher langgestreckte, tangentiale Eingriffe der Diamanten, womit die Schleifscheibentopographie weniger stark aufgeraut wird und sich bessere Oberflächengüten am Werkstück realisieren lassen. Allerdings nehmen damit auch die Reibanteile beim Schleifen wegen kleiner Einzelkornspanungsdicken h_c und verringerter Kornüberstände zu, womit die Gefahr der thermischen Schädigung des Werkstücks steigt.

Beim Sonderfall des **Crushierens**, rollt das Abrichtwerkzeug auf der Schleifscheibe mit der gleichen Umfangsgeschwindigkeit ab, sodass $v_{sd} = v_d$. Die tangentialen Abrichtkräfte F_{td} sind daher nahezu Null. Auf die Schleifbelagoberfläche wirken nur Normalkräfte F_{nd}, die zu einem Zerbrechen sprödharter Bindungen führen. Auch beim Crushieren ist zu beachten, dass beim *Abrichten von Profilen* grundsätzlich Abrichtgeschwindigkeitsdifferenzen auftreten (s. Bild 5.35) und damit auch Relativgeschwindigkeiten.

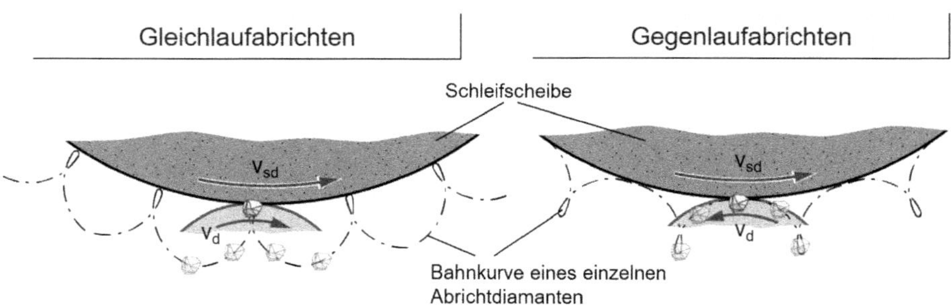

Bild 5.31 Prinzipieller Verlauf der Eingriffsbahnen eines Diamanten bei unterschiedlichen Abrichtgeschwindigkeitsverhältnissen

In der Praxis werden üblicherweise Geschwindigkeitsbereiche von q_d = 0,3 bis 0,8 für das Abrichten im Gleichlauf und q_d = -0,3 bis -0,8 für das Gegenlaufabrichten-genutzt. Bild 5.32 zeigt daher für die Abrichtgeschwindigkeitsverhältnisse q_d = ±1, ±0,8 und ±0,3 die Eingriffsbahnen eines Diamanten in Bezug auf die Schleifscheibe. Beim Crushieren (q_d =1) wirkt das Diamantkorn senkrecht auf die Schleifscheibenoberfläche. Mit abnehmendem Geschwindigkeitsverhältnis (q_d = 0,8 →

0,3) entsteht eine zunehmend tangentiale Komponente, sodass die Bahnkurven sich dem „flacheren“ Kurvenverlauf des Gegenlaufabrichtens annähern und damit eine eher glatte, weniger schnittige Schleifbelagoberfläche erzeugen.

Neben dem Geschwindigkeitsverhältnis q_d hat auch das Größenverhältnis d_s/d_d einen Einfluss: Je größer das Verhältnis (also desto kleiner das Abrichtwerkzeug gegenüber der Schleifscheibe) desto häufiger ist eine Diamantschneide an dem Abrichtvorgang beteiligt.

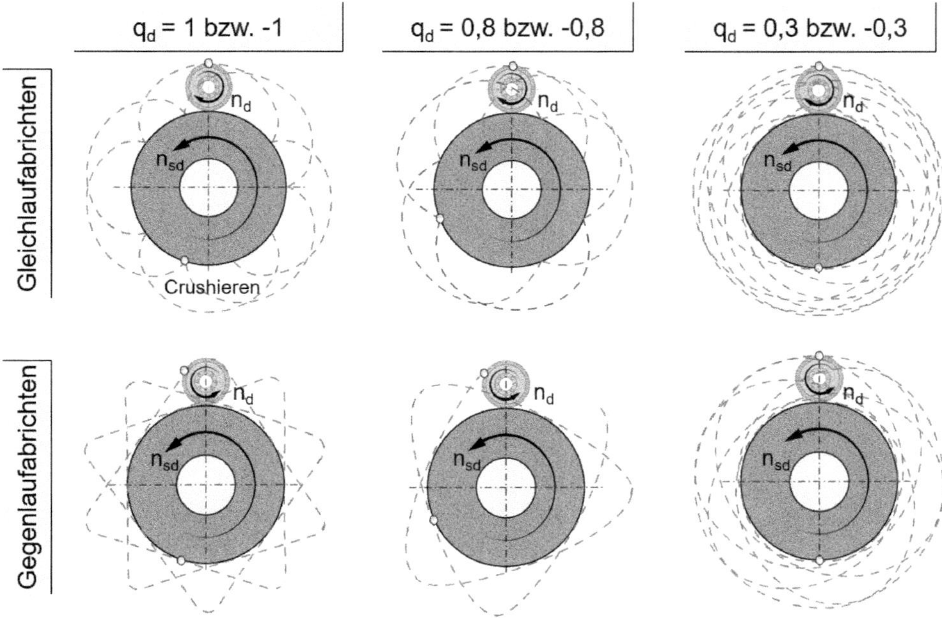

Bild 5.32 Eingriffsbahnen eines Diamanten beim Abrichten mit verschiedenen Abrichtgeschwindigkeitsverhältnissen

Den Einfluss unterschiedlicher Geschwindigkeitsverhältnisse auf das Arbeitsergebnis „Wirkrautiefe“[209] wurde 1968 von *Schmitt*[210] beim Abrichten mit Profilrollen vorgestellt. Dieser im Bereich des Schleifens als „Schmitt‘sche Kurve“ bekannte Grafik gilt in der Form auch für das Abrichten mit Formrolle. Bild 5.33 stellt die von zum Abrichten mit einer **Profilrolle** nach *Schmitt* und die von *Lierse/Kauf*[211] mit einer **Formrolle** erzielten Ergebnisse gegenüber. Prinzipiell ergeben sich die

[209] Ein abbildendes Verfahren, bei dem durch einen besonderen Schleifvorgang die Feingestalt der Schneidfläche auf ein Testwerkstück übertragen und mittels Tastschnittverfahren ausgewertet wird.

[210] Schmitt 1968

[211] Lierse 2014

gleichen Abhängigkeiten: Das Crushieren erzeugt hohe Werkstückrauheiten, im Gleichlaufbereich werden mit kleinem q_d bessere und beim Gegenlaufabrichten noch bessere Rauheiten am Werkstück erreicht. Der Fall $q_d = 0$ tritt ein, wenn die Form- oder Profilrolle ohne Rotation (also bei geklemmter Spindel) verwendet wird. Dabei wirkt das jeweilige Werkzeug wie ein stehender Abrichter und sollte theoretisch beste Oberflächenqualitäten erzeugen. Allerdings sind die verwendeten Werkzeuge nicht für einen solchen Fall ausgelegt, sodass sich z.B. nicht überdeckte Eingriffspuren durch einzelne Diamanten auf der Schleifscheibe abbilden und schlechte Ergebnisse nach sich ziehen. Um zusätzlich auf das Arbeitsergebnis Einfluss zu nehmen, stehen beim Abrichten mit Formrolle als wesentliche weitere abgeleitete Stellgröße der **Abrichtüberdeckungsgrad** U_d (d.h. der axiale Abrichtvorschub f_{ad}) und beim Abrichten mit Profilrolle der **radiale Abrichtvorschub** f_{rd} zur Verfügung.

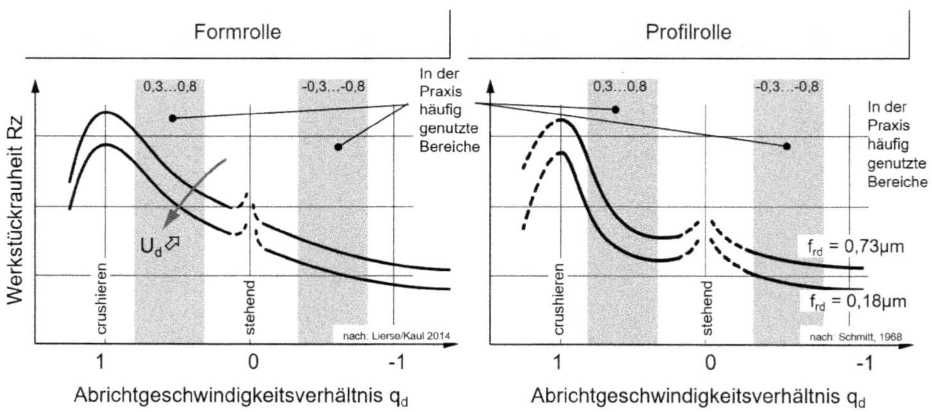

Bild 5.33 Werkstückrauheit beim Abrichten als Funktion des Abrichtgeschwindigkeitsverhältnisses

Prinzipiell ist es auch möglich, den Prozess mit Geschwindigkeitsverhältnissen $q_d > 1$ bzw. $q_d < -1$ zu betreiben. Wenn der Abrichtprozess bei „Schnittgeschwindigkeit" erfolgen soll, muss die Abrichtspindel dabei sehr hohe Drehzahlen n_d realisieren, da das Abrichtwerkzeug beim Außenrundschleifen i.d.R. einen deutlich kleineren Durchmesser d_d als die Schleifscheibe hat[212]. Bild 5.34 zeigt Ergebnisse

[212] Es ist empfehlenswert, für den Abrichtvorgang die gleiche Schleifscheibenumfangsgeschwindigkeit zu verwenden, wie beim Schleifen (Unwucht).

zur Werkstückrauheit *Rz* beim Außenrundeinstechschleifen als Funktion des Abrichtgeschwindigkeitsverhältnisses q_d im Bereich $2 < q_d < -2$[213]. Je größer die Geschwindigkeitsdifferenz v_{Rel} zwischen Abrichter und Schleifscheibe, desto besser ist die erzielbare Rauheit. Allerdings sind die möglichen Rauheitsverbesserungen relativ gering und rechtfertigen den notwendigen Aufwand von Abrichtspindeln mit höherer Drehzahl nicht.

Bei der Wahl des Geschwindigkeitsverhältnisses q_d, des Abrichtüberdeckungsgrades U_d oder der Diamantierung ist darauf zu achten, dass bessere Oberflächenqualitäten unweigerlich auch mit höheren Prozesstemperaturen einhergehen. Damit können bei zu hoch gewähltem Zeitspanvolumen Q_w beim Schleifen thermische Schädigungen im Randzonenbereich des Werkstücks in Form von Zugeigenspannungen auftreten. Siehe dazu Kap. 5.8.

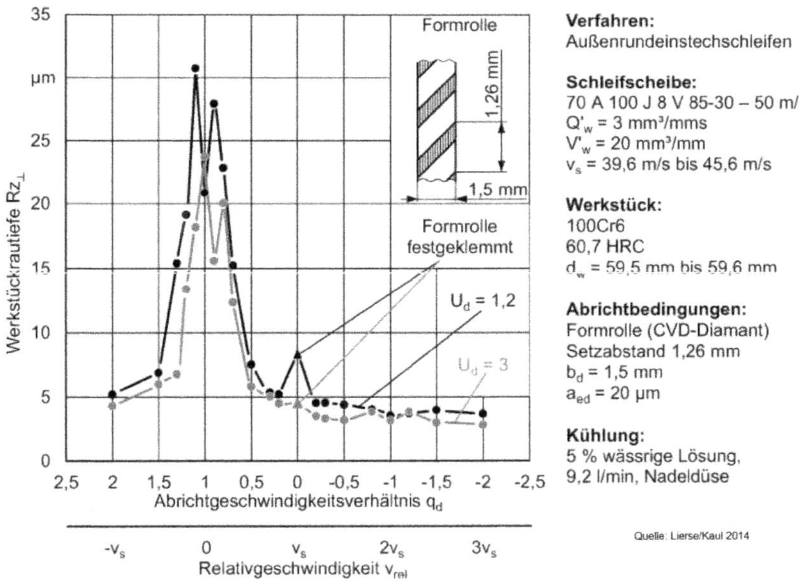

Bild 5.34 Werkstückrauheiten beim Außenrundschleifen mit Abrichtgeschwindigkeitsverhältnissen von $2 < q_d < -2$ für zwei Abrichtüberdeckungsgrade U_d

[213] Lierse 2014

5.5.2.1 Abrichtgeschwindigkeitsdifferenz

Beim Abrichten von **Profilschleifscheiben** stellt sich über der Profilbreite b_s *kein* konstantes Abrichtgeschwindigkeitsverhältnis q_d ein. Die abzurichtende Profiltiefe Δr_d bzw. die damit verbundenen Durchmesseränderungen Δd_s an der Schleifscheibe und dem Abrichtwerkzeug Δd_d führen zu Abweichungen des Abrichtgeschwindigkeitsverhältnisses q_d und damit zu nicht konstanten Abrichtbedingungen.

Bild 5.35 zeigt die Geschwindigkeiten an einer Profilrolle und einer Schleifscheibe am jeweiligen kleinsten und größten Durchmesser, womit sich für den Abrichtvorgang eine Abrichtgeschwindigkeitsdifferenz Δq_d ergibt. Beide Werkzeuge rotieren mit ihrer entsprechenden Drehzahl n_d bzw. n_{sd} und erzeugen im jeweiligen Profilbereich durchmesserabhängige Umfangsgeschwindigkeiten $v_d = f(d_d)$ und $v_{sd} = f(d_s)$. Dargestellt ist beispielhaft das Profilieren eines V-Profils mit einer Profilrolle. Am Punkt „1“ ist die größte Abrichtgeschwindigkeit $v_{d1} = v_{dmax}$ und die kleinste Schleifscheibenumfangsgeschwindigkeit v_{s1}. Am Punkt „2“ ist $v_{d2} < v_{d1} = v_{dmax}$ und $v_{s2} = v_{smax}$. Damit ergibt sich Δq_d aus der Differenz der jeweiligen Quotienten q_{d1} und q_{d2}.

Beim **Abrichten mit einer Profilrolle** gehen in die Berechnung der der Abrichtgeschwindigkeitsverhältnisse q_{d1} und q_{d2} bzw. der Abrichtgeschwindigkeitsdifferenz Δq_d jeweils der minimale und maximale Rollendurchmesser d_{dmin} und d_{dmax} sowie die Schleifscheibendurchmesser d_{smin} und d_{smax} ein:

$$\Delta q_{d_{Profilrolle}} = \frac{n_d}{n_{sd}} \cdot \left(\frac{d_{dmax}}{d_{smin}} - \frac{d_{dmin}}{d_{smax}}\right) \qquad (5\text{-}21)$$

mit den maximalen bzw. minimalen Abrichtgeschwindigkeitsverhältnissen beim Abrichten mit Profilrolle:

$$q_{d1} = q_{d_{max}} = \frac{d_{dmax} \cdot n_d}{d_{smin} \cdot n_{sd}} \qquad (5\text{-}22)$$

und

$$q_{d2} = q_{d_{min}} = \frac{d_{dmin} \cdot n_d}{d_{smax} \cdot n_{sd}} \qquad (5\text{-}23)$$

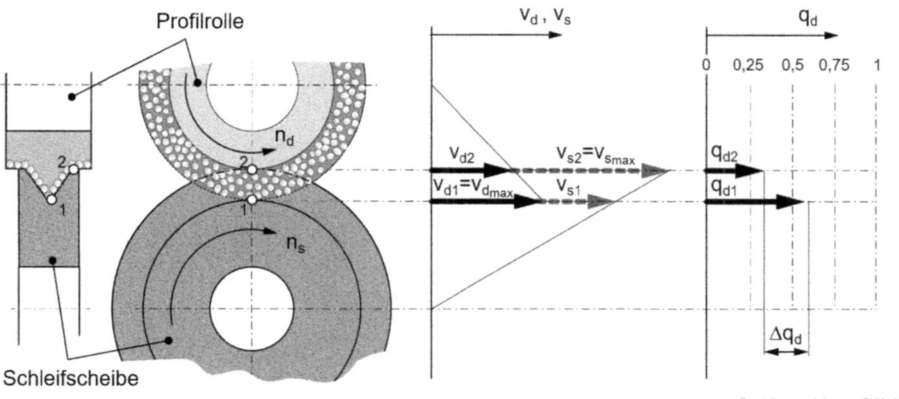

Bild 5.35 Geschwindigkeiten an Profilrolle und Schleifscheibe mit den dazugehörigen Abrichtgeschwindigkeitsverhältnissen q_d

Etwas andere Verhältnisse ergeben sich beim **Abrichten mit einer Formrolle**. Da die Formrolle nur mit ihrem Außendurchmesser abrichtet, ändert sich dessen Umfangsgeschwindigkeit nicht bzw. nur in sehr geringem Maße. Die sich damit ergebende Differenz der Abrichtgeschwindigkeitsverhältnisse Δq_d ist daher nur vom maximalen und minimalem Durchmesser der Schleifscheibe, d.h. der Profilhöhe Δr, abhängig. Die Verhältnisse für das Abrichten mit einer Formrolle sind in Bild 5.36 dargestellt.

Die Abrichtgeschwindigkeitsdifferenz Δq_d für das Abrichten mit einer Formrolle berechnet sich:

$$\Delta q_{d_{Formrolle}} = \frac{n_d}{n_{sd}} \cdot \left(\frac{d_d}{d_{smin}} - \frac{d_d}{d_{smax}}\right) \tag{5-24}$$

Wobei sich die maximalen bzw. minimalen Abrichtgeschwindigkeitsverhältnisse beim Abrichten mit Formrolle berechnen lassen:

$$q_{d1} = q_{d_{max}} = \frac{d_d \cdot n_d}{d_{smin} \cdot n_{sd}} \tag{5-25}$$

und

$$q_{d2} = q_{d_{min}} = \frac{d_d \cdot n_d}{d_{smax} \cdot n_{sd}} \tag{5-26}$$

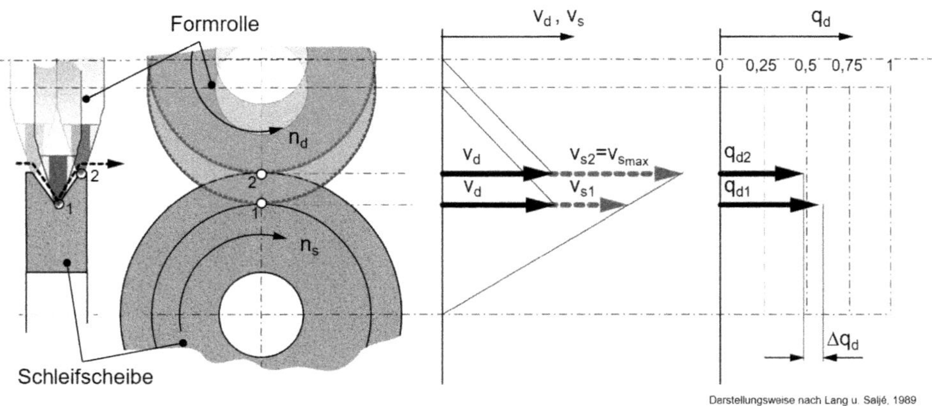

Bild 5.36 Geschwindigkeiten an einer Formrolle und einer Schleifscheibe mit den dazugehörigen Abrichtgeschwindigkeitsverhältnissen

In Bild 5.37 sind die Verhältnisse für den Einsatz mit einer Form- und einer Profilrolle beim Abrichten gleicher Schleifscheibenprofile gegenübergestellt. Entsprechend der Profilhöhe Δr der abzurichtenden Schleifscheibe ergeben sich unterschiedliche Schleifscheibenumfangsgeschwindigkeiten v_{sd} über der Profilbreite b_s der Schleifscheibe.

Beim Abrichten von Profilen mit einer *Profilrolle* kann die Oberflächenrauheit über der Profilhöhe Δr stärker variieren als beim Abrichten mit einer Formrolle, da die die Geschwindigkeitsdifferenzen Δq_d deutlich größer sind.

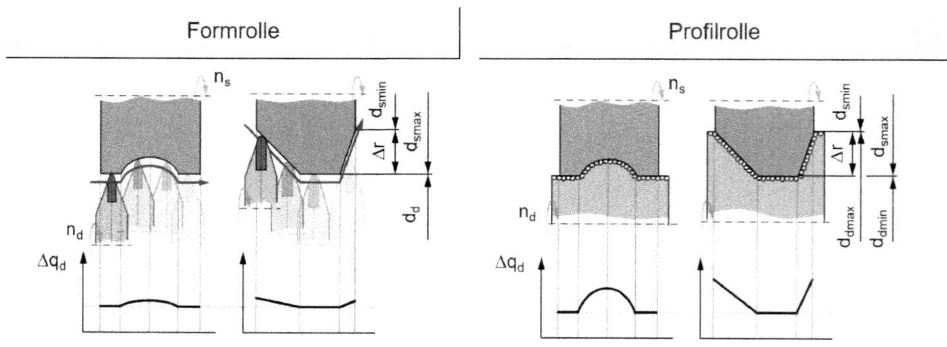

Bild 5.37 Geschwindigkeitsdifferenzen Δq_d beim Abrichten mit Formrolle und Profilrolle

5.5.2.2 Formrollen

Wie bereits in Bild 5.36 durch zeichnerische Ermittlung der Geschwindigkeitsvektoren verdeutlicht, sind die Abrichtgeschwindigkeitsdifferenzen Δq_d beim Profilabrichten mit Formrolle geringer als beim Abrichten mit Profilrolle.

Unter der Annahme, dass ein Prozess im Bereich von q_d ~ 0,8 akzeptable Oberflächenrauheiten erzeugt, zeigt Bild 5.38 exemplarisch am Beispiel des Abrichtens einer Schleifscheibe zum Schräg-Einstechschleifen die Wirkungen der Stellgrößen auf die entstehende Werkstückrauheit. Am größeren Schleifscheibendurchmesser $d_{s2} > d_{s1}$ ergeben sich geringere q_d als am kleineren Schleifscheibendurchmesser d_{s1}. Im Bereich um q_d ~ 0,8 fallen Rauheitsänderungen wegen des steileren Kurvenverlaufs stärker aus als z.B. bei q_d ~0,3 oder beim Gegenlaufabrichten. Zusätzlich werden am größeren Schleifscheibendurchmesser d_{s2} bessere Oberflächenrauheiten durch die höhere Schnittgeschwindigkeit v_{c2} erzeugt, da hier geringere Spanungsdicken h_c die Zerspanung realisieren. Grundsätzlich werden diese Verhältnisse sich am Werkstück in Form ungleichmäßiger Oberflächenqualitäten wiederfinden.

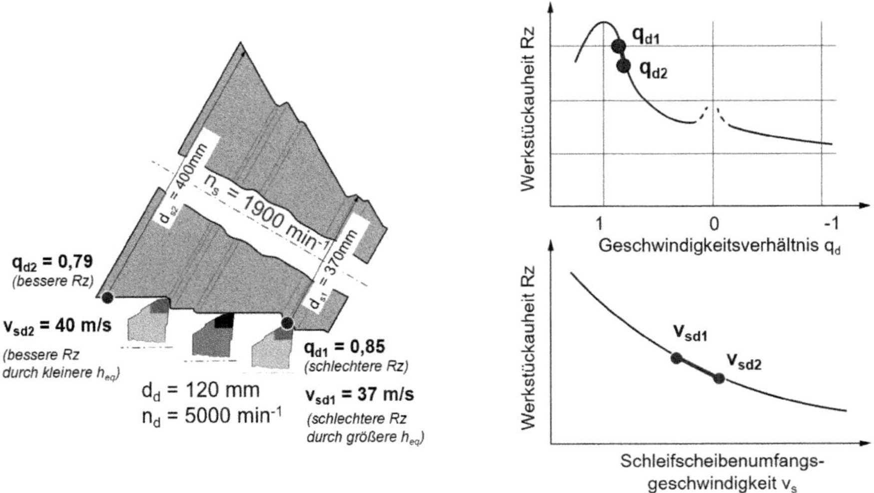

Bild 5.38 Auswirkungen der Abrichtgeschwindigkeitsverhältnisse beim Abrichten mit Formrolle und Schnittgeschwindigkeiten auf die Oberflächenrauheit am Werkstück

Um die beschriebenen Effekte abzumildern, wäre es vorteilhaft, die Bearbeitung in den Bereich um q_d ~ 0,3 oder in den Bereich des Gegenlaufabrichtens zu verlegen. Da sich in diesen Bereichen der Abrichtgeschwindigkeitsverhältnisse prinzipiell deutlich bessere Rauheiten am Werkstück einstellen und damit die Gefahr von Schleifbrand infolge einer zu fein abgerichteten Schleifscheibe steigt, sollte dann ggf. eine gröbere Schleifscheibe für den Prozess gewählt werden.

5.5.2.3 Profilrollen

Wie beim Abrichten mit Formrolle, ergeben sich beim Abrichten mit Profilrollen durch die Profilhöhe Δr unterschiedliche Abrichtgeschwindigkeitsverhältnisse q_d über der Schleifscheibenbreite b_s. Verfahrensbedingt ist dies nicht zu vermeiden und kann im Gegensatz zum Abrichten mit der Formrolle deutlich größere Auswirkungen auf das Prozessverhalten haben.[214,215]

Bild 5.39 zeigt schematisch die sich ergebenden Abrichtgeschwindigkeitsverhältnisse q_d und die damit verbundenen Werkstückrauheiten Rz. Über der Profilhöhe Δr ergeben sich Abrichtgeschwindigkeitsverhältnisse q_d zwischen dem größten Abrichtgeschwindigkeitsverhältnis q_{dmax} am kleinsten Schleifscheiben-, und damit größten Profilrollendurchmesser (d_{smin}, d_{dmax}) und dem kleinsten q_{dmin} am größten d_{smax} bzw. kleinsten d_{dmin}.

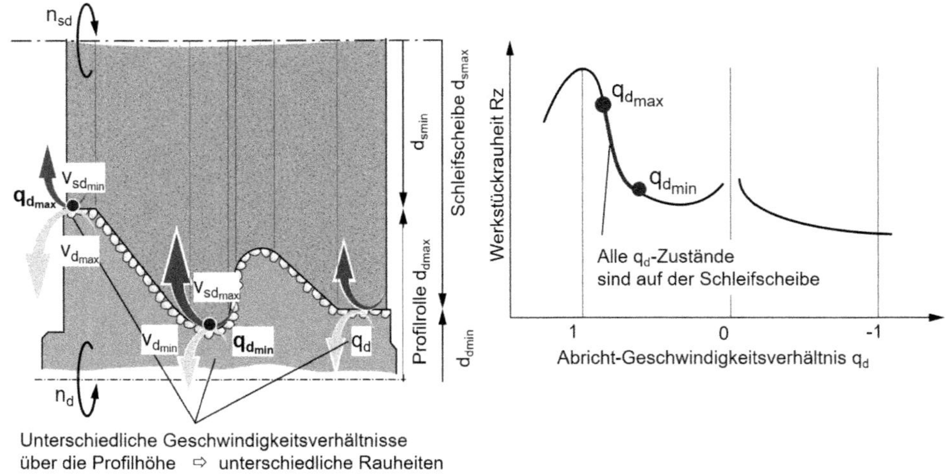

Bild 5.39 Abrichtgeschwindigkeitsverhältnisse beim Abrichten mit Profilrolle

[214] Siehe auch Helletsberger 2003, S. 41ff

[215] Siehe auch Lang u. Saljé 1989, S. 55ff

Bild 5.40 zeigt am Beispiel eines Schrägeinstech-Schleifprozesses eines wellenförmigen Bauteils (z.B. Düsennadel), wie sich sehr ungünstige Abrichtbedingungen ergeben können. Der mittlere Bereich des Bauteils wird mit einer crushierten Schleifscheibe bearbeitet, womit sich sehr ungünstige Schleifbedingungen einstellen können.

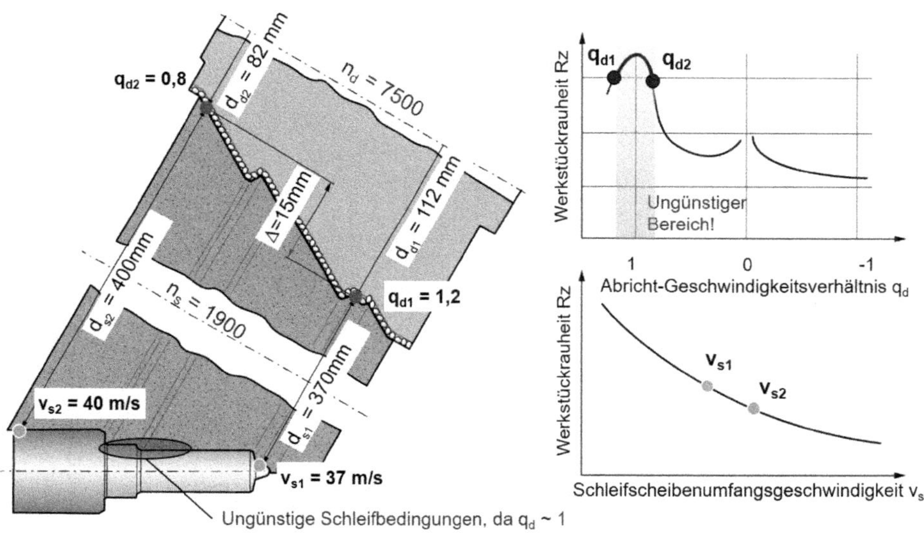

Bild 5.40 Beispiel für ungünstige Abrichtbedingungen beim Profilieren mit einer Profilrolle

Unbedingt zu vermeiden sind Abrichtkonstellationen, bei dem sich über der Profilbreite der Schleifscheibe b_s das Abrichtgeschwindigkeitsverhältnis $q_d = 1$ ergibt. Dies kann leicht passieren, wenn man zur Berechnung der entsprechenden Drehzahlen nur die Außendurchmesser beider Werkzeuge und die entsprechen Drehzahlen heranzieht, jedoch die Änderungen der Umfangsgeschwindigkeiten über die Profilhöhe Δr nicht betrachtet. ■

Analog zu den in Bild 5.38 gezeigten Auswirkungen des Profilabrichtens mit einer Formrolle sind in Bild 5.41 die Bedingungen beim Abrichten mit Profilrolle für das Schräg-Einstechschleifen eines wellenförmigen Bauteils dargestellt. Auf den meisten Schrägeinstichschleifmaschinen erfolgt das Profilieren mittels Profilrolle in einer zur Schleifscheibe achsparallelen Anordnung. Sehr häufig befindet sich das

Abrichtwerkzeug auf der Rückseite der Schleifscheibe, um zusätzliche Nebenzeiten durch längerer Verfahrbewegungen zu vermeiden. Die Durchmesserdifferenz der Profilrolle Δd_{d} „verstärkt" die Abrichtgeschwindigkeitsdifferenz Δq_{d}, sodass die größeren Änderungen der Schleifscheibenmikrostruktur prinzipiell zu grßeren Rauheitsunterschienden am Werkstück führen, als beim Abrichten mit Formrolle.

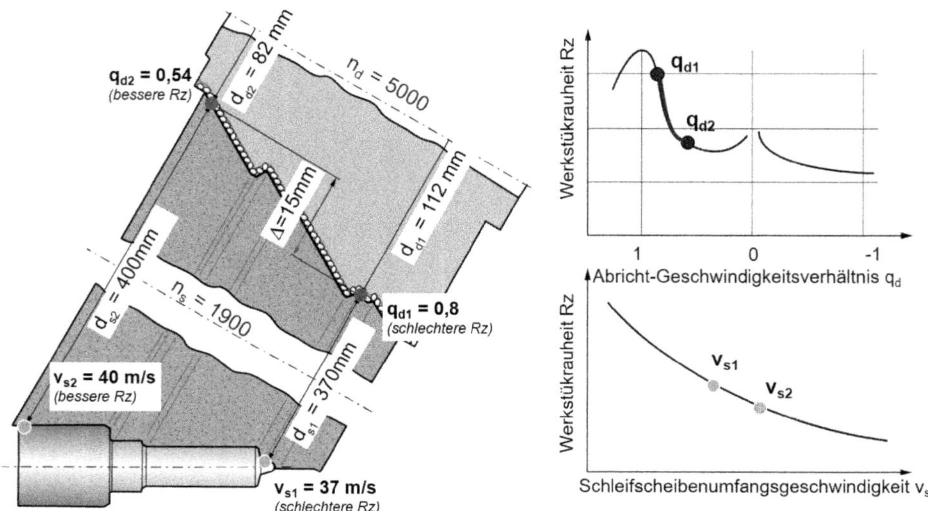

Bild 5.41 Auswirkungen der Abrichtgeschwindigkeitsverhältnisse beim Abrichten mit Profilrolle und Schnittgeschwindigkeiten auf die Oberflächenrauheit am Werkstück

Um beim Abrichten von Profilrollen die Abrichtgeschwindigkeitsdifferenz klein zu halten, sollte die Profilhöhe Δr klein sein. Zu erreichen ist dieses durch eine Profilrolle, deren Profil exakt der Geometrie des Werkstücks entspricht. Die Achsen von Profilrolle, Schleifscheibe und Werkstück müssen dann jeweils um den gleichen Betrag zueinander geneigt sein. Dies hat den Vorteil, dass die Abrichtverhältnisse für die Bereiche des Schulterschleifens sehr gut abgerichtet werden. Da die radiale Vorschubbewegung f_{rd} der Profilrolle jedoch nicht mehr senkrecht zu dessen Rotationsachse erfolgen kann, wird der Maschinenaufbau erheblich komplexer. Bild 5.42 zeigt die in der Praxis übliche und die technologisch günstigere Anordnung der Profilrollen für das Schräg-Einstechschleifen am Beispiel des Abrichtens einer Schleifscheibe für ein wellenförmiges Bauteil (z.B. Düsennadel).[216]

[216] Siehe auch Helletsberger 2003, S. 27

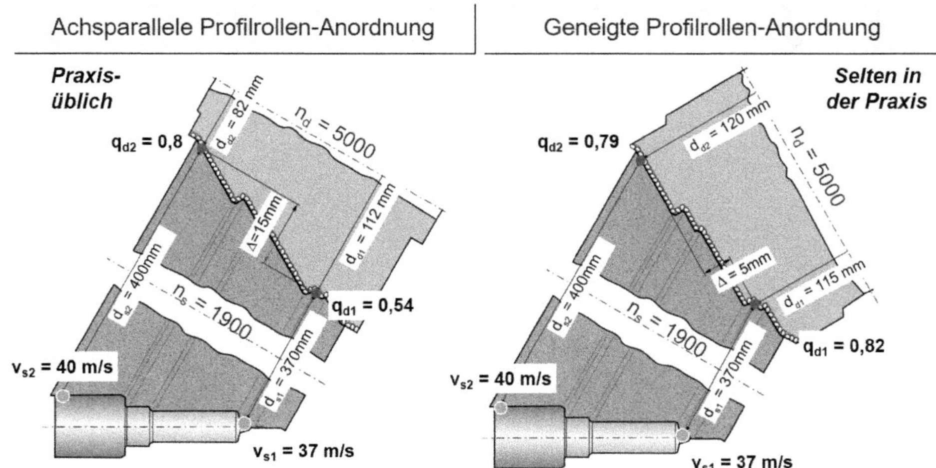

Bild 5.42: Achsparallel und geneigte Profilrollenanordnung beim Schräg-Einstechschleifen

5.6 Wichtige Formeln zur Steuerung des Abrichtprozesses

Die für eine praxisrelevante Auslegung eines Abrichtprozesses erforderlichen Formelbeziehungen sind in Tabelle 5.1 zusammengestellt.

Tabelle 5.1 Wichtige Formeln für das Abrichten mit stehendem Abrichter, Formrolle und Profilrolle

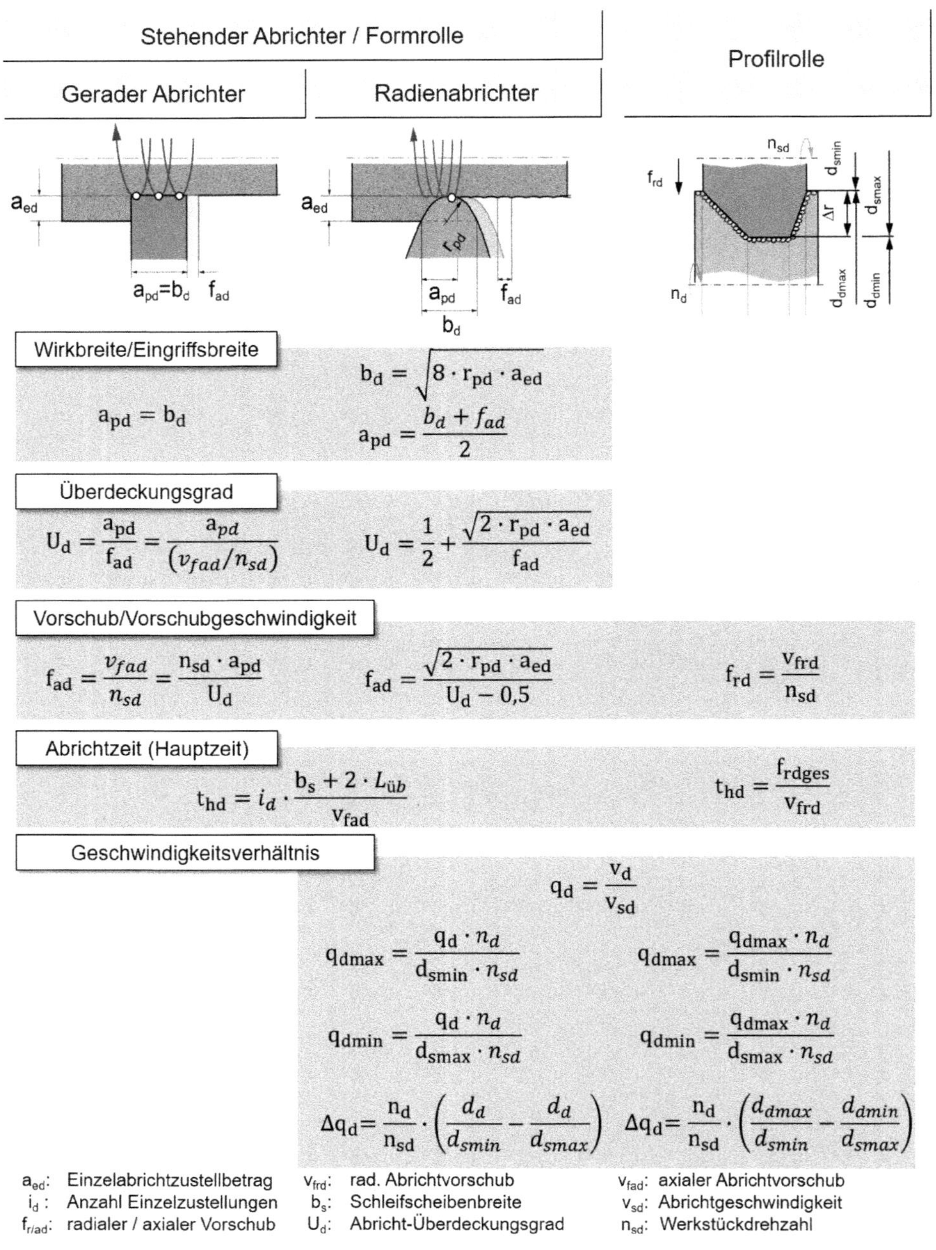

Stehender Abrichter / Formrolle		Profilrolle
Gerader Abrichter	Radienabrichter	
Wirkbreite/Eingriffsbreite		
$a_{pd} = b_d$	$b_d = \sqrt{8 \cdot r_{pd} \cdot a_{ed}}$ $a_{pd} = \frac{b_d + f_{ad}}{2}$	
Überdeckungsgrad		
$U_d = \frac{a_{pd}}{f_{ad}} = \frac{a_{pd}}{(v_{fad}/n_{sd})}$	$U_d = \frac{1}{2} + \frac{\sqrt{2 \cdot r_{pd} \cdot a_{ed}}}{f_{ad}}$	
Vorschub/Vorschubgeschwindigkeit		
$f_{ad} = \frac{v_{fad}}{n_{sd}} = \frac{n_{sd} \cdot a_{pd}}{U_d}$	$f_{ad} = \frac{\sqrt{2 \cdot r_{pd} \cdot a_{ed}}}{U_d - 0{,}5}$	$f_{rd} = \frac{v_{frd}}{n_{sd}}$
Abrichtzeit (Hauptzeit)		
$t_{hd} = i_d \cdot \frac{b_s + 2 \cdot L_{üb}}{v_{fad}}$		$t_{hd} = \frac{f_{rdges}}{v_{frd}}$
Geschwindigkeitsverhältnis		
	$q_d = \frac{v_d}{v_{sd}}$	
	$q_{dmax} = \frac{q_d \cdot n_d}{d_{smin} \cdot n_{sd}}$	$q_{dmax} = \frac{q_{dmax} \cdot n_d}{d_{smin} \cdot n_{sd}}$
	$q_{dmin} = \frac{q_d \cdot n_d}{d_{smax} \cdot n_{sd}}$	$q_{dmin} = \frac{q_{dmax} \cdot n_d}{d_{smax} \cdot n_{sd}}$
	$\Delta q_d = \frac{n_d}{n_{sd}} \cdot \left(\frac{d_d}{d_{smin}} - \frac{d_d}{d_{smax}}\right)$	$\Delta q_d = \frac{n_d}{n_{sd}} \cdot \left(\frac{d_{dmax}}{d_{smin}} - \frac{d_{dmin}}{d_{smax}}\right)$

a_{ed}: Einzelabrichtzustellbetrag
i_d: Anzahl Einzelzustellungen
$f_{r/ad}$: radialer / axialer Vorschub
v_{frd}: rad. Abrichtvorschub
b_s: Schleifscheibenbreite
U_d: Abricht-Überdeckungsgrad
v_{fad}: axialer Abrichtvorschub
v_{sd}: Abrichtgeschwindigkeit
n_{sd}: Werkstückdrehzahl

5.7 Prozessgrößen beim Abrichten

5.7.1 Abrichtkräfte

Die Abrichtkräfte sind wichtige Kennwerte für die Prozessauslegung, da sie erhebliche Auswirkungen auf den Verschleiß des Abrichtwerkzeugs und die Topographie der Schleifscheibe haben. Bild 5.43 stellt die bezogenen tangentialen und normalen Abrichtkräfte F'_{nd} und F'_{nd} als Funktion des Abrichtgeschwindigkeitsverhältnisses q_d beim Abrichten mit einer *Formrolle* für zwei verschiedene Abrichtüberdeckungsgrade U_d und für eine *Profilrolle* bei kontantem radialen Vorschub f_{rd} dar.

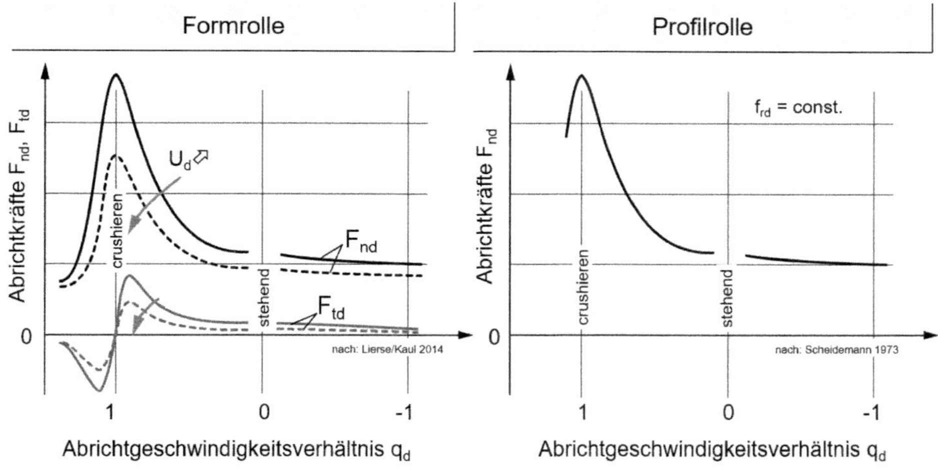

Bild 5.43 Bezogene Abrichtkräfte in Abhängigkeit vom Abrichtgeschwindigkeitsverhältnis

Bei beiden Abrichtverfahren entstehen für das Crushieren die höchsten Abrichtnormalkräfte F'_{nd}.[217,218] Je größer das betragsmäßige Abrichtgeschwindigkeitsverhältnis $|q_d|$, desto kleiner sind die Abrichtnormalkräfte F'_{nd}. Die Abrichttangentialkräfte F'_t sind beim Crushieren Null, da keine Relativgeschwindigkeit v_{rel} zwischen den beiden Kontaktpartnern vorliegt. In den Bereichen nahe $q_d = 1$ weisen diese dann ein Maximum auf. Für die tangentialen Abrichtkräfte F'_{td} beim Abrichten mit Profilrolle liegen keine Ergebnisse vor, da diese von *Scheidemann* nicht

[217] Lierse 2014

[218] Scheidemann 1973, S. 17f

ermittelt bzw. nicht veröffentlicht wurden. Es ist aber zu vermuten, dass die Kraftverläufe ähnlich wie beim Abrichten mit Formrolle sind.

In Bild 5.43 sind die Kräfte nur schematisch, ohne Angabe von Absolutwerten dargestellt, da sie von einer Reihe von Parametern (Schleifscheibenspezifikation, Kühlschmierbedingungen usw.) abhängen. Um eine Größenordnung abschätzen zu können:

- Beim Abrichten einer #80-EKw-Schleifscheibe mit einer einschichtig belegten galvanisch belegten Abrichtscheibe der Korngröße D426 wurden von *Klocke*[219] Abrichtnormalkräfte F_{nd} = 1 bis 0,4 N für Überdeckunggrade von U_d = 2 bis 6 für q_d = 0,6 und a_{ed} = 0,01 mm ermittelt.
- Beim Abrichten einer Korundschleifscheibe mit Formrolle (a_{ed} = 20 µm) liegen nach *Lierse/Kaul*[220] die maximalen Abrichtkräfte beim Crushieren mit einem Abrichtüberdeckungsgrad von U_d = 3 bei ca. F'_{nd} ~ 30 N/mm und bei q_d = -1 bei F'_{nd} ~ 10 N/mm[221].
- Bei der Profilrolle (gestreute Naturdiamantausführung) hat *Scheidemann*[222] an Korundschleifscheiben mit radialen Abrichtvorschüben von f_{rd} = 0,72µm/U bei q_d = 1 Abrichtnormalkräfte von F'_{nd} ~ 7 N/mm und bei q_d = -0,5 F'_{nd} ~ 2,5 N/mm ermittelt.
- Beim Abrichten keramisch gebundener CBN-Schleifscheiben (B126) ermittelte *Thiermann*[223] Abrichtnormalkräfte von bis zu F'_{nd} ~ 35 N/mm und Abrichttangentialkräfte von F'_{td} ~ 10 N/mm beim Abrichten mit einschichtigem galvanischer verschleißender Formrolle (q_d = +/- 0,3, U_d = 4, a_{ed} = 4 mm).
- *Cinar*[224] ermittelte mit a_{ed} schnell ansteigende Abrichtnormalkräfte von F_{nd} = 12 N beim Abrichten einer keramisch gebundenen CBN-Schleifscheibe (B91) mit einem metallgebundenen Abrichttopf (D426) bei einer Zustellung von a_{ed} = 10 µm und kaum ansteigende Abrichtnormalkräfte F_{nd} < 2 N beim Abrichten von Korundschleifscheiben bei Zustellungen bis a_{ed} = 25 µm.

---

[219] Klocke 2013
[220] Lierse 2014
[221] vgl. auch Linke 2007, S. 58
[222] Scheidemann 1973, Bild 5
[223] Thiermann 2014, S. 97
[224] Cinar 1995, S. 82

- *Hessel*[225] ermittelte beim Punktcrushieren (Crushieren mit CVD-Diamant-Formrolle) Abrichtnormalkräfte von F'_{nd} ~ 5 N und, bei entsprechend genauer Regelung für $q_d = 1$, Abrichttangentialkräfte nahe Null an Diamantschleifscheiben.

Festzuhalten ist, dass die geringsten Abrichtkräfte bei betragsmäßig großen Abrichtgeschwindigkeitsverhältnissen $|q_d|$, d.h. großen Relativgeschwindigkeiten v_{rel} zwischen Schleifscheibe und Abrichtwerkzeug entstehen. Für einen **Vorprofilier- bzw. Umprofilierprozess** sollten wegen der geringen Abrichtkräfte mit möglichst großen Geschwindigkeitsverhältnissen q_d, besser großen Geschwindigkeitsdifferenzen v_{rel}, gearbeitet werden.

Die Schleifscheibenumfangsgeschwindigkeit v_{sd} hat nach verschiedenen Untersuchungen keinen nennenswerten Einfluss auf die Abrichtnormalkräfte. Höhere Schleifscheibenumfangsgeschwindigkeiten führen jedoch tendenziell zu (leicht) größeren Abrichttangentialkräften[226]. Auch das Schleifmittel hat einen Einfluss auf die Kraftauswirkungen, die exemplarisch für verschiedene konventionelle Schleifmittel in Bild 5.44 als Funktion des Abrichtgeschwindigkeitsverhältnisses q_d dargestellt sind.[227]

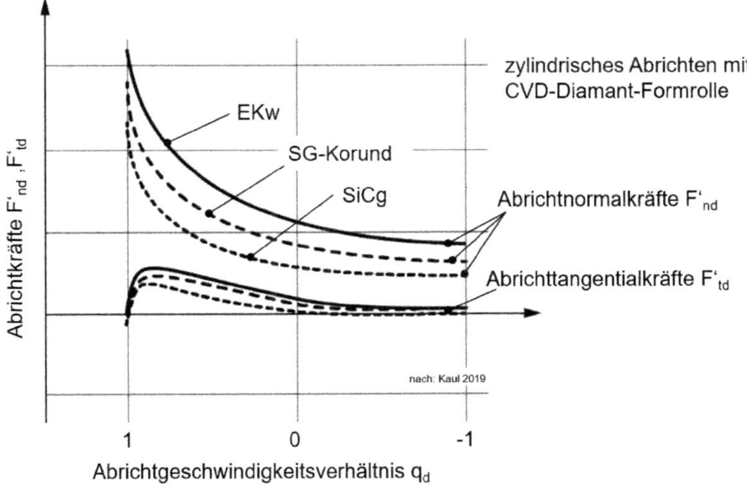

Bild 5.44 Abrichtkräfte für unterschiedliche konventionelle Schleifmittel

[225] Hessel 2003, S. 55
[226] Linke 2007, S. 58, Thiemann 2016, S.97 und Kaul 2019, S.47
[227] Kaul 2019, S. 49

Sofern mit dem Abrichten keine Beeinflussung des Prozesses erfolgen soll (z.B. beim **Umprofilieren** von Schleifscheiben) ist das Gegenlaufabrichten mit möglichst hohen Geschwindigkeitsdifferenzen v_{rel} zwischen Schleifscheibe und Abrichtwerkzeuge vorzuziehen. Ggf. kann dabei auch die Schleifscheibendrehzahl n_{sd} reduziert werden[228]. ■

5.7.2 Leistungen beim Abrichten

Die Abrichtspindelleistung P_d ist das Produkt der tangentialen Abrichtkräfte F'_{dt} und der Abrichtwerkzeug-Umfangsgeschwindigkeit v_d. Für das Abrichten mit Formrolle wurden von *Lierse und Kaul*[229] umfangreiche Untersuchungen dazu durchgeführt. Danach lassen sich verschiedene Betriebsarten definieren (s. Bild 5.45).

Beim *Crushieren* ($q_d = 1$) wird die Abrichtspindel ohne Leistungsaufnahme von der Rotation der Schleifscheibe „mitgenommen". Im Bereich $0 < q_d < 1$ läuft die Abrichtspindel im *Generatorbetrieb*, in den anderen Bereichen ist eine Antriebsleistung der Abrichtspindel erforderlich, um den Abrichtvorgang auszuüben. Die Spindel muss somit das Abrichtwerkzeug abbremsen, sodass neben der **Spindelleistung** ein weiterer wichtiger Kennwert für die Spindelauslegung der **Bremswiderstand** ist.[230,231] Bei Abrichtkräften um $F_{td} \sim 10$ N ergibt sich bei einer Umfangsgeschwindigkeit der Abrichtrolle von $v_d = 60$ m/s (z.B. CBN-Abrichten $q_d = 0{,}8$, $v_s = 80$ m/s) eine erforderliche Spindelleistung von $P_d = 640$ W.[232]

Höhere Abrichtüberdeckungsgrade U_d führen durch den damit kleineren Spanungsquerschnitt A_k zu kleineren Antriebsleistungen P_d. Beim Abrichten einer Korundschleifscheibe mit einer CVD-Diamant-Formrolle ($b_d = 1{,}5$ mm) sind bezogene Wirkleistungen der Abrichtspindel von $P'_d \sim 500$ W/mm (bei $U_d = 1{,}2$ bzw. 200 W/mm bei $U_d = 3$) ermittelt worden.[233]

Gerade beim Abrichten im Bereich nahe $q_d = 1$ (crushieren) besteht die Gefahr, dass die Drehzahl des Abrichtspindelsystems (d.h. der Frequenzumrichter) nicht schnell genug geregelt abgebremst werden kann und die Spindel bzw. das Abrichtwerkzeug von der Schleifscheibe „mitgenommen" wird (d.h. crushiert wird). Damit

---

[228] Für das eigentliche Abrichten sollte die Drehzahl n_s wie beim Schleifen verwendet werden
[229] Lierse 2014
[230] Lierse 2014
[231] s. auch Thiemann 2014, S. 39ff
[232] Leistung = Kraft · Geschwindigkeit
[233] Lierse 2014

werden ungewünschte Abrichtergebnisse erzielt, die sich wegen der der nicht ausreichenden Regelmöglichkeiten der Antriebsspindeln nicht korrigieren lassen.

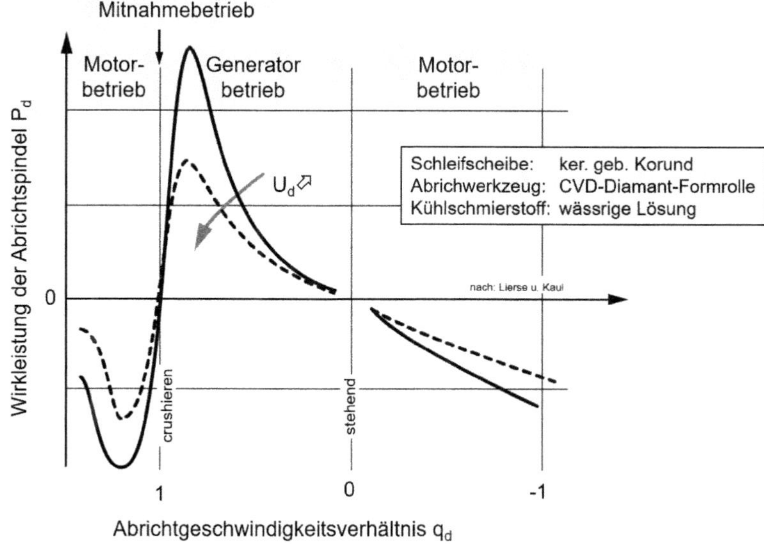

Bild 5.45 Wirkleistungen in Abhängigkeit vom Abrichtgeschwindigkeitsverhältnis q_d beim Abrichten einer Korundschleifscheibe mit Formrolle

Das Crushieren von Profilen mit Formrollen ist in vielen Fällen nicht möglich. Die tangentialen Kräfte beim Abrichten F'_{td} lassen eine exakte Geschwindigkeitsregelung der Abrichtspindel häufig nicht zu. Beim Abrichten mit Profilrollen führt die Profilhöhe immer zu Abrichtgeschwindigkeitsdifferenzen $q_d \neq 1$.

■

5.7.3 Abrichtzeit

Grundsätzlich lässt sich die Bearbeitungszeit aus dem Verhältnis des zu zerspanenen Werkstückvolumens V_w (Zerspanvolumen) zum „pro Zeiteinheit zerspanten Werkstoffvolumen" Q_w (Zeitspanvolumen) berechnen. Für den Abrichtprozess ergibt sich die Abrichthauptzeit t_{hd} daher zu:

$$t_{hd} = \frac{V_{Schleifscheibe}}{Q_{Abrichten}} \tag{5-27}$$

Das **Längsabrichten** mit *stehendem Abrichter* bzw. *Formrolle* nutzt einen axialen Vorschub f_{ad}, sodass sich die Abrichtzeit t_{hd} von der abzurichtenden Profilbreite L_{sd} (im Wesentlichen der Schleifscheibenbreite b_s) und der axialen Vorschubgeschwindigkeit v_{fad} ergibt:

$$t_{hd} = i_d \cdot \frac{L_{sd}}{v_{fad}} = \frac{L_{sd}}{f_{ad} \cdot n_{sd}} \tag{5-28}$$

mit i_d als Anzahl der Einzelzustellbeträge a_{ed}.

Für das **Einstechabrichten** mit Profilrolle ergibt sich die Abrichtzeit t_{hd} (ohne Ausfeuerzeit) zu:

$$t_{hd} = \frac{f_{rdges}}{v_{frd}} = \frac{f_{rdges}}{f_{rd} \cdot n_{sd}} \tag{5-29}$$

Sie ist von der radialen Gesamtzustellung f_{rdges} und der Vorschubgeschwindigkeit v_{frd} bzw. dem radialen Abrichtvorschub f_{rd} abhängig.

5.8 Randzoneneigenschaften durch Abrichten

Die Randzoneneigenschaften eines Bauteils werden durch die thermischen und mechanischen Wirkungen des Schleifprozesses verändert. In vielen wissenschaftlichen Betrachtungen steht daher die Leistungsumsetzung und die Spanbildung des Schleifprozesses im Fokus, um Hinweise zwischen den Prozessgrößen und den Randzonenzuständen zu erlangen[234].

Da der Abrichtprozess als Eingangsgröße für den Schleifprozess angesehen werden kann, können mit den Abrichtbedingungen die Schleifbedingungen in weiten Grenzen beeinflusst werden. Bild 5.46 zeigt den Zusammenhang zwischen den Eigenspannungen an der Oberfläche (z = 0 mm) und dem Abrichtgeschwindigkeitsverhältnis q_d.[235] Eine durch Crushieren profilierte Schleifscheibe erzeugt die höchsten Druckeigenspannungen in der Werkstückoberflächen. Gegenlaufabrichten (q_d < 0) ist bzgl. der Eigenspannungsausbildung eher ungünstig, und führt wegen der

[234] z.B. Brinksmeier 1990, Paul 1994, Regent 1999, Czenkusch 1999, Lierse 1998

[235] Lierse 2016

höheren Reibung durch kleiner Spanungsdicken zu Zugeigenspannungen. Höhere Abrichtüberdeckungsgrade U_d führen ebenfalls eher zu einer negativen Ausbildung der Eigenspannungen in Richtung „Zug“.

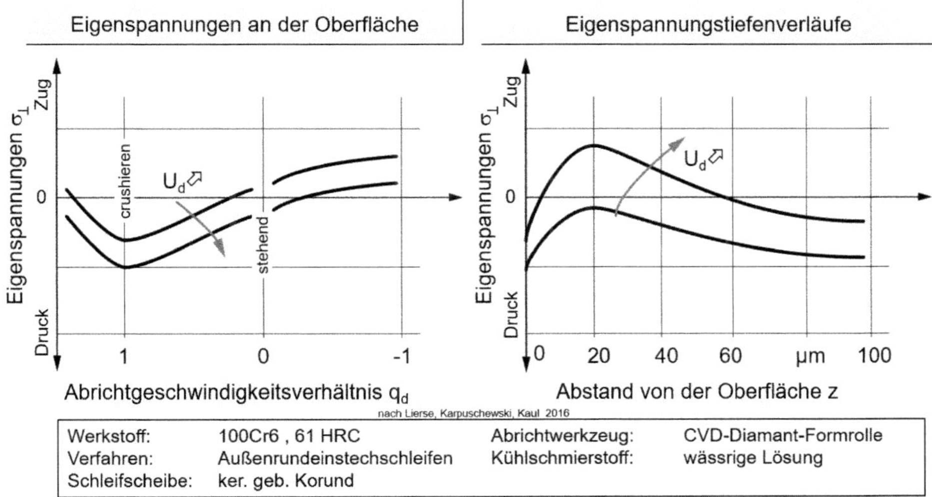

Bild 5.46 Eigenspannungen als Funktion des Abrichtgeschwindigkeitsverhältnis q_d und des Abrichtüberdeckungsgrades U_d beim Abrichten mit einer Formrolle

Die Ergebnisse lassen sich in Bild 5.47 recht einfach zusammenfassen. Bessere Oberflächen werden durch Gegenlaufabrichten $q_d < 0$ oder einen höheren Abrichtüberdeckungsgrad U_d erreicht. Die damit erzeugten feineren Schleifscheibentopographien erhöhen jedoch die Gefahr der thermischen Schädigung der Werkstückoberfläche, womit sich die Eigenspannungszustände in Richtung „Zug“ verschieben. Als Folge kann dies eine Reduzierung der Bauteilfestigkeit nach sich ziehen. Zu beachten ist bei der Analyse der Eigenspannungen, dass das Eigenspannungsmaximum häufig nicht an der Oberfläche, sondern beim Schleifen von Stahl ca. $z \sim 20$ µm unterhalb der Oberfläche auftritt.

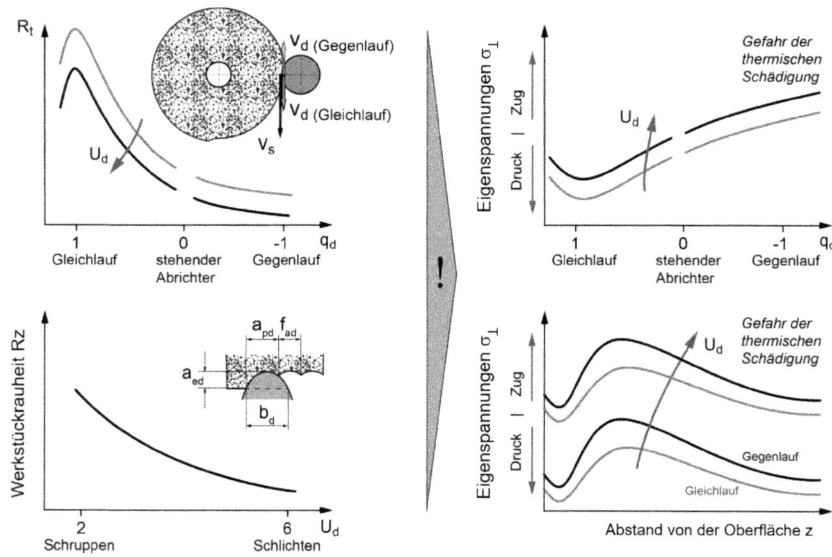

Bild 5.47 Wirkungen des Abrichtüberdeckungsgrades U_d und der Abrichtgeschwingkeitsverhältnisse q_d auf die Eigenspannungsausbildung (modellhafte Darstellung)

Hohe Oberflächenqualitäten am Werkstück lassen sich durch feine Schleifscheiben oder „feineres“ Abrichten (U_d ⇗, $q_d \rightarrow -1$) erreichen. Dabei ist jedoch zu berücksichtigen, dass die thermischen Wirkungen im Prozess zu höheren Temperaturen und damit zu einer erhöhten Gefahr einer thermischen Schädigung (Zugeigenspannungen, Schleifbrand) führen können.

5.9 Herstellung von Abrichtwerkzeugen

Grundsätzlich lassen sich die Herstellverfahren von Diamantabrichtwerkzeugen in *positive* und *negative* Verfahren unterteilen. Beim **Positivverfahren** werden Diamanten auf einem Grundkörper verankert, bei den **Negativverfahren** werden diese in eine verlorene Negativform eingebracht und anschließend mit einer Werkzeugaufnahme verbunden. Bild 5.48 zeigt die Prinzipien der grundsätzlich unterschiedlichen Verfahren. Bei den Negativverfahren sind zwei unterschiedliche Arten der Diamanteinbindung gebräuchlich: ein *galvanisches Verfahren* und ein *Verfahren mit Sinterbindung*[236]. Die wesentlichen Schritte zur Herstellung werden in den folgenden Kapiteln näher erläutert.

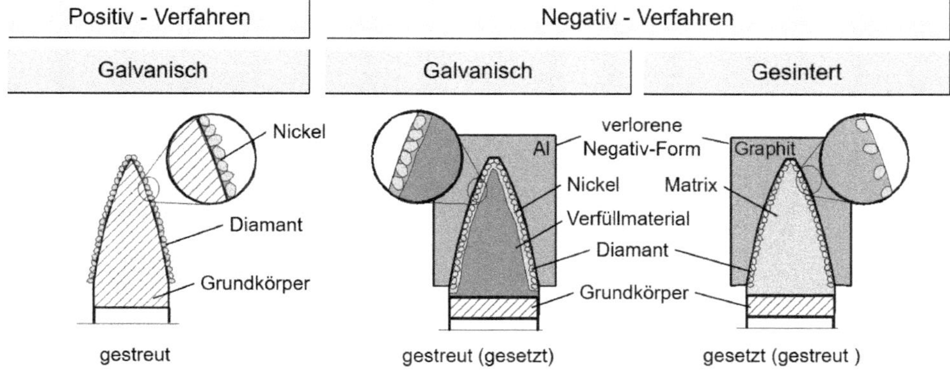

Bild 5.48 Prinzipielle Herstellung von Diamant-Abrichtwerkzeugen

5.9.1 Positivverfahren

Das galvanisch positive Abrichtwerkzeug ist ein Werkzeugsystem mit relativ aggressivem Abrichtverhalten, da die Diamanten herstellbedingt einen recht großen Kornüberstand aufweisen. Das prinzipielle Vorgehen bei der Herstellung ist in Bild 5.49 in sechs Einzelschritten dargestellt. Die Herstellung beginnt mit einem hochgenauen Grundkörper (1) zumeist aus gehärtetem Stahl. Der zu diamantierende Profilbereich ist dabei äquidistant um die spätere Diamantschichtdicke korrigiert. Nach der Vermessung (2) erfolgt die Vorbereitung für den galvanischen Prozess (3) durch Maskierung[237] der nicht zu diamantierenden Bereiche und einer chemischen Entfettung und Aktivierung, um eine Schichthaftung zu gewährleiten. Das Aufbringen der Diamanten (4) im Nickel-Elektrolyten kann durch unterschiedliche Verfahren (Rotationsverfahren oder im „Diamantbett") erfolgen. Am Grundkörper anliegende Diamanten werden durch das Abscheiden von Nickel an der Kathode (dem elektrisch leitenden Werkzeuggrundkörper) „festgeklebt" bzw. formschlüssig gehalten. Die Anode stellt reines Nickel für den Prozess zur Verfügung. Nach dem „Tack-down" der Diamanten auf dem Grundkörper wird eine entsprechende

[236] Lierse 2002

[237] durch wärmefesten, chemisch stabilen Lack oder Abdeckmasken

Nickelbindung aufgebaut, die einen Kornüberstand der Diamanten gewährleistet. Die unregelmäßig geformten Körner liegen i.d.R. mit einer flachen Seite am Grundkörper an, sodass erst durch das Anschleifen der Diamanten ein entsprechender Traganteil und die endgültige Profilgeometrie (5) erzeugt werden kann. Nach einer abschließenden Prüfung (6) kann das Werkzeug zum Abrichten eingesetzt werden.

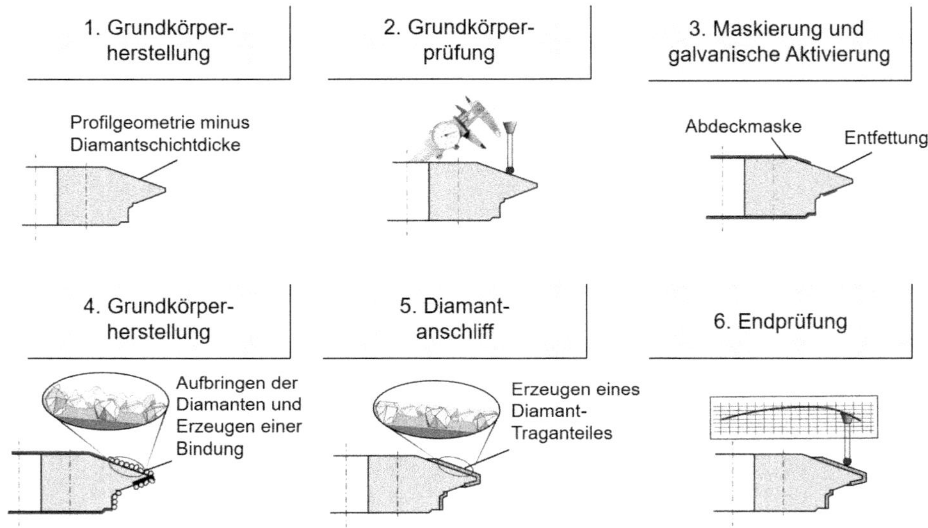

Bild 5.49 Herstellung galvansich positiver Abrichtwerkzeuge

Galvanisch positive Abrichtwerkzeuge eignen sich nicht für alle Abrichtaufgaben, da die verwendeten Diamanten relativ klein sind (Korngrößen bis max. ca. D601, in seltenen Fällen bis D1001) und sich die Diamanten nur in einer regellosen, gestreuten Anordnung aufbringen lassen. Durch das Einbringen größerer Diamanten bzw. CVD-Diamanten vor der eigentlichen Diamantierung lassen sich exponierte Kantenbereiche vor einem Verschleiß schützen. In der Praxis wird diese Technik als **„Kantenverstärkung"** (CVD-Diamant-Kantenverstärkung) bezeichnet. Hauptanwendungen liegen wegen des aggressiven Abrichtverhaltens im Bereich des Vorprofilierens von Schleifscheiben und im Bereich des Abrichtens von Wälzschleifschnecken für das kontinuierliche Wälzschleifen.

Bild 5.50 zeigt ein typisches Abrichtwerkzeug für das kontinuierliche Wälzschleifen, bei dem häufig galvanisch positive Abrichtwerkzeuge zum Einsatz kommen (die Werkzeuge werden zum Abrichten der rechten und linken Flanke als Satz eingesetzt). Die relativ ungünstigen Abrichtbedingungen mit sehr hohen Abrichtgeschwindigkeitsverhältnissen (Drehzahl der Schleifschnecke n_s ~ 400 U/mm, Abrichtgeschwindgkeitsverhältnis q_d ~ 10) machen ein aggressives Abrichtwerkzeug erforderlich. Für diese Anwendungen haben sich daher galvanisch positive Werkzeuge sehr bewährt. Allerdings ist der Aussendurchmesserbereich stark belastet, da die Zustellung a_{ed} ~ 10 bis 40 µm dort „voll" ankommt[238] und die Nickelbindung der Diamanten schnell herausgewaschen wird. Galvanische Werkzeuge unterliegen daher an solchen exponierten Stellen einem recht schnellen Verschleiß durch Kornverlust, wodurch häufig auch der Grundkörper geschädigt wird. Durch eine **Kantenverstärkung** mit regelmäßig eingesetzten CVD-Diamanten lässt sich die Standzeit deutlich verlängern.

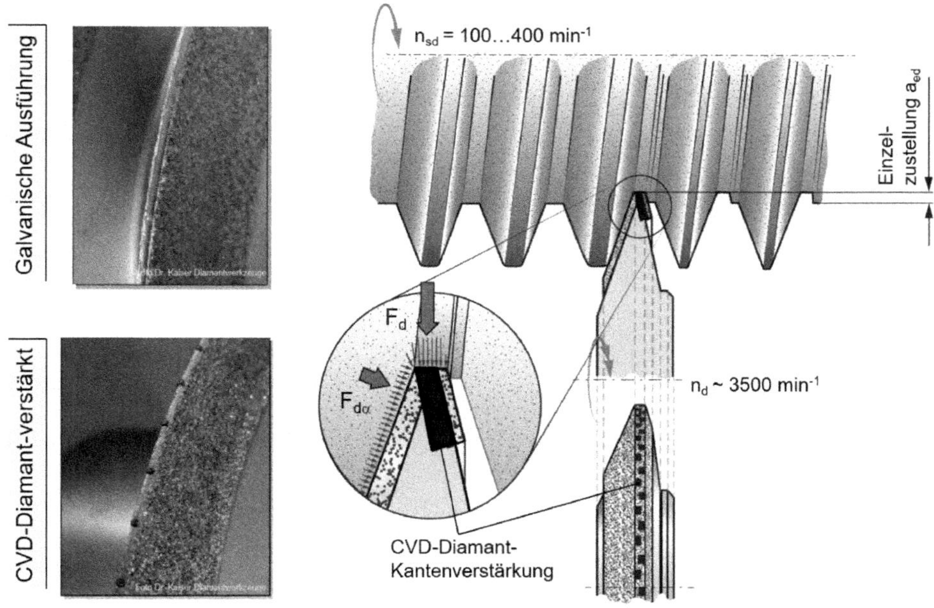

Bild 5.50 Galvansich positiv hergestelltes Abrichtwerkzeug für das kontinuierliche Wälzschleifen mit CVD-Diamant-Kantenverstärkung

Ein großer Vorteil der galvanisch positiven Abrichtwerkzeuge ist die Möglichkeit der mehrfachen **Instandsetzung**. In einigen Fällen kann der Belag nachgeschliffen werden. Bei einem *Nachschliff* geht es zumeist um die Regenerierung der Profilform des Diamantbelages. Galvanisch positive Werkzeuge lassen sich zudem *Wiederbelegen*, d.h. der verschlissene Diamantbelag wird durch einen neuen ersetzt,

[238] siehe Kap. 5.4.3

womit der Kunde ein neuwertiges Werkzeug zurückerhält. Um die Grundkörper galvanisch positiver Werkzeuge über einen langen Wiederbelegungszeitraum nutzen zu können, werden diese häufig gehärtet.

5.9.2 Negativverfahren

Abrichtwerkzeuge, die „im negativ hergestellt werden", nutzen eine Negativform zur Herstellung des Diamantbelages. Die Einbindung der Diamanten kann entweder galvanisch oder über ein Sinterverfahren erfolgen.

5.9.2.1 Gesinterte Abrichter

Das Herstellverfahren „*negativ gesintert*" wird insbesondere für die Fertigung von Formrollen aber auch für Profilrollen verwendet. Bild 5.51 zeigt die wesentlichen Fertigungsschritte schematisch für die Herstellung einer Profilrolle. Die Fertigung beginnt mit der Herstellung einer verlorenen Form zumeist aus Graphit (1). Nach der Prüfung (2) wird die Innenkontur der Form „diamantiert" (3). Dabei werden die Diamanten in die Formkontur eingesetzt und mittels eines Spezialklebers fixiert. Diese Technik ermöglicht es, gezielte Setzmuster mit synthetischen oder Naturdiamantkörnungen zu erzeugen und exponierte Bereiche mit größeren Steinen oder CVD-Diamant-Formplatten zu verstärken bzw. schützen. Die Einbindung der Diamanten und die Verbindung der Abrichtbelages zur Stahlaufnahme erfolgt über einen Sinterprozess (4). Die hohen Sintertemperaturen von ca. 1000 °C führen zu Schrumpfungsvorgängen bei der Abkühlung, die bei der Formherstellung bereits berücksichtigt werden müssen. Daher wird nach dem Sintervorgang i.d.R. das gesamte Werkzeug geschliffen (5). Gerade das Schleifen zum Erzeugen sehr hoher Form- und Maßgenauigkeiten des Diamantbelages ist nur durch sehr viel Erfahrung und den Einsatz geeigneter Schleifscheiben möglich. Abschließend erfolgt die Prüfung des erzeugten Werkzeugs (6), bei der in vielen Fällen ein Probewerkstück aus Stahl hergestellt wird.

Ein sehr großer Vorteil des Sinterns ist die gute Einbindung der Diamanten in die Metallbindung infolge der Schrumpfung. Die metallische Bindung führt die Wärme aus dem Kontaktbereich gut ab. Die Möglichkeiten, Diamanten von Hand (oder auch durch Roboter) an definierte Positionen zu setzen, ermöglicht sehr gute Ergebnisse beim Abrichten. Durch angepasste Setzmuster der Diamanten lässt sich sehr gezielt auf den Abrichtprozess Einfluss nehmen. Kantenverstärkungen durch größere Einzeldiamanten oder CVD-Diamanten lassen sich mit dem Verfahren besonders einfach realisieren und tragen so zu einer sehr guten Standzeit der Werkzeuge bei. Der Traganteil der Diamanten ist durch den Grad des Anschliffs in Grenzen beinflussbar. Für den Einsatz als Abrichtwerkzeug müssen die Werkzeuge *geschärft* werden, indem die Bindung zurückgesetzt und ein Kornüberstand erzielt wird. Der größte Nachteil ist die Schrumpfung des Sinterbelages beim Abkühlen, womit in jedem Fall eine Schleifbearbeitung des Diamantbelages erforderlich ist, um die geforderten Geometrieanforderungen zu erreichen.

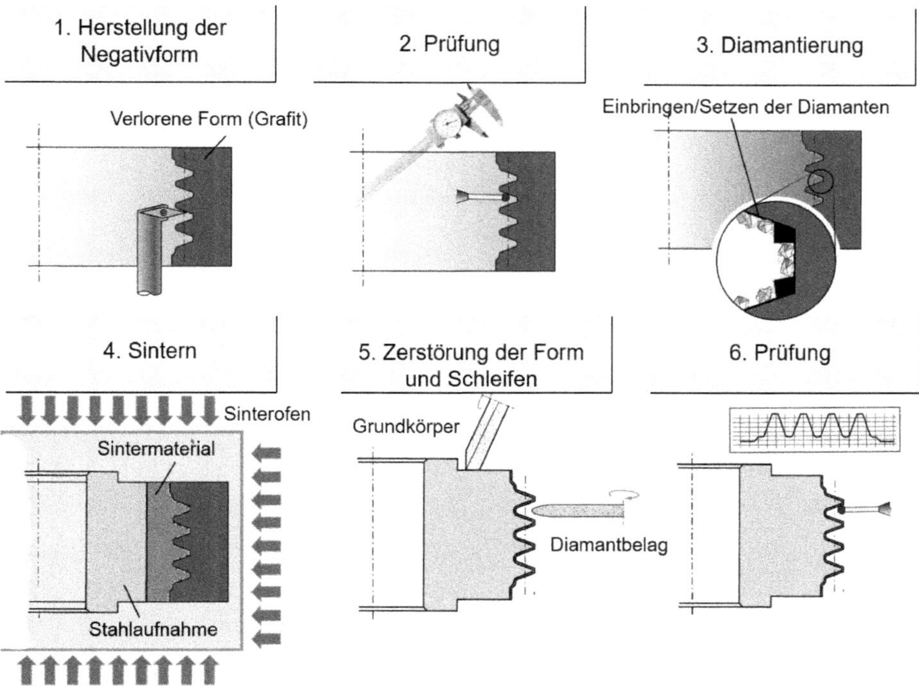

Bild 5.51 Herstellung gesinterter Abrichtwerkzeuge

5.9.2.2 Galvanisch negative Abrichter

Das „*galvanisch negative* Verfahren" bietet die Herstellung höchster Genauigkeiten an einem Abrichtwerkzeug, ohne den Diamantbelag nachzubearbeiten (s. Bild 5.52). Infolge der relativ geringen Temperaturen von ca. 50°C im galvanischen Prozess ist die Schrumpfung und Wärmedehnung des Belages nach der Entnahme aus dem galvanischen Bad zu vernachlässigen. Höchste Anforderungen werden daher an die Herstellung der Negativform (1) gestellt, die in den meisten Fällen aus

Aluminium, Stahl oder Graphit besteht. Die in diesem Schritt erzeugte Profilgenauigkeit bestimmt maßgeblich die Gesamtgenauigkeit des Werkzeuges. Daher ist auch die Prüfung nach der Formherstellung (2) ein wichtiger Prozessschritt. Die Diamanten werden zumeist in gestreuter Ausführung durch eine Rotation der Form im galvanischen Becken in einer Zentrifuge eingebracht. Durch die Zentrifugalkräfte schleudern die losen Diamanten an die Forminnenwand und werden dort durch das Abscheiden von Nickel formschlüssig festgehalten (3). In Sonderfällen lassen sich auch bei diesem Verfahren *Kantenverstärkungen* durch größere Diamanten der CVD-Diamant-Formplatten an exponierten Stellen einbringen. Nach einer Prozesszeit von einigen Stunden haften genügend Diamanten an der Forminnenseite, sodass die überschüssigen Körner aus dem Prozess entnommen werden können. Danach verbleibt die Form für einige Tage bis Wochen im Elektrolyten, um durch weitere galvanische Nickelabscheidung eine stabile Diamant-Nickel-Hülle zu erhalten (4). Ein wichtiger Schritt ist das Einbringen der Werkzeugaufnahme, d.h. eines Stahlkernes mit entsprechender Aufnahmebohrung und Anlagefläche (5). Dabei ist allerhöchste Präzision gefordert, da sich schon eine kleinste Exzentrizität zwischen Diamantbelag und Bohrung negativ auf das Werkzeugverhalten auswirkt. Bevor die Form zerstört werden kann, muss der Zwischenraum zwischen Stahlkern und galvanisch erzeugter Nickel-Diamant-Hülle mit einem Verfüllmaterial (z.B. Epoxidharz oder Woodsche Legierung) ausgefüllt werden. Der letzte Schritt ist die Prüfung des Werkzeugs bzw. des erzeugten Diamantbelages, dessen Bindung zurückgesetzt werden muss, um einen ausreichenden Kornüberstand zu erreichen.

Galvanisch negative Abrichtwerkzeuge weisen eine sehr hohe Genauigkeit auf, da der Prozess keine nennenswerten Temperaturen benötigt und daher keine Schrumpfung bzw. Wärmedehnung auftritt. Es lassen sich somit auch sehr filigrane Profile herstellen, die nicht nachbearbeitet werden brauchen. Der Traganteil ist relativ hoch, da sich die Diamanten beim Einbringen in die Negativform bevorzugt mit einer flachen Seite an die Formwandung (und damit den späteren aktiven Abrichtbereich) legen. Über die Diamantkorngröße kann in Grenzen die Schnittigkeit bestimmt werden. Nachteilig ist der sehr lange Herstellprozess und Korrekturen am Profil lassen sich an einem Werkszeug i.d.R. nicht vornehmen.

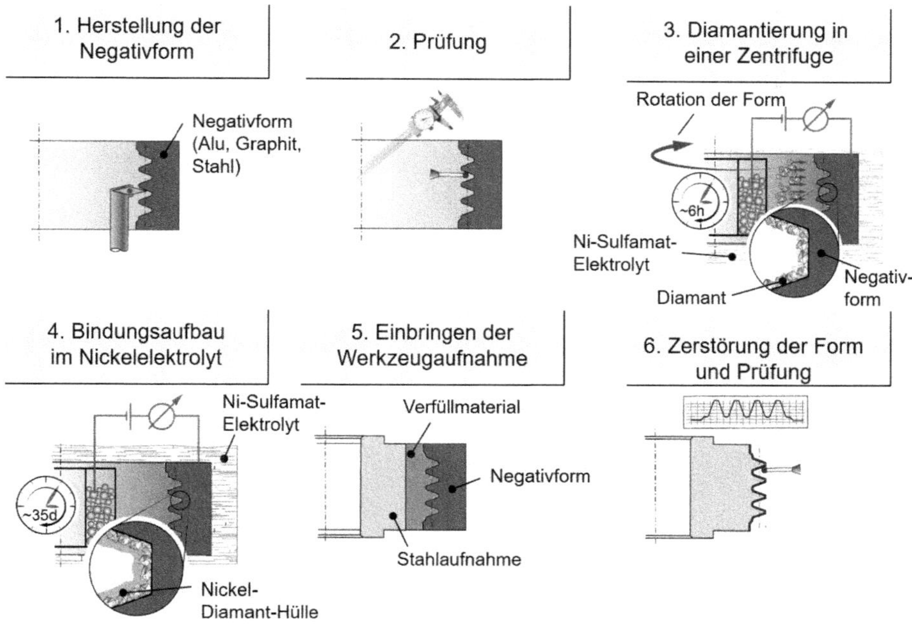

Bild 5.52 Herstellung galvanisch negativer Abrichtwerkzeuge

5.9.2.3 Doppelumkehrverfahren

Das Doppelumkehrverfahren ist ein sehr aufwendiges, galvanisch negatives Herstellverfahren und wird daher selten zur Herstellung von Abrichtwerkzeugen verwendet. Zum Einsatz kommt es z.B. bei der Herstellung von Abrichtzahnrädern für das Verzahnungshonen (sogenannte **Meisterräder**), da sich die Negativform (Profil-Geometrie eines innenverzahnten Zahnrades) für einen „einfachen" galvanisch negativen Prozess nicht in der erforderlichen Genauigkeit herstellen lässt. Die Namensgebung kommt durch das „doppelte Abbilden" eines Profilbereiches, um ein diamantbelegtes Werkzeug zu erhalten. Die einzelnen Verfahrensschritte zur Herstellung sind: (1) Herstellung eines außenverzahnten Zahnrades aus Stahl entsprechend der geforderten Geometrievorgaben mit allen relevanten Profil- und Flankenmodifikationen. (2) Aufbringen einer galvanischen, korrosionsbeständigen Zwischenschicht im Zahnrad-Profilbereich. (3) Aufbau der eigentlichen Form durch galvanische Beschichtung des Zahnrad-Profilbereiches und Aufbau eines dicken, stabilen Belages. (4) Zerstörung des Zahnrades, z.B. durch Korrosion. (5) Galvanisch negativer Aufbau eines Abrichtwerkzeuges wie in Kap. 5.9.2.2 beschrieben.

Alternativ stehen für das Abrichten von Honringen galvanisch positiv hergestellte Diamant-Abrichtwerkzeuge (Meisterräder) zur Verfügung, die jedoch eine deutlich geringere Standzeit als galvanisch negative Werkzeuge aufweisen. Galvanisch positive Meisterräder können nur mit recht feinem Diamantkorn belegt werden, da der Grundkörper äquidistant um die Belagdicke kleiner hergestellt werden muss. Üblich Korngrößen liegen im Bereich D54 bis D181. Nach dem Aufbringen des Diamantbelages muss dieser noch mechanisch bearbeitet werden, um die erforderlichen Qualitätsvorgaben beim Abrichten erfüllen zu können. Ein weiteres Problem ist die hohe Belastung der Werkzeuge am Außendurchmesserbereich (dem Zahnkopf des Meisterrades), wodurch das Diamantkorn schnell aus der Bindung gewaschen wird und die Grundkörper beschädigt werden. Mithilfe des Doppelumkehrverfahrens hergestellte Abrichträder können mit Korngrößen im Bereich D213 bis D426 gefertigt werden, wodurch sich deutlich bessere Standzeiten ergeben.

5.10 Abrichtverfahren mit Diamantwerkzeugen

5.10.1 Stehende Abrichtwerkzeuge

Das Abrichten mit „stehenden" Werkzeugen ist eine kostengünstige Möglichkeit, eine Schleifscheibe zu konditionieren. Es stehen eine Reihe unterschiedlicher Ausführungsvarianten für verschiedenste Abrichtaufgaben zu Verfügung.

Stehende Abrichter lassen sich fest auf der Maschine einspannen und sind daher gut für sehr genaue Abrichtaufgaben geeignet. Dynamische Abrichteffekte (durch Unwucht oder Unrundheit) sind prinzipbedingt nicht möglich. Allerdings verschleißen die Werkzeuge durch den geringen Diamantanteil vergleichsweise schnell.

5.10.1.1 Naturdiamantabrichter

In Bild 5.53 sind verschiedene Naturdiamantabrichter dargestellt, die grundsätzlich beim Abrichten konventioneller Schleifscheiben Verwendung finden.

Der **Einkorndiamant (Einkornabrichter)** ist ein meist oktaederförmiger Rohdiamant, der in einen Halter eingelötet wird. Verschiedene Qualitätsstufen beschreiben die Anzahl der Arbeitsspitzen (2 bis 6) mit entsprechenden Qualitätsmerkmalen wie Einschlüssen, Risse usw. Je größer der Schleifscheibendurchmesser und die -breite, desto größere Einkorndiamanten sollten verwendet werden. Durch ein Umlöten des Diamanten beim Hersteller können alle Spitzen eingesetzt werden (s. Bild 5.54). Für Schleifscheiben mit einem Durchmesser d_s = 400 mm und einer Breite b_s = 50 mm werden Steine mit einem Gewicht von 0,75 bis 1 ct empfohlen.[239] Sofern der Abrichter in Wachstumsrichtung des Diamanten zur Einsatzrichtung positioniert wird, ist die Standzeit recht gut. Zur Berechnung der Stellgrößen beim Abrichten muss die Wirkbreite b_d abgeschätzt werden. Diese ändert sich aufgrund der Naturform des Diamanten gemäß Bild 5.23 ungleichmäßig. Einkorndiamanten eignen sich besonders für das Abrichten zylindrischer oder kegelförmiger Profile in der Einzel- und Kleinserienfertigung auch für Schleifscheibenbindungen aus Gummi oder Bakelit.

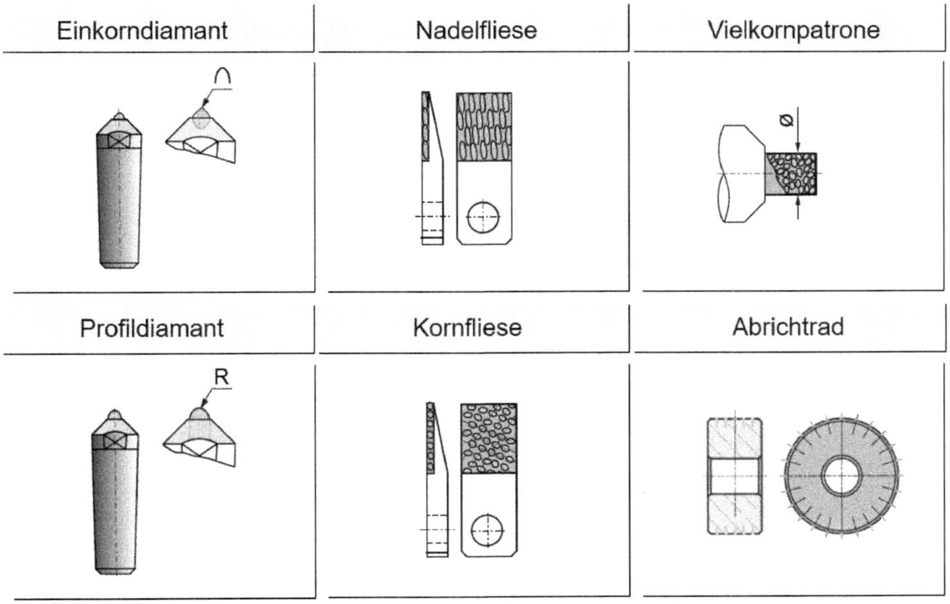

Bild 5.53 Verschiedene Naturdiamantabrichter

Der **Profildiamant** ist ein stehendes Abrichtwerkzeug für Profilschleifscheiben und besteht aus einem geschliffenen Natur- oder synthetischen Diamanten (MKD oder CVD-Diamant). Durch unterschiedliche Spitzenwinkel und Radienanschliffe kann das Werkzeug an die jeweilige Abrichtaufgabe angepasst werden. Eine

239 Minke 1999, S. 75

leichte Schrägstellung von $\gamma < 5°$ in Richtung der Rotation der Schleifscheibe ermöglicht die Nutzung des Werkzeugs von beiden Seiten, womit sich die Gesamtstandzeit erhöht. Profildiamanten lassen sich mehrfach nachschleifen (s. Bild 5.54).

Für **Nadelfliesen** (oder Nadelplatten) werden länglich geschliffene oder natürliche Diamantnadeln mit Durchmessern von ca. ø0,3 mm bis ø1,2 mm und Längen von einigen Millimetern in einem regelmäßigen Setzmuster angeordnet. Bei einlagigen Werkzeugen ergibt sich die Wirkbreite b_d aus dem Durchmesser der Nadeln. Für eine längere Standzeit werden einige Nadeln hintereinander angeordnet, sodass ein annähernd gleichmäßiges Abrichtverhalten über die Nutzungsdauer entsteht. Je mehr Schleifscheibenvolumen abzurichten ist, d.h. je größer der Schleifscheibendurchmesser d_s und je breiter die Scheibe b_s, desto mehr Nadeln sind parallel (d.h. im Einsatz untereinander) angeordnet (bis zu 6 Nadeln). Je gröber die Schleifscheibe, desto größer sind üblicherweise die verwendeten Nadeln (Schleifscheibe #100 - D711; Schleifscheibe #36 - D1181). In der Praxis ist die Nadelfliese recht häufig anzutreffen, da sie insbesondere für einfache Abrichtaufgaben ein gutes Preis-/Leistungsverhältnis aufweist. Die Platten werden in den Bindungs-Ausführungen „galvanisch Nickel“, „Wolfram“ oder „Hartmetall“ angeboten, um durch die Bindungshärte und -zähigkeit auf die jeweilige Anwendung Einfluss nehmen zu können.[240]

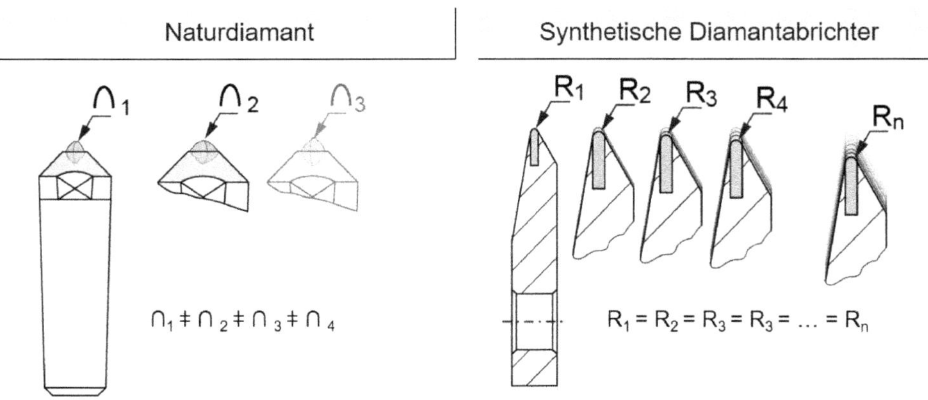

Bild 5.54 Regeneration von Einkorn- und Profilabrichtern

Die **Kornfliese (Kornplatte)** funktioniert ähnlich wie eine Nadelfliese, wobei anstatt länglicher Diamanten, rundliche Diamanten regellos gestreut oder gesetzt

[240] Siehe auch Minke 1999, S. 90ff

verwendet werden. Durch die Korngröße (D501 bis D1181) ergibt sich die Wirkbreite bei einlagigen Ausführungen. Die Breite (bzw. Höhe beim Abrichten) beträgt 5 mm bis 20 mm bei einer Plattenlänge von ca. 12 mm bis 15 mm. Bei sehr großen Schleifscheiben können, sofern das abzurichtende Profil es zulässt, auch zwei Kornreihen nebeneinander angeordnet sein.[241]

Der Vielkornabrichter kann zylindrisch oder quaderförmig ausgeführt sein. Durch eine Vielzahl kornförmiger Diamanten erfolgt der Abrichtvorgang durch eine vergleichsweise große Kontaktfläche zur Schleifscheibe, womit sich eine große Wirkbreite b_d ergibt. Damit sind großen axiale Abrichtvorschübe (d.h. geringe Abrichtzeiten) möglich. Auch hier werden kleinere Diamanten eher für feinkörnigere Schleifscheiben verwendet (*z*.B. Schleifscheibenkörnung #36 - D1181, #100 - D351).

Das **Abrichtrad** zählt auch zu den Vielkorndiamanten, wobei die Diamanten am Umfang eines zylindrischen Werkzeugs angeordnet sind. Einreihige, schmale Werkzeuge eignen sich zum Profilabrichten, mehrreihige Werkzeuge nur für zylindrische oder kegelförmige Geometrien. Das Abrichtrad wird in einem Halter geklemmt und um eine Diamantschneide weitergedreht, wenn ein entsprechender Verschleiß nicht mehr tolerierbar ist.[242]

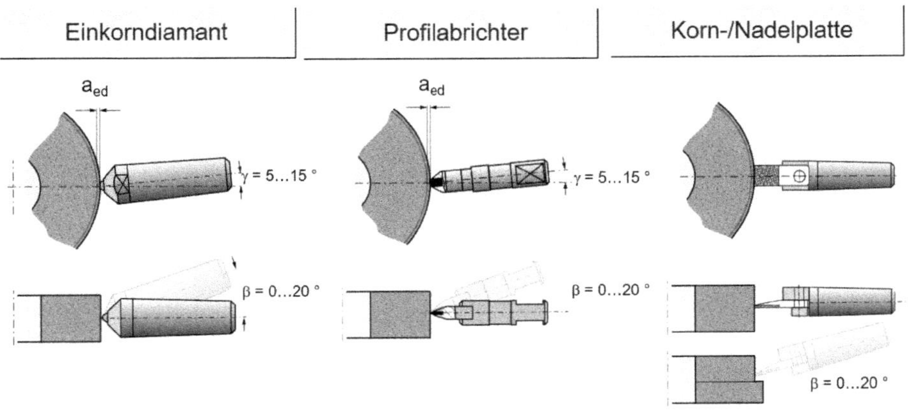

Bild 5.55 Einsatz stehender Abrichter

[241] Siehe auch Minke 1999, S. 86ff
[242] Siehe auch Minke 1999, S. 84ff

In den meisten Fällen kommen die genannten stehenden Abrichtwerkzeuge beim Abrichten von Korund- oder SiC-Schleifscheiben zum Einsatz. Einkorn- und Profilabrichter werden um einen Winkel γ zur Schleifscheibenachse geneigt (entsprechend dem Spanwinkel beim Drehen) und beim einseitigen Abrichten mit einem Winkel β angestellt (s. Bild 5.55). Nadel- bzw. Kornfliesen werden ohne Neigung eingesetzt, d.h. $\gamma = 0°$. Die Abrichtzustellung beträgt bei konventionellen Schleifscheiben a_{ed} = 0,01 bis 0,04 mm bei einem axialen Abrichtvorschub der sich aus dem Überdeckungsgrad für Schruppen bzw. Schlichten und der Wirkbreite b_d ableitet. I.d.R. liegen die Werte bei f_{ad} = 0,03 bis 0,15 mm. Grundsätzlich ist – wie bei allen Abrichtverfahren – auf eine ausreichende Kühlschmierstoffversorgung während des Abrichtens zu achten.

Wegen der verschlechterten Verfügbarkeit qualitativ hochwertiger Naturdiamanten wird heute insbesondere im Bereich der Serienfertigung verstärkt synthetisch hergestellter Diamant eingesetzt. ■

5.10.1.2 CVD-Diamant und MKD-Abrichter

Synthetische Diamanten wie MKD und CVD-Diamant werden heute sehr vielseitig für verschiedenste Abrichtaufgaben eingesetzt (s. Bild 5.56). Durch die geometrisch definierten Abmessungen und weiterentwickelten Bearbeitungsmöglichkeiten lassen sich individuelle, an die Abrichtaufgabe angepasste Abrichtwerkzeuge herstellen. Ausgehend von ca. 5 – 8 mm langen Diamantstäbchen mit einem zumeist quadratischen Querschnitt von 0,3 · 0,3 bis 1,2 · 1,2 mm^2 lassen sich Abrichtwerkzeuge für das Außendurchmesser-, Profil- oder Schulterabrichten fertigen. Für das Schulterabrichten können Fasen angebracht werden, die in ihrem Verhältnis den abzurichtenden Längen am Schleifwerkzeug entsprechen, um damit den sich ausbildenden Verschleiß bereits in das Neuwerkzeug zu legen.

Um die CVD-Diamant- bzw. MKD-Abrichter an die entsprechende Abrichtaufgabe anzupassen, werden die Stäbchen senkrecht oder unter 45° zur Belastungsrichtung gesetzt. MKD weist unter 45° i.d.R. eine höhere Verschleißfestigkeit auf, als unter 90°. Hochwertig hergestellter CVD-Diamant hat in allen Belastungsrichtungen eine eher gleichmäßige Verschleißfestigkeit. Naturdiamant ist in der Belastung über eine Wachstumskante i.d.R. weniger verschleißfest als über eine Wachstumsfläche (s. Bild 5.57).

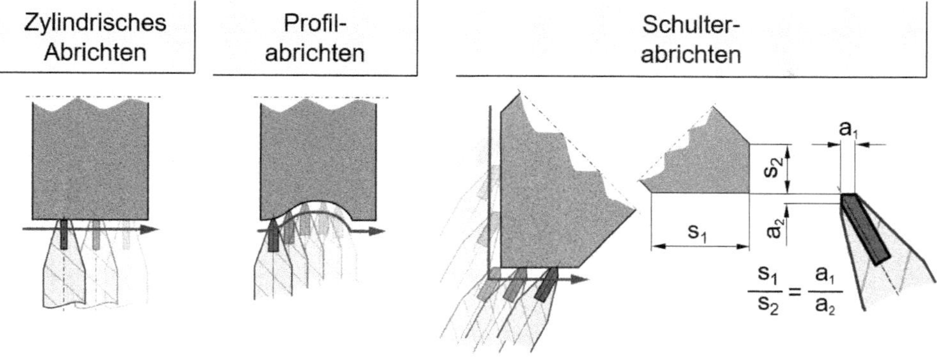

Bild 5.56 Stehende Abrichtwerkzeuge aus CVD-Diamant und MKD für verschiedene Abrichtaufgaben

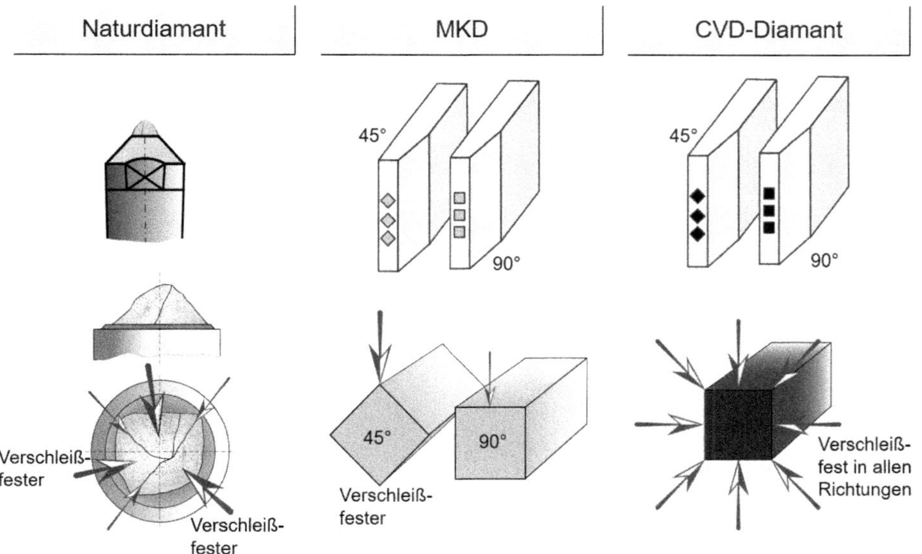

Bild 5.57 Setzmöglichkeiten von Diamanten und Verschleißfestigkeit

Wie bei Nadelfliesen werden auch bei CVD-Diamant- bzw. MKD-Abrichtern mehrere Diamantstäbchen untereinander angeordnet, um durch die Erhöhung des Diamantanteils den Verschleiß zu reduzieren. Schleifscheiben mit d_s = 400 mm und einer Breite von b_s = 50 mm haben zumeist drei Stäbchendiamanten.

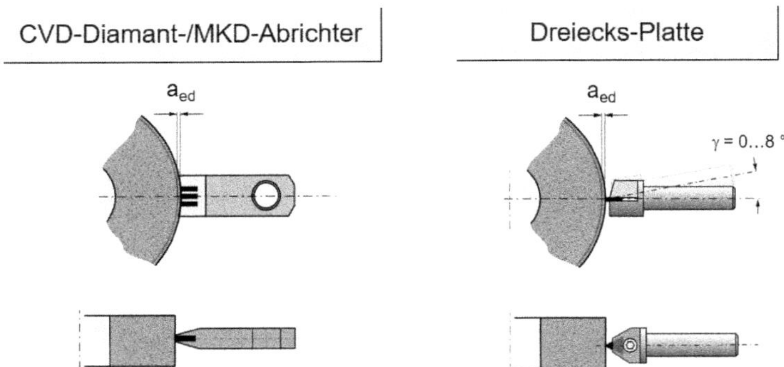

Bild 5.58 Einsatz von MKD- und CVD-Diamant-Abrichtern und Dreiecksplatte beim Abrichten

Eine weitere Alternative ist die **Diamant-Dreiecksplatte**, die heute überwiegend aus CVD-Diamant mit verschiedenen Radien (r_{pd} = 0 bis 0,5 mm) hergestellt wird. Diese Werkzeuge mit drei nutzbaren Schneidecken werden wie ein Drehmeißel, mit einem i.d.R. negativen Spanwinkel γ_d = -0 bis -8°, für das Abrichten konventioneller Schleifscheiben verwendet (s. Bild 5.58).

Die Einsatzbedingungen für stehende MKD- und CVD-Diamant-Abrichtwerkzeuge entsprechen grundsätzlich den Bedingungen für Naturdiamantwerkzeuge aus Kap. 5.10.1.1. Auch beim Einsatz dieser Werkzeuge ist auf eine ausreichende Kühlschmierstoffversorgung zu achten.

Durch die Entwicklung von hochwertigen CVD-Diamanten in den letzten Jahrzehnten, sind stehende Abrichter eine kostengünstige Alternative im Bereich der Einzel- und Kleinserienfertigung geworden. ■

5.10.1.3 Verschleiß von stehenden Abrichtern

Der Verschleiß von Abrichtwerkzeugen hängt in großem Maße von der Art und Qualität des eingesetzten Diamantmaterials, der Menge bzw. der Anzahl der Diamanten ab. Naturdiamanten haben aufgrund ihrer Wachstumsrichtung unterschiedliche Festigkeiten, sodass auch die Ausrichtung im Abrichtwerkzeug eine Rolle spielt (s. Bild 5.57). Auch wenn dem CVD-Diamantmaterial ein ähnliches Verhalten wie den Naturdiamanten zugesprochen wird, lässt die Wachstumsrichtung bei der Herstellung, die Ausrichtung der Kristalle durch die Korngrenzen und insbesondere das Zerschneiden der CVD-Diamantplatten mittels Laser vermuten, dass auch CVD-Diamanten eine „Vorzugsrichtung“ aufweisen. In der Literatur sind nicht viele systematische Untersuchungen zum Verschleiß von Diamantabrichtwerkzeugen bekannt.

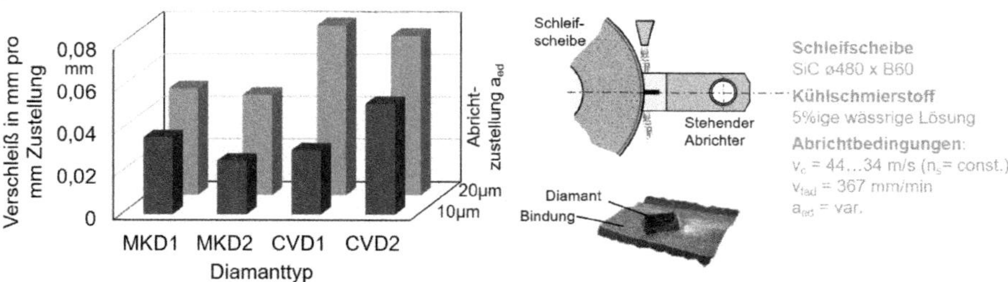

Bild 5.59 Verschleiß an MKD- und CVD-Diamant-Abrichtern

Bild 5.59 zeigt an einem Beispiel zum Abrichten mit stehendem Abrichter, dass neben der Diamantart insbesondere auch die entsprechende Diamantqualität einen Einfluss auf die Standzeit der Werkzeuge hat. Unterschiedliche Herstellverfahren bzw. Qualitäten einer Diamantart wirken sich auf die Verschleißfestigkeit aus, sodass der Anwender auf einen entsprechenden Erfahrungsschatz des Werkzeugherstellers vertrauen muss. Die Diamantart (MKD oder CVD-Diamant) gibt keine detaillierte Aussage über das Anwendungsverhalten. Vielmehr führen auch bei den synthetisch hergestellten Diamanten Qualitätsunterschiede zu unterschiedlichen Standzeiten der Werkzeuge.

Einen großen Einfluss auf das Verschleißverhalten der Abrichtwerkzeuge hat das Schleifmittel. *Kaul* hat den Einfluss verschiedener Kornwerkstoffe auf das Verschleißverhalten von CVD-Diamanten untersucht. Dabei stellten sich Verschleißraten für das Abrichten mit einem CVD-Diamantstäbchen von 0,1 µm/cm^3 für beide Korundschleifscheiben (EKw und EKw+30%SG) und 0,9 mm/mm^3 eine SiC-Scheibe ein.[243]

[243] Kaul 2019, S. 106

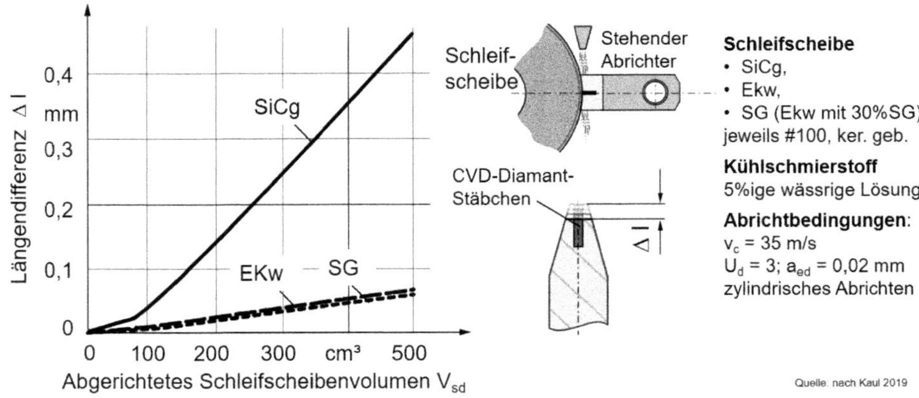

Bild 5.60 Verschleißverhalten eines CVD-Diamant-Abrichters beim Abrichten verschiedener Schleifmittel

5.10.2 Formrollen

Gegenüber stehenden Abrichtern haben rotierende Abrichtwerkzeuge durch die höhere nutzbare Diamantmenge einen deutlichen Standzeitvorteil. Die von der Geometrie des Werkstücks unabhängigen **Diamant-Formrollen** sind sehr flexibel einsetzbar und werden daher heute auf Schleifmaschinen am häufigsten verwendet. Die Formrollen werden mit einer Präzisionsspindel angetrieben und mittels der CNC-Steuerung der Maschine entlang einer definierten Bahnkurve an der Schleifscheibe vorbeibewegt. Durch eine Zustellung a_{ed} und einen axialen Vorschub f_{ad} kommt es zu einer Zerspanung des Schleifbelags. Der wirksame Profilbereich der Formrolle besteht i.d.R. aus einem hochgenauen Radius, der durch zwei Flanken begrenzt ist, einer Fläche oder aus einer Kombination aus Radius und Fläche. Die Werkzeuge sind zumeist scheibenförmig ausgeführt, sodass sich der Profilbereich am Außendurchmesser befindet. Für einige Anwendungen werden auch topf- oder schrägtopfförmige Geometrien verwendet. Die Werkzeugdurchmesser liegen häufig in einem Bereich von d_d = 50 bis 180 mm.

Bild 5.61 zeigt die grundlegend unterschiedlichen Diamantierungen von Formrollen. **Formstabile Formrollen** sollen während ihres Einsatzes ihre zumeist hochgenaue Profilform behalten. Grundsätzlich lassen sich *galvanisch positive Werkzeuge* herstellen, die durch das Aufbringen relativ kleiner Diamanten auf einen Grundkörper jedoch i.d.R. wenig verschleißfest sind. Die Diamanten müssen stark angeschliffen werden, um mit einem Traganteil die gewünschte Profilform zu bilden. Anzutreffen sind galvanisch positive Formrollen im Bereich Prototypfertigung, nicht aber im Serienbetrieb.

Üblicherweise werden Formrollen im *negativ gesintert* oder, in geringerem Umfang, *galvanisch negativ* hergestellt. Damit lassen sich i.d.R. deutlich größere Diamanten in einer sehr verschleißfesten Bindung verwenden, was sich positiv auf die Standzeit auswirkt. In den letzten Jahren wurde der zumeist rundliche Naturdiamant durch geometrisch definierte CVD-Diamant-Formplatten abgelöst.

Verschleißende Formrollen nutzen einen „aufbrauchbaren" Diamantbelag, ähnlich einer Schleifscheibe, um durch ständig nachkommende Schneiden einen effektiven Abrichtvorgang realisieren zu können. Die Werkzeuge lassen sich ebenfalls *galvanisch positiv* herstellen, indem auf einen dünnwandigen Stützkörperbereich zumeist eine Lage Diamant durch Nickelabscheidung aufgebracht wird. Während des Abrichtvorgangs muss dieser Stützkörper (Stahl, Messing, Bronze) von der Schleifscheibe zerspant werden, während der Diamantbelag die Schleifscheibe abrichtet und i.d.R. selbst verschleißt. Abrichtwerkzeuge mit einer größeren Wirkbreite werden zumeist als Volumenkörper *gesintert*, sodass der Belag aus Diamanten in einer Metall- oder Keramikbindung besteht.

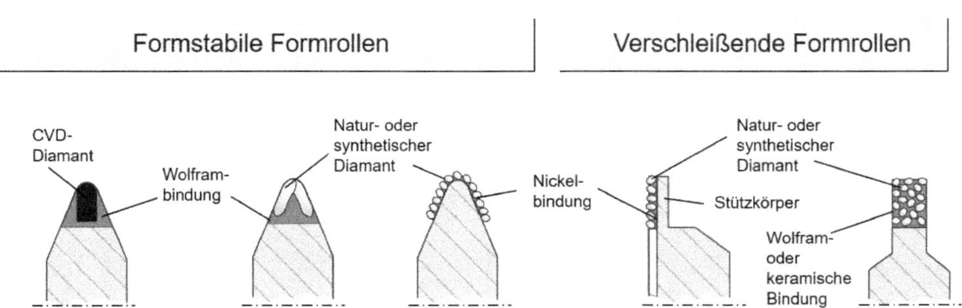

Bild 5.61 Formstabile und verschleissende Formrollen

Wegen der guten Einbindung der Diamanten in der Bindung haben sich *„im negativ gesinterte"* Werkzeuge bewährt (s. Kap. 5.9.2.1). Die Diamanten können dabei gestreut oder handgesetzt (auch als Kombination) in die Werkzeuge eingebracht werden (s. Bild 5.62). Bei der gestreuten Variante werden i.d.R. Natur- oder synthetische rundliche Diamanten der Korngröße D501 bis D1001 regellos mit i.d.R. größtmöglicher Streudichte verwendet. Um kleinere Profilradien (r_{pd} = 0,3 bis 0,5mm) abzubilden, kommen häufig längliche Diamantnadeln zum Einsatz.

Die in den letzten Jahren deutlich besser und preiswerter gewordenen CVD-Diamanten lösen die Naturdiamanten zunehmend ab. Durch gezieltes Anpassen der CVD-Diamant-Formplatten an die Profilgeometrie lassen sich geometrisch definierte Werkzeuge herstellen, die eine Reihe von Vorteilen aufweisen. Mit CVD-Diamantstäbchen werden Werkzeuge mit Radien im Bereich r_{pd} ~ 0,03 mm und Spitzenwinkeln von β ~ 30° oder mit speziell hergestellten Formplatten, Werkzeuge mit z.B. Gerade-Radius-Gerade-Geometrien hergestellt. Um gezielt auf das Abrichtverhalten der Werkzeuge Einfluss zu nehmen, werden unterschiedliche Dicken (von 0,3 bis 1,0 mm) der CVD-Diamanten verwendet.

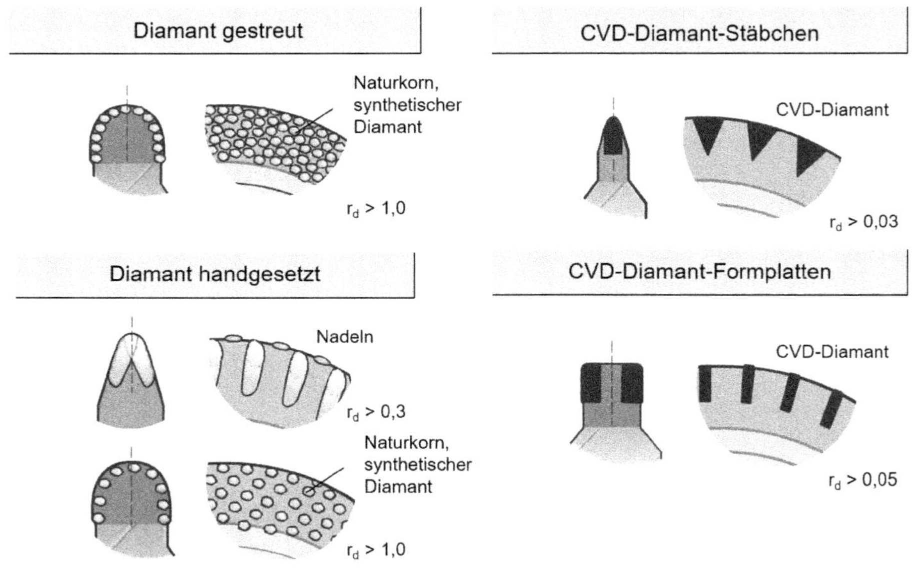

Bild 5.62 Diamantierungsarten für formstabile gesinterte Formrollen

Die rundliche Form der **Naturdiamanten** führt unweigerlich zu negativen Spanwinkeln γ_d, sodass der Abrichtprozess durch hohe Normalkräfte bzw. durch ein „Drücken" geprägt ist (s. Bild 5.63). Der Anschliff der Diamanten zur Erzeugung der geforderten Profilgeometrie und -genauigkeit erzeugt Anflächungen an den Diamanten, die den Traganteil bestimmen. Je stärker ein rundliches Korn angeschliffen wird, desto größer ist die beim Abrichten „drückende" Fläche, d.h. desto größer und gröber wirkt das Abrichtkorn.

CVD-Diamant-Formplatten haben dagegen durch den „radialen bzw. normal ausgerichteten Einbau der Formplatten" in das Werkzeug einen Spanwinkel von γ_d ~ 0°, sodass sie gegenüber Naturdiamanten „schnittiger" wirken (s. Bild 5.63).

Infolge der verschleißbedingten Verrundung der Kantenbereiche verändert sich auch ihre Wirkung gegenüber dem Neuzustand (Kantenverrundung ~ 0 µm), stellt sich jedoch bald auf ein konstantes Niveau ein. *Kaul* hat in seiner Dissertation dazu ausführlich das Abrichtverhalten von CVD-Diamant-Formrollen untersucht und in Abhängigkeit der Abricht-Stellgrößen die Anteile eines schneidenden und eines crushierenden Abrichtanteils ermittelt[244].

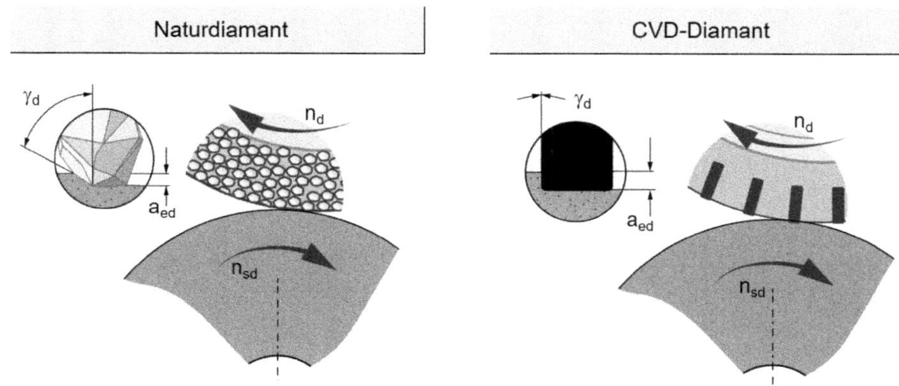

Bild 5.63 Spanwinkel beim Abrichten mit Naturdiamant- und CVD-Diamant-Formrollen

5.10.2.1 Profilabrichten

Die häufigsten Abrichtaufgaben von Formrollen liegen im Bereich des Abrichtens von Profilen. Im einfachsten Fall wird die vom Abrichtwerkzeug abzufahrende Bahnkurve „in einem Zug“ programmiert, d.h. der Abrichtvorgang läuft kontinuierlich von einer zur anderen Seite der Schleifscheibe (s. Bild 5.64). Dabei ergeben sich je nach zu erzeugender Geometrie wechselnde Kraftwirkungen auf die Schleifscheibe, womit beim Erzeugen filigraner Geometrieelemente die Schleifscheibenbindung unkontrolliert geschädigt werden und Schleifscheibenbereiche ausbrechen können.

In solchen Fällen bietet sich eine Veränderung der Abrichtstrategie an: Exponierte, durch Ausbrüche gefährdete Bereiche lassen sich z.B. so abrichten, dass die Berei-

[244] Kaul 2019

che von beiden Seiten angefahren werden (**ziehendes Abrichten**) oder der Abrichtvorgang wird derart gestaltet, dass sich die Bewegung vom gefährdeten Bereich wegbewegt (**drückendes Abrichten**).

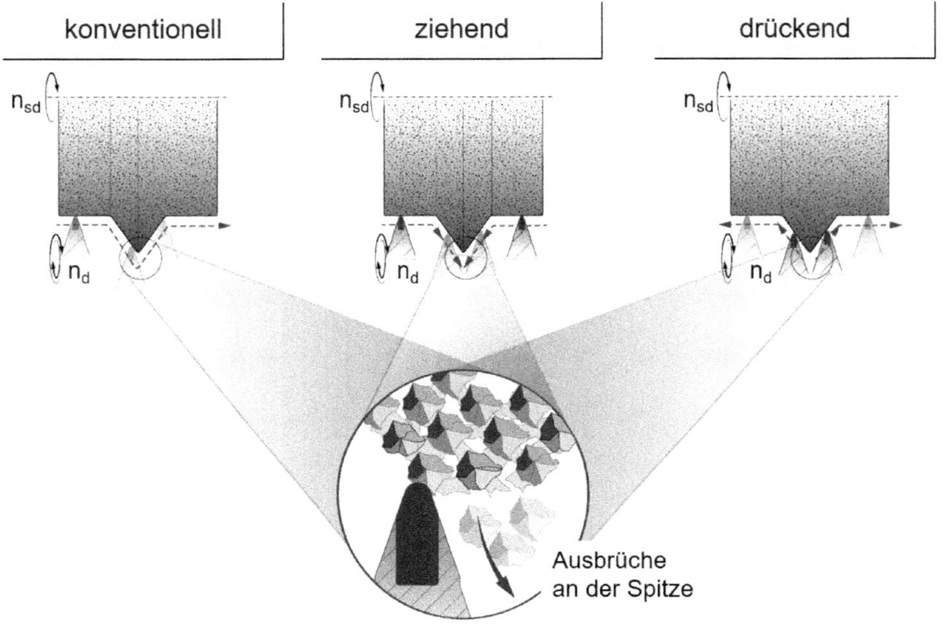

Bild 5.64 Bahnkurven für konventionelles, ziehendes und drückendes Abrichten

Meist ist das drückende dem ziehenden Abrichten vorzuziehen, da die Abrichtkraft eher „in die Schleifscheibe" wirkt und somit einem Ausbrechen von Kornfragmenten vorgebeugt wird. Bild 5.65 zeigt das Vorgehen am Beispiel des Abrichtens eines filigranen Schleifscheibenprofils. Durch die unterschiedlichen Eingriffsbedingungen beim ziehenden und drückenden Abrichtschnitt verändert sich der Spanabtrag. Nach *Schulz* ergeben sich beim ziehenden Abrichtschnitt die höheren lokalen Spanungstiefen und damit, entsprechend der höheren Belastung des Abrichtwerkzeugs, ein höherer Verschleiß als beim drückenden Schnitt. [245]

Die unterschiedlichen Belastungszonen an der Formrolle zeigt Bild 5.66 am Beispiel des Abrichtens eines symmetrischen Schleifscheibenprofils mit einem kontinuierlichen Schnitt. Obwohl nur zwei gerade und zwei unter ca. 45° schräg liegende Bereiche abzurichten sind, ergeben sich beim konventionellen Abrichten

[245] Schulz 1997, S. 120ff

sehr unterschiedliche Verschleißausbildungen an der linken und rechten Flanke der Formrolle. In vielen Fällen kann ein gleichmäßiger, beidseitiger Verschleiß am Abrichter durch Anpassung des Radiuswertes in der CNC-Steuerung kompensiert werden kann[246]. Bei rechts und links unterschiedlichen Verschleißausprägungen ist dies i.d.R. so nicht möglich.

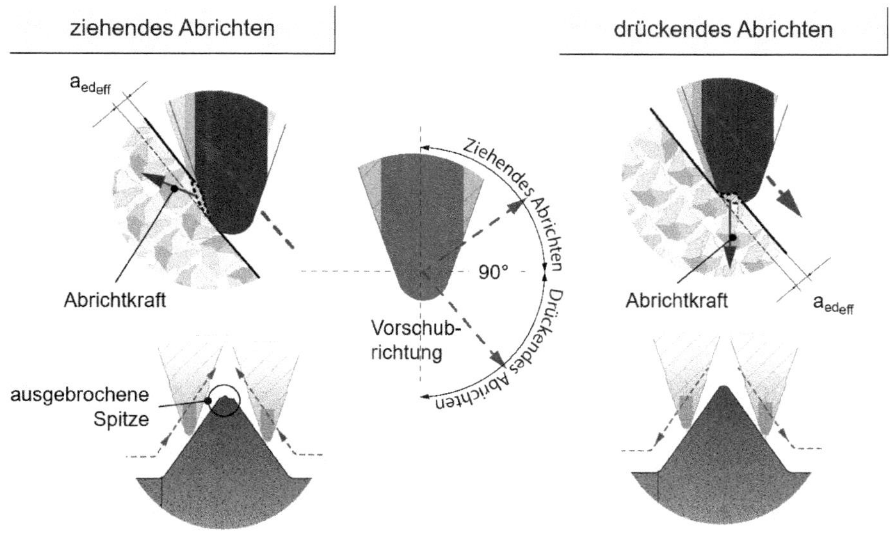

Bild 5.65 Ziehendes und drückendes Abrichten und deren Wirkungen auf die Kraftrichtungen

Beim Profilabrichten hochgenauer Profile ist dringend zu beachten, dass Abrichtspindeln grundsätzlich ein axiales Lagerspiel aufweisen. Gerade beim Wechsel der Abrichtkraft von *ziehend* auf *drückend* ist dies zu berücksichtigen, da sich die Kraftwirkung auf die Spindel ändert. Dadurch kann die axiale Position der Formrolle wandern und somit Geometriefehler am abgerichteten Profil erzeugen. Grundsätzlich ist dabei zwischen dem **Kraft-in-Spindel-Abrichten** und dem **Kraft-aus-Spindel-Abrichten** zu unterscheiden.

[246] Solange die Gesamtgenauigkeit es zulässt, kann eine Anflächung am Außendurchmesser durch größere Radien oder Verschleiß an beiden Flanken durch kleine Radien in der CNC-Steuerung „kompensiert“ werden.

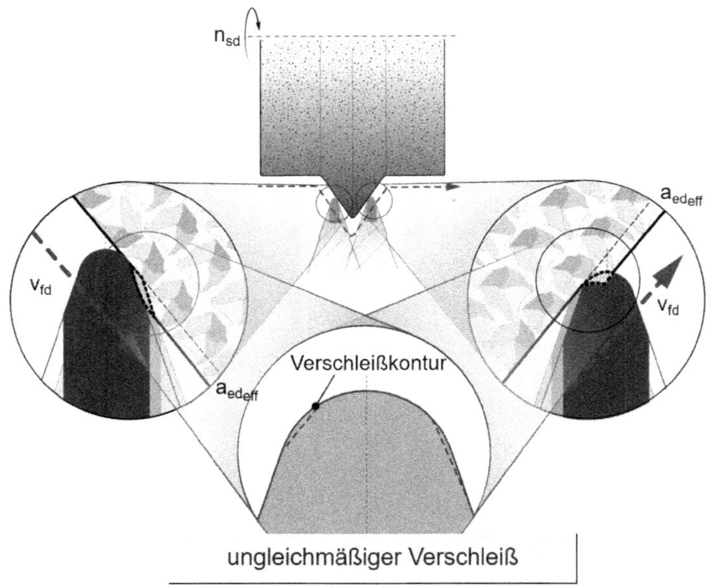

Bild 5.66: Ausbildung des Verschleißes beim ziehenden und drückenden Abrichten

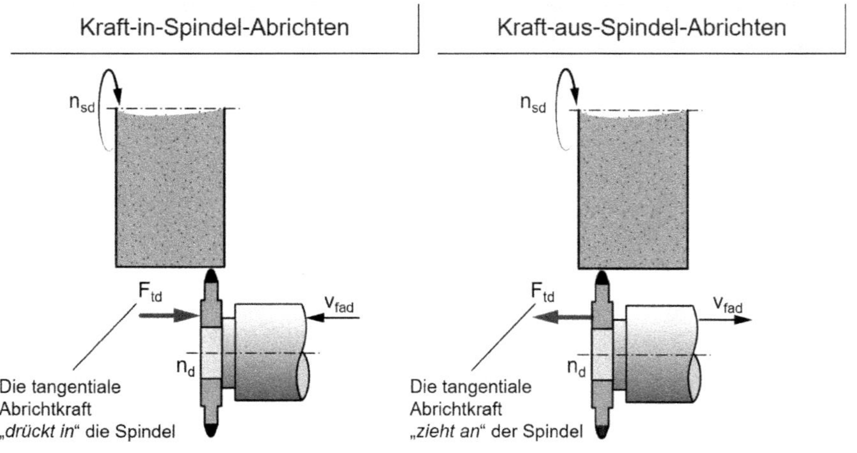

Bild 5.67 Die Abrichtkräfte wirken in Richtung „in die Spindel“ oder „aus der Spindel“

Beim Abrichten von Profilen wechseln die auf die Formrolle wirkenden Kraftrichtungen. Das drückende Abrichten ist dem ziehenden Abrichten vorzuziehen. Durch ein axiales Abrichtspindelspiel können Geometriefehler beim Abrichten erzeugt werden. Daher sollte beim Abrichten die Kraft möglichst *in-di-Spindel* wirken.

5.10.2.2 Abrichten von konventionellen Schleifscheiben

Konventionelle Schleifscheiben werden in den meisten Fällen mit verschleißfesten Diamant-Formrollen abgerichtet. Die Geometrie der Formrolle (z.B. Radius oder Gerade-Radius-Gerade) *soll* nicht verschleißen und ist damit maßgeblich für die erzielbare Genauigkeit. Die Maß und Formgenauigkeit des Profilbereiches der Formrolle soll sich möglichst lange nicht verändern. Doch auch Diamant verschleißt und verliert seine Geometrie durch die mechanischen und thermischen Wirkungen während des Abrichtvorgangs.

In industriellen Anwendungen werden in vielen Fällen konventionelle Schleifscheiben (zumeist Korund) im Korngrößenbereich #60 bis # 150 verwendet. Um diese Schleifscheiben flexibel abzurichten, kommen häufig Formrollen mit einem Radius r_{pd} zum Einsatz. Je nach der zu erzeugenden Bauteilgeometrie, liegen die Radien im Bereich von r_{pd} = 0,05 bis 10 mm. Im Bereich des allgemeinen Maschinenbaus ist r_{pd} = 0,5 mm ein recht häufig anzutreffender Formrollen-Radius.

Bild 5.68 zeigt für einen **Abrichtzyklus** beispielhalft die Größenverhältnisse beim Abrichten einer konventionellen Schleifscheibe mit Korngröße #100 (Korngröße $d_k \sim 150\ \mu m$) mit einer Radien-Formrolle r_{pd} = 0,5 mm. In mehreren Abrichthüben (aufgeteilt in Schruppen und Schlichten) wird das Abrichtwerkzeug mit einem entsprechenden Vorschub f_{ad} (bzw. einem Abrichtüberdeckungsgrad U_d) in mehreren Einzel-Abrichtzustellbeträgen a_{ed} (z.B. $5 \cdot a_{edSchruppen} = 20\ \mu m$ und $3 \cdot a_{edSchlichten} = 10\ \mu m$ entspricht $a_{edges} = 130\ \mu m$) abgerichtet.[247] Einige Anwender verwenden abschließend (sehr häufig bei SG-Schleifscheiben) zusätzlich noch ein bis zwei Leerhübe.

Die unterschiedlichen Aufgabenstellungen der Schleifanwendungen, Achsanordnungen in der Maschine, Größenverhältnisse z.B. der Abrichtspindel bzw. der abzurichtenden Profilbereiche führen zu einer Vielzahl von Formrollenausführun-

[247] Beim Reduzieren der Zustellung a_{ed} ist darauf zu achten, dass U_d steigt, sofern f_{ad} konstant gehalten wird!

gen. Grundsätzlich sind Formrollen scheibenförmig oder in Topf- oder Schrägtopfform ausgeführt. Bis auf wenige Ausnahmen befinden sich die Abrichtbereiche am Außendurchmesser der Werkzeuge.

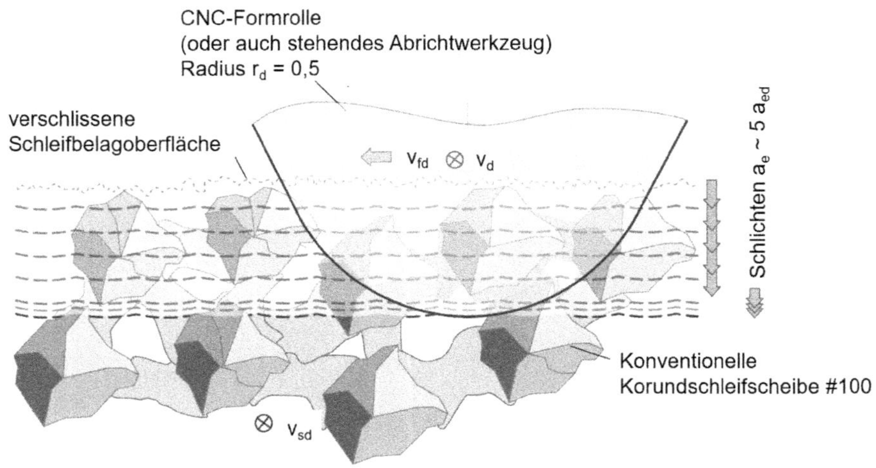

Bild 5.68 Größenverhältnisse beim Abrichten konventioneller Schleifscheiben

Bild 5.69 zeigt eine Auswahl von häufig anzutreffenden Formen. Die Durchmesser der Werkzeuge sind abhängig vom Spindeldurchmesser und der notwendigen abzurichtenden Profiltiefe der Schleifscheibe. Üblicherweise liegen die Durchmesser im Bereich d_d = 40 bis 150 mm, wobei auch durchaus größere Werkzeuge vorkommen. Der Durchmesser der Aufnahmebohrung ist ebenfalls abhängig vom verwendeten Spindelsystem und liegt häufig im Bereich d_B = 30 bis 60 mm. Auf der Spindelnase werden die Werkzeuge entweder mit zentraler Spannmutter, über Teilkreisbohrungen oder über z.B. Hydrodehnbohrungen gespannt. Da die Laufgenauigkeit der Werkzeuge durch den Sitz Bohrung/Spindelsitz bestimmt werden, sind die Toleranzen i.d.R. als enge Spielpassung ausgeführt (z.B. Ø 52^{H3}_{g2}). Zusätzlich ist beim Spannen auf einen entsprechenden Planlauf zu achten, da Planlauffehler zu einem Taumeln des Profils und damit zu Geometriefehlern führen und die Standzeit des Werkzeugs herabgesetzt wird.

Einige der Formrollentypen kommen auf zwei gegeneinander ausgerichteten Abrichtspinden zum Einsatz. Dies sind i.d.R. die topf- bzw. schrägtopfförmigen Varianten, um damit z.B. eine scheibenförmige Schleifscheibe an beiden Planflächen abzurichten. Müssen große Profilhöhen profiliert werden, ist zu bedenken, dass das Abrichtwerkzeug einen großen Durchmesser benötigt, um damit weit genug über die Abrichtspindel herauszuragen. Je größer das Abrichtwerkzeug in seinem Durchmesser, desto größer ist die Gefahr eines axialen Planlauffehlers.

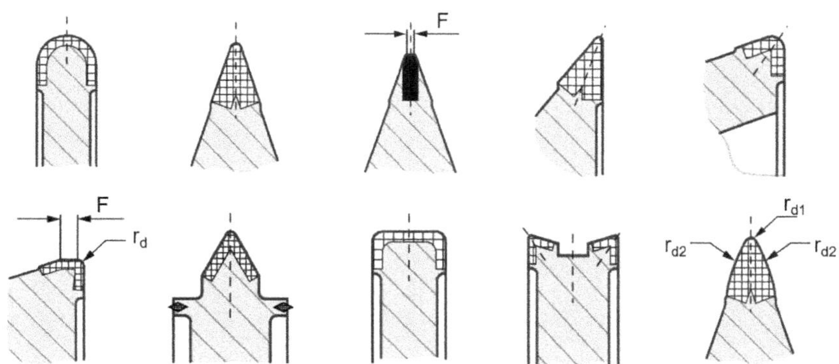

Bild 5.69 Formen verschleißfester Formrollen mit formstabilem Belag (Auswahl)

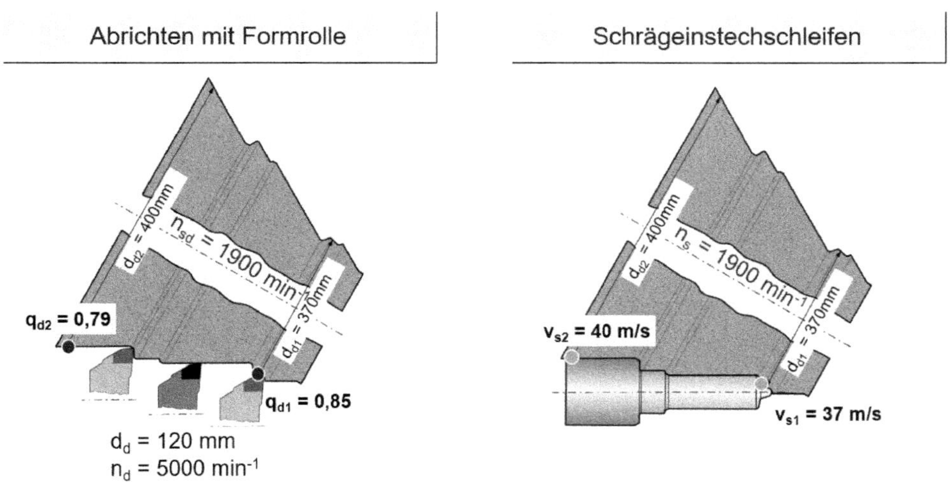

Bild 5.70 Beispiel Schräg-Einstechschleifen: Abrichten mit Formrolle und Schleifenoperation

Es gibt unzählige Anwendungen zum Abrichten mit Formrollen. Aufgrund der großen Flexibilität für den Endanwender ist das Verfahren heute sehr weit verbreitet. Bild 5.70 zeigt am Beispiel des Schräg-Einstechschleifens eines wellenförmigen Bauteiles mit einer konventionellen Schleifscheibe, eine mögliche Abrichtstrategie. Durch den Einsatz einer Formrolle sind die Änderungen des Geschwindigkeitsverhältnisses über der Schleifscheibenbreite relativ klein womit sich keine größeren Rauheitsunterschiede am Bauteil ergeben.

5.10.2.3 Abrichten von hochharten Schleifscheiben

Während beim Abrichten konventioneller Schleifscheiben die Form des Abrichtdiamanten i.d.R. über einen langen Zeitraum formstabil bleibt, kann dies beim Abrichten von CBN nicht gewährleistet werden. CBN hat mit einer Härte von HV 4.500 eine mehr als doppelt so große Härte wie Korund und ist ca. halb so hart wie Diamant (HV 9.000). Damit unterliegt Diamant einer deutlich höheren mechanischen Belastung beim Abrichten und verschleißt deutlich schneller.

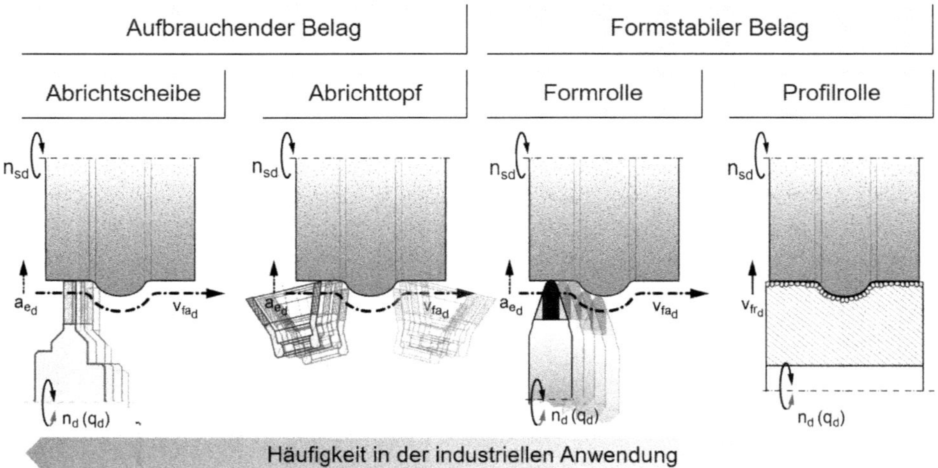

Bild 5.71 Verfahren zum Abrichten von keramisch gebundnen CBN-Schleifscheiben

In vielen Fällen wird beim Abrichten von keramisch gebundenen CBN-Schleifscheiben daher auf Abrichtwerkzeuge zurückgegriffen, die einen gewissen Verschleiß zulassen, d.h. durch ihren (gewollten) Verschleiß werden laufend neue Schneiden generiert. Der damit einhergehende Profilverlust ist entweder tolerierbar, da die abzurichtenden Profilgeometrien am Schleifwerkzeug eine nicht so hohe Genauigkeit aufweisen oder sie lassen sich z.B. durch CNC-Korrekturen kompensieren. Bild 5.71 stellt die in der Praxis am häufigsten verwendeten Abrichtverfahren gegenüber. In einzelnen Fällen können keramisch gebundene Schleifscheiben auch mit Profilrollen profiliert werden, wenn die Bindungssysteme der Schleifscheiben entsprechend angepasst sind. Auch formstabile, mit einem sehr hohen Diamantanteil ausgestattete Formrollen kommen zum Einsatz, wobei die beiden Verfahren einem vergleichsweise hohen Verschleiß ausgesetzt sind.

Wegen des i.d.R. hohen Verschleißes kommen üblicherweise ein- und mehrlagige, galvanische oder gesinterte aufbrauchbare Abrichtwerkzeuge zum Einsatz. Verschleißbedingt lassen sich viele hochgenaue Schleifanwendungen daher besser mit keramisch gebundenen *konventionellen* Schleifscheiben realisieren.

Bild 5.72 stellt für eine typische CBN-Anwendung die Größenverhältnisse zwischen dem verwendeten Schleifkorn und dem verschleißenden Abrichtwerkzeug dar. Üblicherweise werden im Abrichtwerkzeug deutlich größere Diamantkörner verwendet als in der Schleifscheibe. Die Einzelzustellbeträge a_{ed} liegen beim CBN-Abrichten sehr viel niedriger, als beim Abrichten konventioneller Schleifscheiben. In vielen Fällen betragen die Abrichtzustellungen ca. a_{ed} = 3 bis 5 µm.

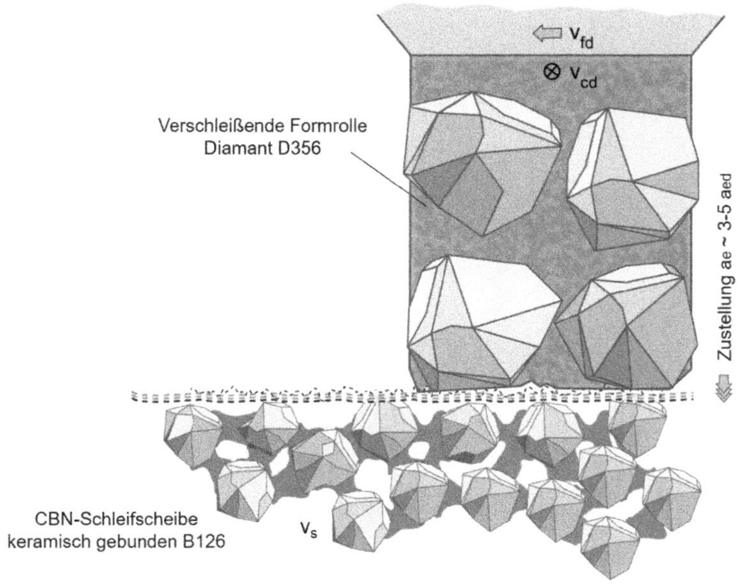

Bild 5.72 Größenverhältnisse beim Abrichten von CBN-Schleifscheiben

Die niedrigen Abrichtbeträge a_{ed} sind insbesondere beim Abrichten von Profilen zu berücksichtigen. Entsprechend des Profilwinkels α reduzieren sich diese zu noch kleineren Werten, womit ein Abrichten wegen der Gesamtsteifigkeit des Systems

Schleifscheibe/Abrichtsystem dann kaum noch möglich ist. Die Folge ist ein Drücken und Quetschen, ohne einen wirklichen Abtrag am Schleifwerkzeug zu erwirken. Bzgl. der Berechnung der effektiven Zustellung a_{ed} wird an dieser Stelle auf Kap. 5.4.3 verwiesen.

Typische Formen verschleißender Formrollen zeigt Bild 5.73. Je nach Anwendung werden i.d.R. relativ schmale Abrichtbeläge von einigen Zehntelmillimetern und Höhen von einigen Millimetern verwendet. Profile (wie z.B. Radien) sind dabei wegen des schnellen Profilverlustes selten. Häufig vertreten sind mehrschichtige Werkzeuge, deren Belag wie ein Schleifbelag aus Diamantkorn und Bindung aufgebaut ist. Ein Porenraum ist wegen der geringen Abrichtzeitspanvolumina eher selten. Seit einigen Jahren sind auch Hybridwerkzeuge auf dem Markt, die eine Kombination aus CVD-Diamant-Formplatten und kugeligem Diamantmaterial nutzen und i.d.R. bessere Standzeiten erreichen.

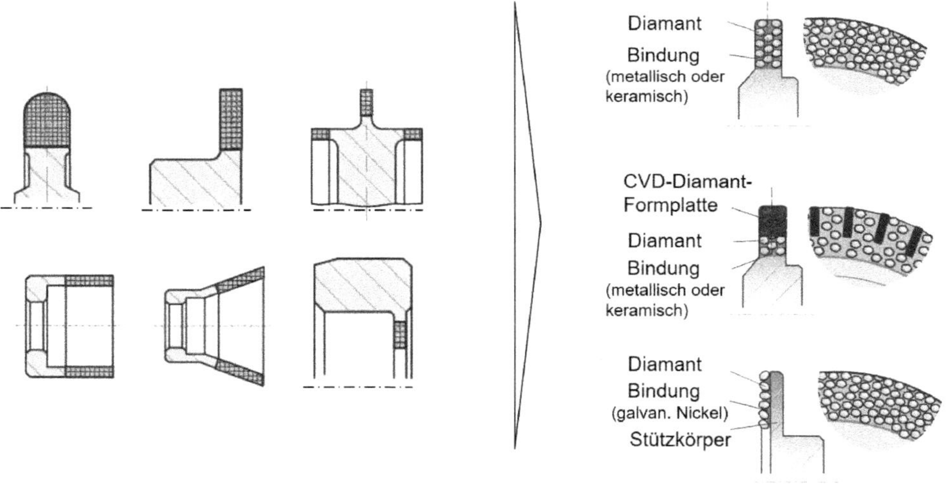

Bild 5.73 Formen von Formrollen mit aufbrauchbarem Belag (Auswahl) und Ausführungsvarianten

Ein typischer einschichtiger Vertreter dieser Werkzeuge ist das galvanisch positive Abrichtwerkzeug, das einen Stützkörperbereich (Stahl, Messing, Bronze) nutzt, um auf diesem eine Lage Diamant galvanisch zu verankern. Damit ergibt sich eine relativ schmale Wirkbreite b_d in der Größenordnung der Diamantkorngröße bzw. der Stärke des Diamantbelages. Um die Wirkbreite zu erhöhen, können auch mehrere Diamantschichten erzeugt oder der Stützkörper beidseitig diamantiert werden.

Für das Abrichten einfacher zylindrischer CBN-Schleifscheiben kommen auch fliehkraftgebremste, verschleißende Abrichttöpfe zum Einsatz. Diese auch als „*Drehflügelabrichter*“ bezeichneten Werkzeuge werden durch die Rotation der Schleifscheibe angetrieben („mitgenommen“) und ggf. über kleine Flügel geführte Druckluft gebremst oder angetrieben, um ein Abrichtgeschwindigkeitsverhältnis q_d zu erzeugen.

5.10.2.4 Instandsetzung von Formrollen

Formstabile Formrollen lassen sich in vielen Fällen instandsetzen. Durch ein **Nachschleifen** des diamantierten Profilbereiches wird die Profilgeometrie wieder hergestellt (s. Bild 5.74). Bei scheibenförmigen Werkzeugen reduziert sich durch das Nachschleifen der Durchmesser, was jedoch in der CNC-Steuerung der Maschine verrechnet werden kann. Voraussetzung für einen Nachschliff ist, dass nicht zu viele Diamanten ausgebrochen sind, da sich dadurch das Abrichtverhalten sehr stark ändert. *Naturdiamanten* neigen jedoch zu Ausbrüchen, sodass in vielen Fällen diese Werkzeuge maximal einmal instandgesetzt (nachgeschliffen) werden können. Danach ist der Anschliffgrad der rundlichen Diamantkörnung i.d.R. zu stark, das Abrichtverhalten gegenüber einem Neuwerkzeug deutlich verändert und die Gefahr des Kornverlustes durch eine schlechte Bindungseinbettung zu groß.

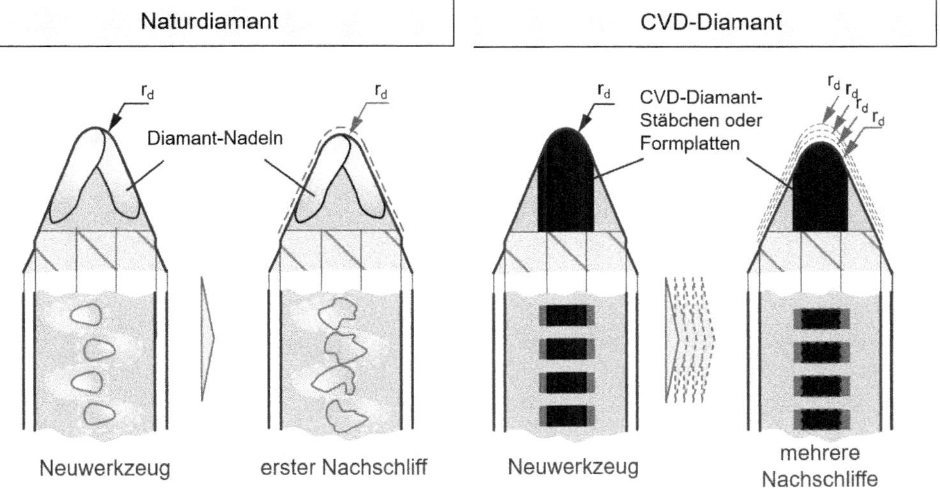

Bild 5.74 Instandsetzung von formstabilen Formrollen

CVD-Diamant-Formrollen können dagegen zumeist mehrfach instandgesetzt werden. Die geometrisch definierten Formplatten erlauben ein Nachsetzten des Diamantbelages, ohne dass dadurch der Traganteil der Diamantierung nennenswert verändert wird. Sofern die CVD-Diamanten weit genug in das Werkzeug hineinreichen und somit genug Halt in der Bindung haben, lassen sich mehrere Nachschliffe realisieren. Um diesen wirtschaftlichen Vorteil entsprechend nutzen zu können, verbauen die Werkzeughersteller i.d.R. ausreichend lange Formplatten, sodass in vielen Fällen fünf bis zehn Nachschliffe realisiert werden können.

5.10.3 Profilrollen

Das Konditionieren (Abrichten) scheibenförmiger Schleifscheiben mit Diamant-Profilrollen entspricht der Kinematik des *Einstechschleifens*, d.h. übertagen aus DIN 8589 - Teil 11 könnte das Verfahren auch *Quer-Außen-Profilabrichten* heißen. Im allgemeinen Sprachgebrauch wird häufig vom **Einstechabrichten** gesprochen. Die rotierende Profilrolle überträgt bei dem Abrichtvorgang das Negativprofil des Werkstücks durch einen radialen Vorschub f_{rd} in die Schleifscheibe. Da keine axialen Vorschubbewegungen in Richtung der Schleifscheibenbreite erfolgen müssen, ist das Verfahren gegenüber dem Formabrichten deutlich schneller. Allerdings ist die Herstellung des Abrichtwerkzeuges aufwendig und teuer. Profilkorrekturen lassen sich zumeist selbst durch den Hersteller nicht vornehmen. Jede Profilrolle ist daher i.d.R. nur für eine Werkstückgeometrie nutzbar.

Profilrollen können durch gezielte Wahl der Diamantierung, d.h. durch die Diamantkorngröße und die Art des Setzmusters, das Geschwindigkeitsverhältnis q_d und den radialen Abrichtvorschub f_{rd} an die Prozessbedingungen angepasst werden.

Bild 5.75 zeigt das prinzipielle Vorgehen im Vergleich zum Abrichten mit einem stehenden Diamant-Profilblock (industriell heute kaum noch vertreten) und den beiden Form-Abrichtverfahren „stehender Abrichter“ und „Formrolle“.

Prinzipiell lassen sich Profilrollen **„galvanisch positiv“** herstellen. Für die meisten Anwendungen ist das Verfahren jedoch nicht geeignet, da sich komplexe Werkzeuge nicht ausreichend gut anschleifen lassen. Ohne einen entsprechenden Diamantanschliff sind die Werkzeuge nicht einsetzbar bzw. erzeugen nicht die nötigen Profilgeometrien und Oberflächenqualitäten. Eine Ausnahme bilden Abrichtwerkzeuge für das kontinuierliche Wälzschleifen (s. Kap. 5.10.3.1).

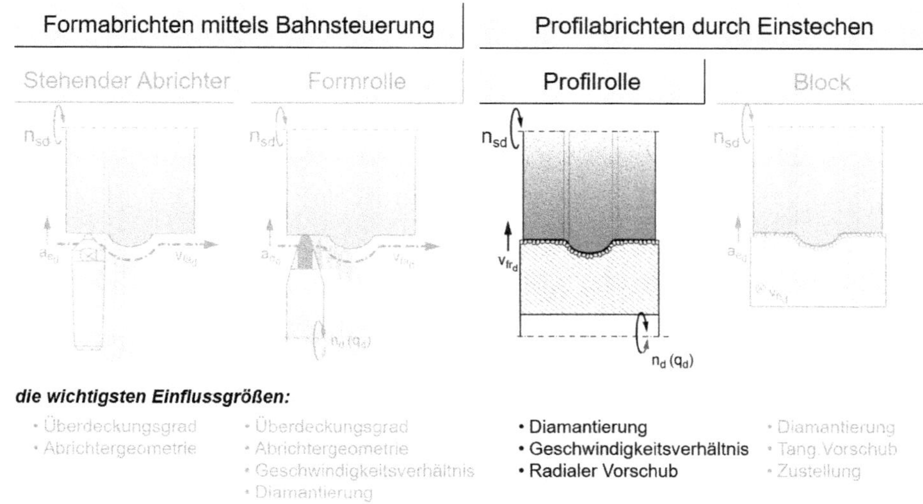

Bild 5.75 Profillieren mit Profilrolle

Um die notwendigen Geometrien der zu bearbeitenden Werkstücke abbilden zu können, werden üblicherweise die Negativverfahren „gesintert negativ" bzw. „galvanisch negativ" genutzt. Die Vorgehensweise bei der Herstellung ist in Kap. 5.9.2 detailliert beschrieben. **Galvanisch negative Profilrollen** weisen die höchsten Genauigkeiten auf, da die geringen Prozesstemperaturen im Gegensatz zum „negativ Sintern" zu keinen Temperaturschrumpfungen führen. Die Werkzeuge können vielfach ohne einen Diamantanschliff verwendet werden. Allerdings lassen sich die Diamantierungsarten nicht steuern, d.h. das gesamte Werkzeug hat eine einheitliche Diamantierung, die in der Zentrifuge des elektrolytischen Bades in die Negativform eingebracht wird. Bei filigranen Profilen orientiert sich die Diamantkorngröße am kleinsten abzubildenden Außenradius. Exponierte, verschleißanfällige Bereiche können z.T. durch speziell gesetzte, größere Diamanten verstärkt und somit geschützt werden.

Negativ gesinterte Profilrollen lassen sich einfacher diamantieren und mittels gesetzter Diamantmuster gezielt an die Abrichtaufgabe anpassen. Insbesondere Schrägen und Planflächen müssen häufig „gröber" abgerichtet werden, um im Schleifprozess keinen Schleifbrand zu erzeugen. Handgesetzte Bereiche oder lokale Änderungen der Korngröße eigenen sich für solche Aufgaben sehr effektiv. Infolge der hohen Prozesstemperaturen beim Sintern unterliegen die Werkzeuge jedoch einer Schrumpfung. Um entsprechende Genauigkeiten zu erzeugen, müssen die Werkzeuge daher angeschliffen und im Profil korrigiert werden.

Bild 5.76 stellt die drei Verfahren gegenüber und zeigt die problematischen Diamantierungsbereiche.

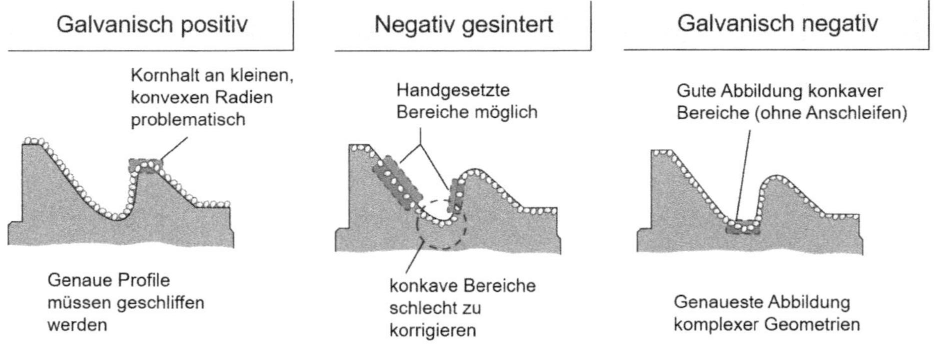

Bild 5.76 Ausführungsformen von Profilrollen und problematische Bereich der Diamantierung

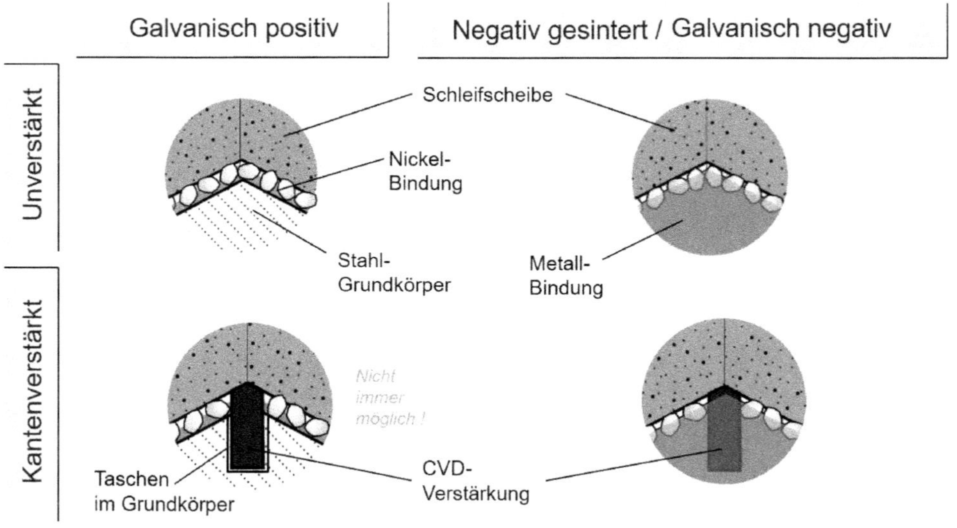

Bild 5.77 Kantenverstärkung an Proffilrollen

Um die am stärksten exponierten Bereiche an einer Profilrolle vor einem frühzeitigen Verschleiß zu schützen, lassen sich gezielt größere Diamanten oder CVD-Diamanten in diesen Bereichen einbringen (**CVD-Diamant-Kantenverstärkung**).

Diese Technik ist seit Jahren etabliert und lässt sich bei vielen abzubildenden Geometrien anwenden. Bild 5.77 zeigt für die unterschiedlichen Herstellverfahren die Möglichkeiten dieser Standzeitverlängerung. Eine derartige Verstärkung ist häufig, jedoch nicht in allen Fällen uneingeschränkt, möglich. Bei der galvanisch positiven Ausführung sind in den Grundkörper präzise Taschen einzubringen, um die CVD-Diamanten zu platzieren. Beim galvanisch negativen Werkzeug kann es aufgrund der filigranen und hochgenauen abzubildenden Profilgeometrie z.T. Einschränkungen geben.

Neben der Korngröße und dem Setzmuster der Diamanten (s. Bild 5.78) wird das Prozessverhalten einer Profilrolle durch den Grad des Anschliffs der Diamanten beeinflusst (s. Bild 5.79). Ein starker Anschliff führt zu einem höheren Materialtraganteil, d.h. die Anflächungen am einzelnen Diamantkorn sind größer. Damit verbunden sind meist höhere Standzeiten, jedoch können zu große Flächen auch zu einem Drücken und Quetschen, d.h. einem eher stumpfen Abrichtverhalten, führen. Die Schleifscheibe wird beim Profilieren nicht schnittig abgerichtet und wirkt beim Schleifen stumpf, was u.U. zu Schleifbrand am Werkstück führen kann. Ein geringerer Anschliffgrad bewirkt ein eher schnittiges und aggressiveres Abrichtverhalten. Jedoch verlieren solche Werkzeuge ggf. schneller ihre Profilgenauigkeit.

Im Gegensatz zum Abrichten mit Formrolle stehen beim Abrichten mit Profilrolle nur die Stellgrößen Abrichtgeschwindigkeitsverhältnis q_d und radialer Vorschub f_{rd} zur Verfügung, um auf den Prozess Einfluss zu nehmen. An der Diamantierung der Profilrolle und dem Anschliffgrad kann nachträglich i.d.R. nichts geändert werden. In Kap. 5.5.2 wurde ausführlich die Abhängigkeit der Werkstückrauheit vom Abrichtgeschwindigkeitsverhältnis q_d beschrieben. Das Gegenlaufabrichten führt i.d.R. zu besseren Oberflächenqualitäten am Werkstück. Zudem kann die Oberflächenqualität durch eine Reduzierung des Abrichtvorschubes f_{rd} erreicht werden. In einer etwas anderen Darstellung als in Bild 5.33 zeigt Bild 5.80 die Wirkungen der Stellgrößen radialer Abrichtvorschub f_{rd} und Abrichtgeschwindigkeitsverhältnis q_d auf die Werkstückrauheit. Zu beachten ist dabei, dass beim Abrichten mit Profilrolle entsprechend der Profilhöhe kein festes Abrichtgeschwindigkeitsverhältnis q_d vorherrscht (siehe Kap. 5.5.2).

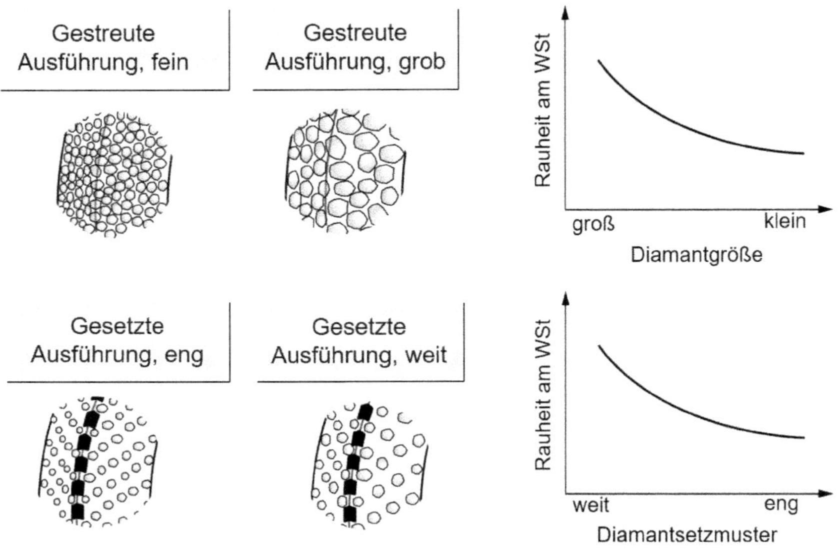

Bild 5.78 Diamantsetzmuster und Auswirkungen auf die erzielbare Oberflächengüte

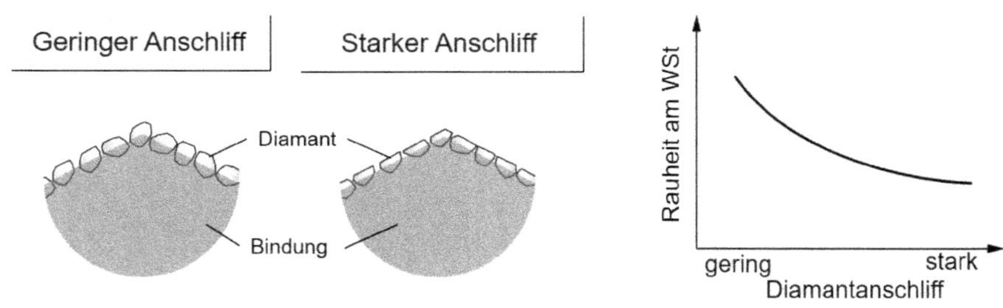

Bild 5.79 Diamantanschliff und Auswirkungen auf die erzielbare Oberflächengüte

Eine weitere Möglichkeit, die Oberflächenqualität am Werkstück zu verbessern, ist das **Ausfeuern**. Dabei rollen nach dem Abrichtvorgang (ggf. aufgeteilt in Schruppen (f_{r1}) und Schlichten (f_{r2}) mit $f_{r1} > f_{r2}$) Schleifscheibe und Profilrolle noch einige Umdrehungen ohne Zustellung aufeinander ab, womit vielfach eine Verbesserung der Werkstückrauheit einhergeht (s. Bild 5.80). Das Ausfeuern wird meistens in Form einer Ausfeuerzeit in Sekunden angegeben und liegt häufig im Bereich von ein bis drei Sekunden.

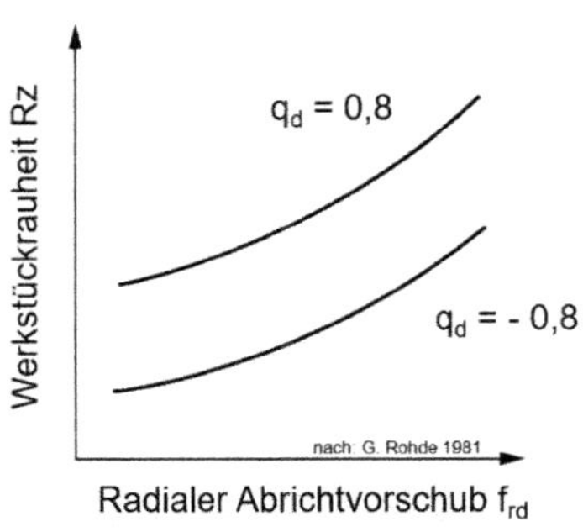

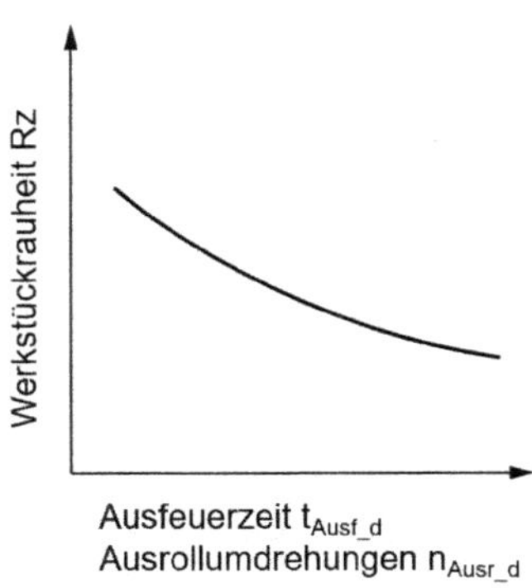

Bild 5.80 Auswirkungen des radialen Vorschubes und der Ausfeuerzeit auf die Werkstückrauheit beim Abrichten mit Profilrollen

Die Festlegung der geeigneten Diamantierung in Verbindung mit dem optimalen Anschliffgrad für den jeweiligen Anwendungsfall kann i.d.R. nur durch den Abrichtwerkzeughersteller erfolgen. Für die Auslegung eines Abrichtwerkzeuges ist es daher erforderlich, die Prozessrandbedingungen möglichst genau zu kennen. Neben der Werkstückzeichnung sollten dem Hersteller der Abrichtwerkzeuge auch die Schleif- und Abrichtsituation mit den wesentlichen Systemgrößen und den (geplanten) Stellgrößen bekannt sein. ■

Mit Profilrollen werden i.d.R. konventionelle Schleifscheiben (Korund, SG-Korund), CBN-Schleifscheiben aufgrund ihrer hohen Härte nur in Ausnahmefällen, abgerichtet.

- Die zumeist verwendeten **Abrichtgeschwindigkeitsverhältnisse** liegen im Bereich q_d = 0,5 bis 0,8 bzw. -0,3 bis -0,8.
- Für das Schruppen beträgt der **radiale Abrichtvorschub** $f_{rdSchruppen}$ = 1 bis 3 µm bzw. beim Schlichten $f_{rdSchlichten}$ = 0,2 bis 0,5 µm/$U_{Schleifscheibe}$. Beim **CD-Abrichten** liegen die Vorschübe üblicherweise bei f_{rdCD} ~ 0,2 µm/$U_{Schleifscheibe}$. Zu beachten sind die sich an Schrägen ergebenden effektiven radialen Vorschübe f_{rd} (siehe Kap 5.4.4).
- Um die Oberflächenqualität zu verbessern, kann der Abrichtvorgang mit einem **Ausrollen** abgeschlossen werden. Dazu sind Schleifscheibe und Abrichtwerkzeug ohne Vorschubbewegung noch ca. 50-100 Umdrehungen (entspricht etwa 1 bis 3 Sekunden) im Kontakt, wodurch sich die Schleifscheibentopographie einebnet.

- Der **gesamte Abrichtzustellbetrag** beträgt je nach Schleifscheibe und Verschleißzustand etwa f_{rdges} = 0,03 bis 0,1 mm, bei tieferen Profilen und entsprechend abzurichtenden Schrägen auch schon mal 0,5mm
- Beim Abrichten sollte die beim Schleifen verwendete Schleifscheibenumfangsgeschwindigeit v_s verwendet werden. Damit ergeben sich (entsprechend v_s und q_d) meist Drehzahlen des Abrichtwerkzeuges von n_d = 1500 bis 6000 U/min. Ein Abrichten bei reduzierter Schleifscheibendrehzahl v_{sd} mit anschließendem „hochfahren" auf Schnittgeschwindigkeit v_s führt i.d.R. zu Schwingungsproblemen beim Schleifen.

5.10.3.1 Abrichten von Wälzschleifschnecken

Das Profilieren von Wälzschleifschnecken für das kontinuierliche Wälzschleifen stellt ganz besondere Anforderungen an den Abrichtprozess. Das Schleifverfahren ist kein abbildendes, sondern ein generierendes Verfahren: Die Zahnform entsteht durch das Abwälzen des gewindeförmigen Schleifscheibenprofils und generiert so das evolventische Zahnprofil des Zahnrades (s. Kap. 3.7.1). Die dafür notwendige, hochgenaue Schleifschnecken-Profilform kann durch verschiedene Verfahren erzeugt werden: Neben dem Einsatz einer Formrolle, die *„bahngesteuert"* und damit flexibel arbeitet, kommen vorwiegend *„abbildende"* Profilrollen und, in wenigen Fällen, Abrichtzahnräder zum Einsatz, die das Gewindeprofil *„generierend"* erzeugen[248]. Bild 5.81 stellt die in der Praxis verwendeten Abrichtwerkzeuge zum Profilieren von Wälzschleifschnecken für das kontinuierliche Wälzschleifen gegenüber.

Sehr flexibel lassen sich die Profilflanken mittels einer Bahnsteuerung durch **zeilenweises Profilieren mit einer Formrolle** erzeugen. Die Formrolle weist dabei entweder einen 180°-Radius oder ein „gotisches" Profil, zusammengesetzt aus drei Radien ($R_1 \sim$ 10 mm, $R_2 \sim$ 0,3 mm, $R_3 = R_1 \sim$ 10 mm) auf, wodurch sich durch den größeren Radius eine höhere Überdeckung bzw. weniger dichte Zeilen beim Erzeugen der Flanken ergeben. Auf einigen Maschinen kann die Formrolle auch zusätzlich um ihre Achse geschwenkt werden, um z.B. die Zugänglichkeit in den Schneckengrund zu erhöhen. Durch das zeilenweise Abfahren der linken und rechten Flanke ist das Verfahren sehr flexibel, wodurch es sich für die Prototypenfertigung gut eignet. Allerdings sind die Abrichtzeiten lang und das Abrichtgerät durch die zusätzlichen CNC-Achsen teuer.

---

[248] Lierse 2001

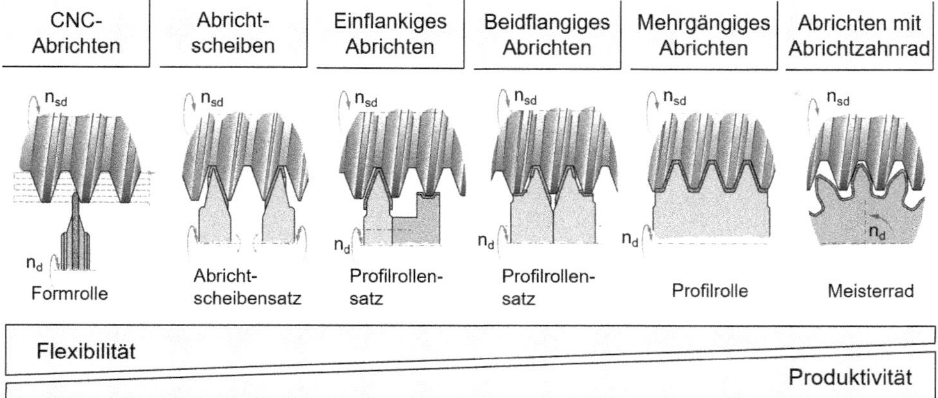

Bild 5.81 Abrichtverfahren zum Abrichten einer Schleifschnecke für das kontinuierliche Wälzschleifen

Sehr viel schneller, jedoch gebunden an eine bestimmte Profilform (d.h. der Profilmodifikation der korrigierten Zahnradevolvente), lässt sich eine Wälzschleifscheibe mit einem **Abrichtscheibensatz** abrichten. Die beiden Profilrollen (im Allgemeinen Sprachgebrauch „Abrichtscheiben" genannt) werden dabei auf getrennten Antriebsmotoren im Abstand und auch in ihrem Winkel zueinander ausgerichtet. Während dies bis vor einigen Jahren ausschließlich durch manuelles Verstellen der beiden Antriebsspindeln auf entsprechenden Abrichtgeräten erfolgte, wird dies heute auch CNC-gesteuert angeboten. Der Außendurchmesserbereich der Schleifschnecke wird dabei mit einem separaten Werkzeug (stehend oder rotierend) abgerichtet.

Eine Variante ist das Profilieren mit einem **Doppelkegelwerkzeug**, wobei dabei über ein CNC-gesteuertes Abrichtgerät die linke und rechte Flanke nacheinander abgerichtet werden. Damit dauert das Abrichten zwar länger als beim beidflankigen Abrichten, jedoch ist eine höhere Flexibilität möglich (z.B. können Modifikationen durch simultane Schwenkbewegungen während des Abrichtvorgangs erzeugt werden).

Für das beidflankige Abrichten werden i.d.R. keine Doppelkegel, sondern „V-Profilwerkzeuge" genutzt, die durch zusätzlich abgestimmte Rollen gleichzeitig den Außendurchmesser der Schleifschnecke abrichten. Diese häufig als **Satzprofilrolle oder Profilrollensatz** bezeichneten Werkzeuge sind durch ihre aufeinander abgestimmten Einzelrollen nur für eine Zahnradgeometrie nutzbar. Mehrgängige Schleifschnecken, wie sie heute vielfach verwendet werden, können nur Gang-für-Gang abgerichtet werden, d.h. die Schleifschnecke taktet nach jedem Durchlauf des Abrichtwerkzeugs um einen Gewindegang weiter.[249]

Eine schnellere Möglichkeit des Abrichtens mehrgängiger Schleifschnecken bietet die i.d.R. galvanisch negativ hergestellte **mehrrippige Profilrolle**. Mit der an die Gangzahl der Schleifschnecke angepassten Rippenanzahl der Profilrolle lassen sich die kürzesten Abrichtzeiten erreichen.

Eine Methode, die sich wegen des recht hohen Werkzeugverschleißes und der aufwendigen Herstellung der Werkzeuge nicht durchsetzen konnte, ist das Profilieren mittels eines diamantbelegten **Abrichtzahnrades** (Meisterrad).

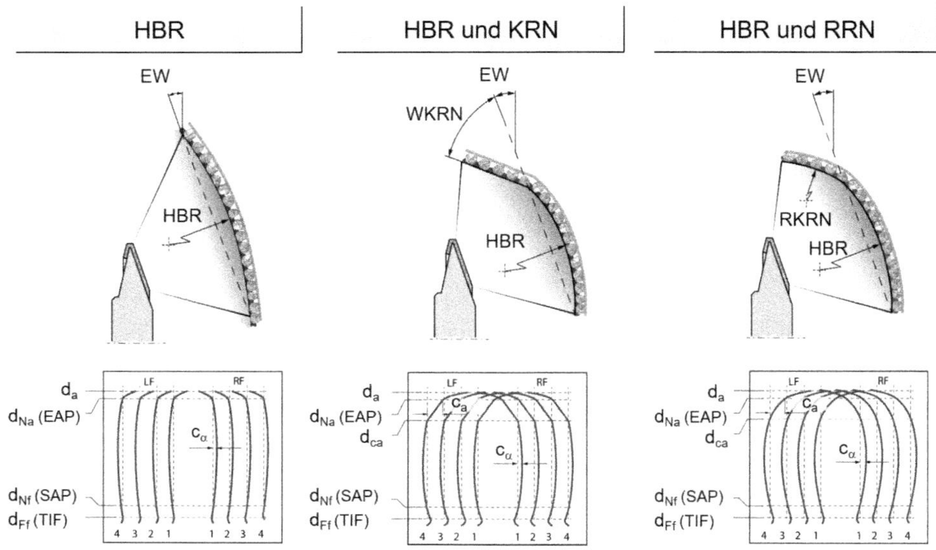

Bild 5.82 Erzeugung der Profilformen am Zahnrad beim Abrichten von Wälzschleifschnecken.

Am häufigsten werden die Schleifschnecken in der Praxis beim kontinuierlichen Wälzschleifen mit eingängigen (1gg)-abrichtenden Satzprofilrollen und mehrrippigen Profilrollen (zum mehrgängigen Abrichten) abgerichtet. Um für das zu bearbeitende Zahnrad die Profilgeometrie (d.h. die Profilmodifikation der Evolvente) zu generieren, müssen die Profilbereiche entsprechend abgerichtet werden, sodass diese Information bereits die Profilrolle beinhalten muss. Bild 5.82 zeigt beispielhaft für die Erzeugung einer *Höhenballigkeit*, einer *Kopfrücknahme* und einer *Ra-*

[249] siehe auch z.B. Schriefer 2008, Abler 2003, Bausch 2015

dienrücknahme am Zahnrad (s. Kap. 3.7) die Profilform am Abrichtwerkzeug (dargestellt ist nur eine Flanke) und schematisch die nach der Schleifbearbeitung am Zahnrad ermittelten Profilmessdiagramme von vier Zähnen (links und rechts). Je nach erforderlicher Profilmodifikation der Verzahnung sind die Diamantierungen der Abrichtwerkzeuge durch den Werkzeughersteller an die entsprechende Aufgabe angepasst. Durch die Wälzkinematik beim Schleifen ergeben sich daher besondere mathematische Anforderungen an die Berechnung der Profile am Abrichtwerkzeug.

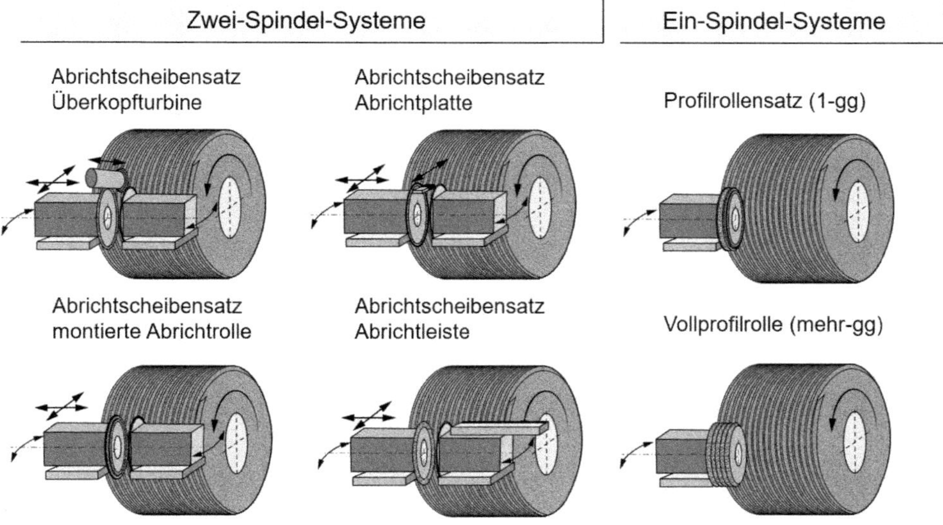

Bild 5.83 Anordnung der Abrichtspindeln zum Profilieren von Wälzschleifschnecknen

Um die verschiedenen Abrichtwerkzeuge auf der Wälzschleifmaschine anzutreiben und auszurichten, stehen eine Reihe verschiedener Konzepte zu Verfügung (s. Bild 5.83). Je nach verwendetem Abrichtwerkzeugkonzept sind verschiedene Positioniermöglichkeiten notwendig: *Abrichtscheibensätze* sind in ihrem Abstand zueinander einzustellen und können i.d.R. auch geschwenkt werden, womit zwei Abrichtspindeln erforderlich sind. Um den Außendurchmesser abzurichten wird eine zusätzliche Spindel mit einer Diamant-Topfscheibe verwendet. Alternativ können auch Abrichtplatten, Rollen oder Abrichtleisten zum Einsatz kommen.

Weniger Flexibilität, dafür aber eine höhere Produktivität durch kurze Einrichtzeiten, lassen sich mit Profilrollensätzen bzw. mehrrippigen Profilrollen erreichen, die nur einen Abrichtmotor benötigen.

Bild 5.84 zeigt für die am häufigsten verwendeten Abrichtverfahren *Abrichtscheibensatz*, *Profilrollensatz* und *mehrrippige Profilrolle* die Kontaktbedingungen mit der abzurichtenden Schleifschecke. Die Schleifschnecke dreht während des Abrichtvorgangs mit einer relativ niedrigen Drehzahl von n_{sd} ~ 100 bis 400 U/min, damit das Abrichtwerkzeug der Steigung der Wälzschleifschnecke folgen kann. Die Zustellung pro Abrichthub beträgt bei konventionellen Schleifscheiben i.d.R. a_{ed} = 0,01 bis 0,04 mm, womit sich durch den Eingriffswinkel der Schleifschnecke (z.B. α_s = 20°) ein geringerer effektiver Abrichtbetrag $a_{ed\alpha}$ ergibt.

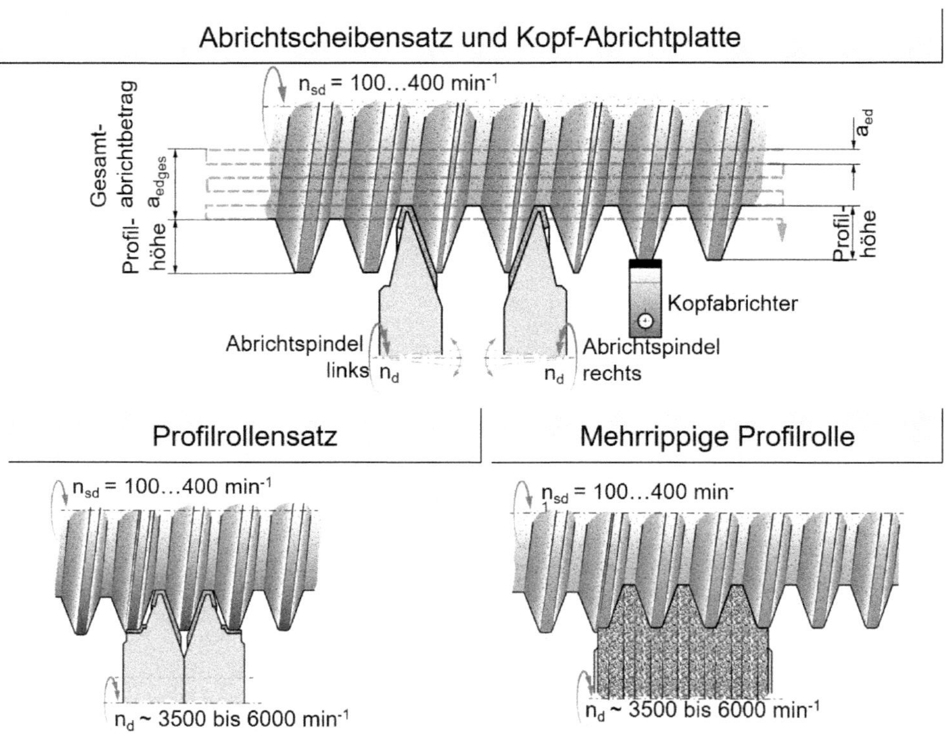

Bild 5.84 Die am häufigsten eingesetzten Abrichtwerkzeuge für das kontinuierliche Wälzschleifen

Die jeweilige Zustellung a_{ed} erfolgt jeweils außerhalb des Eingriffs der Schleifschnecke. Abgerichtet wird heute wegen des Zeitvorteils vorwiegend beim Vor- und Rückhub. Für das Abrichten des Außendurchmessers der Schleifschnecke kann z.B. eine Abrichtplatte (z.B. aus PKD) mit oder ohne Radius (bzw. an die Verzahnung angepasster Profilgeometrie) verwendet werden. Beim *Profilrollensatz* wird die gesamte Profilform des Gewindegangs inkl. des Außendurchmessers mit einem aus mehreren Einzelrollen zusammengesetzten Werkzeug, abgerichtet. Da heute häufig mehrgängige Schleifschnecken aus wirtschaftlichen Gründen zum Einsatz kommen, muss Gang-für-Gang abgerichtet werden. Sehr viel effizienter und schneller wird mit einer *mehrrippigen Profilrolle* gearbeitet. Die Anzahl der Rippen entspricht mindestens der Anzahl der abzurichtenden Gänge der Schleifschnecke, sodass die Zustellung a_{ed} bei allen Gängen sofort ankommt.

Die wesentlichen Stellgrößen eines Wälzschleif-Abrichtprozesses sind in Bild 5.85 zusammengestellt.

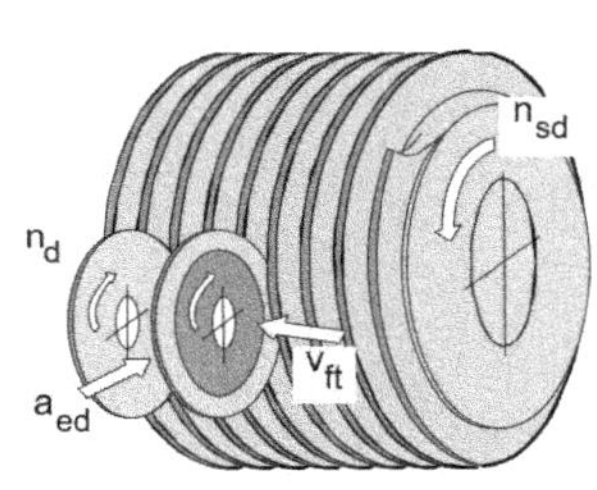

Schleifschnecke		
Drehzahl	n_{sd}	90...400 U/min
Durchmesser	d_s	200...400 mm
Scheibengeschwindigkeit	v_{sd}	1...6 m/s
Abrichtwerkzeug		
Drehzahl	n_d	2400...6000 U/min
Durchmesser	d_d	120...160mm (*123 mm*)
Abrichtergeschwindigkeit	v_d	15...35 m/s
Geschwindigkeitsverhältnis	q_d	10...20
tang. Abrichtgeschwindigkeit	v_{ft}	entspr. abzurichtenden Modul
Zustellung Schruppen/Hub	$a_{ed\,Schr}$	0,02...0,03 mm (ca. 10x)
Zustellung Schlichten/Hub	$a_{ed\,Schl}$	0,01...0,015 mm (ca. 2x)
Abrichtzeit	t_{hd}	1,5 ... 4,5 min (mehrrippig/1-rippig)

Bild 5.85 Zusammenstellung einiger wichtiger Stellgrößen beim Abrichten von Wälzschleifschnecken

Eine Besonderheit beim kontinuierlichen Wälzschleifen ist das Abrichtgeschwindigkeitsverhältnis q_d, das aufgrund der geringen Schleifscheibendrehzahl n_{sd} beim Abrichten[250] vergleichsweise große Werte annimmt.

$$q_d = \frac{v_d}{v_{sd}} = \frac{d_d \cdot n_d}{d_s \cdot n_{sd}} \quad (5\text{-}30)$$

Die Steigung entspricht der Teilung p des abzurichtenden Gewindegangs bei einem eingängigen Gewinde:

$$f_{ad} = z_{sd} \cdot p = z_{sd} \cdot m_n \cdot \pi \quad (5\text{-}31)$$

Der Vorschub f_{ad} erhöht sich proportional zur Gangzahl z_{sd}.

---

[250] damit das Abrichtwerkzeug der Steigung der Wälzschleifschnecke p mit der Vorschubgeschwindigkeit v_{fad} folgen kann

Um das Abrichtwerkzeug im Gewindegang der Schnecke beim Abrichten nachzuführen, muss sich dieses mit einer recht hohen axialen Vorschubgeschwindigkeit v_{fad} bewegen. Die axiale Vorschubgeschwindigkeit v_{fad} wird berechnet durch:

$$v_{fad} = \pi \cdot z_{sd} \cdot m_n \cdot n_{sd} \tag{5-32}$$

Mit z_{sd} als wirksame Gangzahl der Schleifschnecke.[251]

Als ein wichtiges Kriterium gilt die Abrichtzeit t_{hd}, die sich näherungsweise für beidflankiges Profilabrichten ermitteln lässt durch:

$$t_{hd} = i_d \cdot z_{sd} \cdot \frac{b_d + L_{an} + b_s + L_{üb}}{v_{fa}} + t_{Um} \tag{5-33}$$

mit i_d als Anzahl der Einzelzustellbeträge a_{ed}, z_{sd} als wirksame Gangzahl der Schleifschnecke beim Abrichten, b_d als Abrichterbreite, b_s als Schleifschneckenbreite, L_{an} und $L_{üb}$ als Auslaufwege, v_{fa} als axialen Vorschubgeschwindigkeit des Abrichters und t_{Um} als der kumulierten Umtaktzeit von Gang-zu-Gang.[252]

5.10.3.2 Instandsetzung von Profilrollen

Grundsätzlich unterliegen alle Abrichtwerkzeuge hohen Belastungen durch die Prozesswirkungen im Kontaktbereich mit der Schleifscheibe. Die abrasiven, thermischen und ggf. chemischen bzw. adhäsiven Wirkungen während des Abrichtvorgangs führen zu einem Diamant- und Bindungsverschleiß, womit sich die Geometrie des Abrichtwerkzeugs verändert bzw. die Kornhaltekräfte reduziert werden.

Profilrollen zum Einstechabrichten werden mit deutlich engeren Toleranzen gefertigt, als das Werkstück es eigentlich erfordert. Sehr häufig werden die Werkstücktoleranzen für Profilrollen halbiert oder gedrittelt. Der „Verschleißkorridor" ermöglicht es, das Werkzeug länger einsetzten zu können. Die engen Toleranzen am Diamantwerkzeuge erhöhen i.d.R. wegen des schwer zu bearbeitenden Diamantmaterials die recht aufwändige Herstellung, womit sich die vergleichsweise hohen Preise für Diamantprofilrollen erklären (je nach Aufwand ca. 2000 bis 4000 Euro).

---

[251] D.h. z_{sd} =3 für eine 3-gg-Schleifschnecke, die mit einem 1-gg-Abrichter abgerichtet wird, bzw. z_{sd}=1 für eine 3gg- Schleifschnecke, die mit einem 3-gg-Abrichter abgerichtet wird.

[252] S. dazu z.B. Schriefer 2008 - die genaue Abrichtzeitberechnung kann komplexer ausfallen

Lassen sich die notwendigen Geometrien an der Schleifscheibe durch das Abrichten nicht mehr in den erforderlichen Toleranzen erzeugen oder die Schleifscheibe nicht mehr in einer erforderlichen Schnittigkeit abrichten, muss das Abrichtwerkzeug ersetzt werden. Ein Nachschleifen ist nur in sehr seltenen Ausnahmefällen möglich, da gerade beim Profilabrichten Maßabhängigkeiten der abzubildenden Geometrie bestehen und somit ein Nachsetzten des Diamantbelages durch Nachschleifen nicht zulassen. Zudem verändert sich durch das Nachschleifen der Anschliffgrad der (zumeist rundlichen) Diamanten, sodass sich das Abrichtverhalten (die Schnittigkeit) grundlegend ändert (s. Bild 5.86).

Eine Ausnahme bilden Abrichtwerkzeuge die „eingestellt“ werden können. Dazu zählen z.B. *Abrichtscheibensätze* für das kontinuierliche Wälzschleifen (die streng-genommen den Profilrollen zuzuordnen sind), deren Abstand zueinander durch zwei justierbare Antriebsspindeln definiert wird.

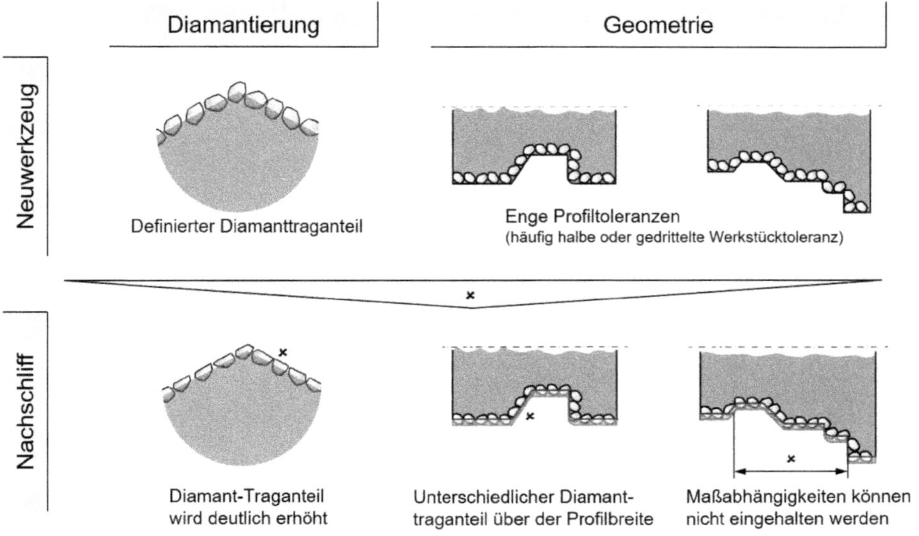

Bild 5.86 Diamant-Profilrollen lassen sich i.d.R. nicht nachschleifen

5.10.4 Berechnungsbeispiele

Um den Studierenden und Praktikern die in den vorangegangenen Kapiteln beschriebenen theoretischen Zusammenhänge zum Abrichten von Schleifscheiben praxisnäher zu veranschaulichen, werden in den folgenden Kapiteln einige, in der Praxis häufig vorkommende Anwendungen vorgestellt. Durch die vielen verschiedenen Branchen, in den denen Schleifanwendungen ein „Tagesgeschäft“ sind und den damit unzähligen Schleifaufgaben, sollen hier keine „echten“ Beispiele behandelt werden. Vielmehr ist es das Ziel, mit den Berechnungsbeispielen die grundlegenden Zusammenhänge beim Abrichten aufzuzeigen, um die gewonnen Erkenntnisse auf reale Abrichtsituationen übertragen zu können.

5.10.4.1 Außenrund-Abrichten mit stehendem Abrichter

Abzurichten ist eine konventionelle zylindrische Schleifscheibe (Form 1A1, d_s = 400 mm, b_s = 30 mm, v_{sd} = 40 m/s) mit einem

a) geraden stehenden Abrichter (b_d = 0,8 mm).

b) stehenden Radien-Abrichter (r_{pd} = 0,8 mm).

Die Abrichtzustellung beträgt a_{ed} = 0,02 mm je Hub. Laut Hersteller soll für einen Schlichtprozess die Schleifscheibe mit einen Überdeckungsgrad U_d = 6 mit einem Gesamtabrichtbetrag von a_{edges} = 0,1 mm abgerichtet werden. Das Abrichtwerkzeug richtet im Vor- und Rückhub[253] ab und fährt zum Zustellen beidseitig 5 mm aus dem Eingriff der Schleifscheibe.

Berechnen Sie die für den Prozess wichtigen Größen n_{sd}, f_{ad}, v_{fad}, t_{hd},

[253] Das Abrichten im Vor-und Rückhub ist beim Profilabrichten nicht zu empfehlen, da die in die Spindel wirkenden axialen Kräfte wechseln (Kraft-in-Spindel- / Kraft-aus-Spindel-Abrichten). Für das Abrichten einer 1A1-Schleifscheibe ist die Strategie i.d.R. ausreichend.

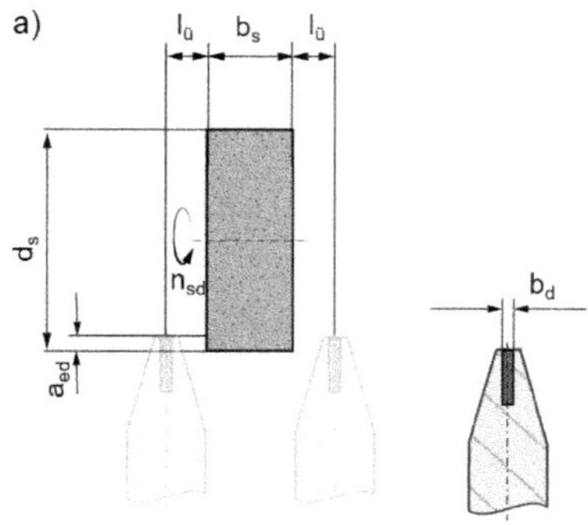

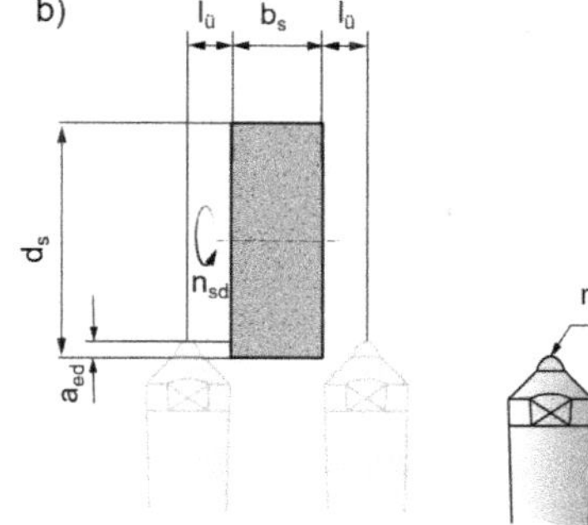

Lösung a)

$$n_{sd} = \frac{v_{sd}}{\pi \cdot d_{smax}} = \frac{40\ m/s}{\pi \cdot 400\ mm} = 1910\ \frac{U}{min}$$

$$f_{ad} = \frac{b_d}{U_d} = \frac{0{,}8\ mm}{6} = 0{,}133\ \frac{mm}{U_{Schleifscheibe}}$$

$$v_{fad} = n_s \cdot f_{ad} = 1910 \frac{U}{min} \cdot 0{,}133\ \frac{mm}{U} = 254\ \frac{mm}{min}$$

$$t_{hd} = \frac{b_d + (2 \cdot 5mm)}{v_{fad}} = \frac{40\ mm}{254\ mm/min} = 0{,}16\ min$$

$$t_{hdges} = i \cdot t_d = 5 \cdot 0{,}16\ min = 0{,}8\ min$$

mit

$$i = \frac{a_{edges}}{a_{ed}} = \frac{0{,}1\ mm}{0{,}02\ mm} = 5$$

Lösung b)

$$n_{sd} = \frac{v_{sd}}{\pi \cdot d_{smax}} = \frac{40\ m/s}{\pi \cdot 400\ mm} = 1910\ \frac{U}{min}$$

$$b_d = \sqrt{8 \cdot r_d \cdot a_{ed}} = 0{,}358\ mm$$

$$f_{ad} = \frac{b_d}{U_d} = \frac{0{,}358\,mm}{6} = 0{,}06\ \frac{mm}{U_{Schleifschiebe}}$$

$$v_{fad} = n_s \cdot f_{ad} = 1910\frac{U}{min} \cdot 0{,}06\ \frac{mm}{U} = 115\ \frac{mm}{min}$$

$$t_{hd} = \frac{b_s + (2 \cdot 5mm)}{v_{fad}} = \frac{40\ mm}{115\ mm/min} = 0{,}35\ min$$

$$t_{hdges} = i \cdot t_{hd} = 5 \cdot 0{,}35\ min = 1{,}75\ min$$

mit

$$i = \frac{a_{edges}}{a_{ed}} = \frac{0{,}1\ mm}{0{,}02\ mm} = 5$$

5.10.4.2 Außenrund-Abrichten mit Radien-Formrolle

Abzurichten ist eine konventionelle zylindrische Schleifscheibe (Form 1A1, d_s = 400 mm, b_s = 30 mm, v_s = 40 m/s) mit einer Radien-Formrolle (r_{pd} = 0,8 mm, d_{dF} = 120 mm).
Laut Hersteller sollte die Abrichtzustellung a_{ed} = 4 · 0,02 mm und 2 · 0,01 mm je Hub betragen (a_{edges} = 0,1 mm). Das Abrichtwerkzeug richtet im Vor- und Rückhub[254] mit U_d = 6 ab und fährt zum Zustellen beidseitig $l_ü$ = 5 mm aus dem Eingriff der Schleifscheibe. Die Schleifscheibe soll mit einem Abrichtgeschwindigkeitsverhältnis q_d = -0,5 (Gegenlauf) abgerichtet werden.
Berechnen Sie die für den Prozess wichtigen Größen $v_{fadSchruppen}$, $v_{fadSchlichten}$, t_{hd}, n_d

[254] Das Abrichten im Vor-und Rückhub ist beim Profilabrichten nicht zu empfehlen, da die in die Spindel wirkenden axialen Kräfte wechseln (Kraft-in-Spindel- / Kraft-aus-Spindel-Abrichten). Für das Abrichten einer 1A1-Schleifscheibe ist die Strategie i.d.R. ausreichend.

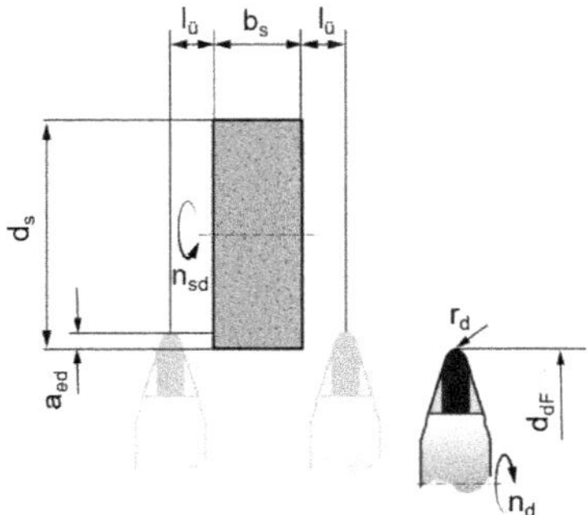

Lösung:

$$n_{sd} = \frac{v_{sd}}{\pi \cdot d_{smax}} = \frac{40\ m/s}{\pi \cdot 400\ mm} = 1910\ \frac{U}{min}$$

$$b_{dSchruppen} = \sqrt{8 \cdot r_d \cdot a_{edSchruppen}} = 0{,}358\ mm$$

$$b_{dSchlichten} = \sqrt{8 \cdot r_d \cdot a_{edSchichten}} = 0{,}252\ mm$$

$$f_{adSchruppen} = \frac{b_{dSchruppen}}{U_d} = \frac{0{,}358\ mm}{6} = 0{,}06\ \frac{mm}{U_{Schleifschiebe}}$$

$$f_{adSchlichten} = \frac{b_{dSchlichten}}{U_d} = \frac{0{,}252\ mm}{6} = 0{,}042\ \frac{mm}{U_{Schleifschiebe}}$$

$$v_{fadSchruppen} = n_s \cdot f_{adSchruppen} = 1910 \frac{U}{min} \cdot 0{,}06\ \frac{mm}{U} = 113{,}8\ \frac{mm}{min}$$

$$v_{fadSchlichten} = n_s \cdot f_{adSchlichten} = 1910 \frac{U}{min} \cdot 0{,}042\ \frac{mm}{U} = 80{,}2\ \frac{mm}{min}$$

Berechnung der Abricht-Hauptzeit:

$$t_{hdSchruppen} = \frac{b_{dSchuppen} + (2 \cdot 5mm)}{v_{fadSchruppen}} = \frac{40\ mm}{113{,}8\ mm/min} = 0{,}35\ min$$

$$t_{hdSchlichten} = \frac{b_{dSchlichten} + (2 \cdot 5mm)}{v_{fadSchlichetn}} = \frac{40\ mm}{80{,}2\ mm/min} = 0{,}5\ min$$

$$t_{hdges} = i_{Schruppen} \cdot t_{hdSchruppen} + i_{Schlichten} \cdot t_{hdSchlichten}$$
$$= 3 \cdot 0{,}35\ min + 2 \cdot 0{,}5 min = 2{,}05\ min$$

Berechnung des Abrichtgeschwindigkeitsverhältnisses:

$$q_d = \frac{v_d}{v_{sd}} \rightarrow v_d = q_d \cdot v_{sd} = -0{,}5 \cdot 40\ \frac{m}{s} = -20 \frac{m}{s}\ (d.h. Gegenlauf)$$

$$n_d = \frac{v_d}{\pi \cdot d_d} = \frac{20\ m/s}{\pi \cdot 120\ mm} = 3184\ \frac{U}{min}$$

5.10.4.3 Außenrund-CBN-Abrichten mit Formrolle

Abzurichten ist eine zylindrischen, keramisch gebunden CBN-Schleifscheibe (Form 1A1, d_s = 400 mm, b_s = 30 mm, v_s = 80 m/s) mit einer geraden, verschleißenden Formrolle (b_d = 0,8 mm, d_{dF} = 120 mm).
Laut Hersteller sollte die Abrichtzustellung a_{ed} = 5 · 0,003 mm je Hub betragen (a_{edges} = 0,015 mm). Das Abrichtwerkzeug richtet im Vor- und Rückhub[255] mit U_d = 6 ab und fährt zum Zustellen beidseitig $l_ü$ = 5 mm aus dem Eingriff der Schleifscheibe. Die Schleifscheibe soll mit einem Abrichtgeschwindigkeitsverhältnis q_d = -0,8 (Gegenlauf) abgerichtet werden.
Berechnen Sie die für den Prozess wichtigen Größen n_{sd}, v_{fad}, t_{hd}, n_d

[255] Das Abrichten im Vor-und Rückhub ist beim Profilabrichten nicht zu empfehlen, da die in die Spindel wirkenden axialen Kräfte wechseln (Kraft-in-Spindel- / Kraft-aus-Spindel-Abrichten). Für das Abrichten einer 1A1-Schleifscheibe ist die Strategie i.d.R. ausreichend.

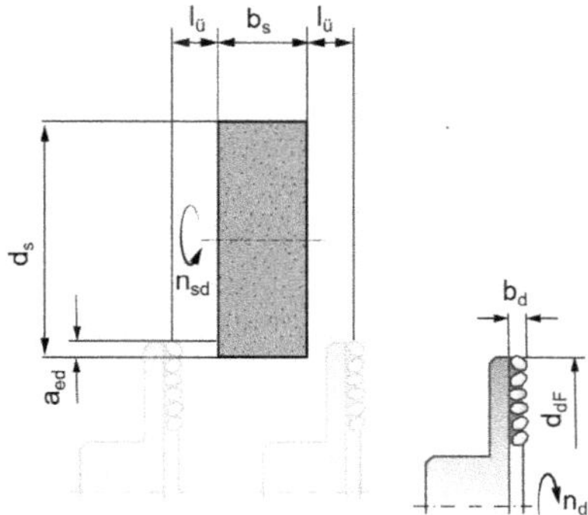

Lösung:

$$n_{sd} = \frac{v_{sd}}{\pi \cdot d_{smax}} = \frac{80\ m/s}{\pi \cdot 400\ mm} = 3820\ \frac{U}{min}$$

$$f_{ad} = \frac{b_d}{U_d} = \frac{0{,}8\ mm}{6} = 0{,}133\ \frac{mm}{U_{Schleifscheibe}}$$

$$v_{fad} = n_{sd} \cdot f_{ad} = 3820 \frac{U}{min} \cdot 0{,}133\ \frac{mm}{U} = 508\ \frac{mm}{min}$$

$$t_{hd} = \frac{b_s + (2 \cdot 5mm)}{v_{fad}} = \frac{40\ mm}{508\ mm/min} = 0{,}078\ min$$

$$t_{hdges} = i \cdot t_{hd} = 5 \cdot 0{,}078\ min = 0{,}39\ min$$

$$q_d = \frac{v_d}{v_{sd}} \rightarrow v_d = q_d \cdot v_{sd} = -0{,}8 \cdot 80\ \frac{m}{s} = -64\ \frac{m}{s}\ (d.h. Gegenlauf)$$

$$n_d = \frac{v_d}{\pi \cdot d_d} = \frac{64\ m/s}{\pi \cdot 120\ mm} = 10185\ \frac{U}{min}$$

5.10.4.4 Innenrund-CBN-Abrichten mit Formrolle

Abzurichten ist eine zylindrische, keramisch gebundenene CBN-Schleifscheibe (Form 1A1, d_s = 20 mm, b_s = 15 mm, v_s = 80 m/s) mit einer geraden, verschleißenden Formrolle (b_d = 0,6 mm, d_{dF} = 40 mm).
Das Abrichtwerkzeug soll laut Schleifscheibenhersteller im Vor- und Rückhub[256] mit U_d = 3 und Zustellbeträgen von a_{ed} = 3 µm abrichten. Zum Zustellen fährt das Abrichtwerkzeuge beidseitig 3 mm aus dem Eingriff der Schleifscheibe. Die Schleifscheibe soll mit einem Abrichtgeschwindigkeitsverhältnis q_d = 0,8 (Gleichlauf) abgerichtet werden.
Berechnen Sie die für den Prozess wichtigen Größen n_{sd}, v_{fad}, t_{hd}, n_d

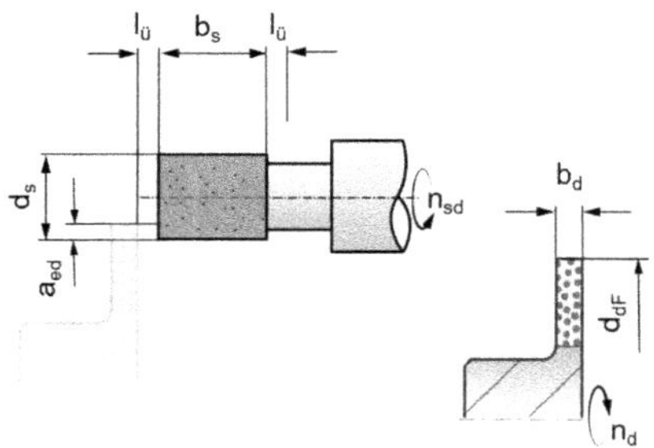

Lösung:

$$n_{sd} = \frac{v_{sd}}{\pi \cdot d_{smax}} = \frac{80\ m/s}{\pi \cdot 20\ mm} = 76400\ \frac{U}{min}$$

$$f_{ad} = \frac{b_d}{U_d} = \frac{0{,}6\ mm}{3} = 0{,}2\ \frac{mm}{U_{Schleifscheibe}}$$

$$v_{fad} = n_{sd} \cdot f_{ad} = 76400 \frac{U}{min} \cdot 0{,}2\ \frac{mm}{U} = 15280\ \frac{mm}{min}$$

(derartig hohe Vorschubgeschwindigkeiten sind nur auf relativ neuen Innenrundschleifmaschinen realisierbar)

---

[256] Das Abrichten im Vor-und Rückhub ist beim Profilabrichten nicht zu empfehlen, da die in die Spindel wirkenden axialen Kräfte wechseln (Kraft-in-Spindel- / Kraft-aus-Spindel-Abrichten). Für das Abrichten einer 1A1-Schleifscheibe ist die Strategie i.d.R. ausreichend.

$$t_{hd} = \frac{b_d + (2 \cdot l_{üb}\, mm)}{v_{fad}} = \frac{(20 + 2 \cdot 3)\, mm}{15280\, mm/min} = 0{,}1\, s$$

$$t_{hdges} = i \cdot t_{hd} = 5 \cdot 0{,}2\, s = 0{,}5\, s$$

$$q_d = \frac{v_d}{v_{sd}} \rightarrow v_d = q_d \cdot v_{sd} = 0{,}8 \cdot 80\, \frac{m}{s} = 64\, \frac{m}{s}\ (d.h. Gleichlauf)$$

$$n_d = \frac{v_d}{\pi \cdot d_d} = \frac{64\, m/s}{\pi \cdot 40\, mm} = 30560\, \frac{U}{min}$$

Derartig hohe Drehzahlen sind nur mit speziellen Abrichtspindeln realisierbar.

Eine Alternative wäre (sofern es sich um das Abrichten einer 1A1-Schleifscheibe handelt): Verwendung eines druckluftgebremsten Drehflügelabrichters.

5.10.4.5 Außenrund-Einstechabrichten mit Profilrolle

Abzurichten ist eine konventionelle Profilschleifscheibe (d_s = 400 mm, b_s = 30 mm, v_{sd} = 40 m/s, Profiltiefe Δr = 25 mm) mit einer Diamant-Profilrolle (d_{dP} = 120 mm). Laut Hersteller sollte der radiale Vorschub f_{rd} = 0,3 µm/U$_s$ betragen. Abzurichten ist ein Betrag von a_{edges} = f_{rdges} = 0,1 mm. Die Schleifscheibe soll mit einem Abrichtgeschwindigkeitsverhältnis q_d = 0,3 (Gleichlauf) - bestimmt am Außendurchmesser der Schleifscheibe - abgerichtet werden. Berechnen Sie die für den Prozess wichtigen Größen n_{sd}, n_d, q_{dmin}, q_{dmax}, Δq_d, t_{hd}, n_d

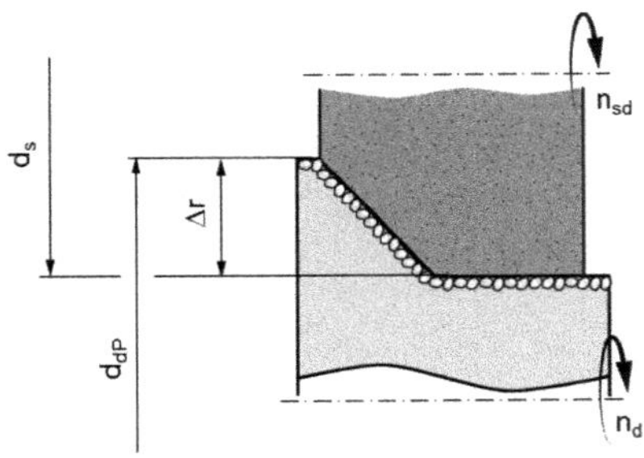

Lösung:

$$n_{sd} = \frac{v_{sdmax}}{\pi \cdot d_s} = \frac{40\ m/s}{\pi \cdot 400\ mm} = 1910\ \frac{U}{min}$$

$$v_{sdmin} = \pi \cdot d_{smin} \cdot n_s = \pi \cdot 350\ mm \cdot 1910\ U/min = 35\frac{m}{s}$$

$$q_d = \frac{v_{dmin}}{v_{sd}} \rightarrow v_{dmin} = q_d \cdot v_{sd} = 0{,}3 \cdot 40\ \frac{m}{s} = 12\ \frac{m}{s}\ (d.h. Gleichlauf)$$

$$n_d = \frac{v_{dmin}}{\pi \cdot d_{dmin}} = \frac{12\ m/s}{\pi \cdot 70\ mm} = 3274\ \frac{U}{min}$$

$$v_d = \pi \cdot d_{dmax} \cdot n_d = \pi \cdot 120\ mm \cdot 3274\ U/min = 20{,}6\ \frac{m}{s}$$

$$q_{dmin} = \frac{d_{dmin} \cdot n_d}{d_{smax} \cdot n_{sd}} = \frac{70\ mm \cdot 3274\ U/min}{400\ mm \cdot 1910\ U/min} = 0{,}3$$

$$q_{dmax} = \frac{d_{dmax} \cdot n_d}{d_{smin} \cdot n_{sd}} = \frac{120\ mm \cdot 3274\ U/min}{350\ mm \cdot 1910\ U/min} = 0{,}59$$

$$\Delta q_d = \frac{n_d}{n_{sd}}\left(\frac{d_d}{d_{smin}} - \frac{d_{dmin}}{d_s}\right) = \frac{3274\ U/min}{1910\ U/min}\left(\frac{120\ mm}{350\ mm} - \frac{70\ mm}{400\ mm}\right) = 0{,}29$$

$$v_{frd} = f_{rd} \cdot n_{sd} = 0{,}0003\frac{mm}{U} \cdot 2037\frac{U}{min} = 0{,}61\frac{mm}{min}$$

$$t_{hdges} = \frac{f_{rdges}}{v_{frd}} = \frac{0{,}1\ mm}{0{,}61\ mm/min} = 0{,}164\ min$$

Im Prozess wird festgestellt, dass die Oberflächenqualität am Werkstück nicht die Anforderungen erfüllt. Daher soll das Geschwindigkeitsverhältnis auf q_d = -0,8 geändert werden.

$$q_d = \frac{v_{dmin}}{v_{sd}} \rightarrow v_{dmin} = q_d \cdot v_{sd} = -0{,}8 \cdot 40\ \frac{m}{s} = -32\ \frac{m}{s}\ (d.h. Gegenlauf)$$

$$n_d = \frac{v_{dmin}}{\pi \cdot d_{dmin}} = \frac{32\ m/s}{\pi \cdot 70\ mm} = 8731\ \frac{U}{min}$$

$$v_{dmax} = \pi \cdot d_{dmax} \cdot n_d = \pi \cdot 120\ mm \cdot 8731\ U/\ min = 54{,}89\ \frac{m}{s}$$

$$q_{dmin} = \frac{d_{dmin} \cdot n_d}{d_{smax} \cdot n_{sd}} = \frac{70\ mm \cdot 8731\ U/min}{400\ mm \cdot 1910\ U/min} = 0{,}8$$

$$q_{dmax} = \frac{d_{dmax} \cdot n_d}{d_{smin} \cdot n_{sd}} = \frac{120\ mm \cdot 8731\ U/min}{350\ mm \cdot 1910\ U/min} = 1{,}57$$

$\rightarrow$ **Ungültig** (s. **Bild 5.40**)

$$\Delta q_d = \frac{n_d}{n_{sd}}\left(\frac{d_{dmax}}{d_{smin}} - \frac{d_{dmin}}{d_s}\right) = \frac{8731\ U/min}{1910\ U/min}\left(\frac{120\ mm}{350\ mm} - \frac{70\ mm}{400\ mm}\right) = 0{,}77$$

Die Bearbeitung kann also nicht mit q_d = 0,8 am Außendurchmesser der Schleifscheibe erfolgen! Daher wird die maximale Rollendrehzahl für q_{dmax} = 0,8 berechnet, die am Außendurchmesser der Abrichtrolle anliegt.

$$n_d(q_{dmax} = 0{,}8) = \frac{q_{dmax} \cdot d_{smin} \cdot n_s}{d_{dmax}} = \frac{0{,}8 \cdot 350\ mm \cdot 1910\ U/min}{120\ mm} = 4457\ \frac{U}{min}$$

$$q_{dmin} = \frac{d_{dmin} \cdot n_d}{d_{smax} \cdot n_{sd}} = \frac{70\ mm \cdot 4457\ U/min}{400\ mm \cdot 1910\ U/min} = 0{,}4$$

$$q_{dmax} = \frac{d_{dmax} \cdot n_d}{d_{smin} \cdot n_{sd}} = \frac{120\ mm \cdot 4457\ U/min}{350\ mm \cdot 1910\ U/min} = 0{,}8$$

$$\Delta q_d = \frac{n_d}{n_{sd}}\left(\frac{d_{dmax}}{d_{smin}} - \frac{d_{dmin}}{d_{smax}}\right) = \frac{4457\ U/min}{1910\ U/min}\left(\frac{120\ mm}{350\ mm} - \frac{70\ mm}{400\ mm}\right) = 0{,}4$$

5.10.4.6 Abrichtgeschwindigkeit (Formrolle und Profilrolle)

Abzurichten ist eine konventionelle Profilschleifscheibe (d_s = 400 mm, v_s = 40 m/s) mit einer Profilhöhe von Δr = 20 mm bei einem maximalen Geschwindigkeitsverhältnis von q_{dmax} = 0,8 mit einer
a) Formrolle (d_{dF} = 120 mm) bzw. einer
b) Profilrolle (d_{dP} = 160mm).
Wie groß sind die Abrichtgeschwindigkeitsdifferenzen?

a) Formrolle:

$$n_{sd} = \frac{v_{sd}}{\pi \cdot d_{smax}} = \frac{40\ m/s}{\pi \cdot 400\ mm} = 1910\ U/min$$

$$v_{smin} = \pi \cdot d_{smin} \cdot n_{sd} = \pi \cdot (d_{smax} - 2 \cdot \Delta r) \cdot n_{sd}$$
$$= \pi \cdot (400\ mm - 2 \cdot 20\ mm) \cdot 1910 \frac{U}{min} = 36 \frac{m}{s}$$

$$v_{dF} = q_{dmax} \cdot v_{smin} = 0{,}8 \cdot 36 \frac{m}{s} = 28{,}8 \frac{m}{s}$$

$$n_{dF} = \frac{v_{dF}}{\pi \cdot d_d} = \frac{28{,}8\ m/s}{\pi \cdot 120\ mm} = 4584 \frac{U}{min}$$

$$q_{dmax} = \frac{d_{dF} \cdot n_{dF}}{d_{smin} \cdot n_s} = \frac{120\ mm \cdot 4584\ U/min}{360\ mm \cdot 1910\ U/min} = 0{,}8$$

$$q_{dmin} = \frac{d_{dF} \cdot n_{dF}}{d_{smax} \cdot n_s} = \frac{120\ mm \cdot 4584\ U/min}{400\ mm \cdot 1910\ U/min} = 0{,}72$$

$$\Delta q_{dF} = \frac{n_{dF}}{n_s}\left(\frac{d_{dF}}{d_{smin}} - \frac{d_{dF}}{d_{smax}}\right) = \frac{4584\ U/min}{1910\ U/min}\left(\frac{120\ mm}{360\ mm} - \frac{120\ mm}{400\ mm}\right) = 0{,}08$$

b) Profilrolle:

$$n_{sd} = \frac{v_s}{\pi \cdot d_{smax}} = \frac{40\ m}{s\ \cdot \pi \cdot 400\ mm} = 1910\ U/min$$

$$v_{smin} = \pi \cdot d_{smin} \cdot n_{sd} = \pi \cdot (d_{smax} - 2 \cdot \Delta r) \cdot n_{sd}$$
$$= \pi \cdot (400\ mm - 2 \cdot 20\ mm) \cdot 1910 \frac{U}{min} = 36 \frac{m}{s}$$

$$v_{dmax} = q_{dmax} \cdot v_{smin} = 0{,}8\ \cdot 36 \frac{m}{s} = 28{,}8\ \frac{m}{s}$$

$$n_{dP} = \frac{v_{dmax}}{\pi \cdot d_{dmax}} = \frac{28{,}8\ m/s}{\pi \cdot 160\ mm} = 3437\ \frac{U}{min}$$

$$q_{dmax} = \frac{d_{dmax} \cdot n_{dP}}{d_{smin} \cdot n_{sd}} = \frac{160\ mm \cdot 3437\ U/min}{360\ mm \cdot 1910\ U/min} = 0{,}8$$

$$q_{dmin} = \frac{d_{dmin} \cdot n_{dP}}{d_{smax} \cdot n_{sd}} = \frac{120\ mm \cdot 3437\ U/min}{400\ mm \cdot 1910\ U/min} = 0{,}54$$

$$\Delta q_{dP} = \frac{n_{dP}}{n_{sd}} \left(\frac{d_{dmax}}{d_{smin}} - \frac{d_{dmin}}{d_{smax}} \right) = \frac{3437\ U/min}{1910\ U/min} \left(\frac{160\ mm}{360\ mm} - \frac{120\ mm}{400\ mm} \right) = 0{,}26$$

5.10.4.7 Abrichten von Wälzschleifschnecken

Es soll für den Abrichtprozess einer Wälzschleifschnecke die Geschwindigkeiten v_{fad} und v_{sd} und das Geschwindigkeitsverhältnis q_d, sowie die Abrichtzeit t_d für einen Profilrollensatz (1gg) und eine Profilrolle (3-rippig) für folgenden Prozess berechnet werden:
Modul der Verzahnung bzw. der Schleifschnecke m_n = 2 mm, Anzahl der Einzelzustellungen i_d = 10 (beidseitiges Abrichten), Schleifschneckendurchmesser d_s = 300 mm, Breite der Schleifschnecke b_s = 145 mm, Anzahl der Gänge z_s = 3, Drehzahl der Schleifscheibe beim 1gg-Abrichten n_{sd} = 140 min^{-1}, Abrichtwerkzeugdurchmesser d_d = 123 mm, Breite des Abrichters b_d = 30mm, Überlaufwege $L_{üb}$ = L_{an} = 5 mm, Drehzahl des Abrichters n_d = 3500 mm^{-1}. Die Umtaktzeit von Gang-zu-Gang beträgt t_{Um} = 0,8s.
Berechnen Sie q_d, v_{fad}, t_{hd} für das Abrichten mit Profilrollensatz (1gg) und Profilrolle (3gg).

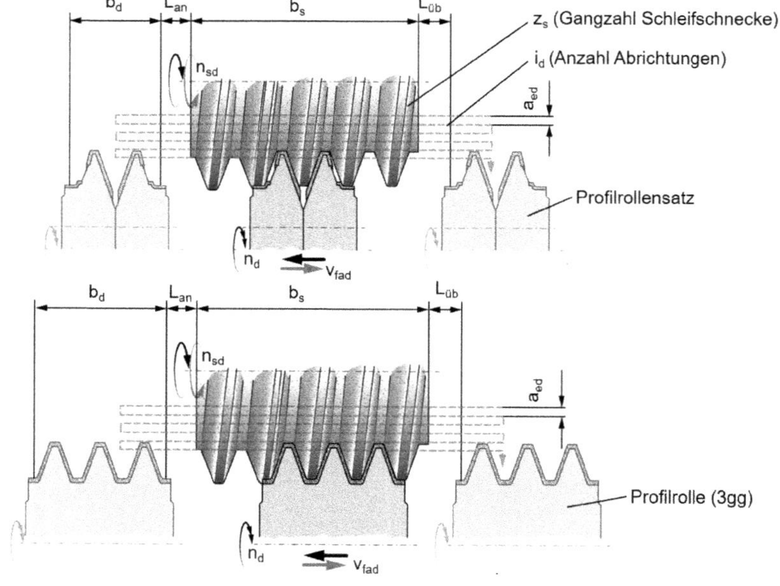

Lösung:

Schleifscheibenumfangsgeschwindigkeit beim Abrichten:

$$v_{sd} = \pi \cdot d_s \cdot n_{sd} = \pi \cdot 300mm \cdot \frac{140\ U}{min} = 2{,}2 \frac{m}{s}$$

Abrichtscheiben-Umfangsgeschwindigkeit:

$$v_d = \pi \cdot d_d \cdot n_d = \pi \cdot 123mm \cdot \frac{5000\ U}{min} = 29 \frac{m}{s}$$

Abrichtgeschwindigkeitsverhältnis[257]:

$$q_d = \frac{v_d}{v_{sd}} = \frac{29\ m/s}{2{,}2\ m/s} = 13{,}2$$

Für den **Profilrollensatz (1gg)** ergibt sich die axiale Vorschubgeschwindigkeit des Abrichters:

$$v_{fad} = f_{ad} \cdot n_{sd} = m_n \cdot \pi \cdot z_{sd} \cdot n_{sd} = 2mm\ \cdot \pi \cdot 3 \cdot 140 \frac{U}{min} = 2639 \frac{mm}{min}$$

mit dem axialen Vorschub f_{ad} aus Teilung p und Anzahl der beim Abrichten wirksamen Gänge z_{sd}:

$$f_{ad} = p \cdot \pi = m_n \cdot \pi \cdot z_{sd}$$

Damit ergibt sich die Abrichtzeit t_d:

$$t_{hd} = i_d \cdot z_{sd} \cdot \frac{b_d + L_{an} + b_s + L_{üb}}{v_{fa}} + t_{Um}$$

$$= 10 \cdot 3 \cdot \frac{145mm + 2 \cdot 5mm + 30mm}{2639mm/min} + 30 \cdot 0{,}8s = 2{,}5\ min$$

[257] streng genommen müsste bei der Berechnung die Profilhöhe (d.h. die Höhe des Gewindegangs) berücksichtigt werden, da sich q_d über der Profilhöhe ändert (s. Kap. 5.5.2.3)

Für die **3-rippige Profilrolle** (wirksame Gangzahl z_{sd} = 1, da alle Gänge in einem Durchlauf gleichzeitig abgerichtet werden) ergibt sich bei gleicher axialer Vorschubgeschwindigkeit des Abrichters von v_{fad} = 2639 mm/min eine Abrichtzeit t_{hd} von:

$$t_{hd} = i_d \cdot z_{sd} \cdot \frac{b_d + L_{an} + b_s + L_{üb}}{v_{fa}}$$

$$= 10 \cdot 1 \cdot \frac{145mm + 2 \cdot 5mm + 30mm}{880\ mm/min} = 0{,}7\ min$$

6 Literatur

DIN 8589-11	Fertigungsverfahren Spanen - Teil 11: Schleifen mit rotierenden Werkzeugen Einordnung, Unterteilung, Begriffe. Beuth Verlag, 2003
DIN 8589-0	Fertigungsverfahren Spanen - Teil 0: Allgemeines Einordnung, Unterteilung, Begriffe. Beuth Verlag, 2003
DIN 8589-12	Fertigungsverfahren Spanen - Teil 12: Allgemeines Einordnung, Unterteilung, Begriffe. Beuth Verlag, 2003
DIN 51385	Schmierstoffe - Bearbeitungsmedien für die Umformung und Zerspanung von Werkstoffen - Begriffe, Beuth Verlag, 2013
DIN ISO 14104	Zahnräder - Schleifbrandprüfung, chemische Methode, Beuth Verlag, 2014
VDI 3392-1	Abrichten von Schleifkörpern - Profilieren und Schärfen, VDI-Richtline, 2007
DIN ISO 525	Schleifkörper aus gebundenem Schleifmittel - Allgemeine Anforderungen (ISO 525:2013), Beuth Verlag, 2015
DIN ISO 8486-1	Schleifkörper aus gebundenem Schleifmittel - Bestimmung und Bezeichnung der Korngrößenverteilung - Teil 1: Makrokörnungen F 4 bis F 220; Deutsche Fassung der ISO 8486-1:1996 Beuth Verlag, 1997
DIN ISO 8486-2	Schleifkörper aus gebundenem Schleifmittel - Bestimmung und Bezeichnung der Korngrößenverteilung - Teil 2: Mikrokörnungen F230 bis F2000; Deutsche Fassung der ISO 8486-2:2007, Beuth Verlag, 2012
FEPA 1992	FEPA Standard für Diamant- und CBN-Schleifscheiben, Ausgabe 1992
DIN ISO 603-17	Schleifkörper aus gebundenem Schleifmittel - Abmessungen - Teil 17: Schleifstifte, Beuth Verlag, 2014
DIN 69170	Schleifkörper aus gebundenem Schleifmittel - Schleifstifte - Formen, Maße, Bezeichnung; Beuth Verlag, 2018

DIN ISO 666	Werkzeugmaschinen – Aufspannen von Schleifscheiben mit Hilfe von Aufnahmeflanschen (ISO 666:2012), Beuth Verlag, 2013
DIN ISO 13942	Schleifkörper aus gebundenem Schleifmittel Grenzabmaße und Lauftoleranzen (ISO 13942:2000); Beuth Verlag, 2001
DIN EN 12413	Sicherheitsanforderungen für Schleifkörper aus gebundenem Schleifmittel – Deutsche Fassung EN 12413:2018 (Entwurf), Beuth Verlag, 2018
DIN EN 13236	Sicherheitsanforderungen für Schleifwerkzeugenm mit Diamant und Bornitrid, Beuth Verlag, 2001
VDI 3390	Tiefschleifen von metallischen Werkstoffen, VDI-Handbuch Betriebstechnik, Teil 2, 1991
DIN ISO 9284	Schleifmittelkörnungen -Prüfsiebmaschinen, Beuth Verlag, Juni 2014
DIN SPEC 4882	Zerstörungsfreie Prüfung -Elektromagnetische Prüfverfahren – Vergleichskörper für die Schleifbrandprüfung, Beuth Verlag, 2016

Abler 2003	J. Abler et al: Verzahntechnik – Informationen für die Praxis, Eigenverlag der Liebherr Verzahntechnik GmbH, 2003
Al-Rawi 2014	R. Al-Rawi, D. Pähler, in: U. Heisel, et al. (Hrsg.): Handbuch Spanen, Hanser Verlag, 2014
Azarhoushang 2015a	B. Azarhoushang; A. Zahedi: Laserkonditionieren von Diamantschleifscheiben und deren Leistungsfähigkeit, https://www.researchgate.net/publication/281715032_Laserkonditionieren_von_Diamantschleifscheiben_und_deren_Leistungsfahigkeit, (Aufgerufen 23.11.2019)
Azarhoushang 2015b	B. Azarhoushang: Das Abrichten als ein integraler Bestandteil des Schleifprozesses, Teil 2: Unkonventionelle Abrichtprozesse, https://www.researchgate.net/publication/281715042_Das_Abrichten_als_ein_integraler_Bestandteil_des_Schleifprozesses_Teil_2_Unkonventionelle_Abrichtprozesse, (Abgerufen 16.01.2020)

Bausch 2006 — Th. Bausch et. al: Innovative Zahnradfertigung : Verfahren, Maschinen und Werkzeuge zur kostengünstigen Herstellung von Stirnrädern mit hoher Qualität, Expert-Verlag, 2006

Bausch 2015 — Th. Bausch et. al: Innovative Zahnradfertigung : Verfahren, Maschinen und Werkzeuge zur kostengünstigen Herstellung von Stirnrädern mit hoher Qualität, Expert-Verlag, 2015

Bozkurt 2013 — Bozkurt et al.: Flach- und Profilschleifen, Grundlagen, Verfahren und Anwendungen in der industriellen Hochleistungsfertigung, Süddeutscher Verlag onpact, 2013

Brecher 2019 — Ch. Brecher, M. Weck: Werkzeugmaschinen Fertigungssysteme 1, Springer-Vieweg Verlag, 2019

Brinksmeier 1990 — E. Brinksmeier: Eigenspannungsanalyse zur Prozessgestaltung beim Schleifen, HTM, 45 (1990), S. 348 - 355

Brinksmeier 1991 — E. Brinksmeier: Prozess- und Werkstückqualität in der Feinbearbeitung, Habilitationsschrift, Universität Hannover, 1991

Cinar 1995 — M. Cinar: Einsatzvorbereitung und Verschleißentwicklung keramisch gebundener CBN-Schleifscheiben, Dr.-Ing. Diss., Univ. Bremen, VDI-Fortschritt-Bericht Nr. 355, 1995

Corsico 2014 — A. Corsico, A. Platzer, in: U. Heisel, et al. (Hrsg.): Handbuch Spanen, Hanser Verlag, 2014

Czenkusch 1999 — C. Czenkusch: Technologische Untersuchungen und Prozessmodelle zum Rundschleifen, Dr.-Ing. Diss. Univ. Hannover, VDI-Fortschritt-Bericht Nr. 530, 1999

Denkena 2011 — B. Denkena, H.K. Tönshoff: Spanen, Springer-Verlag, 2011

DGUV 2017 — N.N.: DGUV Information 209-002: Schleifen, Herausgeber: Deutsche Gesetzliche Unfallversicherung e.V., 2017 (www.dguv.de)

Falkenberg 1998 — Y. Falkenberg: Elektroerosives Schärfen von Bornitridschleifscheiben. Dr.-Ing. Diss. Univ. Hannover, Fortschritt-Berichte VDI Reihe 2 Fertigungstechnik, Vol. 480 VDI-Verlag, 1998

Felten 1999	K. Felten: Verzahntechnik: Das aktuelle Grundwissen über Herstellung und Prüfung von Zahnrädern, Expert-Verlag, 1999
Fiebelkorn 2014	F. Fiebelkorn in: U. Heisel, et al. (Hrsg.): Handbuch Spanen, Hanser Verlag, 2014
Gorgles 2011	Ch. Gorgels: Entstehung und Vermeidung von Schleifbrand beim diskontinuierlichen Zahnflankenprofilschleifen, Dr.-Ing. Diss., RWTH Aachen, 2011
Harbs 1997	U. Harbs: Beitrag zur Einsatzvorbereitung hochharter Schleifscheiben, Dr.-Ing. Diss., Universität Stuttgart, 1997
Hegener 1998	G. Hegener: Technologische Grundlagen des Hochleistungs-Außenrund-Formschleifens. Dr.-Ing. Diss., RWTH Aachen, 1998
Heidtmann 2014	W. Heidtmann, M. Pischel, in: U. Heisel, et al. (Hrsg.): Handbuch Spanen, Hanser Verlag, 2014
Heim 2014	J. Heim, in: U. Heisel, et al. (Hrsg.): Handbuch Spanen, Hanser Verlag, 2014
Heinzel 1999	Heinzel: Methoden zur Untersuchung und Optimierung der Kühlschmierung beim Schleifen, Dr.-Ing-Diss., Universität Bremen, 1999
Helletsberger 2003	H. Helletsberger: Grindology Paper C3, Konditionieren von Schleifwerkzeugen, Diamantabrichtrollen - Einflüsse, Formeln, Diagramme, Tyrolit, 2003
Helletsberger 2005	H. Helletsberger: Grindology Paper G1, Schleiftechnische Grundbegriffe, Arbeitsgeschwindigkeit, Tyrolit, 2005
Heuer 1992	Außenrundschleifen mit kleinen keramisch gebundenen CBN-Schleifscheiben, Dr.-Ing. Diss., Universität Hannover, 1992
Hofmann 2010	H. Hofmann; J. Spindler: Verfahren in der Beschichtungs- und Oberflächentechnik, Hanser Verlag, 2010
Jorden 2017	W. Jorden, W. Schütte: Form- und Lagetoleranzen, Hanser-Verlag, 2017

Kaiser 2012 Dr. Kaiser Diamantwerkzeuge, Infobroschüre, 12-2012, https://www.drkaiser.de/fileadmin/user_upload/drkaiser_de/documents/DE/DR-KAISER-Abrichtspindelsysteme.pdf, (abgerufen: 28.08.2019)

Karpuschewski 1995 Mikromagnetische Randzonenanalyse geschliffener einsatzgehärteter Bauteile, Dr.-Ing. Diss., Universität Hannover, 1995

Karpuschewski 2019 B. Karpuschewski, T. Lierse, S. Schulze: Steigerung der Zahnfußtragfähigkeit durch Inline-Festwalzen, Antriebstechnik 3/2019

Kaul 2019 T. R. Kaul: Abrichten keramisch gebundener Schleifscheiben mit CVD-Diamant-Formrollen, Dr.-Ing. Diss., Univ. Magdeburg, 1992

Kemper 1999 B. Kempa: Zahnflankenprofilschleifen mit galvanisch gebundenem CBN, Prozesssimulation und Analyse, Dr.-Ing. Diss., RWTH Aachen, 1999

Klink 2009 A. Klink: Funkenerosives und elektrochemisches Abrichten feinkörniger Schleifwerkzeuge, Dr.-Ing. Diss., RWTH Aachen, 2009

Klink 2015 U. Klink: Honen - -Umweltbewusst und kostengünstig Fertigen, Carl Hanser Verlag, 2015

Klocke 2013 F. Klocke, J. Thiermann, M. Weis: Abrichtprozess bestimmt den Schleifscheibenverschleiß, Einfluss der Belastung im Abrichtprozess auf das Verschleißverhalten der Schleifscheibe, wt Werkstattstechnik online 103(2013) H.6, S. 488-492

Klocke 2017 F. Klocke, Ch. Brecher: Zahnrad- und Getriebetechnik, Carl Hanser Verlag, 2017

Klocke 2018 F. Klocke, Fertigungsverfahren 2, Zerspanen mit geometrisch unbestimmter Schneide, Springer Verlag, 2018

Lang u. Saljé 1989 G. Lang, E. Saljé: Moderne Schleiftechnologie und Schleifmaschinen, Vulkan-Verlag, 1989

Lierse 1998	T. Lierse: Mechanische und thermische Wirkungen beim Schleifen keramischer Werkstoffe, Dr.-Ing. Diss., VDI Fortschritt-Bericht Nr. 471, 1998
Lierse 2001	T. Lierse; M. Kaiser: Abrichten von Schleifwerkzeugen für die Verzahnung, IDR 35 (2001) Nr. 4, S. 297-310
Lierse 2002	T. Lierse; M. Kaiser: Dressing of Grinding Wheels for Gearwheels; IDR (2002) Nr. 4, S. 273-281
Lierse 2014	T. Lierse, T. R. Kaul: Abrichten mit CVD-Diamant-Formrollen, wt Werkstattstechnik, 104 (2014) H.6, S. 388-393
Lierse 2015	T. Lierse: Außenrundschleifmaschinen: in K.-J. Conrad (Hrsg.): Taschenbuch der Werkzeugmaschinen, Hanser Verlag, 2015
Lierse 2016	T. Lierse, B. Karpuschewski, T. R. Kaul: SOL-GEL-Korund-Schleifscheiben optimiert abrichten – Werkstückrauheiten und -eigenspannungen, Schweizer Schleif-Symposium, 2016
Linke 2010	H. Linke: Stirnradverzahnung: Berechnung - Werkstoffe – Fertigung, Hanser-Verlag, 2010
Linke 2016	B. Linke: Life Cycle and Sustainability of Abrasive Tools, Springer Verlag, 2016
Lohrmann	D. Lohrmann, Th. Kreft (Hrsg.): Leonardo da Vinci, Codex Madrid I - Kommentierte Edition; http://www.codex-madrid.rwth-aachen.de/madrid1/f119vb/index.html, (Abgerufen 4.12.2019)
Martin 1992	K. Martin, K. Yegenoglu: HSG-Technologie, Herausgegeben von Guehring Automation, 1992
Meister 2011	M. Meister: Vademecum des Schleifens, Hanser Verlag, 2011
Montandon 2018	J.C. Montandon: Optimale KSS-Düsenkonzepte mit additiv gefertigten Teilen, 12. Seminar Moderne Schleiftechnologie und Feinstbearbeitung, 16. Mai 2018, Stuttgart, https://jcm-gmbh.ch/var/m_2/2f/2f3/66897/9132800-08_Montandon_JCM_b2.pdf?download (abgerufen 28.08.2019)

Mutz 2019 M.A. Mutz: www.Zeitspurensuche.de, http://www.zeitspurensuche.de/02/schlerst.htm (Abgerufen 5.12.2019)

Norton 2017 N.N.: Hochporöse Bindungssysteme für das Präzisionsschleifen, *16 Februar 2017,* https://www.nortonabrasives.com/de-de/downloads/technische-informationen/anwendungen/hochporose-bindungssysteme-fur-das, *(Abgerufen 05.09.2019)*

Oppelt 2014 P. Oppelt, in: U. Heisel, et al. (Hrsg.): Handbuch Spanen, Hanser Verlag, 2014

Oppelt 2015 P. Oppelt, in: K.-J. Conrad (Hrsg.): Taschenbuch der Werkzeugmaschinen, Hanser Verlag, 2015

OSA 2019 N.N.: Sicherheitsempfehlungen für die Verwendung von Schleifkörpern, Organisation für die Sicherheit von Schleifwerkzeugen e.V., https://www.osa-abrasives.org/fileadmin//user_upload/downloads/Anwender/OSA_Dos_Donts_Bounded_D.pdf (abgerufen: 31.08.2019)

Otto 2014 K. Otto in: U. Heisel, et al. (Hrsg.): Handbuch Spanen, Hanser Verlag, 2014

Paucksch 2008 E. Paucksch, et. al: Zerspantechnik – Prozesse, Werkzeuge, Technologien, Vieweg+Teubner Verlag, 2008

Paul 1994 T. Paul: Konzept für ein scheiftechnologisches Informationssystem, Dr.-Ing.-Diss., VDI-Fortschritt-Bericht Nr. 313, 1995

Przywara 2006 R. Przywara: Von Maßen und Massen, Wie Werkezugmaschinen die Industriegesellschaft formten, PZH-Verlag, 2006

Rasifard 2011 A. Rasifard: Ultraschallunterstütztes Abrichten von keramisch gebundenen CBN-Schleifscheiben mit Formrollen, Dr.-Ing. Diss. Stuttgart, Shaker-Verlag, 2011

Regent 1999 C. Regent: Prozesssicherheit beim Schleifen, Dr.-Ing.-Diss, Univ. Hannover, 1999

Reichel 2014 F. Reichel in: U. Heisel, et al. (Hrsg.): Handbuch Spanen, Hanser Verlag, 2014

Reinold 1988	R. Reinold, M. Clausnitzer: Schleifen – Grundlagen und Intensivierung, VEB-Verlag Technik Berlin, 1988
Roth 1995	P. Roth: Abtrennmechanismen beim Schleifen von Aluminiumoxidkeramik, Dr.-Ing. Diss., VDI-Fortschriftt-Bericht Nr. 335, 1995
Röttger 2003	K. Röttger: Walzen hartgedrehter Oberflächen, Dr.-Ing. Diss. RWTH Aachen, 2003
Runkel 2008	F. Runkel: Innovationen beim Doppelseitenplanschleifen – bessere Bearbeitungsergebnisse durch intelligente Prozessführung, Schleifen + Polieren, 5/2008, S. 78-85
Scheidemann 1973	H. Scheidemann: Einfluss der durch Abrichten mit zylindrischen und profilierten Diamantrollen erzeugten Schleifscheiben-Schneidfläche auf den Schleifvorgang, Dr.-Ing.-Diss., Univ. Braunschweig, 1973
Scherer 2014	W. Scherer in: U. Heisel, et al. (Hrsg.): Handbuch Spanen, Hanser Verlag, 2014
Schlattmeier 2004	Diskontinuierliches Zahnflankenprofilschleifen mit Korund, Dr.-Ing. Diss., RWTH Aachen, 2004
Schmitt 1968	R. Schmitt: Abrichten von Schleifscheiben mit diamantbestückten Rollen, Dr.-Ing. Diss. Univ. Braunschweig, 1968
Schriefer 2008	H. Schriefer et. al: Kontinuierliches Wälzschleifen von Verzahnungen, Eigenverlag der Reishauer AG, Wallisellen, 2008
Schulz 1997	A. Schulz: Das Abrichten von keramisch gebundenen CBN-Schleifscheiben mit Formrollen, Dr.-Ing. Diss., Univ. Aachen, VDI-Verlag, 1997
Schuster 2017	S. Schuster: Lokale Eigenspannungsanalyse an stark texturierten Werkstoffzuständen mittels inkrementeller Bohrlochmethode, Dr.-Ing. Diss., Univ. Karlsruhe, 2017
Schütte 2003	O. Schütte: Analyse und Modellierung nichtlinearer Schwingungen beim Außenrundschleifen, Dr.-Ing. Diss, Univ. Hannover, 2003

Sommer 2017	K. Sommer, R. Heinz, J. Schöfer: Verschleiß metallischer Werkstoffe – Erscheinungsformen sicher beurteilen, Springer-Verlag, 2017
Spieß 2019	L. Spieß, et. al: Moderne Röntgenbeugung, Röntgendiffraktometrie für Materialwissenschaftler, Physiker und Chemiker, Springer-Verlag, 2019
Spur 1991	G. Spur: Vom Wandel der industriellen Welt durch Werkzeugmaschinen, Carl Hanser Verlag, 1991
Thiermann 2014	J. Thiermann: Abrichten von Schleifscheiben für das Hochgeschwindigkeitsschleifen, Dr.-Ing. Diss., RWTH Aachen, 2016
Thomas 2019	J. Thomas, S. Kendrish: Magnetic Barkhausen Noise as an Alternative to Nital Etch for the Detection of Grind Temper on Gears, http://gearsolutions.com/features/magnetic-barkhausen-noise-as-an-alternative-to-nital-etch-for-the-detection-of-grind-temper-on-gears/, (Aufgerufen 22.11.2019)
Tönshoff 1995	H.-K. Tönshoff, in: Dubbel - Taschenbuch für den Maschinenbau: W. Beitz, K.-H. Küttner (Hrsg.), Springer-Verlag, 1995
Tönshoff 2009	Massivumformteile wirtschaftlich spanen, Herausgeber: Industrieverband Massivumformung e. V., 2009
Türich 2002	A. Türich: Werkzeugprofilerzeugung für das Verzahnungsschleifen, Dr.-Ing. Diss. Univ. Hannover, 2002
VDS 2019	Verzeichnis der Schleifmittelnormen: Stand September 2019, VDS, https://www.vds-bonn.de/fileadmin/user_upload/PDF/Normenliste.pdf (Aufgerufen 31.08.2019)
Wipperkotten	Schleiferei Wipperkotten: http://www.wipperkotten-schleiferei.de/index.php?id=12, (Abgerufen 4.12.2019)
Wegener 2011	K. Wegener, et. al: Conditioning and monitoring of grinding wheels, CIRP Annals - Manufacturing Technology 60 (2011) S. 757–777
Wolters 2014	P. Wolters in: U. Heisel, et al. (Hrsg.): Handbuch Spanen, Hanser Verlag, 2014

Index

A

B

C

D

E

F

G

H

I

K

L

M

S

T

U

V

W

Z